普通高等教育"十一五"国家级规划教材

电机及拖动基础

第 2 版

主编　汤天浩

参编　谢　卫　窦金生

主审　陈伯时　陈敏逊

机械工业出版社

本书是普通高等教育"十一五"国家级规划教材，针对自动化、电气工程及其自动化等专业大学本科学生编写。为适应当前教育改革和学科发展的需要，将原"电机学"与"电力拖动基础"两门课程的主要内容合并为"电机及拖动基础"。全书分为4篇，共13章。第1篇是全书的基础，分别阐述电机的基本原理，包括电磁感应、机电能量转换和旋转电机的基本概念、结构与模型；电力拖动动力学基础，包括电力拖动系统的运动方程、稳态和动态分析等内容。在此基础上，第2篇专门分析和讨论直流电机及拖动，包括：电机的原理、结构和运行特性，电机的起动、制动和调速等问题。第3篇为交流电机及拖动，包括变压器、异步电机和同步电机的原理、结构、运行特性和交流传动等问题。第4篇介绍了电机的选择、校验和设计，以及特种电动机。

本书适用于普通高等学校本科非电机专业，亦可作为职工大学、夜大以及大专院校有关专业的教材，也可供有关工程技术人员阅读和参考，其中部分较深入的内容可作为研究生学习和研究的参考资料。

本书配有电子课件，欢迎选用本书作教材的老师登录 http://www.cmpedu.com/下载。

图书在版编目（CIP）数据

电机及拖动基础/汤天浩主编. —2 版. —北京：机械工业出版社，2016.6

普通高等教育"十一五"国家级规划教材

ISBN 978 - 7 - 111 - 53568 - 3

Ⅰ.①电… Ⅱ.①汤… Ⅲ.①电机 – 高等学校 – 教材②电力传动 – 高等学校 – 教材 Ⅳ.①TM3②TM921

中国版本图书馆 CIP 数据核字（2016）第 080340 号

机械工业出版社（北京市百万庄大街22 号 邮政编码100037）
策划编辑：王雅新 责任编辑：王雅新 张利萍
封面设计：张 静 责任校对：任秀丽 胡艳萍
责任印制：常天培
北京京丰印刷厂印刷
2016 年 6 月第 2 版·第 1 次印刷
184mm×260mm·20 印张·490 千字
标准书号：ISBN 978 - 7 - 111 - 53568 - 3
定价：42.00 元

前　言

本书是普通高等教育"十一五"国家级规划教材。全书包括了原"电机学"和"电力拖动基础"两门课程的主要内容，适用于自动化、电气工程及其自动化等专业本科生学习电机原理与电力拖动基础之用，也可供有关专业师生、工程技术人员和其他人员参考。全书共 13 章，其中有些较深内容的章节上加了"＊"号，主要内容的教学时数为 54～72 学时，各学校可根据各自教学大纲的需要选择内容和安排教学。

为适应宽口径复合型人才培养的需要，本书的编写始终贯彻以电机基本原理和电力拖动基础知识为主线的指导思想，其特色就是突破传统的教学模式，按照由电机模型得到等效电路，然后推出电机方程，再分析电机特性这样的思路组织课程内容和进行教学，使学生掌握常用电机的基本结构、工作原理、运行特性以及电力拖动的基础知识，并侧重于总结电机的共性问题和一般规律。

本书保留了第 1 版教材的体系结构，同时与时俱进，充分关注新的科学技术发展和新的理论方法应用，主要做了如下补充与修改：

1. 重新组织第 7 章变压器的内容，增加节能变压器、高频变压器、直流变压器与固态变压器等方面的新知识，使学生对变压器在柔性直流输电等新技术中的应用有所了解。

2. 在第 9 章增加利用 MATLAB 软件完成电机运行特性计算的内容，给出基于等效电路计算异步电动机工作特性与机械特性的程序，使学生掌握利用软件编程分析电机运行特性的方法。

3. 对第 10 章永磁式同步电动机的内容做了较多补充，包括永磁材料的基本特性和永磁电机的主要结构，以及正弦波永磁同步电动机和永磁无刷直流电动机的区别与联系，突出永磁电机在现代电力拖动控制系统中的重要地位。

4. 在第 11 章增加异步电动机减压起动的仿真算例，给出额定电压和减压起动两种情况下异步电动机起动电流和起动转矩的曲线，说明空载或轻载减压起动的可行性，增强学生对电机起动方法的感性认识。

5. 在第 12 章增加电机设计的基本知识，并给出一个基于 Ansoft 的永磁同步电机电磁设计与磁场分析的算例，使学生对电机设计与分析的基本过程和主要内容有所认识。

6. 第 13 章特种电动机部分删除了与电力拖动无直接关系的旋转变压器、测速发电机等内容，增加了开关磁阻电动机等较新颖的内容。

编　者

常用符号表

1. 元件和装置用的文字符号

A	A 相绕组，电枢绕组	Q	断路器
B	B 相绕组	QS	隔离开关
C	C 相绕组	*R*	电阻器、变阻器
C	电容器	RP	电位器
F	励磁绕组	SA	控制开关，选择开关
FU	熔断器	SB	按钮
G	发电机	SM	伺服电动机
K	继电器，接触器	T	变压器
KA	继电器	TA	电流互感器，霍尔电流传感器
KM	接触器	TC	调压变压器
L	电感器，电抗器	TI	逆变变压器
M	电动机（总称）	TU	自耦变压器
MA	异步电动机	U	变换器，调制器
MD	直流电动机	UCR	可控整流器
MS	同步电动机	UI	逆变器
PA	电流表	UPE	电力电子变换器
PC	脉冲计数器	V	晶闸管整流装置
PV	电压表		

2. 常见下角标

A	A 相绕组	lim	极限，限制（limit）
a	电枢绕组（armature）；a 相绕组	m	磁的（magnetic）；主要部分（main）
add	附加（additional）	m, mech	机械的（mechanical）
av	平均值（average）	m, max	最大值（maximum）
B	B 相绕组	min	最小值（minimum）
b	b 相绕组；制动（brake）	N	额定值，标称值（nominal）
bl	堵转（block）	p	磁极（poles）；峰值（peak value）
C	C 相绕组	q	q 轴（quadrature axis）
c	环路、环流（circulating）；铁心（core）	r	转子（rotator）；反向（reverse）
cr	临界（critical）	ref	参考（reference）
d	直流（direct current）；d 轴（direct axis）	rec	整流器（rectifier）
e	电（electricity）；电源（electric source）	s	定子（stator）；串联（series）
em	电磁的（electric-magnetic）	sh	短路（shorting）
f	磁场（field）；正向（forward）	ss	稳态（steady state）
g	气隙（gap）	st	起动（starting）
is	初态（initial state）	sy	同步（synchronous）
L	负载（Load）	T	转矩（torque）
l	线值（line）	W	线圈（winding）

3. 参数和物理量文字符号

A	散热系数	g	重力加速度；气隙宽度
a	直流电机电枢支路对数	GD^2	飞轮矩
B	磁通密度	h	高度
B_m	主磁通密度、最大磁通密度	H	磁场强度
B_r	剩余磁通密度	H_c	矫顽力
C	电容；电机热容量	I, i	电流
C_e	他励直流电机的电动势系数	I_a, i_a	电枢电流
C_{es}	串励直流电机的电动势系数	I_c, i_c	导体电流
C_T	他励直流电机的转矩系数	I_d	整流器输出电流
C_{Ts}	串励直流电机的转矩系数	I_f, i_f	励磁电流
D	直径；调速范围；粘滞系数	I_0, i_0	空载电流
D_{il}	定子铁心内径	I_1, i_1	变压器一次电流
E, e	感应电动势（有效值，瞬时值，下同）	I_2, i_2	变压器二次电流
E_a, e_a	电枢感应电动势、反电动势	I_2', i_2'	变压器二次侧折算电流
E_{add}, e_{add}	附加电动势	I_L, i_L	负载电流
E_1, e_1	变压器一次绕组感应电动势	I_N, i_N	额定电流
$E_{1\sigma}, e_{1\sigma}$	变压器一次绕组漏磁电动势	I_r, i_r	交流电机转子电流
E_2, e_2	变压器二次绕组感应电动势	I_r', i_r'	交流电机转子折算电流
E_2', e_2'	变压器二次绕组折算感应电动势	I_s, i_s	交流电机定子电流
$E_{2\sigma}, e_{2\sigma}$	变压器二次绕组漏磁电动势	I_{st}, i_{st}	电机起动电流
$E_{2\sigma}', e_{2\sigma}'$	变压器二次绕组折算漏磁电动势	I_{sh}, i_{sh}	短路电流
$E_r, \dot{E}_r$	交流电机转子感应电动势	J	转动惯量
$E_r', \dot{E}_r'$	交流电机转子折算感应电动势	j	传动机构减速比
$E_{r0}, \dot{E}_{r0}$	交流电机转子静止电动势	K	系数、因数、常数、比值
$E_{r0}', \dot{E}_{r0}'$	交流电机转子折算静止电动势	K_I	起动电流倍数
$E_{r\sigma}, \dot{E}_{r\sigma}$	交流电机转子漏磁电动势	K_T	起动转矩倍数
$E_{r\sigma}', E_{r\sigma}'$	交流电机转子漏磁折算电动势	k	变压器电压比；比例因数
$E_s, \dot{E}_s$	交流电机定子感应电动势	k_e	异步电动机电压比
$E_{s\sigma}, \dot{E}_{s\sigma}$	交流电机定子漏磁电动势	k_i	异步电动机电流比
F	力	k_{q1}	定子绕组分布因数
F_m	磁动势	k_{q2}	转子绕组分布因数
F_a	电枢磁动势	k_{W1}	定子绕组因数
F_e	电磁力	k_{W2}	转子绕组因数
F_f	励磁磁动势	k_{y1}	定子绕组短距因数
F_r	转子磁动势	k_{y2}	转子绕组短距因数
F_s	定子磁动势	L	电感
F_{sr}	定子、转子合成磁动势	l	长度
f	频率	L_σ	漏感
f_e	电源频率	L_m	互感
f_1	变压器一次侧电源频率，定子频率	m	相数
f_2	交流电机转子频率	M	质量
f_s	交流电机转差频率	N	绕组匝数
G	重力	n	转速
		n_0	理想空载转速

n_1	同步转速	U_c	整流装置控制电压
n_p	电机极对数	U_{d0}	整流器输出电压
P	功率	U_f, u_f	励磁电压
P_0	空载功率	U_L, u_L	负载电压
P_1	输入功率	U_N, u_N	额定电压
P_2	输出功率	U_r, u_r	交流电机转子电压
P_{em}	电磁功率	U_r', u_r'	交流电机转子折算电压
P_L	负载功率	U_{r0}, u_{r0}	交流电机转子静止电压
P_m	机械功率	U_{r0}', u_{r0}'	交流电机转子静止折算电压
P_N	额定功率	U_s, u_s	交流电机定子电压
P_s	转差功率	U_{sh}, u_{sh}	短路电压
P_{sh}	短路输入功率	V	体积
q	交流绕组每极每相槽数	v	速度，线速度
Q	无功功率；热量	w	宽度、厚度
R	电阻；电枢回路总电阻	W	能量
R_a	直流电机电枢电阻	W_E, W_e	电能
R_{eb}	能耗制动电阻	W_f	磁场储能
R_f, R_{fb}	励磁电阻	W_{fc}	磁共能（磁余能）
R_1	变压器一次绕组电阻	W_M, W_m	机械能
R_2, R_2'	变压器二次绕组电阻及折算	x	位移、距离
R_r, R_r'	转子绕组电阻及折算	X	电抗
R_{rb}	反接制动电阻	X_1	变压器一次绕组电抗
R_{rec}	整流装置内阻	X_2, X_2'	变压器二次绕组电抗及折算
R_s	定子绕组电阻	X_c	同步电抗
R_{sh}	短路电阻	X_d	直轴同步电抗
R_{st}	起动电阻	X_f, X_{fb}	励磁电抗
R_m	磁阻	X_q	交轴同步电抗
R_σ	漏磁阻	X_r, X_r'	转子绕组旋转漏电抗及折算
S	视在功率；面积	X_{r0}, X_{r0}'	转子绕组静止漏电抗及折算
s	转差率；静差率	X_s	定子绕组漏电抗
T	转矩；周期	X_{sh}	短路电抗
T_0	空载转矩	y	电机绕组节距
T_e	电磁转矩	Z	电阻抗
T_{em}	最大电磁转矩	Z_f, Z_{fb}	励磁阻抗
T_f	摩擦转矩	Z_0	变压器空载总阻抗
T_L	负载转矩	Z_1	变压器一次绕组阻抗；定子槽数
T_m	机械转矩	Z_2, Z_2'	变压器二次绕组阻抗及折算
T_M	过渡过程时间常数	Z_L, Z_L'	负载阻抗及折算
T_N	额定转矩	Z_r, Z_r'	转子绕组阻抗及折算
T_{st}	起动转矩	Z_{r0}, Z_{r0}'	转子绕组静止阻抗及折算
t	时间	Z_s	定子绕组阻抗
U, u	电压，电源电压	Z_{sh}	短路阻抗
U_1, u_1	变压器一次电压	α	机械特性硬度；槽距角
U_2, u_2	变压器二次电压	β	机械特性斜率；变压器负载系数
U_2', u_2'	变压器二次侧折算电压	γ	夹角
U_a	直流电机电枢电压	δ	放大系数

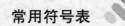
Δn	转速降落	Φ_f	励磁磁通
Δp	功率损耗	Φ_m	主磁通
Δp_{add}	附加损耗	Φ_N	额定磁通
Δp_{Cu}	铜耗	Φ_r	转子磁通
Δp_{Fe}	铁耗	Φ_{rs}	定转子合成磁通
Δp_m	机械损耗	Φ_s	定子磁通
ΔP_h	磁滞损耗	Φ_σ	漏磁通
ΔP_v	涡流损耗	φ	相位角；阻抗角
ΔU	电压差	φ_1	一次侧定子相位角；阻抗角
η	效率	φ_2	二次侧转子相位角；阻抗角
η_c	传动装置的传递效率	φ_r	转子磁动势与合成磁动势的夹角
θ	角位移；温度	φ_{rs}	转子磁动势与定子磁动势的夹角
λ	电机允许过载倍数	φ_s	定子磁动势与合成磁动势的夹角
μ	磁导率	φ_δ	同步电机内功率因数角
μ_0	真空磁导率	Ψ, ψ	磁链
μ_r	相对磁导率	Ψ_m	交互磁链
ρ	调速比；电阻系数	ω	角速度，角频率
σ	漏磁系数；转差功率损耗系数	ω_1	同步角速度，同步角频率
τ	温升；绕组极距	ω_2	转子角速度，转子角频率
Φ	磁通	ω_e	电角频率
Φ_0	空载磁通	ω_s	转差角速度

目　　录

第4篇　电动机的选择与特种电动机

绪 论

1. 概述

物质、能量和信息是人类赖以生存的三大基本要素。电能作为一种能量形式，由于其易于传输、变换、分配和控制，已成为使用最为广泛的现代能源，也是人们生产和生活中使用动力的主要来源。在电能的生产、传输、变换、分配、控制和管理中，电机是主要的机电能量转换装置。例如：在电能的生产过程中，发电机将机械能转换成电能；在电能的传输过程中，变压器是主要的传输设备；在电能的使用中，电动机将电能转换成机械能。

电力拖动就是使用各种电动机作为原动机拖动生产机械运动，以完成一定的生产任务。由于电动机具有性能优良、高效可靠、控制方便等优点，因此现代化生产中，大多数生产机械都采用电力拖动。例如：在工农业生产和交通运输中，机床、轧钢机、起重机、卷扬机、鼓风机、抽水机、纺织机、印染机、印刷机、电动工具和电动车辆等都采用电力拖动；在人们的日常生活中，各种家用电器大都使用微特电机作为驱动装置。在自动控制系统、计算机系统和机器人等高新技术中，大量使用控制电机作为检测、放大和执行元件。

因此可以说，电机与电力拖动系统已广泛应用到现代社会生产和生活的方方面面。如果没有发电机也就没有大量的电能产生，如果没有电动机也就没有用电力拖动的运动装置和设备。目前，电机与拖动的现状可以概括为两点：

1) 电力拖动现已取代了其他拖动形式，成为主要的拖动形式。这是因为电动机与其他原动机相比有许多优点，比如：电能的获得和转换比较经济；传输和分配比较便利；操作和控制容易，特别是易于实现自动与远程控制。因此，目前绝大多数的生产机械都采用电力拖动。而且，目前电力拖动的方式也几乎全部是单机或多机拖动。

2) 当代科学和技术的新成果广泛地应用于电力拖动系统之中，比如：电力电子学的发展，使半导体变流装置广泛地用作电力拖动的电源；微电子学的发展，使电子控制器件和微处理机成为电力拖动的主要控制手段；自动控制理论广泛应用于电力拖动自动控制系统中，大大提高了系统的性能等。

随着现代电力电子技术、自动化技术和计算机技术的发展，电机与拖动的发展趋势为：

1) 用交流电力拖动取代直流电力拖动。

2) 从节能的角度改造电力拖动系统，比如：用交流调速系统拖动电动水泵可以节能。

3) 继续采用新技术不断提高电力拖动系统的性能和完善系统功能。

4) 通过系统集成和技术融合，组成综合自动化系统，以进一步提高生产效率。

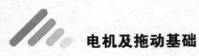
2. 电力拖动的历史、现状与发展趋势

早在远古时代，人类已经应用流水为动力带动水车。据史料记载：公元前3000年，中国有了水车。后来又出现了风车，这些都是最简单的拖动系统。17世纪末，人类开始利用蒸汽为动力。1782年，瓦特发明了第一台连续运转的蒸汽机，开创了机器时代。那时原动机与生产机械之间的连接是靠绳索或传动带，而各车间甚至全厂所有的工作就靠这种传动方式与一台原动机相连。

1831年，法拉第发现了电磁感应现象。1888年，特斯拉发明感应电动机，从此开始了电机与电力拖动的时代。最初的电力拖动是采用传导拖动（又称联动电力拖动）的方式，它是由一台电动机，并由数个传动装置将运动传输到数个工作机构。代替传导拖动的是单机电力拖动方式，即一台机床或一个工作机械由一台电动机拖动。后来，由于生产的需要，工作机械也越来越复杂，出现了多电机电力拖动，如自动化机床、加工中心等。

1956年，晶闸管在贝尔实验室诞生，开始了第二次电子革命，从此"电子"进入到强电领域，电力电子器件成为弱电控制强电的纽带。其重要意义在于：电力电子学把机器时代、电气时代和电子时代开创的技术融合在一起。20世纪60年代，电力电子器件进入电力拖动领域，可以方便地通过电能变换装置来控制电机的运行方式。其后，自动化技术和计算机技术也不断应用于电机控制，使电力拖动系统发生了根本性改变。

目前，电力拖动系统的工业应用范围不断扩大，已遍及能源、电力、机械、采矿、冶金、轻纺、化工、电子信息、交通运输和家用电器等领域，特别在大功率、高电压交流调速系统的应用上取得了重大的突破。交流拖动系统由于结构简单、价格便宜、维护方便等优势，已取代直流拖动系统，成为现代电力拖动的主流形式。

新材料和新元件的结合，正在全面改变传统电机的面貌。由于稀土永磁材料的迅速发展和电力电子器件性能的不断改善，涌现了大量的新型实用电机，如无刷直流电动机、开关磁阻电动机、无刷双馈电动机等。这些电机调速性能优良，进一步扩展了电力拖动技术的应用范围。此外，风力发电、磁悬浮电力传动、超导电机的出现为电力传动的发展开辟了新领域。

高性能的微处理器如DSP的出现，为采用新的控制理论和控制策略提供了良好的技术基础，使电力拖动系统的自动化程度大为提高。神经元网络控制和模糊控制等智能控制技术以及现代控制理论在电力拖动系统中的应用已成为新的研究热点。

由此可见，电力电子技术、自动化技术和计算机技术的发展是推动现代电力拖动系统不断进步的动力。

3. 本课程的性质、任务和要求

本课程是自动化、电气工程及其自动化等相关专业的一门专业基础课，其任务是使学生掌握电机的基本结构、工作原理和性能参数，电力拖动系统的各种运行方式、动静态性能分析以及电机选择和实验方法，为进一步学习"电力电子技术""电力拖动自动控制系统""PLC控制系统"等课程准备必要的基础知识。学习本课程必须具备"电路原理"或"电工基础"课程的基本知识。

本课程主要研究和分析电机与电力拖动系统的基本理论问题，为突出实用性也涉及一些简单的电机控制电路，具有原"电机学"和"电力拖动基础"的主要内容。通过本课程的学习，学生应达到如下要求：

1）掌握一般交直流电机和变压器的基本理论，包括电磁关系和能量关系等，能运用基本方程式、等效电路和相量图等方法推演电机的基本数学模型，并进行相关的参数计算。

2）掌握电力拖动系统静态特性及其分析方法，包括电动机机械特性与各种运行状态。

3）熟悉电力拖动系统的动态特性及其分析方法，了解系统参数对过渡过程的影响。

4）熟悉电机的铭牌参数，掌握选择电机的方法。

5）掌握电机与电力拖动系统的基本实验方法和技能。

6）了解电机与电力拖动系统的应用领域和发展趋势。

第1篇 电机及拖动的基础理论

电机虽然种类繁多、大小不一、形式各异，但具有共同的基本原理和特征。本篇试图从电磁感应和机电能量转换这两个角度来探究电机的基本原理；以一个简单的两极电机为原型，建立电机的物理模型，进而导出电机的电动势和电磁转矩的一般方程；建立电力拖动系统的运动方程，分析和求解电力拖动系统的动力学问题。

第1章

电磁感应原理与磁路分析

自 1831 年法拉第发现电磁感应定律的 100 多年来，各种类型的电机不断被发明并广泛应用于人们生产和生活的方方面面，电磁感应原理奠定了电机的理论基础。本章将讨论电磁感应原理和磁路分析方法。

1.1 电磁感应原理

众所周知，电和磁是自然界的两种现象，近代通过物理学家的深入研究，发现了电和磁的一些基本规律以及它们之间的联系。本节将概要地介绍电磁感应的基本概念和定律，作为学习本课程的物理基础。

1.1.1 磁场

除了天然磁体会产生磁场外，人们发现在导体中通过电流时会在其周围产生磁场，还进一步发现了由电产生磁场的一些基本规律。

1. 磁场强度和方向

由载流导体产生的磁场大小可用磁场强度 H 来表示，磁力线的方向与电流的方向满足右手螺旋关系。如图 1-1 所示，假定在一根导体中通以电流 i，则在导体周围空间的某一平面上产生的磁场强度 H 为

$$H = \frac{i}{l} \tag{1-1}$$

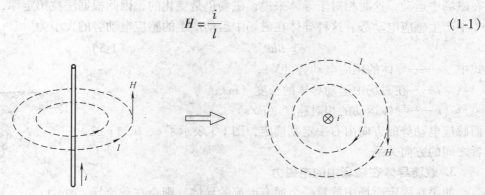

图 1-1 载流导体产生的磁场

式中 H——磁场强度（A/m）；

    i——电流（A）；

    l——磁力线的周长（m）。

如果载流导体是匝数为 N 的线圈（见图1-2），则式（1-1）可表示为

$$H = \frac{Ni}{l} \qquad\qquad (1\text{-}2)$$

2. 磁通密度

通常把穿过某一截面 S 的磁力线根数称为磁通量（简称磁通），用 Φ 来表示。在均匀磁场中，把单位面积内的磁通称为磁通密度 B，且有

$$B = \frac{\Phi}{S} \qquad\qquad (1\text{-}3)$$

式中 B——磁通密度（T）；

    Φ——磁通（Wb）；

    S——截面积（m²）。

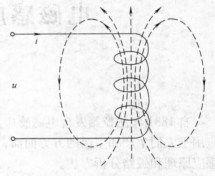

图1-2　通电线圈产生的磁场

1.1.2　电磁感应定律

1. 电磁感应定律

1831 年，法拉第通过实验发现了电磁学中最重要的规律——电磁感应定律，揭示了磁通与电动势之间存在如下关系：

1）如果在闭合磁路中磁通随时间而变化，那么将在线圈中感应出电动势。

2）感应电动势的大小与磁通的变化率成正比，即

$$e = -N\frac{\mathrm{d}\Phi}{\mathrm{d}t} \qquad\qquad (1\text{-}4)$$

式中 e——线圈的感应电动势（V）。

法拉第电磁感应定律奠定了电机学的理论基础。

2. 导体在磁场中的感应电动势

电磁感应定律告诉我们，磁场的变化会产生感应电动势。如果磁场固定不变，而让导体在磁场中运动，这时相对于导体来说，磁场仍是变化的，因此根据法拉第定律，同样会在导体中产生感应电动势。这种导体在磁场中运动产生的感应电动势的大小为

$$e = Blv \qquad\qquad (1\text{-}5)$$

式中 e——导体的感应电动势（V）；

    l——在磁场中运动导体的长度（m）；

    v——导体运动的相对速度（m/s）。

而感应电动势的方向由右手定则确定，图1-3 表示了 e、B 与 v 三者之间的方向关系。

3. 载流导体在磁场中的电磁力

如果在固定磁场中放置一个通有电流的导体，则会在载流导体上产生一个电磁力，又称洛仑兹力或安培力。如图1-4 所示，

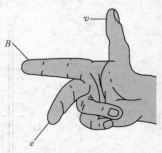

图1-3　e、B 与 v 三者之间的方向关系

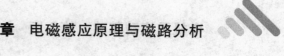

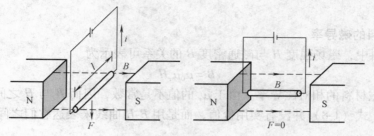

图1-4 载流导体在磁场中的电磁力

载流导体受力的大小与导体在磁场中的位置有关。当导体与磁力线方向垂直时，所受的力最大，这时电磁力 F 与磁通密度 B、导体长度 l 以及通电电流 i 成正比，即

$$F = Bli \tag{1-6}$$

当导体与磁力线平行时，$F = 0$，在其他位置，导体所受的力介于两者之间。电磁力的方向可由左手定则确定，图1-5 给出了 F、B 与 i 三者之间的方向关系。

载流导体在磁场中产生电磁力的原理是电动机最重要的理论基础。

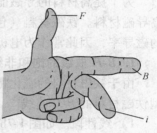

图1-5 F、B 与 i 三者之间的方向关系

1.2 导磁材料及其特性

由电磁感应原理可知，通过磁场的作用可以产生电或力，因此各种电机的工作原理离不开磁场和磁性材料，磁性材料是构成各种电机的关键材料。人们发现自然界中有的材料具有导磁的特性，称为导磁材料；而没有导磁特性的称为非导磁材料。

1.2.1 *B-H* 曲线

磁性材料的磁场强度 H 与磁通密度 B 存在一定的关系，其关系用图形表示称为 *B-H* 曲线，也称为磁化曲线，是表示磁性材料最基本的特性。

1. 真空磁导率

在真空中，磁场强度 H 与磁通密度 B 成正比关系，即

$$B = \mu_0 H \tag{1-7}$$

其中，μ_0 为真空磁导率，且有 $\mu_0 \approx 4\pi \times 10^{-7}\mathrm{H/}$ m，并可近似为 $\mu_0 \approx 1/800000\mathrm{H/m}$，这样式（1-7）可近似表示成

$$H \approx 800000B$$

非导磁材料，比如铜、铝、橡胶和空气等，具有与真空相近的磁导率，因此在这些材料中，磁场强度 H 与磁通密度 B 的关系可用图1-6 中的

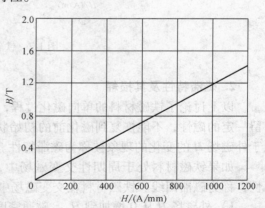

图1-6 真空与非导磁材料的 *B-H* 曲线

B-H 曲线来表示。

2. 导磁材料的磁导率

在导磁材料中，磁场强度 H 与磁通密度 B 的关系可表示为

$$B = \mu_0 \mu_r H \tag{1-8}$$

式中，μ_r 为导磁材料的相对磁导率。由于 μ_r 的值不是常数，因而 B 与 H 之间的关系不是线性关系。这样，式（1-8）并没有实用价值，而是用 B-H 曲线来表达它们之间的关系。

1.2.2 铁磁材料

为了提高材料的导磁能力，人们在寻求自然材料的同时，通过人工合成的办法获得各种高导磁材料。铁磁材料（包括铁、钴、镍以及它们的合金）具有比真空大数百倍到数千倍的磁导率，因此常作为电机的磁性材料。铁磁材料的主要特性如下：

1. B-H 曲线的饱和非线性

由于铁磁材料的磁化特性是非线性的，通常用 B-H 曲线来表示。图 1-7a 给出了几种典型铁磁材料的 B-H 曲线[1]，由此可见，其特性分为两段：

1）线性段。如图 1-7b 中曲线 2 的 O-a 段，随着外磁场 H 的增加，磁通密度 B 成正比地增加。此时 B-H 曲线近似为直线，铁磁材料的磁导率基本不变，磁性材料工作在线性区。

2）饱和非线性段。如图 1-7b 中曲线 2 的 b-c 段，随着外磁场 H 的增加，磁通密度 B 增大缓慢甚至基本不再增大，这种现象称为磁饱和。

通常，电机设计时应使其磁路的铁磁材料工作在 a-b 段，该段处于线性段与饱和非线性段之间，又称为磁化曲线的"膝部"。

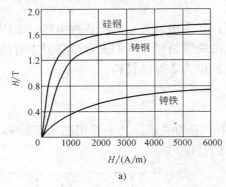
a)

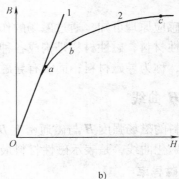
b)

图 1-7　铁磁材料的 B-H 曲线

2. 磁滞特性及其损耗

以上讨论了铁磁材料的单向磁化过程，但是被磁化的铁磁材料在去除外磁场后仍然会保留一定的磁性，不能恢复到磁化前的初始状态。铁磁材料呈现的这种磁通密度 B 变化滞后于外磁场 H 的变化的现象被称为磁滞特性。

如果铁磁材料处于周期性交变磁场中，其磁化特性如图 1-8 所示，B-H 曲线呈现封闭性，称为磁滞回线。铁磁材料在交变磁场中的磁化过程如下：

1）外磁场 H 从 0 增加到 H_m，磁通密度 B 沿曲线 O-a 上升至 B_m。

2）外磁场 H 从 H_m 下降到 0，而 B 沿曲线 a-b 下降到 B_r，B_r 称为剩余磁通密度。

3）外磁场 H 继续从 0 下降到 $-H_c$，H_c 称为矫顽力，B 沿曲线 b-c 下降到 0。

4）外磁场 H 继续下降到 $-H_m$，B 沿曲线 c-d 下降到 $-B_m$。

5）外磁场 H 从 $-H_m$ 增加到 0，B 沿曲线 d-e 上升到 $-B_r$。

6）外磁场 H 继续增加经 H_c 上升到 H_m，B 沿曲线 e-f-a 上升到 B_m，完成一个循环。

磁滞回线描述了铁磁材料在交变磁场中的周期变化过程，其上升磁化曲线与下降磁化曲线并不重合，这说明铁磁材料的磁化过程是不可逆的。不同的铁磁材料有不同的磁滞回线，磁滞回线较窄的铁磁材料称为软磁材料，如硅钢片、铸铁、铸钢、软磁铁氧体等；磁滞回线较宽的铁磁材料称为硬磁材料，又称永磁材料，如永磁铁氧体、稀土钴、钕铁硼等。大部分变压器和电机的磁路常用软磁材料来制造，有些电机采用永磁材料来产生直流的励磁磁场。

对于同一种铁磁材料，选择不同的磁场 H_m 进行反复磁化，可测出一系列大小不同的磁滞回线，如图 1-9 所示。再将所有磁滞回线在第一象限的顶点连接起来，所形成的曲线称为基本磁化曲线或平均磁化曲线。基本磁化曲线可解决磁滞回线 B-H 的多值函数问题，在工程中得到广泛应用。

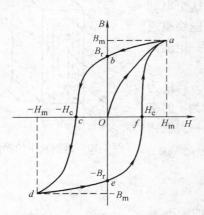

图 1-8 铁磁材料的磁滞回线

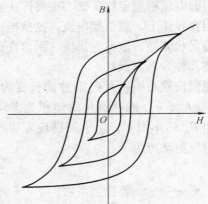

图 1-9 基本磁化曲线

铁磁材料在交变磁场作用下反复磁化的过程中要消耗一定的能量，这种功率损耗称为磁滞损耗。假设有一铁磁材料制成的铁心，截面积为 S，平均周长为 l，在 N 匝线圈两端施加周期为 T 的交变电压 u，线圈中通过的电流为 i，在铁心中产生交变磁场 H。这样，由电源供给线圈的瞬时功率为

$$P = ui \tag{1-9}$$

如果忽略线圈电阻，则线圈端电压 u 就等于感应电动势 e。由电磁感应定律式（1-4）得

$$u = -e = N\frac{\mathrm{d}\varPhi}{\mathrm{d}t}$$

将此式代入式（1-9），并考虑式（1-2）和式（1-3）的关系，可推导出

$$P = ui = N\frac{\mathrm{d}\varPhi}{\mathrm{d}t}i = NS\frac{\mathrm{d}B}{\mathrm{d}t}i = NS\frac{\mathrm{d}B}{\mathrm{d}t}\frac{Hl}{N} = VH\frac{\mathrm{d}B}{\mathrm{d}t} \tag{1-10}$$

式中 V——铁心体积，$V = S \times l$。

由于 P 就是为了建立交变磁场所需的功率，那么其在一个周期时间 T 内的平均值也就

是铁心的磁滞损耗，即有

$$\Delta P_{h} = \frac{1}{T}\int_0^T P\mathrm{d}t = f\int_0^T VH\frac{\mathrm{d}B}{\mathrm{d}t}\mathrm{d}t = fV\oint H\mathrm{d}B \tag{1-11}$$

式中　f——电源电压 u 的频率，$f=1/T$。

式（1-11）说明，铁磁材料的磁滞损耗与磁滞回线的面积 $\oint H\mathrm{d}B$、电源频率 f 以及铁心体积 V 成正比。由此，为了降低磁滞损耗应选用磁滞回线面积小的铁磁材料，并尽量减少铁心的体积。比如：硅钢片的磁滞回线面积小，且因磁导率高可减小铁心体积，常被选用作为电机和变压器的铁心材料。

3. 涡流特性及其损耗

对于硅钢片一类具有导电性的铁磁材料还有一个重要特性，即在交变磁场的作用下，铁心中会出现涡流，并由此产生涡流损耗。

如图 1-10 所示，由于铁心是导电的，在交变磁通的作用下，根据电磁感应定律，铁心中将产生感应电动势，这个电动势作用在导体上，就引起电流。这些电流在铁心内部围绕磁通形成旋涡状流动，故称为涡流。涡流在铁心中要产生一定的能量损耗，称为涡流损耗。

现假设铁心中一片硅钢片的长度为 l，厚度为 w，高度为 h，且有 $h \gg w$，则硅钢片的体积为 $V = lwh$。在频率为 f 的交变磁通 B_m 的作用下，由电磁感应定律，硅钢片中某一涡流回路的感应电动势为

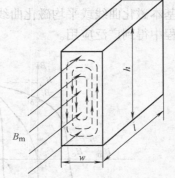

图 1-10　硅钢片中的涡流

$$E_{v} = K_e f h 2x B_{m} \tag{1-12}$$

式中　K_e——电动势比例系数；

　　　　x——该涡流回路与硅钢片厚度 w 对称轴之间的距离。

如果忽略两短边的影响，该涡流回路的等效电阻为

$$\mathrm{d}R = \rho\frac{2h}{l\mathrm{d}x} \tag{1-13}$$

式中　ρ——硅钢片的电阻率；

　　　　$\mathrm{d}x$——涡流之间的距离。

由电路中电功率的计算公式，该涡流回路中的功率损耗为

$$\mathrm{d}\Delta P_{v} = \frac{E_v^2}{\mathrm{d}R} = \frac{2K_e^2 f^2 lhB_m^2}{\rho}x^2\mathrm{d}x \tag{1-14}$$

由此可得这一硅钢片中的涡流损耗为

$$\Delta P_{v} = \int\mathrm{d}\Delta P_{v} = \int_0^{w/2}\frac{2K_e^2 f^2 lhB_m^2 x^2}{\rho}\mathrm{d}x = \frac{K_e^2 f^2 w^2 B_m^2 V}{12\rho} \tag{1-15}$$

上述分析表明，涡流损耗与磁场频率 f、磁通密度 B_m 和硅钢片的厚度成正比；与铁心的电阻率成反比。因此，为了降低涡流损耗，电机和变压器的铁心通常采用含硅量较高的薄硅钢片（厚度为 0.35～0.5mm）叠成。

1.2.3 永磁材料

由软磁材料制造的铁心需要由外部通电线圈的作用才能产生磁场，而硬磁材料由于其剩磁 B_r 大，可用来制成永久磁体，故又称为永磁材料。近年来，采用永磁材料制造的永磁电机得到广泛的应用。

永磁材料的磁性能常用剩磁 B_r、矫顽力 H_c 和最大磁能面积（BH）$_{max}$ 等指标来衡量。一般来说，这三项指标越大，该永磁材料的磁性能就越好。此外还须考虑其工作温度、稳定性以及价格等因素。目前，永磁材料的种类繁多，常用的有以下 4 种：

（1）铁氧体 用粉末冶金或粉末压制而成。其优点是矫顽力 H_c 大，抗去磁能力强，密度小，价格低，工作稳定；缺点是剩磁 B_r 不大，且易受温度影响。因此，不适用于温度变化大且温度稳定性要求高的场合。

（2）稀土钴 具有综合磁性能好、抗去磁能力强和温度稳定性高的特点，其允许工作温度可达 200~250°C；但缺点是价格高、不易加工，因而制造成本高。

（3）钕铁硼 于 20 世纪 80 年代后期合成的一种永磁材料。其磁性能优于稀土钴，且价格较低；不足之处是工作温度较低，约为 100°C，使其应用范围受到一定限制。

（4）铝镍钴 有两种制造方法：一种是用浇铸法制成的铸造型铝镍钴，其优点是磁性能较高，稳定性好，价格较低；缺点是材料硬而脆，不宜加工。另一种是由粉末冶金（烧结）或粉末压制（粘结）制成的粉末型铝镍钴，其优点是可以直接成形，按所需的形状和尺寸制作，特别适合批量生产；缺点是磁性不及前者，且价格较高。

表 1-1 给出了这 4 种永磁材料的主要磁性能[2]。

表 1-1　几种永磁材料的磁性能

材 料 种 类	B_r/T	H_c/(kA/m)	$(BH)_{max}$/(kJ/m³)	B_r 温度系数/(%/°C)
铁氧体	0.405	294	30.5	−0.2
稀土钴	1.06	748	206.9	−0.025
钕铁硼	1.12	843	238.7	−0.1
铝镍钴	1.35	59	59.7	−0.02

1.3 磁路与磁路分析

为简单起见，工程上常用磁路方法来描述和分析磁场及电磁关系。磁路的主要部分是由高导磁材料构成，使得磁通被限制在磁路内部，这就像电流被限制在电路中一样，可以用类似于电路分析的方法来建立磁路分析方法。由于变压器和电机的铁心多是由高导磁材料构成的，因此磁路分析方法可用作分析变压器和电机的重要工具。

1.3.1 磁路与气隙磁场

1. 简单磁路

如图 1-11a 所示，一个简单的磁路由采用高导磁材料的铁心和通电线圈组成，现假定铁心具有相同的截面积 S 和平均长度 l，线圈的匝数为 N，通以电流 i，若忽略线圈漏磁通，由通电线圈产生的磁场将主要分布在铁心内部，并假定工作在导磁材料的线性区，即为线性磁

路。根据式（1-2），可计算出磁场强度为

$$H = \frac{Ni}{l}$$

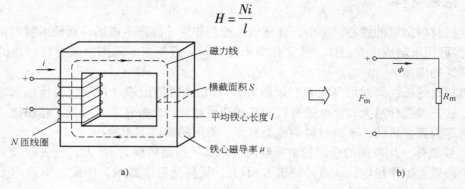

图 1-11　简单磁路示意图

a) 磁路结构　b) 磁路表示

现定义一个新的变量——磁动势 F_m（magnetomotive force，mmf）来描述由通电线圈产生磁场的能力，则上式可写成

$$F_m = Ni = Hl \tag{1-16}$$

再由式（1-3）、式（1-8）和式（1-16）可得

$$F_m = \frac{l}{\mu S} \Phi \tag{1-17}$$

式中，$\mu = \mu_0 \mu_r$ 被称为磁导率。如果令 $R_m = \dfrac{l}{\mu S}$ 为磁阻，则可将式（1-17）表示为

$$F_m = R_m \Phi \tag{1-18}$$

由式（1-18）可见，磁路中磁动势 F_m、磁通 Φ 和磁阻 R_m 的关系与电路中的电动势 E、电流 i 和电阻 R 的关系相似（见图 1-11b），因此式（1-18）又被称为磁路的欧姆定律。这样，就可以用等效的磁路来分析和研究电磁关系。

2. 气隙磁场

假如在磁路中有一段气隙，如图 1-12 所示，只要气隙的长度 l_g 与相邻的铁心表面尺寸相比足够小，那么由通电线圈产生的磁通 Φ 仍主要分布在铁心和气隙中，这时磁路的磁动势 F_m 为

$$F_m = Ni = Hl + H_g l_g \tag{1-19}$$

或写成　　$$F_m = \frac{Bl}{\mu} + \frac{B_g l_g}{\mu_0}$$

由于 $B = \Phi/S_c$，$B_g = \Phi/S_g$，如果忽略气隙磁场的边缘效应，即 $S = S_g$，这样式（1-19）变为

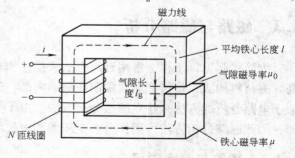

图 1-12　带有气隙的磁路

$$F_m = \Phi \frac{l}{\mu S} + \Phi \frac{l_g}{\mu_0 S} = \Phi(R_m + R_{mg}) \tag{1-20}$$

式（1-20）说明，磁路的磁动势 F_m 等于磁通 Φ 与铁心磁阻 R_m 和气隙磁阻 R_{mg} 串联值

的乘积,这就与串联电路分析相似。由于铁心的磁导率远远大于气隙的磁导率,即 $\mu \gg \mu_0$, $R_{mg} \gg R_m$,因此,由磁动势 F_m 产生的磁通 Φ 或磁通密度 B 主要就取决于气隙的性质,即

$$\Phi \approx \frac{F_m}{R_{mg}} = Ni\frac{\mu_0 S}{l_g} \tag{1-21}$$

另外,由于铁心的磁导率很大,铁心本身并不储存什么磁场能量,磁场能量主要储存在低磁导率的气隙中。所以在电机学中气隙磁场将扮演重要的角色。今后分析研究的重点也主要放在气隙磁场上。

3. 主磁通与漏磁通

如果考虑线圈漏磁通,如图 1-13 所示,由通电线圈产生的总磁通 Φ 分为全部通过铁心中的主磁通 Φ_m 和通过周围的空气形成的漏磁通 Φ_σ 两部分,即有

$$\Phi = \Phi_m + \Phi_\sigma \tag{1-22}$$

且有

$$\Phi_m = \frac{Ni}{R_m} = \frac{F_m}{R_m} \tag{1-23}$$

$$\Phi_\sigma = \frac{Ni}{R_\sigma} = \frac{F_m}{R_\sigma} \tag{1-24}$$

式中 R_σ——漏磁阻。

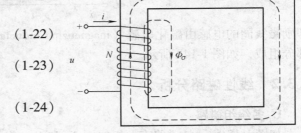

图 1-13 线圈的漏磁通

4. 磁链和电感

在图 1-12 所示的磁路中,现引入一个新的参数——磁链 Ψ,来表示线圈中产生的总磁通,即有

$$\Psi = N\Phi \tag{1-25}$$

式中 Ψ——磁链(Wb)。

这样,由式(1-4)表示的电磁感应定律可写成

$$e = -\frac{d\Psi}{dt} \tag{1-26}$$

再由式(1-21)和式(1-25),可得

$$\Psi = \frac{\mu_0 SN^2}{l_g}i \tag{1-27}$$

式(1-27)说明,当磁路的线圈匝数 N、气隙长度 l_g 和截面积 S 确定之后,磁路中产生的磁链 Ψ 与线圈电流 i 成正比。由此,可以定义线圈的电感 L 为磁链 Ψ 与电流 i 之比,即

$$L = \frac{\Psi}{i} \tag{1-28}$$

式中 L——电感(H)。

在忽略铁心磁阻的条件下,式(1-27)成立,再由式(1-28)可得

$$L = \frac{\mu_0 SN^2}{l_g} \tag{1-29}$$

这时,式(1-26)可写成

$$e = -\frac{d\Psi}{dt} = -\frac{d}{dt}(Li) = -L\frac{di}{dt} \tag{1-30}$$

由此可见，图1-12所示的磁路也可表示成如图1-14a所示的电路形式，其中：电压u以电压下降为正方向，电动势e以电压上升为正方向。

按照电路理论，该电路的回路方程为

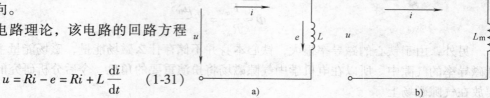

$$u = Ri - e = Ri + L\frac{\mathrm{d}i}{\mathrm{d}t} \tag{1-31}$$

如果考虑线圈的漏磁通（见图1-13），由式（1-22）、式（1-25）和式（1-28）可得

图1-14 磁路的电路表示形式

$$L = \frac{\Psi}{i} = \frac{N(\Phi_\mathrm{m} + \Phi_\sigma)}{i} = L_\mathrm{m} + L_\sigma \tag{1-32}$$

即励磁线圈的电感由磁化电感（magnetizing inductance）或称励磁电感L_m和绕组漏感L_σ两部分组成，如图1-14b所示。

1.3.2 线性磁路分析

1. 多绕组磁路

如图1-15所示，磁路有两组线圈N_1和N_2，分别通以电流i_1和i_2，两组线圈通过的磁通分别为

$$\Phi_1 = \Phi_{\sigma 1} + \Phi_{\mathrm{m}1} + \Phi_{\mathrm{m}2} \tag{1-33}$$

$$\Phi_2 = \Phi_{\sigma 2} + \Phi_{\mathrm{m}2} + \Phi_{\mathrm{m}1} \tag{1-34}$$

用磁链可表示为

$$\Psi_1 = \frac{N_1^2}{R_{\sigma 1}}i_1 + \frac{N_1^2}{R_\mathrm{m}}i_1 + \frac{N_1 N_2}{R_\mathrm{m}}i_2 \tag{1-35}$$

$$\Psi_2 = \frac{N_2^2}{R_{\sigma 2}}i_2 + \frac{N_2^2}{R_\mathrm{m}}i_2 + \frac{N_2 N_1}{R_\mathrm{m}}i_1 \tag{1-36}$$

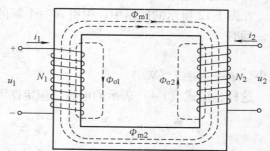

图1-15 有多组线圈的磁路

在式（1-35）和式（1-36）中，等式的前两项是由各自绕组电流感应的磁链，由此定义线圈绕组的自感为

$$L_{11} = \frac{\Psi_{11}}{i_1} = \frac{N_1^2}{R_{\sigma 1}} + \frac{N_1^2}{R_\mathrm{m}} = L_{\sigma 1} + L_{\mathrm{m}1} \tag{1-37}$$

$$L_{22} = \frac{\Psi_{22}}{i_2} = \frac{N_2^2}{R_{\sigma 2}} + \frac{N_2^2}{R_\mathrm{m}} = L_{\sigma 2} + L_{\mathrm{m}2} \tag{1-38}$$

而式（1-35）和式（1-36）的最后一项则是由另一绕组电流感应的磁链，将其定义为互感

$$L_{12} = \frac{\Psi_{12}}{i_2} = \frac{N_1 N_2}{R_\mathrm{m}} \tag{1-39}$$

$$L_{21} = \frac{\Psi_{21}}{i_1} = \frac{N_2 N_1}{R_\mathrm{m}} \tag{1-40}$$

比较两式，显然有 $L_{12} = L_{21}$，即同一磁路中两个相互交链的绕组互感相等。并且互感与绕组的磁化电感有如下关系：

$$L_{12} = L_{21} = \frac{N_2}{N_1}L_{m1} = \frac{N_1}{N_2}L_{m2} \tag{1-41}$$

如果分别令磁链向量和电流向量为

$$\boldsymbol{\Psi} = \begin{bmatrix} \Psi_1 & \Psi_2 \end{bmatrix}^T \tag{1-42}$$

$$\boldsymbol{i} = \begin{bmatrix} i_1 & i_2 \end{bmatrix}^T \tag{1-43}$$

电感矩阵为

$$\boldsymbol{L} = \begin{bmatrix} L_{11} & L_{12} \\ L_{21} & L_{22} \end{bmatrix} = \begin{pmatrix} L_{\sigma 1} + L_{m1} & \dfrac{N_2}{N_1}L_{m1} \\ \dfrac{N_1}{N_2}L_{m2} & L_{\sigma 2} + L_{m2} \end{pmatrix} \tag{1-44}$$

则磁链方程式（1-35）和式（1-36）可写成矩阵形式

$$\boldsymbol{\Psi} = \boldsymbol{Li} \tag{1-45}$$

上述结果可以推广到多绕组线圈的磁路中。假设磁路系统有 n 个线圈，其匝数分别为 N_1，N_2，$\cdots$，N_n，分别通以电流 i_1，i_2，$\cdots$，i_n，此时，磁链方程组仍可用式（1-45）表示。这里，磁链向量为

$$\boldsymbol{\Psi} = \begin{bmatrix} \Psi_1 & \Psi_2 & \cdots & \Psi_n \end{bmatrix}^T \tag{1-46}$$

电流向量为

$$\boldsymbol{i} = \begin{bmatrix} i_1 & i_2 & \cdots & i_n \end{bmatrix}^T \tag{1-47}$$

电感矩阵为

$$\boldsymbol{L} = \begin{pmatrix} L_{11} & L_{12} & \cdots & L_{1n} \\ L_{21} & L_{22} & \cdots & L_{2n} \\ \vdots & \vdots & \vdots & \vdots \\ L_{n1} & L_{n2} & \cdots & L_{nn} \end{pmatrix} \tag{1-48}$$

2. 磁动势的合成

在如图 1-15 所示的两绕组磁路中，其励磁电流产生的磁链方向相同，因此所产生的总磁动势为两组绕组分别产生的磁动势之和，即

$$F_m = N_1 i_1 + N_2 i_2 = F_{m1} + F_{m2} \tag{1-49}$$

上述结果可以推广到多绕组线圈的磁路中，其总的磁动势 F_m 是每组线圈 N_1，N_2，$\cdots$，N_n 产生的磁动势 F_{m1}，F_{m2}，$\cdots$，F_{mn} 的合成。但必须注意，磁动势除了大小以外，还应考虑其方向，因此一般来说，磁动势的合成是一种矢量计算，即

$$\vec{F}_m = \sum_{i=1}^{n} \vec{F}_{mi} \tag{1-50}$$

3. 等效电路分析方法

对于多绕组的磁路系统，由于存在多绕组的磁耦合问题，其电路结构就比较复杂。为了简化分析，需要引入等效电路的概念，采用等效折算的方法将其他线圈的变量和参数折合到一个参考线圈侧，以解决多绕组的磁耦合问题。

现仍以图 1-15 的两绕组线圈的磁路为例，将式（1-45）展开，写成

$$\Psi_1 = L_{\sigma 1} i_1 + L_{m1}\left(i_1 + \frac{N_2}{N_1} i_2\right) \tag{1-51}$$

$$\Psi_2 = L_{\sigma 2} i_2 + L_{m2}\left(i_2 + \frac{N_1}{N_2} i_1\right) \tag{1-52}$$

这里有两种选择，一种是选择 $(N_2/N_1)i_2$ 作为电流分量，另一种是选择 $(N_1/N_2)i_1$ 作为电流分量。如果选择前者，并假设有一个新的电流 i_2'，其在绕组 1 所产生的磁动势与电流 i_2 在绕组 2 所产生的磁动势相等，即

$$N_1 i_2' = N_2 i_2 \tag{1-53}$$

由此

$$i_2' = \frac{N_2}{N_1} i_2 \tag{1-54}$$

再根据能量守恒原则，该电流分量产生的电功率不变，即 $u_2' i_2' = u_2 i_2$，由此可得

$$u_2' = \frac{N_1}{N_2} u_2 \tag{1-55}$$

再令磁链 Ψ_2' 为

$$\Psi_2' = \frac{N_1}{N_2} \Psi_2 \tag{1-56}$$

由于两绕组的磁路相同，若令 $L_{m1} = L_m$，$L_{m2} = (N_2/N_1)^2 L_m$。将上述新的变量关系式代入式（1-51）和式（1-52），可得

$$\Psi_1 = L_{\sigma 1} i_1 + L_m (i_1 + i_2') \tag{1-57}$$
$$\Psi_2' = L_{\sigma 2}' i_2' + L_m (i_1 + i_2') \tag{1-58}$$

式中　$L_{\sigma 2}'$——等效漏感，$L_{\sigma 2}' = \dfrac{N_1^2}{N_2^2} L_{\sigma 2}$。

这样，电压回路方程为

$$u_1 = R_1 i_1 + \frac{\mathrm{d}\Psi_1}{\mathrm{d}t} = R_1 i_1 + L_{\sigma 1}\frac{\mathrm{d}i_1}{\mathrm{d}t} + L_m \frac{\mathrm{d}(i_1 + i_2')}{\mathrm{d}t} \tag{1-59}$$

$$u_2 = R_2' i_2' + \frac{\mathrm{d}\Psi_2'}{\mathrm{d}t} = R_2' i_2' + L_{\sigma 2}'\frac{\mathrm{d}i_2'}{\mathrm{d}t} + L_m \frac{\mathrm{d}(i_1 + i_2')}{\mathrm{d}t} \tag{1-60}$$

式中　R_2'——等效电阻，$R_2' = \dfrac{N_1^2}{N_2^2} R_2$。

由电压方程式（1-59）和式（1-60）可建立一个 T 形电路表示其关系，如图 1-16 所示，电路中带"'"的新变量和参数是为了便于分析计算从绕组 2 折算到绕组 1 边的等效变量。同理，也可以将绕组 1 的所有变量和参数折算到绕组 2 侧进行等效分析。

上述分析表明，通过等效电路可以表示两个绕组磁路系统的电磁关系，上述结果可以推广到任意多个绕组的磁路分析。因此，

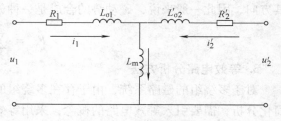

图 1-16　T 形等效电路

等效电路方法是分析电磁关系的重要工具，将在后续章节中经常用来分析电机。

4. 复杂磁路分析

对于结构复杂的磁路，可以用类似于电路的分析方法，把工程应用中几何形状复杂的磁路分段处理，简化成若干个几何形状规则的简单磁路的组合。

例 1-1 有一磁路如图 1-17 所示，由铁磁材料构成，带有两个长度和面积分别为 g_1、g_2 和 S_1、S_2 的气隙，其线圈匝数为 N，通以电流 i，试求出磁路总的磁通 Φ 和气隙 1 的磁通 Φ_1。

解： 由磁路结构图画出其等效磁路图，根据电路方法可列出磁路关系

$$\Phi = \frac{Ni}{\dfrac{R_{m1} R_{m2}}{R_{m1} + R_{m2}}}$$

其中 $R_{m1} = \dfrac{g_1}{\mu_0 S_1}$，$R_{m2} = \dfrac{g_2}{\mu_0 S_2}$

$$\Phi_1 = \frac{Ni}{R_{m1}} = \frac{\mu_0 S_1 Ni}{g_1}$$

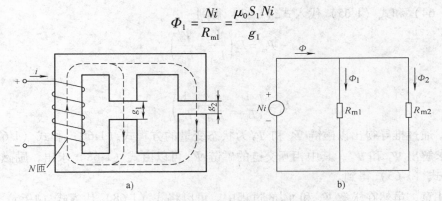

图 1-17 例 1-1 的磁路

a）实际磁路 b）等效磁路

1.3.3 非线性磁路分析[*]

前一小节详细论述了线性磁路理论与分析方法，这些理论方法是磁路稳态分析的重要工具。因为在电机的稳态分析中，为了简化起见，通常假设变压器和电机的磁路是线性的，由此采用线性磁路分析方法建立电机的理论模型、进行分析和计算。但是，由于磁饱和特性和磁滞特性，实际的变压器和电机的磁路是非线性的，特别是在电机的设计中往往使电机的额定工作状态处于浅的饱和区，以提高电磁装置的经济性。这样，由 B-H 曲线可知，由于磁通密度取决于励磁电流，使得描述电磁系统行为的微分方程的系数不再是常数，而是随线圈电流变化的变量。由此，非线性电磁系统动态过程的瞬时分析就比较困难。随着计算机仿真技术的普及和应用，现在可以采用计算机进行非线性电磁系统的动态分析[4]。

由于前述的描述线性磁路的方程可以直接进行计算机模拟，并且这种模拟也是电机计算机仿真的基础，因此仍然先从线性耦合磁路着手，将式（1-57）和式（1-58）写成

$$\Psi_1 = L_{\sigma 1} i_1 + \Psi_m \tag{1-61}$$

$$\Psi_2' = L_{\sigma 2}' i_2' + \Psi_m \tag{1-62}$$

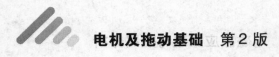
式中

$$\Psi_m = L_m(i_1 + i_2') \tag{1-63}$$

从式（1-61）和式（1-62）中求解电流，得

$$i_1 = \frac{1}{L_{\sigma 1}}(\Psi_1 - \Psi_m) \tag{1-64}$$

$$i_2' = \frac{1}{L_{\sigma 2}'}(\Psi_2' - \Psi_m) \tag{1-65}$$

将式（1-64）和式（1-65）代入电压方程式（1-59）和式（1-60），并求解磁链方程，可得

$$\Psi_1 = \int\left[u_1 - \frac{R_1}{L_{\sigma 1}}(\Psi_m - \Psi_1)\right]dt \tag{1-66}$$

$$\Psi_2' = \int\left[u_2' - \frac{R_2'}{L_{\sigma 2}'}(\Psi_m - \Psi_2')\right]dt \tag{1-67}$$

再将式（1-64）和式（1-65）代入式（1-63）得到

$$\Psi_m = L_a\left(\frac{\Psi_1}{L_{\sigma 1}} + \frac{\Psi_2'}{L_{\sigma 2}'}\right) \tag{1-68}$$

式中

$$L_a = \left(\frac{1}{L_{\sigma 1}} + \frac{1}{L_{\sigma 2}'} + \frac{1}{L_m}\right)^{-1} \tag{1-69}$$

现在，通过推导得出以磁链 Ψ_1 和 Ψ_2' 为状态变量的方程式（1-66）和式（1-67），可以用计算机求解出 Ψ_1 和 Ψ_2'，其中相互交链的磁链 Ψ_m 可以由式（1-68）求出，励磁电流由式（1-64）和式（1-65）得到。

必须注意，虽然在求解 Ψ_1 和 Ψ_2' 的过程中，可以将式（1-68）代入式（1-66）和式（1-67）消去其中的交互磁链 Ψ_m，使得计算机模拟时不再出现变量 Ψ_m。但是，当考虑磁路饱和特性时，Ψ_m 是包含非线性特征的重要变量，因而不能被轻易消掉。

如果已知多线圈耦合磁路的磁化特性，就可以预先得知饱和非线性对耦合磁路的影响，并设置到计算机仿真计算中。耦合磁路的磁化曲线可以通过测试取得，在图 1-15 所示的磁路中，先将某一线圈输入端开路（比如选线圈 2），在另一线圈（比如选线圈 1）两端接一可调阻抗，使输入线圈的电压可以从 0 调到其额定电压的 150%，由此可获得 Ψ_m 随 $i_1 + i_2'$ 变化的曲线（见图 1-18）。图中，斜线表示互感 L_m 与电流 $i_1 + i_2'$ 的关系。由图中可得

$$\Psi_m = L_m(i_1 + i_2') - f(\Psi_m) \tag{1-70}$$

式中 $f(\Psi_m)$——随互感磁链 Ψ_m 变化的非线性函数，可通过图解方法，由磁化曲线逐点计算 $L_m(i_1 + i_2')$ 与 Ψ_m 的差值来确定。

图 1-19 给出了由图 1-18 绘制出的 $f(\Psi_m)$ 函数曲线。

这样，只要用式（1-70）取代式（1-63），就能计及饱和非线性的影响。再将式（1-64）和式（1-65）代入式（1-70）消去电流 $i_1 + i_2'$，可得

$$\Psi_m = L_a\left(\frac{\Psi_1}{L_{\sigma 1}} + \frac{\Psi_2'}{L_{\sigma 2}'}\right) - \frac{L_a}{L_m}f(\Psi_m) \tag{1-71}$$

由此，现在可用包含了饱和非线性因素的式（1-71）取代式（1-68），通过计算机仿真进行非线性电磁系统的动态分析和计算。

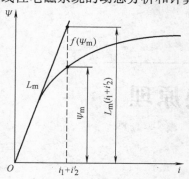

图 1-18　耦合磁路的磁化曲线

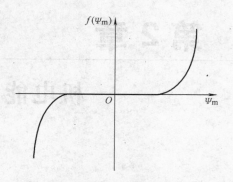

图 1-19　由磁化曲线得到的 $f(\varPsi_m)$

小　结

本章主要介绍了电磁感应现象、铁磁材料特性和磁路分析方法等内容，特别是电磁感应定律作为电机最重要的基本原理之一，为学习以后各章奠定了理论基础。希望通过本章的学习了解和掌握：

1）电磁感应定律的物理意义。

2）磁路的基本概念和分析方法。

3）气隙磁场的形成和作用。

思考题与习题

1-1　请说明电与磁存在哪些基本关系，并列出其基本物理规律与数学公式。

1-2　通过电路与磁路的比较，总结两者之间哪些物理量具有相似的对应关系（比如：电阻与磁阻），请列表说明。

1-3　用硅钢作为导磁材料，现已知 $B = 1.6\text{T}$，试根据图 1-7 所示的 $B\text{-}H$ 曲线求取在此磁场条件下硅钢的相对磁导率 μ_r。

1-4　有一导体，长度 $l = 3\text{m}$，通以电流 $i = 200\text{A}$，放在 $B = 0.5\text{T}$ 的磁场中，试求：（1）导体与磁场方向垂直时的电磁力；（2）导体与磁场方向平行时的电磁力；（3）导体与磁场方向为 30° 的电磁力。

1-5　有一磁路的铁心形状如图 1-20 所示，铁心各边

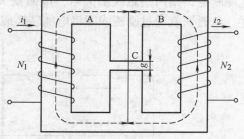

图 1-20　习题 1-5 图

的尺寸为：A、B 两边相等长度为 17cm，截面积为 7cm^2；C 边长 5.5cm，截面积为 14cm^2；气隙长度 $g = 0.4\text{cm}$。两边各有一个线圈，其匝数为 $N_1 = N_2 = 100$，分别通以电流 i_1 和 i_2，所产生的磁通由 A、B 两边汇入中间的 C 边，且方向一致。试求：在气隙中产生 $B = 1.2\text{T}$ 时所需的电流值，此时气隙中储存的能量 W_f，并计算电感 L。

第 2 章

机电能量转换原理

从能量转换的观点，可以把依靠电磁感应原理运行的机电设备看作是一类机电转换装置，比如变压器是一种静止的电能转换装置，而旋转电机是一种将机械能转换成电能（发电机）或将电能转换成机械能（电动机）的运动装置。因此，机电能量转换原理也是学习和研究电机理论的一个重要工具。

2.1 机电能量的转换装置

一般来说，电磁系统包括电气系统、机械系统和连接机电系统的中间媒介，其作用是能量传递和转换。系统可以从机械系统输入机械能，通过中间介质将机械能传递给电气系统，使之输出电能；另一方面，也可以从电气系统输入电能，并由中间介质转换为机械能，驱动机械系统运动。

例如，图 2-1 给出了一个电磁铁的例子，其中电气系统由电源电压 u 提供能量；机械系统分为静止和运动两部分。当电源向励磁线圈供电时，电磁铁产生吸力，将衔铁吸合；如果电源断电，则因励磁线圈失电，电磁铁失去电磁力，而衔铁被弹簧拉开恢复原来位置。这样，电磁铁就通过励磁线圈将电能转换成了机械能。

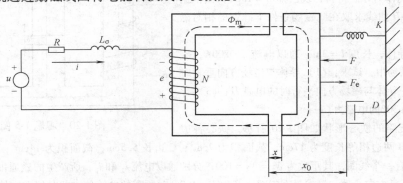

图 2-1 电磁铁的工作原理示意图

电机也是这样一种机电能量转换装置，它不仅能够将电能转换为机械能，也能将机械能转换为电能。因此，研究机电能量转换原理，对于深入分析和理解电机的基本理论很有帮助。

第 2 章　机电能量转换原理

由于机械系统和电气系统是两种不同的系统，其能量转换必须有一个中间媒介，这个任务就是由气隙构成的耦合磁场来完成的，图 2-2a 是机电系统通过耦合磁场相联系的示意图。

图 2-2　机电能量转换关系
a）机电系统及联系　b）理想的磁能储存系统

根据电磁系统机电装置的能量输入和输出的数量，可分为单输入单输出机电能量转换装置和多输入多输出机电能量转换装置。

2.1.1　单输入单输出机电能量转换装置

单输入单输出机电能量转换装置是一类简单的电磁系统，如图 2-3 所示，其具有单一的电气和机械装置通过耦合磁场进行机电能量的转换，再由电气或机械装置输入或输出能量。这类电磁系统具有广泛的工程应用，如电磁继电器和电磁铁等机电装置。

在图 2-1 所示的电磁装置中，电气系统由电路回路方程表示为

$$u = Ri + L_\sigma \frac{\mathrm{d}i}{\mathrm{d}t} - e \qquad (2-1)$$

式中　R——回路电阻，包括电源内阻和线圈电阻；
　　　L_σ——励磁线圈的漏感；
　　　e——耦合磁场在励磁线圈中的感应电动势。

图 2-3　单输入单输出机电能量转换装置

机械系统的运动由牛顿定律描述为

$$F = M \frac{\mathrm{d}^2 x}{\mathrm{d}t^2} + D \frac{\mathrm{d}x}{\mathrm{d}t} + K(x - x_0) + F_e \qquad (2-2)$$

式中　M——机械运动部件的质量；
　　　K——运动系统的弹性系数；
　　　D——运动系统的粘滞系数；
　　　x——机械运动部件的位移；
　　　x_0——机械运动部件的初始位置。

由电气系统输入的全部电源能量为

$$W_E = \int ui\mathrm{d}t \qquad (2-3)$$

由机械系统输入的总机械能为

$$W_M = \int F\mathrm{d}x = \int F \frac{\mathrm{d}x}{\mathrm{d}t}\mathrm{d}t \qquad (2-4)$$

将式（2-1）代入式（2-3），可知电气系统输入电能的分布为

$$W_E = \int ui\mathrm{d}t = R\int i^2 \mathrm{d}t + L_\sigma \int i\mathrm{d}i - \int ei\mathrm{d}t$$

此式表示，电气系统输入的电能一部分成为电阻的损耗（右边第1项）和电感储能（右边第2项），而输入耦合磁场的电能为

$$W_e = -\int ei\mathrm{d}t \tag{2-5}$$

将式（2-2）代入式（2-4），可知机械系统输入机械能的分布为

$$W_M = \int F\frac{\mathrm{d}x}{\mathrm{d}t}\mathrm{d}t = M\int\frac{\mathrm{d}^3x}{\mathrm{d}t^2} + D\int\left(\frac{\mathrm{d}x}{\mathrm{d}t}\right)^2\mathrm{d}t + K\int(x - x_0)\mathrm{d}x + \int F_e\mathrm{d}x$$

此式右边第1项和第3项分别代表机械系统的质量和弹性储能；第2项表示系统的摩擦发热损耗；而由机械系统输入耦合磁场的机械能为

$$W_m = \int F_e\mathrm{d}x \tag{2-6}$$

由此，机电系统耦合磁场输入的总能量应为电气系统与机械系统输入能量之和，即为

$$W_f = W_e + W_m = -\int ei\mathrm{d}t + \int F_e\mathrm{d}x \tag{2-7}$$

2.1.2 多输入多输出机电能量转换装置

多输入多输出机电能量转换装置是一类复杂的电磁系统，如图2-4所示，其具有多路的电气和机械装置通过耦合磁场进行机电能量的转换，再由电气或机械装置输入或输出能量。

如果假设由电气系统输入耦合磁场的电能有 J 路，W_{e1}，W_{e2}，$\cdots$，W_{eJ}；由机械系统输入耦合磁场的机械能有 K 路，W_{m1}，W_{m2}，$\cdots$，W_{mK}，那么，输入耦合磁场的总能量为

$$W_f = \sum_{j=1}^{J}W_{ej} + \sum_{k=1}^{K}W_{mk} \tag{2-8}$$

式中

$$\sum_{j=1}^{J}W_{ej} = -\int\sum_{j=1}^{J}e_j i_j\mathrm{d}t \tag{2-9}$$

$$\sum_{k=1}^{K}W_{mk} = \int\sum_{k=1}^{K}F_{ek}\mathrm{d}x_k \tag{2-10}$$

由此，多输入耦合磁场的能量平衡方程为

图2-4　多输入多输出机
电能量转换装置

$$W_f = -\int\sum_{j=1}^{J}e_j i_j\mathrm{d}t + \int\sum_{k=1}^{K}f_{ek}\mathrm{d}x_k \tag{2-11}$$

多输入耦合磁场的能量平衡方程也可以写成如下微分形式

$$\mathrm{d}W_f = -\sum_{j=1}^{J}e_j i_j\mathrm{d}t + \sum_{k=1}^{K}f_{ek}\mathrm{d}x_k \tag{2-12}$$

由以上分析，多输入多输出电磁系统的耦合磁场的总能量是电气系统各个励磁线圈感应电动势 e_j（$j = 1, 2, \cdots, J$）所产生的电能与机械系统各个电磁力 f_{ek}（$k = 1, 2, \cdots, K$）所产生的机械能之和。

2.2 磁场中的能量关系

由上述分析可知，在电磁系统中耦合磁场是机电能量转换的关键环节，其作用至关重要。因此，有必要进一步分析磁场储存能量的机理及特性。

首先为简便起见，可将能量转换过程中的损耗分别归并到输入的电能和输出的机械能中，即认为耦合磁场将全部输入的电能转换为机械能，在转换过程中耦合磁场没有发生变化。这样，如图 2-2b 所示，耦合磁场被看作是一个理想的无损耗的磁能储存系统（lossless magnetic energy storage system）。

在上述假定条件下，研究分析发现磁场储能可以表示成磁能（magnetic energy）和磁共能（magnetic co-energy）两种类型。

2.2.1　磁能

进一步分析耦合磁场的能量平衡方程式（2-11），可以看出磁场能量是机电系统状态变量的函数，即磁场能量的大小完全由系统当时的状态决定，而与系统如何达到这种状态无关。这种特征有利于磁场能量的计算。特别是，如果机械系统的位移不变，即假定机械运动部件处于某一固定位置，则式（2-11）中右边的第 2 项积分为零。这说明，机械系统输入耦合磁场的能量 $W_{mk} = 0$。此时，耦合磁场的储能全部来自于电气系统的输入电能，即

$$W_f = -\int \sum_{j=1}^{J} e_j i_j \mathrm{d}t \tag{2-13}$$

为了简化起见，我们先从简单电磁系统入手，假定图 2-1 所示的磁路中所获得的能量是由线圈输入的电能提供的，由电功率的基本概念可知

$$P = -ie = i\frac{\mathrm{d}\Psi}{\mathrm{d}t}$$

由此可得磁路中储存的磁能为

$$W_f = \int_0^t P\mathrm{d}t = \int_0^\psi i\mathrm{d}\Psi = \int_0^\psi \frac{\Psi}{L}\mathrm{d}\Psi = \frac{\Psi^2}{2L} = \frac{1}{2}Li^2 \tag{2-14}$$

此式说明，磁路中磁场储存的磁能与励磁线圈的电感和电流有关，即

$$W_f = \frac{1}{2}Li^2 \tag{2-15}$$

由式（1-29）可知，电感主要由气隙决定，也就是说磁场的储能主要是存放在气隙之中。我们往往把气隙磁场称为耦合磁场，它是机电能量转换的主要媒介。

上述推导结果可以推广到多输入多输出电磁系统中，但由于多个励磁线圈除了其自感外，还有互感存在，因此，用电感计算磁场储能的公式与式（2-15）相比要复杂许多。但对于线性电磁系统，由于

$$W_f = \frac{1}{2}i\Psi \tag{2-16}$$

将式（1-45）代入，得

$$W_f = \frac{1}{2}i^\mathrm{T}Li \tag{2-17}$$

对于由图 1-15 所示的两个励磁线圈组成的磁路，将式（1-43）和式（1-44）代入式（2-17），可计算出

$$W_f = \frac{1}{2}i^\mathrm{T}Li = \frac{1}{2}\begin{bmatrix} i_1 & i_2 \end{bmatrix}\begin{pmatrix} L_{11} & L_{12} \\ L_{21} & L_{22} \end{pmatrix}\begin{pmatrix} i_1 \\ i_2 \end{pmatrix} = \frac{1}{2}(L_{11}i_1^2 + L_{12}i_1i_2 + L_{21}i_2i_1 + L_{22}i_2^2)$$

磁能公式（2-14）说明，磁能 W_f 是励磁电流 i 在 Ψ-i 曲线（励磁磁路的磁化曲线）沿 Ψ 轴的积分。如图 2-5 所示，Ψ-i 曲线的左侧区域 O-a-b 的面积即为磁能。考虑到机械位移的关系，磁能 W_f 可以认为是线圈磁链 Ψ 和机械位移 x 的函数 W_f（Ψ，x）。

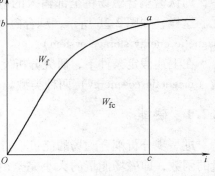

图 2-5 磁场存储的能量

2.2.2 磁共能

由于线圈磁链 Ψ 有时不易计算或测量，这里引入磁共能的概念，把图 2-5 中 Ψ-i 曲线的右边区域 O-a-c 所表示的能量称为磁共能 W_{fc}，即

$$W_{fc} = \int \Psi \mathrm{d}i \tag{2-18}$$

且有

$$W_{fc} = i\Psi - W_f \tag{2-19}$$

磁共能又称磁余能，没有明确的物理意义，并不表示一个实际的能量。但是，由于磁共能 W_{fc} 是线圈电流 i 和机械位移 x 的函数 $W_{fc}(i，x)$，便于用来计算电磁力或电磁转矩，因此是研究机电能量转换的重要变量。

2.3 机电能量转换

根据前两节对电磁系统机电能量关系的分析，一般来说，电磁系统的机电能量的相互关系可以用图 2-6 来表达。

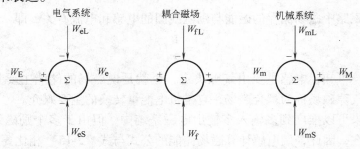

图 2-6 机电能量转换关系

由图 2-6 的能量关系，电气系统和机械系统的能量关系分别表示为

$$W_E = W_e + W_{eL} + W_{eS} \tag{2-20}$$

$$W_M = W_m + W_{mL} + W_{mS} \tag{2-21}$$

式中　W_{eL}——电气系统的能量损耗，比如电阻与导体的发热损耗；

　　　W_{eS}——电气系统的储能，比如线圈漏感储能；

　　　W_{mL}——机械系统的能量损耗，比如摩擦发热损耗；

　　　W_{mS}——机械系统的储能，比如运动部件的质量或转动惯量以及弹性储能等。

根据能量守恒原理，在耦合磁场中应满足下列机电能量转换：

$$W_f + W_{fL} = W_e + W_m \tag{2-22}$$

式中　W_{fL}——耦合磁场的能量损耗。

为简便起见，若忽略磁场的损耗，将耦合磁场看作是一个理想的无损耗的磁能储存系统，并且耦合磁场的能量全部储存在气隙中。即有

$$W_f = W_e + W_m \tag{2-23}$$

上式可用微分方程表示为

$$dW_f = dW_e + dW_m \tag{2-24}$$

式中　dW_f——在时间 dt 内耦合磁场吸收能量的增量；

　　　dW_e——在时间 dt 内输入耦合磁场的净电能增量；

　　　dW_m——时间 dt 内转换为机械能的能量增量。

在机电能量转换过程中，电气系统的变化可能是由于机械运动而产生的感应电动势，机械系统的变化可能是由于电磁作用而产生的力（直线运动时）或转矩（旋转运动时）。按能量传递方向的约定，对电动机来说，输入电能取正号，输出机械能取负号；而对发电机来说输入机械能取正号，输出电能取负号。

2.4　电磁力与电磁转矩

根据机电能量转换公式可以推导出电磁力和电磁转矩的表达式。

2.4.1　电磁力的一般表达式

如果电磁系统的机械运动部件在电磁力的作用下做位移运动，其电磁力推导过程如下。由于电气系统输入耦合磁场的能量可用微分形式表示为

$$dW_e = Pdt = -eidt = id\Psi \tag{2-25}$$

对于位移运动，假设由于电磁力 F_e 的作用，产生了相应的机械位移 dx，那么机械系统所做的机械功为

$$dW_m = F_e dx \tag{2-26}$$

现以电动机为参考系，其能量传递关系如图 2-7 所示。

此时，耦合磁场的磁能为输入电能和输出机械能，由式（2-24）可得

$$dW_f = dW_e - dW_m \tag{2-27}$$

代入式（2-25）和式（2-26），式（2-27）可写成

$$dW_f = id\Psi - F_e dx \tag{2-28}$$

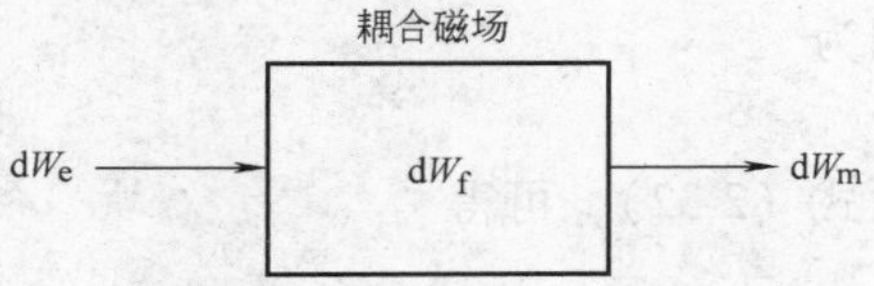

图 2-7　电动机的机电能量传递方向

由式（2-28）可见，耦合磁场的磁能是电磁系统磁链 Ψ 和机械位移 x 的函数 $W_f = W_f(\Psi, x)$，其中，磁链 Ψ 和机械位移 x 是两个独立变量，对其求全微分，可得

$$dW_f = \frac{\partial W_f(\Psi, x)}{\partial \Psi}d\Psi + \frac{\partial W_f(\Psi, x)}{\partial x}dx \tag{2-29}$$

比较式（2-28）和式（2-29），可以看出下面等式成立

$$F_e dx = -\frac{\partial W_f(\Psi, x)}{\partial x}dx$$

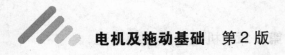

由此，可得作用于机械系统的电磁力通用计算公式

$$F_e = - \frac{\partial W_f(\boldsymbol{\Psi}, x)}{\partial x} \tag{2-30}$$

2.4.2 电磁转矩的一般表达式

同理，可推导具有旋转运动的电磁系统的电磁转矩计算公式。对于旋转运动来说，如果由于电磁转矩 T_e 的作用，产生了相应的机械角位移 $\mathrm{d}\theta$，则表示其做了机械功 $\mathrm{d}W_m$，即

$$\mathrm{d}W_m = T_e \mathrm{d}\theta \tag{2-31}$$

这里也以电动机的能量传递作为参考方向，因此，式（2-24）可写成

$$\mathrm{d}W_f = i\mathrm{d}\boldsymbol{\Psi} - T_e \mathrm{d}\theta \tag{2-32}$$

磁能 W_f 是磁链 $\boldsymbol{\Psi}$ 和角位移 θ 的函数 $W_f(\boldsymbol{\Psi}, \theta)$，对其求全微分可得

$$\mathrm{d}W_f(\boldsymbol{\Psi}, \theta) = \frac{\partial W_f(\boldsymbol{\Psi}, \theta)}{\partial \boldsymbol{\Psi}}\mathrm{d}\boldsymbol{\Psi} + \frac{\partial W_f(\boldsymbol{\Psi}, \theta)}{\partial \theta}\mathrm{d}\theta \tag{2-33}$$

对比式（2-32）和式（2-33），可以看出

$$T_e \mathrm{d}\theta = - \frac{\partial W_f(\boldsymbol{\Psi}, \theta)}{\partial \theta}\mathrm{d}\theta$$

$$T_e = - \frac{\partial W_f(\boldsymbol{\Psi}, \theta)}{\partial \theta} \tag{2-34}$$

式（2-34）给出了由磁能 $W_f(\boldsymbol{\Psi}, \theta)$ 计算旋转电机电磁转矩的通用公式，该式说明，当转子的微小角位移引起电机磁能变化时，转子上将受到电磁转矩的作用，电磁转矩的大小等于单位角位移时磁能的变化率（磁链约束为常值），电磁转矩的方向为恒磁链下趋使磁能减小的方向。

由于磁能 $W_f(\boldsymbol{\Psi}, \theta)$ 是磁链 $\boldsymbol{\Psi}$ 的函数，有时在电机中难以求取 $\boldsymbol{\Psi}$，这时可以利用磁共能 $W_{fc}(i, \theta)$ 来计算电磁转矩。由式（2-19）得

$$W_{fc} = i\boldsymbol{\Psi} - W_f$$

在等式两边进行微分，得

$$\mathrm{d}W_{fc} = \mathrm{d}(i\boldsymbol{\Psi}) - \mathrm{d}W_f \tag{2-35}$$

因为

$$\mathrm{d}(i\boldsymbol{\Psi}) = i\mathrm{d}\boldsymbol{\Psi} + \boldsymbol{\Psi}\mathrm{d}i \tag{2-36}$$

由式（2-32），可得

$$\mathrm{d}W_{fc} = \boldsymbol{\Psi}\mathrm{d}i + T_e \mathrm{d}\theta \tag{2-37}$$

将函数 $W_{fc}(i, \theta)$ 按全微分形式展开，得

$$\mathrm{d}W_{fc}(i, \theta) = \frac{\partial W_{fc}(i, \theta)}{\partial i}\mathrm{d}i + \frac{\partial W_{fc}(i, \theta)}{\partial \theta}\mathrm{d}\theta \tag{2-38}$$

比较式（2-37）和式（2-38），可得

$$T_e = \frac{\partial W_{fc}(i, \theta)}{\partial \theta} \tag{2-39}$$

式（2-39）给出了由磁共能 $W_{fc}(i, \theta)$ 计算旋转电机电磁转矩的通用公式，该式说明，当转子的微小角位移引起电机磁共能变化时，转子上将受到电磁转矩的作用，电磁转矩的大

小等于单位角位移时磁共能的变化率（电流约束为常值），电磁转矩的方向为恒电流下趋使磁共能增加的方向。

这样，只要知道旋转电机气隙磁场的储能 W_f 或磁共能 W_{fc} 中的一个，就可利用式（2-34）或式（2-39）求出旋转电机的电磁转矩，两者的结果是一致的。

小　结

本章从机电能量转换的角度分析了电机的能量传递和转换过程，着重指出了气隙磁场在电机机电能量转换中的重要作用。在忽略耦合磁场损耗的条件下，给出了耦合磁场储能与机电系统能量的平衡关系，在此基础上推导出计算电磁系统电磁力和电磁转矩的通用公式，为后面各章节奠定了重要的理论基础。

思考题与习题

2-1　如何理解机电能量转换原理？根据这个原理可以解决什么问题？

2-2　试述耦合场在机电能量转换中的作用。

2-3　简述磁能的意义，并说明磁能与磁共能之间的关系。

2-4　试推导电磁系统电磁力和电磁转矩的通用公式。

2-5　有一双边激励的无损耗电磁系统（见图 2-8），其电压平衡方程为

$$u_1 = ai_1 \frac{\mathrm{d}i_1}{\mathrm{d}t} + \frac{\mathrm{d}}{\mathrm{d}t}\big[b(x)i_2\big]$$

$$u_2 = \frac{\mathrm{d}}{\mathrm{d}t}\big[b(x)i_1\big] + ci_2 \frac{\mathrm{d}i_2}{\mathrm{d}t}$$

若 $a>0$，$c>0$，试求：（1）系统的磁能与磁共能；（2）用电流 i_1、i_2 和位移 x 表达的电磁力 F_e。

图 2-8　双边激励的无损耗电磁系统

第 3 章
电机的基本结构与工作原理

　　各种电机虽然结构不一、样式繁多，但其遵循的基本原理都是相同的，即法拉第电磁感应定律。本章将摒弃电机的具体结构，从一个最基本的模型电机入手，分析和讨论电机的共性问题，为后续各章奠定理论基础。

3.1　模型电机的结构

　　目前，无论哪种电机都是由定子和转子两部分组成的，定子是固定不动的，转子是运动的，它们之间隔着一层薄薄的气隙。在定子和转子上分别按需要安装若干线圈，其目的是在气隙中产生磁场。往往要求气隙磁场按一定的形式分布，例如正弦分布磁场。

　　为了简单起见，先分析一个最简单的两极电机，如图 3-1a 所示，该电机在定子上有一个励磁绕组，线圈匝数为 N，如果通以电流 i，将产生一个两极磁场，其磁力线的方向由电流方向决定（见图中的虚线部分）。在忽略定子和转子铁心磁阻的条件下，由定子线圈电流产生的磁场全部在气隙中，且在每个磁极下的磁场强度不变，由式（1-16）并只考虑气隙磁路，可计算出磁场强度 H 和磁动势 F_m 的大小，其分布如图 3-1b 所示，为一个随转角 θ 变化的矩形波。

　　为了能够得到其他形式的分布磁场和磁动势，可以增加线圈个数并按一定的规律放置。例如：在上述线圈周围放置若干线圈，由此产生的磁动势如图 3-2 所示，其波形是梯形波，线圈越多越接近一个正弦波。在实际电机中就是通过这种办法来得到所需要的磁场分布。

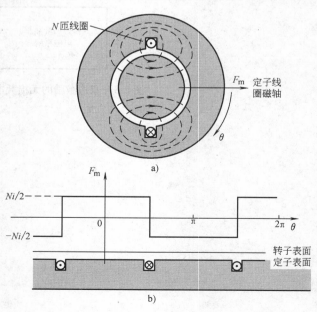

图 3-1　简单电机的气隙磁场分布

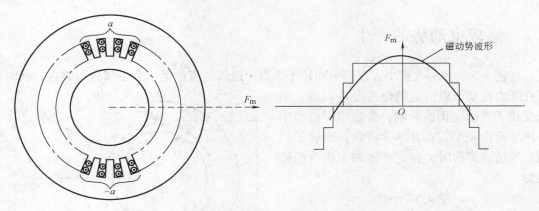

图 3-2 电机的正弦分布磁场

同理,可以在转子上设置一个线圈绕组以产生转子磁动势 F_{mr}。如果在定子和转子上按上述方法增设若干绕组,通过适当的连接,可使两极电机变为多极电机。此外,还可以将均匀气隙做成不均匀气隙,例如同步电机和直流电机。

由此可见,可以用一个简单的两极电机作为电机的物理模型,通过对电机模型的分析,学习和掌握电机的基本原理。为不失一般性,设原型电机如图 3-3a 所示,在定子和转子上各设置一组绕组,构成一个两极电机,各绕组的分布使其产生的磁场按正弦分布。

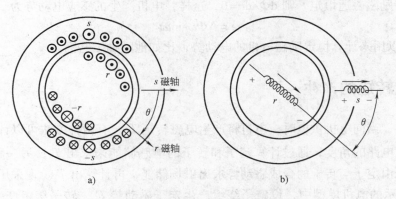

a)   b)

图 3-3 两极电机的物理模型
a) 原型电机 b) 电机模型

为分析方便,特做如下假定:
1) 忽略各绕组的漏磁和齿槽等影响。
2) 忽略凸极影响,认为气隙均匀。
3) 忽略谐波影响,认为气隙磁场沿电枢表面正弦分布。
4) 忽略磁饱和以及其他非线性效应。

这样,可将图 3-3a 的原型电机用图 3-3b 所示的电机物理模型来表示,图中,定子绕组 s 产生的磁动势沿 s 轴方向,转子绕组 r 产生的磁动势沿 r 轴方向,r 轴与 s 轴相差 θ 角,转子以恒定的角速度 ω 旋转。因此,角位移 $\theta = \omega t$。

3.2 感应电动势的产生

在图 3-3 的原型电机中，现假定在转子绕组中通以电流产生一个正弦分布磁场，同时转子在外力拖动下以恒定的角速度 ω 旋转，由于受转子磁场变化的影响，将在定子绕组中产生感应电动势。如图 3-4 所示，当转子以恒定的转速旋转时，在定子磁轴上感应的磁链为

$$\Psi = N\Phi\cos\theta \qquad (3-1)$$

根据电磁感应定律

$$e = -\frac{\mathrm{d}\Psi}{\mathrm{d}t} = -N\frac{\mathrm{d}\Phi}{\mathrm{d}t}\cos\theta + N\Phi\sin\theta\frac{\mathrm{d}\theta}{\mathrm{d}t}$$

再由 $\theta = \omega t$，可得

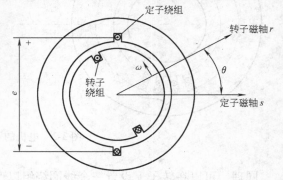

图 3-4 感应电动势的产生

$$e = -N\frac{\mathrm{d}\Phi}{\mathrm{d}t}\cos\omega t + N\Phi\omega\sin\omega t \qquad (3-2)$$

式（3-2）表示了旋转电机电动势的通用计算公式，利用该公式可以推导出具体电机的电动势，比如同步电机、异步电机或直流电机。

如果保持励磁磁通恒定，则 $\mathrm{d}\Phi/\mathrm{d}t = 0$，这样，电机产生的感应电动势为

$$e = N\Phi\omega\sin\omega t \qquad (3-3)$$

式（3-3）可以用来计算恒定励磁电机的电动势，比如他励励磁电机。

3.3 电磁转矩的产生

如前所述，当向电机供电时，电机将产生电磁转矩 T_e，有两种方法可以计算电磁转矩，一种方法是从电路的角度，通过计算定子和转子的电感储能来求出 T_e；另一种方法是从磁场的角度，先由定子与转子的合成磁动势求出磁场储能，再计算出 T_e。现采用第二种方法，在如图 3-3 所示的电机模型中，设定子绕组产生定子磁动势 F_s，转子绕组产生转子磁动势 F_r，假定两个矢量 F_s 与 F_r 之间的夹角为 φ_{sr}，则它们的合成磁动势为 F_{sr}，其矢量关系如图 3-5 所示。

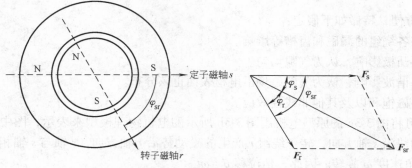

图 3-5 磁动势矢量关系

由余弦定理可知，合成磁动势矢量 F_{sr} 的幅值为

$$F_{sr} = \sqrt{F_s^2 + F_r^2 + 2F_sF_r\cos\varphi_{sr}} \tag{3-4}$$

式中　F_s——定子磁动势的幅值；

　　　　F_r——转子磁动势的幅值。

现假设定子与转子间的气隙均匀，宽度为 g，由式（1-16），气隙磁场强度的幅值 H_{pk} 为

$$H_{pk} = \frac{F_{sr}}{g} \tag{3-5}$$

假定气隙磁场沿气隙圆周为正弦分布，可设气隙磁场强度为

$$H = H_{pk}\sin\theta \tag{3-6}$$

设气隙圆周的平均直径为 D，气隙沿轴向的长度为 l，根据磁共能与气隙磁场的关系[2]，有

$$W_{fc} = \int_V \frac{\mu_0}{2}H^2\mathrm{d}V = \int_0^{2\pi} \frac{\mu_0}{2}(H_{pk}\sin\theta)^2 lg\frac{D}{2}\mathrm{d}\theta = \frac{\mu_0\pi Dlg}{4}H_{pk}^2 \tag{3-7}$$

将式（3-5）代入式（3-7），可得气隙磁场的磁共能为

$$W_{fc} = \frac{\mu_0\pi Dl}{4g}F_{sr}^2 \tag{3-8}$$

根据机电能量转换原理，利用式（3-4），可得两极电机的电磁转矩公式为

$$T_e = \frac{\partial W_{fc}}{\partial\varphi_{sr}} = -\frac{\mu_0\pi Dl}{2g}F_sF_r\sin\varphi_{sr} \tag{3-9}$$

可把式（3-9）建立的两极电机转矩计算公式推广到多极电机。由于电机的磁极总是成对设置的，这里用符号 n_p 表示电机的磁极数，则多极电机的电磁转矩为

$$T_e = -n_p\frac{\mu_0\pi Dl}{2g}F_sF_r\sin\varphi_{sr} \tag{3-10}$$

由图 3-5 的磁动势矢量关系，进行矢量分解，得到磁动势关系为

$$F_s\sin\varphi_{sr} = F_{sr}\sin\varphi_r \tag{3-11}$$

$$F_r\sin\varphi_{sr} = F_{sr}\sin\varphi_s \tag{3-12}$$

将式（3-11）和式（3-12）分别代入式（3-10），可得到分别由定子和转子计算电磁转矩的公式为

$$T_e = -n_p\frac{\mu_0\pi Dl}{2g}F_sF_{sr}\sin\varphi_s \tag{3-13}$$

$$T_e = -n_p\frac{\mu_0\pi Dl}{2g}F_rF_{sr}\sin\varphi_r \tag{3-14}$$

式（3-13）和式（3-14）是在电机具有均匀气隙磁场的条件下推导出来的，现将这个结果推广到一般电机。对于凸极电机，其气隙磁场主要存在于电机磁极部分，设每个磁极的表面积为 S_p，如果电机有 $2n_p$ 个磁极，则在每个磁极下的气隙面积为 $S_p = \pi Dl/(2n_p)$，如果忽略电机的磁饱和，并假定气隙磁场按正弦分布，则每极下的平均磁通密度 B_{av} 为

$$B_{av} = \frac{2}{\pi}B_{pk} = \frac{2}{\pi}\mu_0 H_{pk} = \frac{2\mu_0}{\pi g}F_{sr} \tag{3-15}$$

由此，每极合成磁通为

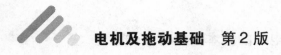

$$\Phi_{sr} = B_{av}S_p = \frac{2\mu_0 F_{sr}}{\pi g}\frac{\pi Dl}{2n_p} = \frac{\mu_0 Dl}{n_p g}F_{sr} \tag{3-16}$$

将式（3-16）代入式（3-13）和式（3-14）就可得到一般电机的电磁转矩计算公式为

$$T_e = -\frac{\pi}{2}n_p^2\Phi_{sr}F_s\sin\varphi_s \tag{3-17}$$

$$T_e = -\frac{\pi}{2}n_p^2\Phi_{sr}F_r\sin\varphi_r \tag{3-18}$$

式中，负号表示电磁转矩的作用方向总是使电机定子磁场与转子磁场趋于一致，即通过电磁转矩的作用使电机定、转子磁动势之间的夹角 φ_{sr} 变小。在实际计算时可以去除负号，即有

$$T_e = \frac{\pi}{2}n_p^2\Phi_{sr}F_s\sin\varphi_s \tag{3-19}$$

$$T_e = \frac{\pi}{2}n_p^2\Phi_{sr}F_r\sin\varphi_r \tag{3-20}$$

本节以一个两极电机为模型，讨论了电机的基本原理、电动势和电磁转矩的产生机理及计算方法。这种原理与方法可以应用和推广到各种类型的多极电机。

此外，如果在图 3-3 所示的电机模型中引入一个 d、q 坐标系，就可以很方便地建立起电机的"统一模型"。这样就可以用统一模型来表示和描述一般电机，而各种电机，如直流电机、交流同步电机和异步电机只是其中的一种工作方式。由于这部分内容已超出本书讨论的范围，读者可参阅有关的著作和文献[3-5]。

3.4 电机的能量损耗与发热

3.4.1 电机的损耗与效率

电机进行能量转换时总是要有能量损耗，能量损耗将引起电机发热和效率降低。一般来说，电机的能量损耗可分为两大类：

1. 机械损耗

机械损耗是由电机的运动部件的机械摩擦和空气阻力产生的损耗，这类损耗与电机的机械构造和转速有关。

2. 电气损耗

电气损耗主要包括导体损耗、电刷损耗和铁耗等。

（1）导体损耗 是由于电机的线圈电阻产生的损耗，有时又称为铜耗，通常在电机的定子和转子上都会产生铜耗。

（2）电刷损耗 是由于电刷的接触电压降引起的能量损耗，因只有在直流电机中安装电刷，所以电刷损耗仅仅出现在直流电机中。

（3）铁耗 是由于电机铁磁材料的磁滞效应和涡流产生的一种损耗，主要取决于磁通密度、转速和铁磁材料的特性。

对于变压器等静止的设备来说，其能量损耗只有电气损耗部分。对于电动机和发电机等运动设备，则既有机械损耗又有电气损耗。图 3-6 表示这类电机的能量传递和损耗过程。图中，P_1 为电机的输入功率，P_2 为电机的输出功率。对于发电机，输入功率是由原动机产生的机械功率 P_m，机械功率是通过发电机的转轴传递的，$P_1 = P_m$；输出功率为电功率，因电功率往往是由定子输出，又可表示为 $P_2 = ei$。对于电动机，输入功率为电网输入的电功率，即 $P_1 = ei$；输出功率为机械功率，即 $P_2 = P_m$。

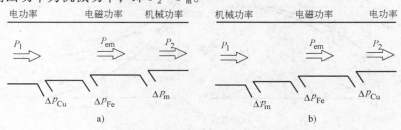

图 3-6 电机能量传递与损耗过程

a) 电动机 b) 发电机

根据上述分析，电机的效率可表示为

$$\eta = \frac{P_2}{P_1} \times 100\% = \frac{P_2}{P_1 + \Delta p} \times 100\% \qquad (3\text{-}21)$$

式中 η——电机效率；

    P_2——电机输出功率；

    P_1——电机输入功率；

    Δp——电机功率损耗。

且有

$$\Delta p = \Delta p_{Cu} + \Delta p_{Fe} + \Delta p_m \qquad (3\text{-}22)$$

式中 Δp_{Cu}——电机的铜耗；

    Δp_{Fe}——电机的铁耗；

    Δp_m——电机的机械损耗。

3.4.2 电机的发热与温升

电机的能量损耗最终都要转换成热能散发掉，这会引起电机的温度上升。电机温度升高的过程是一个热过渡过程，称之为发热，通常把电机温度高出环境温度的值称为温升。

一个典型的电机发热过程如图 3-7a 所示，其中电机的温升 τ 按指数曲线上升，最终达到热平衡的稳定状态 $\tau_{ss} = Q/A$（电机单位时间内产生的热量 Q 与散热系数 A 之比），并取决于初始温升 τ_{is} 和发热时间常数 $T_Q = C/A$（电机的热容量 C 与散热系数 A 之比）等参数[1]。电机的容量越大，一般其 T_Q 就越大，达到热平衡稳定状态的时间就越长。如果电机起动时温度与环境温度相同，则初始温升 $\tau_{is} = 0$，这种情况下的温升过程如曲线 1 所示；如果是在电机运行一段时间之后温度还没有完全降下来又重新起动，或者是运行当中电机增加了负载，这时 $\tau_{is} \neq 0$，初始温升取决于电机当时的具体温度，其温升过程如曲线 2 所示。

同样道理，电机停止运行或减少负载时温度会下降，其冷却过程是一个按指数规律下降的曲线（见图 3-7b）。

由此可见，电机的发热和冷却过程是一个典型的一阶过渡过程，其温升曲线依赖于电机的热力学参数和运行时间等因素。通过上述分析，我们对电机的热过程有了一个定性的了

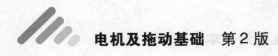
解，有关定量分析的内容将在第4章电力拖动系统动态分析中予以介绍。了解电机的发热是为进一步学习如何正确选择电机容量做准备。

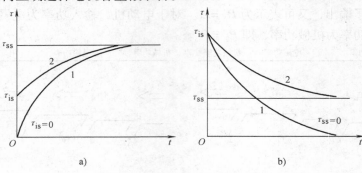

图3-7 电机的热过程

a）发热过程 b）冷却过程

3.5 电机的研究内容与分析步骤

如前分析可知，无论何种电机，无论其结构形式和应用场合，都是以磁场作为耦合场的机电能量转换装置，具有共同的理论基础。这些理论包括：法拉第电磁感应定律、基尔霍夫定律、安培环路定律、牛顿定律和能量守恒原理等物理学知识。在这些基本理论基础上，采用何种方法和工具进行电机的理论分析和应用设计是十分重要的。

3.5.1 研究内容

目前，电机的研究内容大致可以分为电路分析、机电能量分析和计算机仿真分析，其核心是分析电机耦合磁场对电气系统和机械系统的作用和反作用。

1. 电路分析

电路分析主要从电机的物理结构角度出发，研究和分析电机的电磁关系，应用电路和磁路理论建立电机的电路方程，应用牛顿定律建立电机的运动方程，以描述电机的物理行为和运行特性。特别是等效电路方法是其有效的分析手段，成为电机研究分析的主要工具。

电路分析方法的优点是，电机结构明晰、物理概念清楚、分析研究手段成熟。因此，得到广泛的应用，大部分教材都采用这种方法。但是，电路分析方法的缺点是，该方法需要根据电机绕组来建立电磁方程，因而依赖于电机结构，缺乏通用性；而且由于电机绕组的复杂性，使得建模和分析比较复杂，初学者不易掌握。

2. 机电能量分析

机电能量分析主要从机电能量转换角度出发，以耦合磁场为中心，分析研究电机耦合磁场中的能量转换过程，以此建立电机的基本电磁关系，推导出电机方程，比如：感应电动势方程、转矩方程和运动方程等。

机电能量分析方法的优点是，无须考虑电机的构造、绕组的参数和连接等物理性质，因而易于分析推导；而且可得到与电路分析方法相同的电机数学模型，便于理论分析研究和初学者掌握。该方法的不足之处在于：物理概念不及电路分析方法清晰，理论研究与实际电机构造分离，不利于对电机的感性认识和实际使用。

3. 计算机仿真分析

计算机仿真分析方法是近年来发展迅猛的一种新技术，可借助于强大的计算机工具，进行电机建模、理论分析和仿真试验。该方法目前有两种主要功能：

1）从场的角度出发，以微观方式研究电机，主要采用有限元法分析电机的磁场分布。该方法的优点是，能够较为逼真地模拟电机的磁场分布、电磁反应和磁通合成等现象，有助于研究分析电机结构、材料和参数对电机性能的影响。

2）从路的角度出发，以宏观方式研究电机，主要采用电路和磁路分析方法建立电机方程，再通过计算机数值计算和仿真试验进行电机的稳态和动态分析。该方法的优点是，能够较为逼真地描述电机的运行特性和揭示电机的运动规律。

3.5.2　分析步骤

电机分析和研究的一般步骤如下：

1）描述和分析电机内部的磁场分布和磁动势关系，建立电机的物理模型。
2）根据电机物理模型建立电机的等效电路。
3）应用基尔霍夫定律、电磁感应定律、安培环路定律、牛顿定律和能量守恒原理等物理定律建立电机的数学模型，包括：电机的电压方程、电动势方程、转矩方程、功率方程和运动方程等。
4）求解电机方程，得到电机的运行特性和性能，进行电机稳态和动态分析。

3.5.3　电机的稳态性能和动态性能

电机的运行状态通常分为稳态和动态两种：

1）稳态是指电机工作在发电机方式时，在恒定的外力作用下稳定运行；或工作在电动机方式时，由恒定的电源供电并以恒定转速稳定运行。电机处于稳态的共同特征是其工作点各主要参数，如磁通、转速和转矩等保持不变。

2）动态是指电机从一个稳定的工作状态过渡到另一个稳态的过渡过程，比如：电机的起动过程、停车过程、制动过程等。电机处于动态的共同特征是在过渡过程中电机的主要参数表现为时间的函数，即随时间而变化。但当电机运行到新的稳态时，其过渡过程结束，因此电机的动态过程又可称为暂态过程。

根据电机运行状态的不同，其性能描述就有稳态特性和动态特性两类：

1）电机的稳态特性主要有：发电机的外特性 $u = f(i_L)$，表示发电机的输出电压随负载电流变化的关系；电动机的机械特性 $n = f(T_e)$，表示电动机的转速随电磁转矩变化的关系等。

2）电机的动态特性主要包括在各种动态运行中，如电机的电流、转速、电磁转矩、温度等变量的变化过程。

小　　结

本章以一个两极的原型电机为模型，分析电机的基本结构、磁场形成和工作原理。在此基础上推导出一般电机的感应电动势和电磁转矩的通用公式，并讨论了电机发热问题和电机

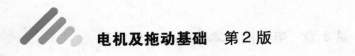

的分析方法等，其目的是为后面学习具体的电机建立一个基本的电机模型和物理概念。

思考题与习题

3-1 旋转电机模型的基本结构有哪些部分组成，其各自有什么作用，气隙又有何作用？

3-2 以两极原型电机作为旋转电机的物理模型，有何应用意义？

3-3 如何利用模型电机来建立电机的感应电动势方程和电磁转矩方程？怎样将两极电机的方程推广到多极电机？

3-4 试采用磁能公式推导电机的电磁转矩公式，并与用磁共能推导的公式比较，说明其是否一致。

3-5 电机中存在哪些能量损耗？有哪些因素会影响电机发热？电动机与发电机的功率传递有何不同？

3-6 电机的铜耗是什么损耗？试写出铜耗的计算公式。

3-7 电机的铁耗是什么损耗？试写出铁耗的计算公式。

3-8 电机有哪几种分析方法？每种方法各自有何特点？

3-9 什么是电机的稳态性能？什么是电机的动态性能？它们有何区别？

第4章

电力拖动系统的动力学基础

本章是电力拖动的基础，主要分析电力拖动系统中电动机带动生产机械在运动过程中的力学问题。第1节引入电力拖动系统的运动方程；第2节介绍生产机械的负载转矩；第3节讨论电力拖动系统的稳定运行问题；第4节讨论电力拖动系统的动态过渡过程；第5节介绍多轴电力拖动系统的化简与折算方法。

4.1 电力拖动系统的运动方程

拖动就是由原动机带动生产机械产生运动。以电动机作为原动机拖动生产机械运动的拖动方式，称为电力拖动。如图4-1所示，电力拖动系统一般由电动机、生产机械的传动机构、工作机构、控制设备和电源组成，通常又把传动机构和工作机构称为电动机的机械负载。

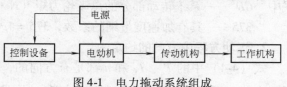

图4-1　电力拖动系统组成

1. 运动方程式

电力拖动系统经过化简，都可转为如图4-2a所示的电动机转轴与生产机械的工作机构直接相连的单轴电力拖动系统，各物理量的方向标示如图4-2b所示。根据牛顿力学定律，该系统的运动方程为

$$T_e - T_L = J\frac{d\omega}{dt} \tag{4-1}$$

式中　T_e——电动机的电磁转矩；

　　T_L——生产机械的阻转矩；

　　J——电动机轴上的总转动惯量；

　　ω——电动机的角速度。

在工程计算中，通常用单位为转/分（r/min）的转速 n 代替角速度 ω；用飞轮矩 GD^2 代替转动惯量 J。由于 n 与 ω 的关系为

$$\omega = \frac{2\pi}{60}n \tag{4-2}$$

J 与 GD^2 的关系为

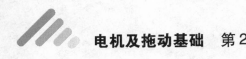
$$J = mr^2 = \frac{GD^2}{4g} \tag{4-3}$$

式中　m——系统转动部分的质量；

　　　G——系统转动部分的重力；

　　　r——系统转动部分的回转半径；

　　　D——系统转动部分的回转直径；

　　　g——重力加速度，在北京地区 $g = 9.81\mathrm{m/s^2}$。

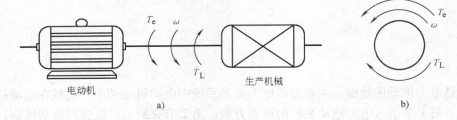

图 4-2　单轴电力拖动系统

a) 单轴系统简图　b) 物理量方向标示

把式（4-2）和式（4-3）代入式（4-1），可得电力拖动系统运动方程的实用形式为

$$T_e - T_L = \frac{GD^2}{375} \frac{\mathrm{d}n}{\mathrm{d}t} \tag{4-4}$$

式中　GD^2——系统转动部分的总飞轮力矩（$\mathrm{N \cdot m^2}$）；

　　　375——具有加速度量纲的系数，$375 = 4g \times 60/2\pi$。

2. 运动方程中方向的约定

式（4-4）中的 T_e、T_L 和 n 都是有方向的，它们的实际方向可以根据图 4-2b 给出的参考正方向，用正、负号来表示。这里规定 n 及 T_e 的参考方向为：对观察者而言逆时针为正，反之为负；T_L 的参考方向为顺时针为正，反之为负。这样规定参考正方向恰好符合式（4-4）中负载转矩 T_L 前有一个负号的表达关系。

3. 运动方程的物理意义

式（4-4）表明电力拖动系统的转速变化 $\dfrac{\mathrm{d}n}{\mathrm{d}t}$（即加速度）由电动机的电磁转矩 T_e 与生产机械的负载转矩 T_L 之间的关系决定。

1）当 $T_e = T_L$ 时，$\dfrac{\mathrm{d}n}{\mathrm{d}t} = 0$，表示电动机以恒定转速旋转或静止不动，电力拖动系统的这种运动状态被称为静态或稳态；

2）若 $T_e > T_L$ 时，$\dfrac{\mathrm{d}n}{\mathrm{d}t} > 0$，系统处于加速状态；

3）若 $T_e < T_L$ 时，$\dfrac{\mathrm{d}n}{\mathrm{d}t} < 0$，系统处于减速状态。

也就是一旦 $T_e \neq T_L$，则转速将发生变化，我们把这种运动状态称为动态或过渡状态。

由于任何一个复杂的电力拖动系统都可以通过等效或折算的方法，简化为由图 4-2 表示的单轴电力拖动系统，因此可以用式（4-1）或式（4-4）来描述系统运动。这样，我们已建立了电力拖动系统的运动方程，并可以在今后用运动方程研究和分析系统的动力学特性。

4.2　生产机械的负载转矩特性

在运动方程式中，负载转矩 T_L 与转速 n 的关系 $T_L = f(n)$ 即为生产机械的负载转矩特性。负载转矩 T_L 的大小与多种因素有关。以车床主轴为例，当车床切削工件时，主轴转矩和切削速度、切削量大小、工件直径、工件材料及刀具类型等都有密切关系。大多数生产机械的负载转矩特性可归纳为下列三种类型。

4.2.1　恒转矩负载特性

所谓恒转矩负载特性，就是指负载转矩 T_L 与转速 n 无关的特性，即当转速变化时，负载转矩 T_L 保持常值。恒转矩负载特性又可分为反抗性负载特性和位能性负载特性两种。

1. 反抗性恒转矩负载特性

反抗性恒转矩负载特性的特点是，恒值转矩 T_L 总是反对运动的方向。根据前述正负符号的规定，当正转时，n 为正，转矩 T_L 为反向，应取正号，即为 $+T_L$；而反转时，n 为负，转矩 T_L 为正向，应变为 $-T_L$，如图 4-3 所示。显然，反抗性恒转矩负载特性应画在第一与第三象限内，属于这类特性的负载有金属的压延、机床的平移机构等。

2. 位能性恒转矩负载特性

位能性恒转矩负载特性与反抗性恒转矩负载的特性不同，它由拖动系统中某些具有位能的部件（如起重类型负载中的重物）造成，其特点是转矩 T_L 具有固定的方向，不随转速方向改变而改变。如图 4-4 所示，不论重物提升（n 为正）或下放（n 为负），负载转矩始终为反方向，即 T_L 始终为正，特性画在第一与第四象限内，表示恒转矩特性的直线是连续的。

图 4-3　反抗性恒转矩负载特性　　　　　图 4-4　位能性恒转矩负载特性

由图 4-4 可见，提升时，转矩 T_L 阻碍提升；下放时，T_L 却促进下放，这是位能性负载的特点。

4.2.2　风机和泵类负载特性

风机和泵类负载的转矩与转速大小有关，基本上与转速的二次方成正比，即

$$T_L = kn^2 \tag{4-5}$$

式中　k——比例系数。

风机和泵类机械，简称风泵类负载，其特性如图4-5所示，由于风机和泵类机械只能正转，不能反转，因此其负载特性在第一象限。

属于风泵类负载的生产机械有通风机、水泵、油泵等，其中空气、水、油等介质对机器叶片的阻力基本上和转速的二次方成正比。

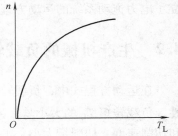

图4-5 风泵类负载特性

4.2.3 恒功率负载特性

有些生产机械，比如车床主轴，在粗加工时，切削量大，切削阻力大，此时开低速；在精加工时，切削量小，切削阻力小，往往开高速。因此，在不同转速下，负载转矩基本上与转速成反比，即

$$T_L = \frac{k}{n} \tag{4-6}$$

由于负载功率 $P_L = T_L\omega$，又有 $\omega = 2\pi n/60$，所以 $P_L = T_L 2\pi n/60 = T_L n/9.55$。再根据式（4-6），可得 $P_L = k/9.55$ 为常数，表示在不同转速下，电力拖动系统的负载功率保持不变，负载转矩 T_L 与 n 的特性曲线呈现恒功率的性质，如图4-6所示。

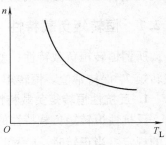

图4-6 恒功率负载特性

4.2.4 实际生产机械的负载特性

实际生产机械的负载转矩特性可能是以上几种典型特性的综合。例如，实际风机和泵类机械除了主要是风泵类负载特性外，由于其轴承上还有一定的摩擦转矩 T_f，因而实际风泵类负载特性应为

$$T_L = T_f + kn^2 \tag{4-7}$$

其特性曲线如图4-7所示。而实际的起重机负载特性如图4-8所示，除了位能负载特性外，还应考虑起重机传动机构等部件的摩擦转矩。

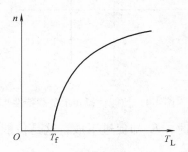

图4-7 实际的风泵类负载特性

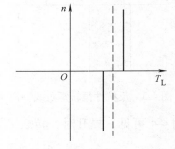

图4-8 实际的起重机负载特性

4.3 电力拖动系统的稳态分析——稳定运行的条件

通过前两节的分析，可知电力拖动系统主要是由电动机与负载两部分组成的，通常把电

动机的电磁转矩与转速之间的关系称为机械特性。由于电磁转矩与转速是表现电动机运动的主要变量关系，因此研究电动机的机械特性是电力拖动系统的主要内容。

不同的电动机具有不同性质的机械特性，可以用数学形式表示成 $n = f(T_e)$，也可以用图解方法画成机械特性曲线。各种电动机具体的机械特性将在后面各章中阐述，本节将先从电动机一般机械特性与生产机械的负载特性的相互关系着手分析电力拖动系统稳定运行问题。为了便于理解，现分两步来分析和求解问题：

1）通过图解法分析问题，建立电力拖动系统稳定运行的直观概念。

2）从电力拖动系统的运动方程出发，给出这一问题的分析解。

4.3.1　电动机机械特性的一般形式

考虑到大部分电动机的机械特性都具有或可近似为一线性区段，如图 4-9 所示。

为不失一般性，现假设电动机的机械特性可表示成

$$n = n_0 - \beta T_e \qquad (4-8)$$

式中　n_0——电动机的理想空载转速（r/min）；

β——电动机机械特性曲线的斜率。

所谓理想空载转速 n_0 是指忽略电机空载损耗，当电磁转矩 $T_e = 0$ 时的电动机转速。机械特性的斜率表示其转速变化与转矩变化之比，即 $\beta = \Delta n / \Delta T_e$。且 β 越小，其机械特性越硬。

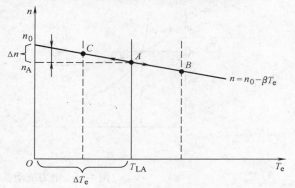

图 4-9　电动机机械特性的线性段

4.3.2　电力拖动系统稳定运行的概念

电力拖动系统稳定运行是指系统在扰动作用下，离开原来的平衡状态，但仍然能够在新的运行条件下达到平衡状态，或者在扰动消失之后，能够回到原有的平衡状态。

例如：图 4-10a 给出了一个电力拖动系统的静态特性，其中，曲线 1 是电动机的机械特性，曲线 2 是生产机械的恒转矩负载特性，这两条曲线的交点 A 为系统的一个稳态工作点，即此时电动机的电磁转矩与生产机械的负载转矩相等（$T_{eA} = T_{LA}$），系统处于平衡状态

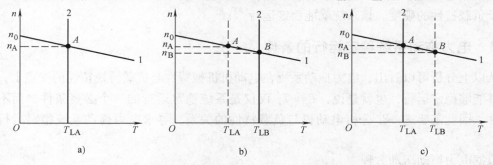

图 4-10　系统稳定运行状态

a）稳定工作点 A　b）新稳定工作点 B　c）系统恢复到平衡点 A

(T_{LA}, n_A)。现假定系统有一个负载扰动，如图 4-10b 所示，使 T_{LA} 变为 T_{LB}，由于 $T_{eA} < T_{LB}$，电动机的转速下降，达到新的平衡点 $B(T_{LB}, n_B)$。当系统负载扰动消失后，使 T_{LB} 变回到 T_{LA}，这时 $T_{eB} > T_{LA}$，电动机的转速将上升，而电磁转矩也随之减小，系统恢复到原来的平衡点 A（见图 4-10c）。上述分析表明，该电力拖动系统能够稳定运行。

是否所有在电动机机械特性与负载转矩特性交点上运行的情况都能够稳定运行呢？试看下面的例子。

图 4-11 所示曲线 1 为串励直流电动机的机械特性，曲线 2 为恒功率负载的转矩特性，如果电动机的机械特性比负载的转矩特性软，就会出现系统不能稳定运行的情况。现分析如下：当电动机拖动恒功率负载运行时，若运行在电动机机械特性 1 与负载转矩特性 2 的交点 A 上，转速则为 n_A。若假定系统电源有一个扰动，使 U_A 上升为 U_B，由于 $T_{eB} > T_L$，电动机的转速上升，但此时两条曲线在上面没有交点，即达不到新的平衡点 $B(T_{LB}, n_B)$。

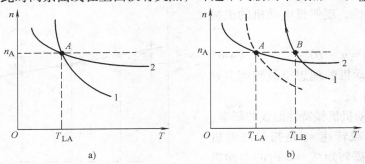

图 4-11 电力拖动系统不稳定运行
a）工作点 A b）有扰动的情况

同理，可分析电源电压下降的情况，这时由于电动机的电磁转矩小于负载转矩，因而引起电动机的转速下降，系统同样无法稳定在一个新的平衡点正常工作。因此，图 4-11 中所示的工作点 A 不是电力拖动系统的稳定运行状态，或者说电力拖动系统不能在 A 点稳定运行。

比较这两个例子，可以直观地发现电力拖动系统能否稳定运行与电动机及其负载特性曲线的形状有关。由上述分析，对于恒转矩负载，如果电动机的机械特性呈下垂曲线，系统是稳定的；反之，则不稳定。进一步分析可知，对于非恒转矩负载，如果电动机机械特性的硬度小于负载特性的硬度，该系统就能稳定运行[9]。

4.3.3 电力拖动系统稳定运行的条件

从以上分析可以看出，电力拖动系统在电动机机械特性与负载转矩特性的交点上，并不一定都能够稳定运行，也就是说，$T_e = T_L$ 仅仅是系统稳定运行的一个必要条件，而不是充分条件。因此需要进一步分析电动机与负载特性的关系，寻求电力拖动系统稳定运行的条件。

根据电力拖动运动方程

$$T_e - T_L = \frac{GD^2}{375} \frac{dn}{dt} \tag{4-9}$$

系统在平衡点稳定运行时应有

$$T_e - T_L = 0 \tag{4-10}$$

即

$$\frac{dn}{dt} = 0 \tag{4-11}$$

　　如前所述，这种平衡状态仅仅是系统稳定的必要条件，是否稳定还需进一步分析和判断。我们仍用前述图解法的思想方法，当电力拖动系统在平衡点工作时，给系统加一个扰动，使转速有一个改变量 Δn，如果当扰动消失后系统又回到原平衡点工作，即有 $\Delta n \to 0$，则系统是稳定的。

　　现假定拖动系统在扰动作用下离开了平衡状态 A 点，此时

$$n = n_A + \Delta n, \quad T_e = T_{eA} + \Delta T_e, \quad T_L = T_{LA} + \Delta T_L$$

式（4-9）变成

$$(T_{eA} + \Delta T_e) - (T_{LA} + \Delta T_L) = \frac{GD^2}{375} \frac{d}{dt}(n_A + \Delta n)$$

由平衡点条件式（4-10）和式（4-11），上式变为

$$\Delta T_e - \Delta T_L = \frac{GD^2}{375} \frac{d\Delta n}{dt} \tag{4-12}$$

　　如果电动机转矩和负载转矩都是转速的函数，且各量的增量很小，即有 $T_e = f(n)$，$T_L = g(n)$，且对于 Δn、ΔT_e 和 ΔT_L 都很小，那么根据微分原理，式(4-12)可近似表示为

$$\frac{dT_e}{dn}\Delta n - \frac{dT_L}{dn}\Delta n = \frac{GD^2}{375} \frac{d\Delta n}{dt} \tag{4-13}$$

令 $\dfrac{dT_e}{dn} = \alpha_e$，$\dfrac{dT_L}{dn} = \alpha_L$ 为电动机机械特性和负载特性曲线在平衡点的硬度，由此可见，机械特性的硬度 α 与机械特性的斜率 β 是反比关系，即 $\alpha = 1/\beta$。式（4-13）又可写成

$$\frac{\alpha_e - \alpha_L}{\dfrac{GD^2}{375}}dt = \frac{d\Delta n}{\Delta n}$$

再令常数 $K = \dfrac{375}{GD^2}$，对上式两边取积分，经整理可得

$$\Delta n = Ce^{K(\alpha_e - \alpha_L)t}$$

考虑初始条件 $t = 0$ 时，$\Delta n = n_{st}$，则有

$$\Delta n = n_{st}e^{K(\alpha_e - \alpha_L)t} \tag{4-14}$$

从式（4-14）可知：

　　1）若 $\alpha_e - \alpha_L < 0$，当 $t \to \infty$ 时，$\Delta n \to 0$。

　　2）若 $\alpha_e - \alpha_L > 0$，当 $t \to \infty$ 时，$\Delta n \to \infty$。

　　上述分析物理意义在于：在第 1 种条件下，当扰动消失后，转速增量 Δn 将随时间而减小，系统能够逐渐恢复到原平衡点，因而系统是稳定的。在第 2 种条件下，当扰动消失后，转速增量 Δn 将随时间而增大，系统不能回到原平衡点，这时系统是不稳定的。综上所述：电力拖动系统稳定运行的充分条件为

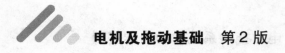

$$\frac{\mathrm{d}T_e}{\mathrm{d}n} - \frac{\mathrm{d}T_L}{\mathrm{d}n} < 0 \tag{4-15}$$

对于恒转矩负载的电力拖动系统，由于 $\frac{\mathrm{d}T_L}{\mathrm{d}n} = 0$，其稳定运行的条件为

$$\frac{\mathrm{d}T_e}{\mathrm{d}n} < 0 \tag{4-16}$$

可以看出，由解析方法推导的结果与直观分析时得到的结果是一致的，也就是直观分析时找到的规律是具有普遍意义的。

结论：对于一个电力拖动系统，稳定运行的充分必要条件是

$$\begin{cases} T_e - T_L = 0 \\ \dfrac{\mathrm{d}T_e}{\mathrm{d}n} - \dfrac{\mathrm{d}T_L}{\mathrm{d}n} < 0 \end{cases} \tag{4-17}$$

根据平衡稳定的条件，在电力拖动系统中只要电动机机械特性的硬度小于负载特性的硬度，该系统就能平衡而且稳定。对于带恒转矩负载拖动系统，只要电动机机械特性的硬度是负值，系统就能稳定运行，而各类电动机机械特性的硬度，大都是负值或具有负的区段，因此，在一定范围内电力拖动系统带恒转矩负载都能稳定运行。

4.4 电力拖动系统的动态分析——过渡过程分析

在上一节电力拖动系统稳态分析的基础上，本节将分析和讨论系统的动态过程。所谓动态过程是指系统从一个稳定工作点向另一个稳定工作点过渡的中间过程，这个过程被称为过渡过程，系统在过渡过程的变化规律和性能被称为系统的动态特性。研究这些问题，对经常处于起动、制动运行的生产机械如何缩短过渡过程时间，减少过渡过程中的能量损耗，提高劳动生产率等，都有实际意义。

为便于分析，设电力拖动系统满足以下假定条件：

1）忽略电磁过渡过程，只考虑机械过渡过程。

2）电源电压在过渡过程中恒定不变。

3）磁通保持恒定。

4）负载转矩为常数不变。

如果已知电动机机械特性、负载转矩特性、起始点、稳态点以及系统的飞轮矩，可根据电力拖动系统的运动方程，建立关于转速 n 的微分方程式，以求解转速方程 $n = f(t)$。

下面将根据这些假设来研究和讨论电力拖动系统在过渡过程中转速和转矩等参数的变化规律及其定量计算等动态特性分析问题。

4.4.1 电力拖动系统转速的动态方程

将电力拖动运动方程式（4-4）代入式（4-8），可得

$$n = n_0 - \beta\left(T_L + \frac{GD^2}{375}\frac{\mathrm{d}n}{\mathrm{d}t}\right) = n_0 - \beta T_L - \beta\frac{GD^2}{375}\frac{\mathrm{d}n}{\mathrm{d}t}$$

令 $n_{ss} = n_0 - \beta T_L$ 为过渡过程的稳态值，$T_M = \beta \dfrac{GD^2}{375}$ 为过渡过程时间常数，单位为秒（s），其大小除了与 GD^2 成正比之外，还与机械特性的斜率 β 成正比，通常又称 T_M 为电力拖动系统的机电时间常数。这样上式可写成

$$n = n_{ss} - T_M \frac{dn}{dt} \tag{4-18}$$

式（4-18）在数学上是一个非齐次一阶微分方程，可用分离变量法求解，得到的通解为

$$n - n_{ss} = K e^{-t/T_M} \tag{4-19}$$

式中，K 为常数，由初始条件决定。设初始条件为 $t=0$，$n = n_{is}$，代入上式可得 $K = n_{is} - n_{ss}$，由此得到电力拖动系统转速的动态变化规律为

$$n = n_{ss} + (n_{is} - n_{ss}) e^{-t/T_M} \tag{4-20}$$

式（4-20）表明，转速方程 $n = f(t)$ 中包含两个分量：一个是强制分量 n_{ss}，也就是过渡过程结束时的稳态值；另一个是自由分量 $(n_{is} - n_{ss}) e^{-t/T_M}$，它按指数规律衰减至零。因此，在过渡过程中，转速 n 是从起始值 n_{is} 开始，按指数曲线规律逐渐变化至过渡过程终止的稳态值 n_{ss}，其过渡过程曲线如图 4-12 所示。

从图中可以看出，$n = f(t)$ 曲线与一般的一阶过渡过程曲线一样，主要应掌握三个要素：起始值、稳态值与时间常数，这三个要素确定了，过渡过程也就确定了。

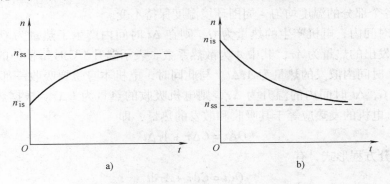

图 4-12　电力拖动系统转速的过渡过程曲线

a）电机的加速过程　b）电机的减速过程

4.4.2　电力拖动系统转矩的动态方程

同理，将式（4-8）给出的电磁转矩 T_e 与转速 n 的关系代入式（4-4）中，可得到描述系统转矩动态过程的微分方程为

$$T_e - T_L = - T_M \frac{dT_e}{dt} \tag{4-21}$$

再按前述步骤求解该微分方程，便可得到电力拖动系统的转矩动态方程 $T_e = f(t)$，即

$$T_e = T_L + (T_{is} - T_L) e^{-t/T_M} \tag{4-22}$$

显然，转矩动态方程 $T_e = f(t)$ 也包括了一个稳态值与一个按指数规律衰减的自由分量，时间常数亦为 T_M。转矩 T_e 的变化也是从初始状态 T_{is} 按指数规律逐渐变到稳定状态 T_L，这里，系统电磁转矩的稳态值 T_{ss} 恰好等于负载转矩 T_L，从数学上证明了系统在稳态时达到了

转矩平衡 $T_e = T_L$ 的事实，这一结果与前一节图解法所得到的结论完全相同。电力拖动系统转矩的过渡过程曲线如图4-13所示。

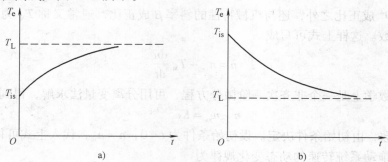

图4-13 电力拖动系统转矩的过渡过程曲线

a) 电机转矩的增加过程 b) 电机转矩的减少过程

4.4.3 电力拖动系统热过程的动态方程

第3章已定性分析了电机的发热和冷却过程，如图3-7所示，电机的热过程也是一个典型的一阶过渡过程。这里，为建立电机热过程的动态方程，特做如下假设：

1）电动机长期运行，负载不变，总损耗不变。

2）电机各个部分的温度均匀，周围环境温度保持不变。

设在单位时间内，电机产生的热量为 Q，则在 Δt 时间内产生了热量为 $Q\Delta t$。若在单位时间内电机散发出的热量为 $A\tau$，其中 A 为散热系数，表示温升1℃时每秒钟的散热量；τ 为温升，则在 Δt 时间内散发的热量为 $A\tau\Delta t$。与此同时，电机本身也要吸收一部分热量，设电机的热容量为 C，Δt 时间内的温升为 $\Delta\tau$，则电机吸收的热量为 $C\Delta\tau$。根据热量平衡原理，在 Δt 时间内，电机的发热应等于其吸收和散发的热量，即

$$Q\Delta t = C\Delta\tau + A\tau\Delta t$$

将上式写成微分方程形式，有

$$Q\mathrm{d}t = C\mathrm{d}\tau + A\tau\mathrm{d}t \tag{4-23}$$

整理后写成微分方程的标准形式

$$\frac{C}{A}\frac{\mathrm{d}\tau}{\mathrm{d}t} + \tau = \frac{Q}{A}$$

令 $T_Q = C/A$ 为电机发热时间常数（s）；$\tau_{ss} = Q/A$ 为稳态温升，上式变为

$$T_Q\frac{\mathrm{d}\tau}{\mathrm{d}t} + \tau = \tau_{ss} \tag{4-24}$$

同上方法解此微分方程，可得电动机的热过程动态方程为

$$\tau = \tau_{ss} + (\tau_{is} - \tau_{ss})\mathrm{e}^{-t/T_Q} \tag{4-25}$$

式中　τ_{is}——初始温升。

由式（4-25）描述的电机发热和冷却过程的动态曲线可见图3-7，这里不再赘述。

从上面对过渡过程中 $n = f(t)$、$T_e = f(t)$ 和 $\tau = f(t)$ 的分析可看出，它们都是按照指数规律从起始值变到稳态值。可以按照分析一般一阶微分方程过渡过程三要素的方法，找出三个要素：起始值、稳态值与时间常数，便可确定各量的数学表达式并画出变化曲线。

4.4.4 过渡过程时间的计算

从起始值到稳态值，理论上需要时间为无穷大，即 $t = t_0 \to \infty$。但实际上当 $t = (3 \sim 4)T_M$ 时各量便达到了稳态值的 95% 以上，在工程上就可认为过渡过程结束了。这样，无论对于电力拖动系统的转速还是转矩而言，其从初始值到稳态值的时间仅与系统的机电时间常数 T_M 有关，即有

$$t = (3 \sim 4)T_M \tag{4-26}$$

在工程实际中，往往是需要知道过渡过程进行到某一阶段所需的时间。对于电力拖动系统的转速动态过程，可利用式 (4-20) 来计算过渡过程的时间。如果已知系统的机电时间常数 T_M、转速的初始值 n_{is}、稳态值 n_{ss} 以及到达值 n_x，则可计算出到达时间 t_n 为

$$t_n = T_M \ln \frac{n_{is} - n_{ss}}{n_x - n_{ss}} \tag{4-27}$$

同理，对于电力拖动系统的转矩过渡过程时间 t_T，可通过下式进行计算，即

$$t_T = T_M \ln \frac{T_{is} - T_L}{T_x - T_L} \tag{4-28}$$

式中，各变量下标的含义与上面转速变量相同。

通过本节的讨论，为电力拖动系统的动态分析奠定了理论基础。后续章节将结合系统具体的动态过程，比如电机起动过程、制动过程等进行动态分析。

4.5 多轴电力拖动系统的化简[*]

前面讨论了单轴电力拖动系统问题，但是，实际的电力拖动系统往往是复杂的，有的生产机械需要通过传动机构进行转速匹配，因此增加了很多齿轮和传动轴；有的生产机械需要通过传动机构把旋转运动变成直线运动，如刨床、起重机等。对这样一些复杂的电力拖动系统，如何来研究其力学问题呢？一般来说，有两种解决办法：

1）对拖动系统的每根轴分别列出其运动方程，用联立方程组来消除中间变量。这种解法会因方程较多，计算量大而比较繁杂。

2）用折算的方法把复杂的多轴拖动系统等效为一个简单的单轴拖动系统，然后通过对等效系统建立运动方程，以实现问题求解。这种方法相对而言较为简单。

由于研究电力拖动系统动力学的主要目的是为了解决电动机与生产机械之间的力学问题，而不是生产机械内部的力学问题，因此，这里一般都采用等效和折算的方法来处理电力拖动系统的动力学问题。

4.5.1 系统等效的原则和方法

在电力拖动系统的分析中，对于一个复杂的多轴电力拖动系统，比较简单而且实用的方法是用折算的方法把它等效成一个简单的单轴拖动系统来处理，并使两者的动力学性能保持不变。一个典型的等效过程如图 4-14 所示，其基本思想是通过传动机构的力学折算把实际的多轴系统表示成等效的单轴系统。

49

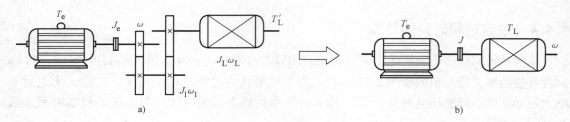

图 4-14　电力拖动系统的等效原理

a）实际的多轴系统　b）等效的单轴系统

在电力拖动系统中折算一般是把负载轴上的转矩、转动惯量或者是力和质量折算到电动机轴上，而中间传动机构的传动比在折算中就相当于变压器的匝数比。系统等效的原则是：保持两个系统传递的功率及储存的动能相同。下面将根据这个原则来介绍具体的折算方法。

4.5.2　旋转运动系统的等效方法

1. 静态转矩的折算

为了便于分析，先考虑一个简单的两轴系统。如图 4-15 所示，设 T_L' 为折算前的负载转矩，T_L 为折算后的负载转矩，假如要把工作机构的转矩 T_L' 折算到电动机轴上，其静态转矩的等效原则是系统的传送功率不变。

如果不考虑传动机构的损耗，工作机构折算前的机械功率为 $T_L'\omega_L$，折算后电动机轴上的机械功率为 $T_L\omega$，根据功率不变原则，应有折算前后工作机构的传递功率相等，即

$$T_L'\omega_L = T_L\omega \tag{4-29}$$

式中　ω_L——生产机械的负载转速（rad/s）；

　　　ω——电动机转速（rad/s）。

由式（4-29）可得

$$T_L = \frac{T_L'}{\omega/\omega_L} = \frac{T_L'}{j_L} \tag{4-30}$$

式中　j_L——电动机轴与工作机械轴间的转速比，$j_L = \omega/\omega_L = n/n_L$。

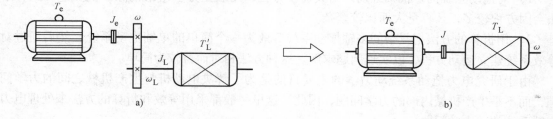

图 4-15　两轴电力拖动系统的等效

a）实际的两轴系统　b）等效的单轴系统

如果要考虑传动机构的损耗，可在折算公式中引入传动效率 η_c。由于功率传送是有方向的，因此引入效率 η_c 时必须注意：要因功率传送方向的不同而不同。现分两种情况讨论：

1）电动机工作在电动状态，此时由电动机带动工作机构，功率由电动机各工作机构传送，传动损耗由运动机构承担，即电动机发出的功率比生产机械消耗的功率大。根据功率不

变原则，应有

$$T_{L}'\omega_{L} = \frac{T_{L}\omega}{\eta_{c}} \tag{4-31}$$

那么

$$T_{L} = \frac{T_{L}'}{\eta_{c}\omega/\omega_{L}} = \frac{T_{L}'}{j_{L}\eta_{c}} \tag{4-32}$$

2）电动机工作在发电制动状态，此时由工作机构带动电动机，功率传送方向由工作机构向电动机传送。因而传动损耗由工作机构承担，根据功率不变原则，应有

$$T_{L}'\omega_{L} = T_{L}\omega\eta_{c} \tag{4-33}$$

这样

$$T_{L} = \frac{T_{L}'}{j_{L}}\eta_{c} \tag{4-34}$$

对于系统有多级齿轮或带轮变速的情况，设已知各级速比为 j_{1}, j_{2}, $\cdots$, j_{n}，则总的速比为各级速比之积，即

$$j = j_{1}j_{2}\cdots j_{n} = \prod_{i=1}^{n} j_{i} \tag{4-35}$$

在多级传动时，如果已知各级的传递效率为 η_{c1}, η_{c2}, $\cdots$, η_{cn}，则总效率 η_{c} 应为各级效率之积，即

$$\eta_{c} = \prod_{i=1}^{n} \eta_{ci} \tag{4-36}$$

不同种类的传动机构，其效率是不同的，其数值可以从机械工程手册上查到。

2. 转动惯量和飞轮矩的折算

将图 4-15 中两轴系统中的电动机转动惯量 J_{e} 和生产机械的负载转动惯量 J_{L}，折算到电动机轴的等效系统的转动惯量 J，其等效原则是：折算前后系统的动能不变，即有

$$\frac{1}{2}J\omega^{2} = \frac{1}{2}J_{e}\omega^{2} + \frac{1}{2}J_{L}\omega_{L}^{2} \tag{4-37}$$

经整理后得

$$J = J_{e} + J_{L}\left(\frac{\omega_{L}}{\omega}\right)^{2}$$

即

$$J = J_{e} + J_{L}\left(\frac{1}{j_{L}}\right)^{2} \tag{4-38}$$

从式（4-38）可知，折算到单轴拖动系统的等效转动惯量 J 等于折算前拖动系统每一根轴的转动惯量除以该轴对电动机轴传动比 j_{L} 的二次方之和。当传动比 j_{L} 较大时，该轴的转动惯量折算到电动机轴上后，其数值占整个系统的转动惯量的比重就很小。

根据式（4-3）表示的 $GD^{2} = 4gJ$ 的关系，可以相应地得到折算到电动机轴上的等效飞轮转矩为

$$GD^{2} = GD_{e}^{2} + GD_{L}^{2}\frac{1}{j_{L}^{2}} \tag{4-39}$$

同理，式（4-38）和式（4-39）的结果可以推广到多轴电力拖动系统中。设多轴电力拖

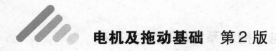

动系统有 n 根中间传动轴，则折算到电动机轴上的等效转动惯量 J 和飞轮矩 GD^2 为

$$J = J_e + J_1 \frac{1}{j_1^2} + J_2 \frac{1}{j_2^2} + \cdots + J_n \frac{1}{j_n^2} + J_L \frac{1}{j_L^2} \tag{4-40}$$

$$GD^2 = GD_e^2 + GD_1^2 \frac{1}{j_1^2} + GD_2^2 \frac{1}{j_2^2} + \cdots + GD_n^2 \frac{1}{j_n^2} + GD_L^2 \frac{1}{j_L^2} \tag{4-41}$$

式中 j_1，j_2，$\cdots$，j_n——电动机轴对中间传动轴的传动比；

J_1，J_2，$\cdots$，J_n——各传动轴的转动惯量；

GD_1^2，GD_2^2，$\cdots$，GD_n^2——各传动轴的飞轮矩。

在一般情况下，传动机构的转动惯量 $J_i (i = 1, 2, \cdots, n)$，在折算后占整个系统的比重不大，所以实际工作中往往用近似公式表示为

$$J = \delta J_e + J_L \frac{1}{j_L^2} \tag{4-42}$$

或者

$$GD^2 = \delta GD_e^2 + GD_L^2 \frac{1}{j_L^2} \tag{4-43}$$

式中 δ——放大因数，一般取 $\delta = 1.1 \sim 1.25$。

例 4-1 在图 4-16 所示的三轴电力拖动系统中，电动机轴上转动惯量 $J_e = 2.5 \mathrm{kg \cdot m^2}$，转速 $n = 900 \mathrm{r/min}$；中间传动轴的转动惯量 $J_1 = 2 \mathrm{kg \cdot m^2}$，转速 $n_1 = 300 \mathrm{r/min}$；生产机械轴的转动惯量 $J_L = 16 \mathrm{kg \cdot m^2}$，转速 $n_L = 60 \mathrm{r/min}$。试求折算到电动机轴上的等效转动惯量以及折算到生产机械轴上的等效转动惯量。

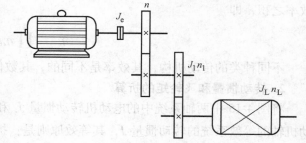

图 4-16 三轴电力拖动系统

解：依式（4-40），折算到电动机轴上的转动惯量为

$$J = J_e + \left(\frac{n_1}{n}\right)^2 J_1 + \left(\frac{n_L}{n}\right)^2 J_L$$

$$= 2.5 \mathrm{kg \cdot m^2} + \left(\frac{300}{900}\right)^2 \times 2 \mathrm{kg \cdot m^2} + \left(\frac{60}{900}\right)^2 \times 16 \mathrm{kg \cdot m^2} = 2.793 \mathrm{kg \cdot m^2}$$

同理，折算到生产机械轴上的等效转动惯量为

$$J = J_L + \left(\frac{n_1}{n_L}\right)^2 J_1 + \left(\frac{n}{n_L}\right)^2 J_e$$

$$= 16 \mathrm{kg \cdot m^2} + \left(\frac{300}{60}\right)^2 \times 2 \mathrm{kg \cdot m^2} + \left(\frac{900}{60}\right)^2 \times 2.5 \mathrm{kg \cdot m^2} = 628.5 \mathrm{kg \cdot m^2}$$

从结果可见，保持折算前后动能不变，往低速轴折算时，其转动惯量要大得多。

4.5.3 升降运动系统的等效方法

有些生产机械主要做升降运动，比如起重机。分析时要将升降的拖动系统等效为简单的单轴拖动系统，如图 4-17 所示。做这样的等效需要分别对旋转运动和直线运动两种物理量

进行折算，前面已讨论过旋转运动系统的折算，这里仅讨论直线运动系统的折算。

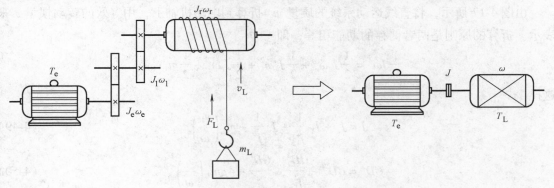

图 4-17 混合拖动系统的等效

1. 静态力 F_L（或称负载力）的折算

把直线运动的静态力 F_L 折算到电动机轴上的等效静转矩 T_L 的原则仍是保持折算前后的静态功率不变。如果考虑功率的传递方向，同样分两种情况讨论：

1）电动机工作在电动状态，此时由电动机带动工作机构，使重物提升。由图 4-17，折算前直线运动部件的静态功率 P_L 为

$$P_L = F_L v_L \tag{4-44}$$

式中 F_L——作用在直线运动部件上的静态力；

v_L——重物提升速度（m/s）。

折算后等效拖动系统的静态功率 P_L' 为

$$P_L' = T_L \omega \tag{4-45}$$

现功率是由电动机传向负载，按功率平衡原则：$P_L' = P_L / \eta_c$，即

$$T_L \omega = \frac{F_L v_L}{\eta_c}$$

代入关系式 $\omega = 2\pi n / 60$，经整理，得到折算公式为

$$T_L = 9.55 \frac{F_L v_L}{n \eta_c} \tag{4-46}$$

2）电动机工作在发电制动状态，此时工作机构带动电动机，使重物下放。根据功率平衡关系，有

$$T_L \omega = F_L v_L \eta_c$$

由此

$$T_L = 9.55 \frac{F_L v_L}{n} \eta_c' \tag{4-47}$$

式中 η_c'——物体下放时的传动效率。

可以证明，在提升与下放时传动损耗相等的条件下，下放传动效率与提升传动效率之间的关系为

$$\eta_c' = 2 - \frac{1}{\eta_c} \tag{4-48}$$

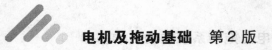

2. 质量的折算

由图 4-17 所示，将直线运动系统的质量 m_L 折算到电动机轴上，用等效的转动惯量 J 来表示。折算的原则是两者储存的动能相等，即

$$\frac{1}{2}J\omega^2 = \frac{1}{2}J_e\omega_e^2 + \frac{1}{2}J_1\omega_1^2 + \frac{1}{2}J_r\omega_r^2 + \frac{1}{2}m_Lv_L^2$$

这样

$$J = J_e + J_1\frac{1}{j_1^2} + J_r\frac{1}{j_r^2} + m_L\left(\frac{v_L}{\omega}\right)^2 \tag{4-49}$$

$$GD^2 = GD_e^2 + \frac{GD_1^2}{j_1^2} + \frac{GD_r^2}{j_r^2} + 4gm_L\left(\frac{v_L}{\omega}\right)^2 \tag{4-50}$$

由于 $\omega = 2\pi n/60$，$m_L = G_L/g$，则升降机构的重量所折算成的旋转运动的飞轮矩为

$$GD_L^2 = 4gm_L\left(\frac{v_L}{\omega}\right)^2 = 4gm_L\left(\frac{60v_L}{2\pi n}\right)^2 = 365G_L\left(\frac{v_L}{n}\right)^2 \tag{4-51}$$

例 4-2　设一提升机构，其传动系统示于图 4-18 上。电动机转速为 950r/min，齿轮减速箱的传动比 $j_1 = j_2 = 4$；卷筒直径 $D = 0.24$m；滑轮的减速比 $j_3 = 2$；空钩重量 $G_0 = 200$N；起重负荷 $G = 1000$N；电动机的飞轮矩 $GD_e^2 = 1.05$N·m²。试求提升速度 v_L 和折算到电动机轴上的静转矩 T_L 以及折算到电动机轴上整个拖动系统的飞轮矩 GD^2。

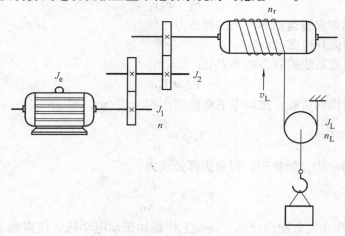

图 4-18　提升机构

解：（1）计算提升速度 v_L　依照电动机转速 n 经过三级减速后，再转换成直线速度的关系，得

$$\frac{n}{n_L} = j \quad j = j_1j_2j_3 \quad n_L = \frac{n}{j} = \frac{n}{j_1j_2j_3}$$

$$v_L = \pi D n_L = \frac{\pi D}{j_1j_2j_3}n = \frac{3.14 \times 0.24 \times 950}{4 \times 4 \times 2}\text{m/min} = 22.37\text{m/min}$$

（2）计算折算到电动机轴上的静转矩 T_L　考虑到传动机构的损耗，假设每对齿轮的效率为 0.95，并取滑轮和卷筒的效率为 0.92。根据功率平衡原则，折算到电动机轴上的静转

矩为

$$T_{\text{L}} = \frac{F_{\text{L}} v_{\text{L}}}{\omega \eta_{\text{c}}}$$

这里，$F_{\text{L}} = G_{\text{L}} = G + G_0$，$v_{\text{L}} = \frac{\pi D}{j} \frac{n}{60}$，$\omega = \frac{2\pi n}{60}$

$$T_{\text{L}} = \frac{(G + G_0)\dfrac{D}{2}}{j\eta_{\text{c}}} = \frac{(G + G_0)\dfrac{D}{2}}{j_1 j_2 j_3 \eta_{\text{c}}} = \frac{(1000 + 200) \times 0.12}{4 \times 4 \times 2 \times 0.83} \text{N} \cdot \text{m} = 5.42 \text{N} \cdot \text{m}$$

式中，传动效率为 $\eta_{\text{c}} = \eta_1 \eta_2 \eta_3 = 0.95 \times 0.95 \times 0.92 = 0.83$。

（3）折算到电动机轴上的系统总飞轮矩 GD^2　系统中间传动轴和卷筒的飞轮矩，题中未给出，用因数 δ 近似估计。取 $\delta = 1.2$，则由式（4-50）可求出折算后系统等效飞轮矩为

$$GD^2 = \delta GD_{\text{e}}^2 + 365(G + G_0)\left(\frac{v_{\text{L}}}{n}\right)^2$$

$$= 1.2 \times 1.05 \text{N} \cdot \text{m}^2 + 365 \times (1000 + 200) \times \left(\frac{22.37}{60 \times 950}\right)^2 \text{N} \cdot \text{m}^2 = 1.33 \text{N} \cdot \text{m}^2$$

4.5.4　平移运动系统等效方法

有些生产机械的工作机构做平移运动，比如刨床的工作台（见图 4-19）。这类系统分析时要将平移运动的拖动系统等效为简单的单轴拖动系统。

1. 转矩的折算

如图 4-19 所示，设 F_{f} 为工作机构做平移运动时所克服的阻力；v_{L} 为系统平移的速度，则工作机构平移运动所需的功率为

$$P_{\text{L}} = F_{\text{f}} v_{\text{L}} \tag{4-52}$$

根据折算前后系统功率不变的原则，并考虑系统传动部件的损耗，其功率平衡式为

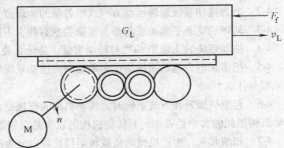

图 4-19　平移运动电力拖动系统示意图

$$T_{\text{L}} \omega = \frac{F_{\text{L}} v_{\text{L}}}{\eta_{\text{c}}} \tag{4-53}$$

这样，由平移运动机构折算到电动机轴上的负载转矩为

$$T_{\text{L}} = 9.55 \frac{F_{\text{L}} v_{\text{L}}}{n \eta_{\text{c}}} \tag{4-54}$$

2. 质量的折算

设传动系统平移运动机构的质量和重量分别为 m_{L} 和 G_{L}，如前分析，系统折算前后所储存的动能相等，即

$$\frac{1}{2} J\omega^2 = \frac{1}{2} J_{\text{e}} \omega^2 + \frac{1}{2} m_{\text{L}} v_{\text{L}}^2 \tag{4-55}$$

这样

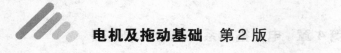

$$J = J_e + m_L\left(\frac{v_L}{\omega}\right)^2 \tag{4-56}$$

或者用飞轮矩表示为

$$GD^2 = GD_e^2 + 365G_L\left(\frac{v_L}{n}\right)^2 \tag{4-57}$$

比较可知，平移运动的转矩、质量和重量的折算公式与升降运动的折算公式相同。

小　结

通过本章的学习，可以了解电力拖动系统的一般运动规律，为进一步学习电力拖动系统在各种运行工况条件下的稳态和动态性能分析奠定理论基础。本章的学习要点在于：

1）掌握电力拖动系统的运动方程，并能熟练运用于电力拖动系统的分析和研究。

2）了解生产机械的负载特性，掌握各种负载的特点，以便与电动机特性相匹配。

3）掌握电力拖动系统的稳态分析方法，并能用于分析电力拖动系统的稳定问题。

4）了解电力拖动系统的动态分析方法，熟悉系统主要参数的动态变化规律。

5）了解复杂电力拖动系统的等效概念，能应用折算方法进行系统简化。

思考题与习题

4-1　什么是电力拖动系统？它包括哪些部分？

4-2　电力拖动系统旋转运动方程式中各量的物理意义是什么？它们的正负号如何确定？

4-3　转矩的动态平衡关系与静态平衡关系有什么不同？

4-4　拖动系统的飞轮矩 GD^2 与转动惯量 J 是什么关系？

4-5　把多轴电力拖动系统简化为单轴电力拖动系统时，负载转矩的折算原则是什么？各轴飞轮矩的折算原则是什么？

4-6　起重机提升和下放重物时，传动机构的损耗是由电动机还是重物负担？提升和下放同一重物时，传动机构损耗的大小是否相同？传动机构的效率是否相等？

4-7　归纳起来，生产机械的负载转矩特性可以分为哪几种基本类型？

4-8　电力拖动系统稳定运行的条件是什么？请举例说明。

4-9　在图 4-16 所示的电力拖动系统中，已知飞轮矩 $GD_e^2 = 15\text{N} \cdot \text{m}^2$，$GD_1^2 = 16\text{N} \cdot \text{m}^2$，$GD_L^2 = 100\text{N} \cdot \text{m}^2$，传动效 $\eta_{c1} = 0.9$，$\eta_{c2} = 0.8$，负载转矩 $T_L' = 72\text{N} \cdot \text{m}$，转速 $n_e = 1500\text{r/min}$，$n_1 = 750\text{r/min}$，$n_L = 150\text{r/min}$，试求：折算到电动机轴上的系统总飞轮矩 GD^2 和负载转矩 T_L。

4-10　有一起重机的电力拖动系统如图 4-18 所示，电动机转速 1000r/min，齿轮减速箱的传动比 $j_1 = j_2 = 2$；卷筒直径 $D = 0.2\text{m}$；滑轮的减速比 $j_3 = 5$；空钩重量 $G_0 = 100\text{N}$；起重负荷 $G = 1500\text{N}$；电动机的飞轮矩 $GD_e^2 = 10\text{N} \cdot \text{m}^2$，传动系统的总传动效率 $\eta_c = 0.8$，放大因数 $\delta = 1.2$。试求提升速度 v_L 和折算到电动机轴上的静转矩 T_L 以及折算到电动机轴上整个拖动系统的飞轮矩 GD^2。

第 2 篇　直流电机及拖动

　　直流电机是利用电磁感应原理实现直流电能和机械能相互转换的电磁装置，将直流电能转换成机械能的电机称为直流电动机，反之则称为直流发电机。直流电动机具有调速范围广且平滑，起、制动转矩大，过载能力强，易于控制的优点，常用于对调速有较高要求的场合。

第 5 章

直 流 电 机

本章主要介绍直流电机的基本结构和工作原理、电枢绕组的基本结构和磁场，以及直流电动机的基本方程和工作特性。

5.1 直流电机的基本原理与结构

5.1.1 直流电机的基本原理

根据第 1 章的原型电机模型，可以画出两极直流电机的简化模型，如图 5-1 所示。在图 5-1 中，电机定子有两个磁极，由励磁线圈环绕，定子绕组的励磁电流方向如图中指示，用符号"·"表示电流的流出，用符号"×"表示电流的流入，分别生成 N 和 S 两个磁极。按图中表示的励磁电流方向，沿直轴（d 轴）方向产生主磁通 Φ。电枢绕组通过电刷输入电压（电动机模式）或输出电压（发电机模式），按图中设置的电刷位置，交轴（q 轴）方向上的一对电刷将电枢线圈分为左右两部分，电枢线圈按照一定的连接方式组成电枢绕组。并且，励磁绕组所在的直轴 d 与电枢绕组所在的交轴 q 相互垂直。

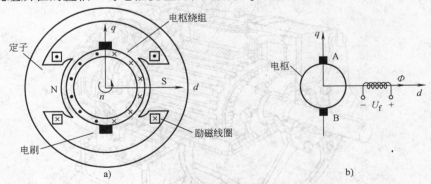

图 5-1　直流电机的简化模型

a）直流电机结构　b）直流电机模型

1. 直流发电机的工作原理

励磁线圈通入直流电流，产生 d 轴方向的主极磁通 Φ，称为主磁场。如果电枢上不外加直流电压，采用原动机拖动电枢恒速逆时针旋转，使电枢线圈切割磁力线而产生感应电动势，

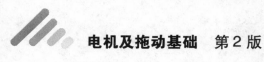

由电动势产生的电枢电流的方向由右手定则确定。由于电枢连续旋转，电枢绕组的每个线圈边交替地切割 N 极和 S 极下的磁力线，产生交变的感应电动势。再通过换向器的作用，使得在上下两个电刷端输出的电动势为一个方向相同的脉动电动势，如图 5-1 所示，从电刷 A 总是输出切割 N 极磁力线的线圈边所产生的正向电动势，由该电动势产生的电流从里向外流动，用符号"·"表示；从电刷 B 总是输出切割 S 极磁力线的线圈边所产生的负向电动势，由该电动势产生的电流从外向里流动，用符号"×"表示。这样，电刷 A 始终为正极性，而电刷 B 始终为负极性。因此，虽然线圈切割不同极性磁极所产生的感应电动势是交变的，但通过换向器的作用，在电刷两端却输出直流电压。这就是直流发电机的基本工作原理。

2. 直流电动机的工作原理

根据电机的可逆原理，在图 5-1 所示的直流电机模型中，励磁线圈仍通入直流电流，产生主极磁通 Φ。如果用直流电源通过电刷向电枢绕组供电，如图 5-2 所示，在电枢表面的左半部分导体（即 N 极下）可以流过相同方向的电流（符号"·"表示电流从里向外流动），根据左手定则，导体将受到顺时针方向的力矩作用；同时，在电枢表面的右半部分导体（即 S 极下）也流过相同方向的电流（符号"×"表示电流从外向里流动），同样根据左手定则，导体也将受到顺时针方向的力矩作用。这样，整个电枢绕组即转子将按顺时针方向旋转，输入的直流电能就转换成转子轴上输出的机械能。这就是直流电动机的基本工作原理。

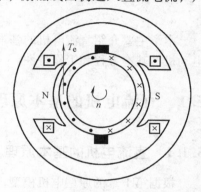

图 5-2　直流电动机的工作原理

5.1.2　直流电机的基本结构

直流电动机和直流发电机在主要结构上基本相同，两者具有可逆性。常用的中小型直流电动机结构如图 5-3 所示。直流电动机主要由定子、转子、电刷装置、端盖、轴承、通风冷

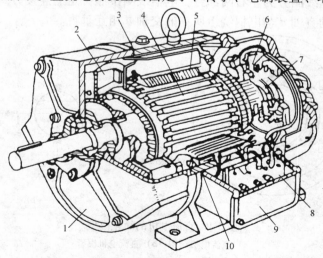

图 5-3　直流电动机基本结构

1—端盖　2—风扇　3—机座　4—电枢　5—主磁极　6—刷架　7—换向器
8—接线板　9—出线盒　10—换向磁极

却系统等部件组成。

1. 定子

定子由机座、主磁极、换向极、电刷装置等组成，其剖面结构示意图如图 5-4 所示。它的主要作用是产生主磁场和作电机的机械支架。

机座除用来作电机的外壳、固定主磁极、换向极以外，也是电机磁路的一部分，又称磁轭。机座一般用铸钢或厚钢板制成，保证了良好的导磁性能和机械支撑作用。主磁极由磁极铁心、励磁线圈组成，又称主极，它的主要作用是产生一定形状分布的气隙磁通密度。主极

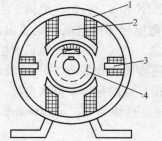
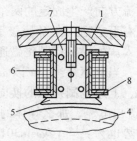

图 5-4 直流电机定子剖面结构
1—机座 2—主磁极 3—换向极 4—电枢 5—极靴
6—励磁线圈 7—极身 8—框架

铁心由 1～1.5mm 厚的硅钢片冲压叠制而成，用铆钉与电动机壳体相连，铁心外套上预先绕制线圈，以产生工作主磁场。主极掌面呈弧形，以保证主极掌面与电枢表面之间气隙均匀，磁场分布合理。换向极结构与主磁极相似，也由铁心和线圈构成，又称附加极，其主要作用是产生附加磁场，以改善电机的换向。

电刷装置是由电刷、刷握、刷杆和刷杆座等零件构成。石墨制成的电刷放在刷握内，用压紧弹簧以一定的压力压在转子的换向器表面。刷握固定在刷杆上，通过电刷的刷辫，将电流从电刷引入或引出。

2. 转子

转子（又称电枢）由电枢铁心、电枢绕组、换向器、转轴和风扇等组成，如图 5-5 所示。它的作用是产生电磁转矩或感应电动势，是电机实现机电能量转换的核心部件。

电枢铁心是直流电机主磁路的一部分。为了减少涡流和磁滞损耗，铁心采用 0.5mm 厚两面涂上绝缘漆的硅钢片叠压而成，安装在转轴上。电枢铁心沿圆周上有均匀分布的槽用以嵌放电枢绕组。电枢线圈用包有绝缘

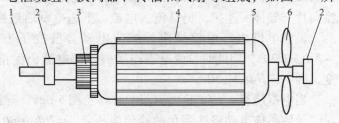

图 5-5 直流电机的电枢
1—转轴 2—轴承 3—换向器 4—电枢铁心
5—电枢绕组 6—风扇

的导线（漆包线）制成一定的形状，按要求嵌入电枢铁心，线圈的出线端都与换向器的换向片相连，连接时符合一定规律，构成电枢绕组。转轴上还有轴承和风扇等。

3. 换向器和电刷

换向器安装在转轴上，有许多梯形截面的换向片围叠组成一个圆柱体，相邻的换向片用云母片彼此绝缘。换向器的作用是将电枢绕组内的交流电动势用机械换接的方法转换成电刷间的直流电动势，其转换原理如图 5-6 所示。在图 5-6 中为分析简便，假设电枢绕组只有一个导体线圈 a-a′ 分别与两个互相绝缘的换向器片连接。换向片与电刷接触，通过固定的电刷与转动的换向片之间的滑动接触，使旋转的转子电路与静止的外电路相连接，把电流引入或

引出。

在图 5-6a 所示的电刷与换向器的位置（$\theta_r = 0°$），电刷同时与两片换向器连接，电枢导体被短路，因此电枢电流为零。如果在直流电机的定子绕组施加直流励磁电流，根据图示的电流方向产生固定的两个磁极 N 和 S，假定电机转子由外力拖动逆时针旋转。如前分析，根据右手定则，在 N 磁极下的电枢导体的电流总是流出；在 S 磁极下的电枢导体的电流总是流入。如果保持励磁磁通恒定，由式（3-3），电机产生的感应电动势为 $e = N\Phi\omega\sin\omega t = 0$。

当电枢绕组 a-a′以 ω 角速度旋转到如图 5-6b 所处的位置（$\theta_{r1} = 30°$，且有 $\theta_r = \omega t$），此时，上边电刷接触的换向片所连接的导体 a′流入电流，下边电刷接触的换向片所连接的导体 a 流出电流，那么导体的感应电动势为 $e_{a\text{-}a'} = N\Phi\omega\sin\theta_{r1} = N\Phi\omega\sin30°$，从电刷输出的感应电动势也为 $e_a = N\Phi\omega\sin30°$。

当电枢绕组 a-a′位于 $\theta_{r2} = 90°$ 时（见图 5-6c），导体 a′流入电流，导体 a 流出电流，导体感应电动势达到峰值电压 $e_{a\text{-}a'} = N\Phi\omega\sin\theta_{r2} = N\Phi\omega\sin90° = N\Phi\omega$。此时，电刷输出的感应电动势也达到最大值 $e_a = N\Phi\omega$。

当电枢绕组 a-a′位于 $\theta_{r3} = 120°$ 时（见图 5-6d），导体 a′流入电流，导体 a 流出电流，导体感应电动势为 $e_{a\text{-}a'} = N\Phi\omega\sin\theta_{r3} = N\Phi\omega\sin120°$。此时，电刷输出的感应电动势为 $e_a = N\Phi\omega\sin120°$。

当电枢绕组 a-a′位于 $\theta_{r4} = 180°$ 时（见图 5-6e），导体 a′到达 N 磁极下，电流应反向，从流入变为流出；而导体 a 到达 S 磁极下，电流应反向，从流出变为流入。但此时因上、下两个电刷同时跨接两个换向片，使导体 a-a′短路而没有电流，此时，导体感应电动势为零，电刷输出电动势也为零。

当电枢绕组 a-a′位于 $\theta_{r5} = 210°$ 时（见图 5-6f），现在导体 a′到达 N 磁极下，电流反向，从流入变为流出；而导体 a 在 S 磁极下，电流反向，从流出变为流入。但此时上边电刷通过换向片与导体 a 连接，仍是流入电流，下边电刷通过换向片与导体 a′连接仍流出电流。因此，虽然电机内部电枢绕组的感应电动势改变了方向 $e_{a\text{-}a'} = N\Phi\omega\sin\theta_{r5} = N\Phi\omega\sin210° = -N\Phi\omega\sin30°$，但此时，由电刷连接的外部电流仍保持原来的方向不变，输出电压极性不变，即 $e_a = N\Phi\omega\sin30°$。

当电枢绕组 a-a′位于 $\theta_{r6} = 270°$ 时（见图 5-6g），导体 a 流入电流，导体 a′流出电流，此时，导体感应电动势达到负的峰值电压 $e_{a\text{-}a'} = N\Phi\omega\sin\theta_{r6} = N\Phi\omega\sin270° = -N\Phi\omega$，但从电刷输出的仍为正的峰值电压 $e_a = N\Phi\omega$。

当电枢绕组 a-a′位于 $\theta_{r7} = 300°$ 时（见图 5-6h），导体 a 流入电流，导体 a′流出电流，此时，导体感应电动势为 $e_{a\text{-}a'} = N\Phi\omega\sin\theta_{r7} = N\Phi\omega\sin300°$，但由电刷引出的电流仍保持原方向不变，感应电动势为 $e_a = N\Phi\omega\sin60°$。

综上分析，直流电机通过换向器和电刷将电枢绕组内部的交变电流转换为直流输出，其直流输出波形如图 5-7 所示。换向器的作用就像由二极管构成的静止整流器，将交流变换为直流，所不同的是这里采用了机械换向方法。

对两个导体构成的电枢绕组换向分析的结果可以推广到多线圈电枢绕组的直流电机，一个实际的直流电机定子磁极可以有多对，电枢绕组可以有多个线圈，还可以通过并联或串联以增加电流或电压。

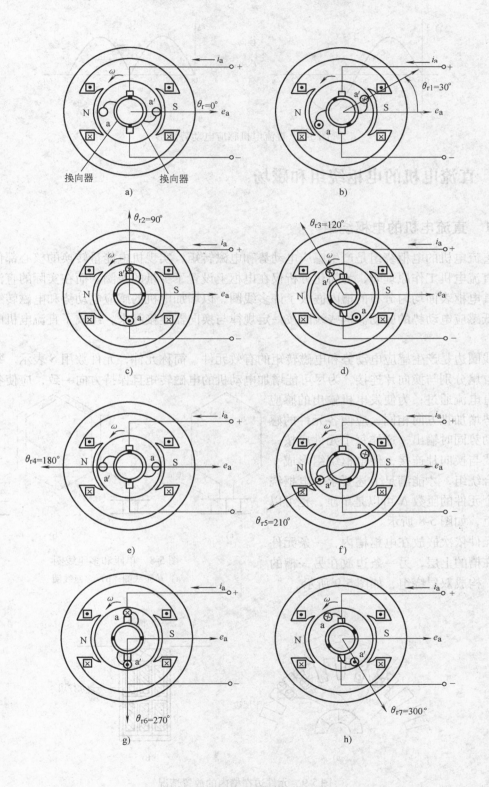

图 5-6 直流电机感应电动势的换向原理

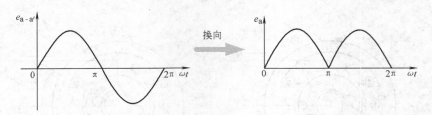

图5-7　直流电机感应电动势波形

5.2　直流电机的电枢绕组和磁场

5.2.1　直流电机的电枢绕组

直流电机的电枢绕组是产生感应电动势和电磁转矩，实现机电能量转换的核心部件。在叙述直流电机工作原理时，为简化分析仅在电枢上设置了少量的线圈。而在实际的直流电机中，其电枢表面均匀分布的槽内嵌放了许多线圈，以增加电机的感应电动势和电磁转矩，并可降低感应电动势的脉动。这些线圈按一定规律与换向器连接起来，组成了直流电机的电枢绕组。

线圈边是产生感应电动势和电磁转矩的有效元件，简称元件，元件数用 S 表示。每个元件的首尾分别与换向片连接，为尽可能增加电动机的电磁转矩且保持方向一致，应使各元件同时有电流通过；为使发电机输出的感应电动势增加且方向相同，应使各元件的感应电动势同时输出，这样每个元件应按一定方式与换向片连接，使电枢绕组形成一个闭合绕组，才能满足上述要求。电枢绕组每个元件的匝数 N 可以是单匝，也可以是多匝，如图5-8所示。

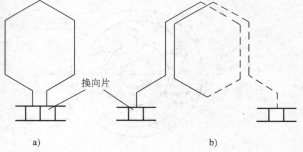

图5-8　单匝和多匝线圈
a）单匝线圈　b）多匝线圈

元件依次嵌放在电枢槽内，一条元件边放在槽的上层，另一条边放在另一槽的下层，构成双层绕组，如图5-9所示。

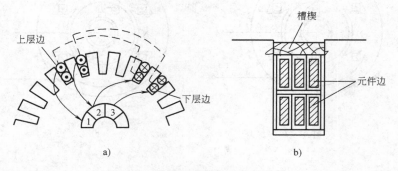

图5-9　元件边在槽内的放置情况
a）线圈元件嵌放次序　b）线圈槽的剖面图

64

按照元件首尾端与换向片连接规律的不同，电枢绕组可分为叠绕组和波绕组，叠绕组又有单叠和复叠之分，波绕组也有单波和复波之分。单叠绕组是直流电机电枢绕组的基本形式，下面简要介绍单叠绕组。

如图 5-10a 所示，单叠绕组的连接特点是元件的首尾两端分别接到相邻的两个换向片上，并且前一元件的尾端与后一元件的首端接在同一换向片上，在图 5-10a 中上层元件边用实线表示、下层元件边用虚线表示，所有相邻元件依次串联，形成一个闭合回路。将元件的两条边在电枢表面所跨的距离称为第一节距，用 y_1 表示（一般用两条边所跨的槽数计算），一个元件首尾两端所接的两个换向片之间所跨的距离称为换向节距，用 y_k 表示（一般用换向片数计算）。单叠绕组的换向节距为 1。单叠绕组的支路由电刷引出，支路数等于电刷数，电刷数等于被短路的元件数，也等于磁极数。

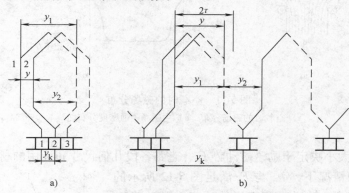

图 5-10 绕组的连接形式
a）单叠绕组 b）单波绕组

在实际的电机中，往往采用绕组元件串联和并联的方法使电机能产生更大电磁转矩或提高其输出功率。例如：将若干元件串联起来组成支路，可以提高电机的感应电动势；如果将若干支路并联，则会增大电机的电流，即可增加电磁转矩。有关电机绕组的连接方法的内容可参阅其他电机学的书籍，本教材不再赘述。

5.2.2 直流电机的磁场

1. 空载磁场

直流电机空载是指电枢绕组电流为零或很小，电机几乎无功率输出。空载磁场是由励磁绕组的励磁磁动势单独建立的磁场。励磁绕组电流的方向与磁场极性符合右手螺旋定则。

图 5-11a 是二极直流电机空载时的磁场分布图。当磁极上励磁绕组按图示方向通入直流电流后，分别呈现 N、S 极性。磁通由 N 极进入气隙和电枢齿，经电枢轭、S 极下的电枢齿、气隙进入 S 极，再由定子轭回到 N 极，构成闭合磁路。该磁通称为主磁通，用 Φ_0 表示。另外，在 N、S 极之间有一小部分磁通不经过电枢，不与电枢绕组交链，直接经过相邻的磁极或定子磁轭形成闭合回路，这部分称为漏磁通。在直流电机中，主磁通在电枢绕组中产生感应电动势和电磁转矩，而漏磁通却没有这种作用，它只是增加主磁极磁路的饱和程

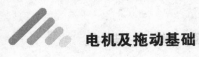

度。但由于两个磁极之间的气隙较大，因此漏磁通的数量相对于主磁通要小得多，大约是主磁通的20%。

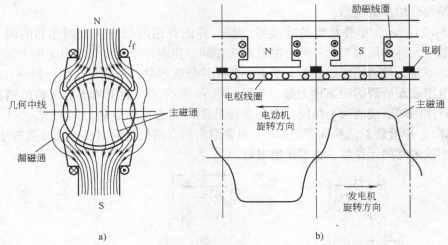

图 5-11 空载时的磁场分布

a）空载时的磁场分布 b）主磁场磁通密度分布曲线

主磁通 Φ_0 的大小决定于励磁磁动势 F_f、磁路各段几何尺寸和选用的材料性质。在磁路尺寸和材料已定的情况下，Φ_0 与 F_f 满足图 5-12 所示的磁化曲线 $\Phi_0 = f(F_f)$。若励磁绕组匝数一定，磁动势 F_f 便与励磁电流 I_f 成正比，使 $\Phi_0 = f(F_f) = f(I_f)$。磁化曲线表明，电机中磁通增大时，磁通与磁动势成线性正比，但当磁通达到一定数值时，呈饱和趋势。一般电机空载时，电机的磁场处于磁化曲线的浅饱和区 a 点。

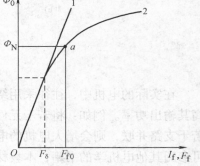

主磁通通过主极极靴，形成气隙磁场。在极靴下气隙很小，磁通密度均匀且较强，极靴两边气隙明显增大，磁通密度迅速下降，直至两极分界处磁通密度降为零。其分布情况如图 5-11b 所示。$B = 0$ 处的轴线为电气中心线，两极之间的轴线为几何中心线。当电机仅存在主极磁场时，电气中心线与几何中心线重合。

图 5-12 $\Phi_0 = f(F_f)$ 磁化曲线

2. 电枢反应

直流电机在主极建立了主磁场，当电枢绕组中通过电流时，产生电枢磁动势，也在气隙中建立起电枢磁场。这时电机的气隙中形成由主极磁场和电枢磁场共同作用的合成磁场。这种由电枢磁场引起主磁场畸变的现象称为电枢反应。

首先分析电枢磁场的单独分布。由于电枢绕组中各支路电流是经电刷与外电路连接的，电枢表面的磁场分布与电刷分布有关。电刷是电枢表面电流分布的分界线，如图 5-13a 所示，根据右手螺旋定则，其磁通分布和磁通密度分布曲线展开如图 5-13b 所示。如电枢元件在电枢表面的分布是均匀的，则电枢磁动势在主磁极中央为零，在两磁极的中间为最大。两磁极中间的气隙磁阻大，使磁通最大点出现在主磁极的两端，而在极间处磁通减少呈马鞍形。

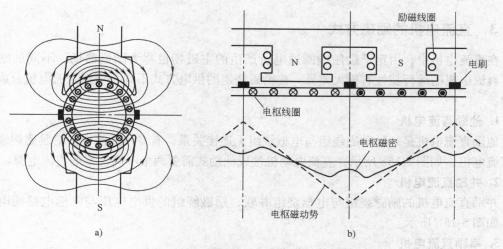

图 5-13　电枢磁场磁通分布和磁通密度分布曲线展开图

a）电枢磁场分布　b）磁通和磁通密度分布曲线

67

　　直流电机运行时，把主磁场与电枢磁场合成一个工作磁场，其间将产生电枢反应。以直流电动机为例说明这个过程。电动机的主磁场方向、电枢磁场方向均与上述单独作用时情况一致，图 5-14 表示主磁场与电枢磁场合成后的磁通分布与磁通密度分布曲线展开图。由图可知：电动机负载运行时主磁极的一端磁通增加，另一端磁通减少，使气隙磁场的分布发生扭斜，气隙磁通密度过零的地方偏离了几何中心线，呈现不均匀分布，出现了电枢反应。

　　电枢反应使电动机的电气中心轴移动，对原本处于 $B=0$ 的电刷换流产生不利的影响；电枢反应造成每极磁通密度强弱分布不均，磁极前半部分磁场减弱，后半部分增加，考虑材料磁饱和特性，每极磁通将减少，形成去磁效应，影响了电动机的负载特性；为改善电枢反应对换向的影响，在磁极中间设置换向极，利用换向磁动势抵消主磁极几何中心线的电枢反应磁场，减小换向时电刷与换向片间的火花，提高电机的使用寿命。

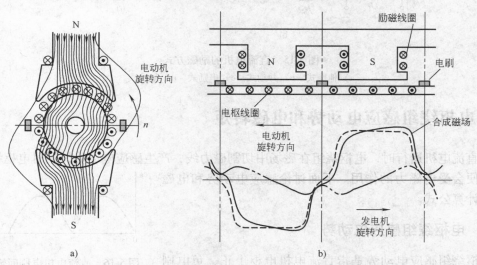

图 5-14　合成磁场磁通分布和磁通密度分布曲线展开图

5.2.3 直流电机的励磁方式

在直流电机中，由定子励磁线圈通电所产生的主磁场也称为励磁磁场。不同的励磁方式，直流电机的运行特性有很大差异。按励磁绕组的供电方式不同，可把直流电机分成下列四种：

1. 他励直流电机

他励直流电机是一种励磁绕组与电枢绕组无连接关系，有专用直流电源对励磁绕组供电的直流电机，如图 5-15a 所示。直流电动机接成他励式需要两个不同功率的直流电源。

2. 并励直流电机

并励直流电机的励磁绕组与电枢绕组并联，励磁绕组的供电电压与电枢电路端电压相同，如图 5-15b 所示。

3. 串励直流电机

串励直流电机的励磁绕组与电枢绕组串联，励磁绕组的电流与电枢电路电流一致，如图 5-15c 所示。

4. 复励直流电机

复励直流电机的主磁极上装有两个励磁绕组，一个绕组与电枢电路并联，称为并励绕组，再与另一个励磁绕组串联，该绕组称为串联绕组，如图 5-15d 所示。也可以将电枢电路先与串励绕组串联连接，再与并励绕组并联连接。若串励和并励绕组产生的磁动势方向相同称为积复励；若两个方向相反则称为差复励。

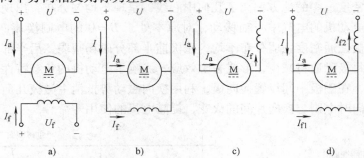

图 5-15　直流电机的励磁方式

a）他励式　b）并励式　c）串励式　d）复励式

5.3　电枢绕组感应电动势和电磁转矩

在直流电机运行时，电枢绕组在磁场中切割磁力线，产生感应电动势，同时电枢绕组中有电流便会受电磁力的作用。下面讨论感应电动势和电磁转矩的计算公式。

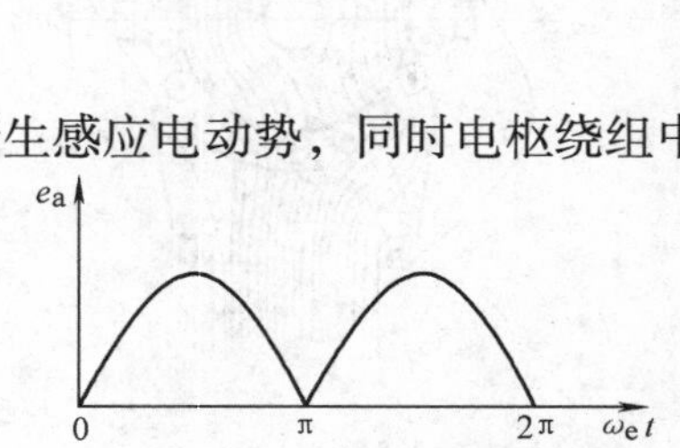

5.3.1 电枢绕组感应电动势

电枢绕组感应电动势是指直流电机电枢上正、负电刷间产生的感应电动势，如图 5-16 所示，电刷间感应电动势

图 5-16　直流电机电刷间输出的感应电动势

波形如同一个交流正弦电压经过整流以后的波形，这说明直流电机电枢上产生的是交流电，经过电刷换向后才变为直流电。

由式（3-3），电机产生的感应电动势为

$$e = N\Phi\omega_e\sin\omega_e t$$

上式是在均匀气隙磁场条件下建立的。现因直流电机仅在磁极下有磁场分布，需考虑每极磁通 Φ 的情况，因此，直流电机运转时在电刷间产生的平均感应电动势为

$$E_a = \frac{1}{\pi}\int_0^\pi N\Phi\omega_e\sin\omega_e t\,d(\omega_e t) = \frac{2}{\pi}\omega_e N\Phi \tag{5-1}$$

由电枢转动的机械角速度 ω 与感应电动势角频率 ω_e 的关系

$$\omega_e = n_p\omega \tag{5-2}$$

式中 n_p——磁极对数。

$$\omega = \frac{2\pi}{60}n \tag{5-3}$$

式（5-1）表示的直流电机感应电动势可写成

$$E_a = \frac{2n_p N}{\pi}\Phi\omega = 4n_p N\Phi\frac{n}{60} \tag{5-4}$$

由于电枢绕组的匝数 N（每匝有两条有效边）与电枢总有效边数 Z 以及支路对数 a 的关系为 $N = \dfrac{Z}{4a}$，则上式为

$$E_a = 4n_p\frac{Z}{4a}\Phi\frac{n}{60} = \frac{n_p Z}{60a}\Phi n$$

令 $C_e = \dfrac{n_p Z}{60a}$ 为电动势常数，那么就得到直流电机的电枢电动势计算公式为

$$E_a = C_e\Phi n \tag{5-5}$$

另外，还有一种计算直流电机感应电动势的方法。该方法先计算电枢绕组中的每个元件在切割气隙磁场时所产生的平均感应电动势，再计算一个支路总元件数，从而算出电枢感应电动势。这两种方法推导出的直流电机感应电动势的公式是相同的，推导过程可以参阅文献 [3]。

5.3.2 电磁转矩

这里，我们利用第 3 章推导的一般电机电磁转矩方程式（3-18）来计算直流电机的电磁转矩，即有

$$T_e = \frac{\pi}{2}n_p^2\Phi_{sr}F_r\sin\varphi_r \tag{5-6}$$

从直流电机的基本结构可以看出，它是一种定子绕组是凸极的电机，现假定其满足以下条件：

1）忽略各种饱和与非线性。

2）电刷的位置在几何中心线上，即 $\varphi_r = 90°$，并忽略电刷宽度。

3）忽略磁动势的空间谐波。

4) 电枢绕组均匀分布，节距相等，忽略槽宽。

如图 5-1 所示的直流电机，在定子绕组中通以直流励磁电流 I_f，产生恒定的磁通 Φ，即 $\Phi_{sr} = \Phi$，由电枢绕组产生的每极磁动势 F_a 波形是如图 5-17 所示的三角波，其幅值为

$$F_a = \frac{Ni_a}{2n_p} = \frac{Z}{8n_p a}i_a$$

对三角波电枢磁动势 F_a 进行傅里叶变换，其正弦基波分量的幅值 F_{a1} 为

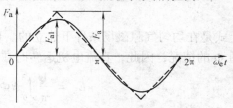

图 5-17　电枢绕组产生的磁动势波形

$$F_{a1} = \frac{8}{\pi^2}\frac{Z}{8n_p a}I_a = \frac{ZI_a}{\pi^2 n_p a} = F_r$$

将上述各变量的关系代入式（5-6），得

$$T_e = \frac{\pi}{2}n_p^2 \Phi F_r \sin 90° = \frac{\pi}{2}n_p^2 \Phi \frac{ZI_a}{\pi^2 n_p a} = \frac{n_p Z}{2\pi a}\Phi I_a$$

令 $C_T = \dfrac{n_p Z}{2\pi a}$ 为直流电机的转矩常数，则可得直流电机电磁转矩计算公式为

$$T_e = C_T \Phi I_a \tag{5-7}$$

另外，根据毕奥-萨伐尔电磁力定律，计算直流电机电枢绕组元件边在磁场中的受力，也可推导出与式（5-7）同样的电磁转矩方程。由式（1-6）可求出一根导体在磁场中所受的平均电磁力为

$$F_{av} = B_{av}li_{c1} \tag{5-8}$$

式中　i_{c1}——导体电流，且有 $i_{c1} = I_a/(2a)$，表示每根导体的电流 i_{c1} 等于电机总电流 I_a 除以支路数 $2a$。

由电磁力与电磁转矩的关系，可得一根导体的电磁转矩为

$$T_{e1} = F_{av}\frac{D}{2} \tag{5-9}$$

式中　D——电枢直径。

现假定电机的总有效导体数为 Z，则直流电机总的电磁转矩为

$$T_e = ZT_{e1} = ZF_{av}\frac{D}{2} = \frac{ZDl}{4a}B_{av}I_a \tag{5-10}$$

又因

$$B_{av} = \frac{2n_p}{\pi Dl}\Phi \tag{5-11}$$

因此

$$T_e = \frac{ZDl}{4a}\frac{2n_p}{\pi Dl}\Phi I_a = \frac{n_p Z}{2\pi a}\Phi I_a \tag{5-12}$$

同样令 $C_T = \dfrac{n_p Z}{2\pi a}$ 为直流电机的转矩常数，则可得直流电机电磁转矩计算公式为

$$T_e = C_T \Phi I_a \tag{5-13}$$

可见，利用毕奥-萨伐尔电磁力定律得到了完全相同的直流电机电磁转矩计算公式。

5.4　直流电机的基本方程和工作特性

直流电机的运行情况可以用基本方程来研究。直流电机可为发电机运行和电动机运行。

当直流电机由外动力拖动时，输入电枢转轴机械能，电枢感应电动势，经电刷转换输出直流电能向负载供电，电枢感应电动势大于电枢端电压时，电机作发电机运行。当直流电机施加直流电源电压时，经电刷和换向器流入电枢绕组，电枢受电磁转矩作用，在转轴输出机械能，同时电枢也产生感应电动势，但数值小于电枢电压，则电机作电动机运行。本节给出直流电机稳态运行时的基本方程和工作特性。

5.4.1 直流电动机

在列写直流电机的基本方程之前，先规定相关物理量的参考正方向，若各物理量的瞬时实际方向与参考正方向一致，其值为正，反之为负。直流电动机各物理量的参考正方向选定如图 5-18a 所示。图中 U_a 是直流电动机电枢两端的端电压，I_a 是电枢电流，T_e 是电动机的电磁转矩，T_0 是电动机空载转矩，T_L 是电动机的轴上负载转矩，n 是电动机的电枢转速，U_f 是励磁电压，I_f 是励磁电流，Φ 是主磁通。

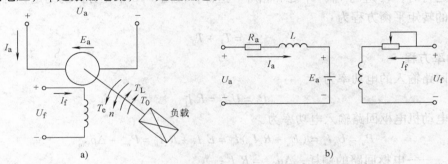

图 5-18 直流电动机物理量的正方向与等效电路
a）物理量的参考正方向 b）等效电路

1. 电压方程

按图 5-18b 所示的直流电动机等效电路，可以写出直流电动机稳态电压方程的一般形式为

$$U_f = R_f I_f \tag{5-14}$$
$$U_a = R_a I_a + E_a \tag{5-15}$$

（1）他励直流电动机　他励直流电动机的励磁线圈采用单独直流电源供电，励磁电压为 U_f，励磁回路的电阻为 R_f，励磁电流为直流 I_f，式（5-14）可写成

$$I_f = \frac{U_f}{R_f} \tag{5-16}$$

同样，考虑直流电动机的电枢回路直流电源电压 U_a，电枢绕组的电阻·R_w，正、负电刷的接触电压降为 $2\Delta U_b$，那么式（5-15）成为

$$U_a = E_a + R_w I_a + 2\Delta U_b = E_a + R_a I_a \tag{5-17}$$

式中　R_a——包括电枢绕组和电刷电压降的等效电阻；

E_a——直流电动机感应电动势，其方向与电源电压 U_a 相反，大小与转速成正比，且 $U_a > E_a$，即有

$$E_a = C_e \Phi n \tag{5-18}$$

71

（2）并励直流电动机 如图5-15b所示，电动机采用并励方式时，励磁绕组与电枢回路并联，共用一个电源，电枢回路的电压方程与他励时相同，并有

$$U = U_a = U_f \qquad (5-19)$$

$$I = I_a + I_f \qquad (5-20)$$

（3）串励直流电动机 如图5-15c所示，电动机采用串励方式时，励磁绕组与电枢回路串联，再与电源连接，此时

$$I = I_a = I_f \qquad (5-21)$$

$$U = U_a + U_f \qquad (5-22)$$

2. 转矩方程

直流电机电枢外加电压后，工作在电动运行状态时，电枢产生电磁转矩 T_e，其方向如图5-18所示，为逆时针方向，与电动机空载转矩 T_0 和电动机的轴上负载转矩 T_L 相反。当电机稳态运行时，T_e 应与 T_0、T_L 之和相等。这样，按图5-18中正方向的约定，可写出电机电动状态的转矩平衡方程为

$$T_e = T_L + T_0 \qquad (5-23)$$

3. 功率方程

励磁回路输入的电功率为

$$P_f = U_f I_f = R_f I_f^2 \qquad (5-24)$$

直流电动机电枢回路输入电功率为

$$P_a = U_a I_a = (E_a + R_a I_a)I_a = E_a I_a + R_a I_a^2 = P_{em} + \Delta p_{Cua} \qquad (5-25)$$

式中 Δp_{Cua}——电枢回路的铜耗，$\Delta p_{Cua} = R_a I_a^2$；

P_{em}——电机的电磁功率，$P_{em} = E_a I_a$，且有

$$E_a I_a = \frac{n_p Z}{60a}\Phi n I_a = \frac{n_p Z}{60a}\frac{60\omega}{2\pi}\Phi I_a = \frac{n_p Z}{2\pi a}\Phi I_a \omega = T_e \omega \qquad (5-26)$$

式中 ω——电动机的机械角速度（rad/s），$\omega = \dfrac{2\pi n}{60}$。

由式（5-26）可得电动机电磁转矩的另一种计算公式为

$$T_e = \frac{P_{em}}{\omega} = \frac{P_{em}}{\dfrac{2\pi n}{60}} = 9.55\frac{P_{em}}{n} \qquad (5-27)$$

由此可见，电枢的电磁功率用于克服电枢轴上的机械负载转矩，实现机电能量的转换。在转矩公式（5-23）两边乘以机械角速度 ω，可得

$$T_e\omega = T_L\omega + T_0\omega$$

即

$$P_{em} = P_L + \Delta p_0 \qquad (5-28)$$

式中 P_L——电机的机械负载功率；

Δp_0——电机的空载损耗，包括机械摩擦损耗 Δp_m 和铁心损耗 Δp_{Fe}。

式（5-28）说明，电磁功率转换成空载损耗和机械能输出。他励直流电动机的功率关系如图5-19所示。

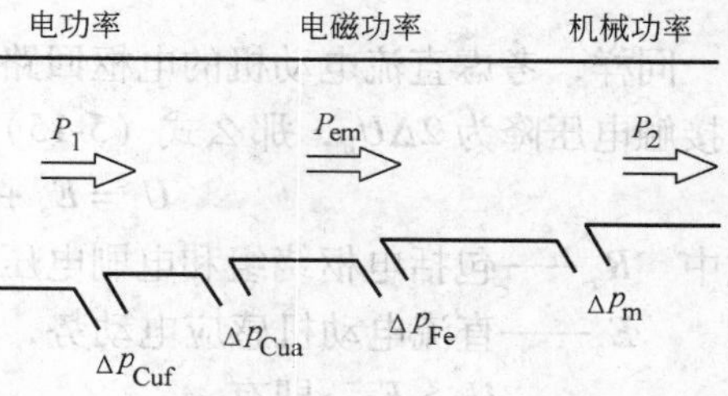

图5-19 直流电动机的功率图

可见，电动机的输入电功率为

$$P_1 = P_f + P_a = \Delta p_{Cuf} + \Delta p_{Cua} + P_{em} = \Delta p_{Cu} + \Delta p_{Fe} + \Delta p_m + \Delta p_{add} + P_2$$
$$= P_2 + \sum \Delta p \tag{5-29}$$

式中 P_2——电动机的输出功率，并有 $P_2 = P_L$；

Δp_{add}——电动机的附加损耗，是铜耗、铁耗和机械损耗之外的其他损耗；

$\sum \Delta p$——电动机的总损耗，并有

$$\sum \Delta p = \Delta p_{Cuf} + \Delta p_{Cua} + \Delta p_{Fe} + \Delta p_m + \Delta p_{add}$$
$$= R_f I_f^2 + R_a I_a^2 + \Delta p_0 + \Delta p_{add} \tag{5-30}$$

由此，电动机的效率为

$$\eta = \frac{P_2}{P_1} = 1 - \frac{\sum \Delta p}{P_2 + \sum \Delta p} \tag{5-31}$$

例5-1 已知一台他励直流电动机额定电压为 220V，额定电流为 100A，额定转速为 1150r/min，电枢电阻为 0.095Ω，空载损耗为 1500W。求：（1）额定电动势，（2）额定电磁转矩，（3）额定效率。

解：（1）额定电动势

$$E_{aN} = U_N - I_N R_a = 220V - 100 \times 0.095V = 210.5V$$

（2）额定电磁转矩

$$T_{eN} = \frac{E_a I_a}{\frac{2\pi n}{60}} = \frac{210.5 \times 100}{2\pi \times 1150} \times 60 N \cdot m \approx 174.8 N \cdot m$$

（3）电枢输入功率

$$P_a = U_N I_N = 220 \times 100 W = 22000 W$$

轴上输出的功率

$$P_2 = P_a - I_N^2 R_a - \Delta p_0 = 22000W - 100^2 \times 0.095W - 1500W = 19550W$$

额定效率

$$\eta_N = \frac{P_2}{P_1} = \frac{19550}{22000} \times 100\% \approx 88.86\%$$

4. 工作特性

他励直流电动机的工作状态和性能可用下列几个特性曲线来描述：

（1）**转速特性** 转速特性是指当 $U_a = U_N$，$I_f = I_{fN}$ 时，$n = f(I_a)$ 的关系曲线，由感应电动势公式和电压方程可得

$$n = \frac{E_a}{C_e \Phi} = \frac{U_a - I_a R_a}{C_e \Phi} = \frac{U_a}{C_e \Phi} - \frac{R_a}{C_e \Phi} I_a \tag{5-32}$$

若忽略电枢反应，当 I_a 增加时，转速 n 下降，形成转速降 Δn，如图 5-20 中曲线 1 所示。若考虑电枢反应的去磁效应，磁通下降可能引起转速的上升，与 I_a 增大引起的转速降相抵消，使电动机的转速变化很小。实际运行中为保证电动机稳定运行，一般要求电动机的转速随电流 I_a 的增加而下降。转速降为额定转速的（3~8）%，基本呈恒速状态。

（2）**转矩特性** 转矩特性是指当 $U_a = U_N$，$I_f = I_{fN}$ 时，$T_e = f(I_a)$ 的关系曲线。由转矩特性公式 $T_e = C_T \Phi I_a$ 可知在磁通为额定值时，电磁转矩与电枢电流成正比。若考虑电枢反应的

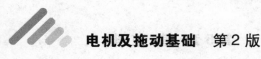
去磁效应，转矩随电枢电流的变化如图 5-20 中曲线 2 所示。

（3）效率特性　效率特性是指 $U_a = U_N$，$I_f = I_{fN}$ 时，$\eta = f(I_a)$ 的关系曲线。由式（5-30）可见，电动机的损耗中仅电枢回路的铜耗与电流 I_a 的二次方成正比关系，其他部分与电枢电流无关。电动机的效率随 I_a 增大而上升，当 I_a 大到一定值后，效率又逐渐下降，如图 5-20 中曲线 3 所示。一般直流电动机的效率在 0.75～0.94 之间。

直流电动机在使用时一定要保证励磁回路连接可靠，绝不能断开。一旦励磁电流 $I_f = 0$，则电机主磁通将迅速下降至剩磁磁通，若此时电动机负载较轻，电动机的转速将迅速上升，造成"飞车"；若电动机的负载为重载，则电动机的电磁转矩将小于负载转矩，使电机转速减小，但电枢电流将飞速增大，超过电动机允许的最大电流值，引起电枢绕组因大电流过热而烧毁。因此在闭合电动机电枢电路前应先闭合励磁电路，保证电动机可靠运行。

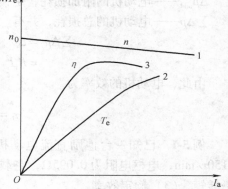

图 5-20　直流电动机的工作特性

例 5-2　一台并励电动机额定电压 $U_N = 220\text{V}$，额定电流 $I_N = 40\text{A}$，额定励磁电流 $I_{fN} = 1.2\text{A}$，额定转速 $n_N = 1000\text{r/min}$，电枢电阻 $R_a = 0.5\Omega$，略去电枢反应的去磁作用。额定转速时空载特性如下：

I_{f0}/A	0.4	0.6	0.8	1.0	1.1	1.2	1.3
E_0/V	83.5	120	158	182	191	198.6	204

试求在负载转矩和励磁电阻不变，电源电压为 180V 时（1）输入总电流；（2）电动机转速和理想空载转速。

解：根据 $E_0 = C_e\Phi n_N$，可得 $C_e\Phi = f(I_{f0})$ 表格如下：

I_{f0}/A	0.4	0.6	0.8	1.0	1.1	1.2	1.3
$C_e\Phi/[\text{V}/(\text{r}\cdot\text{min}^{-1})]$	0.0835	0.12	0.158	0.182	0.191	0.1986	0.204

电枢额定电流

$$I_{aN} = I_N - I_{fN} = 40\text{A} - 1.2\text{A} = 38.8\text{A}$$

（1）当电源电压由 220V 降低至 180V，励磁电阻不变，并励绕组的励磁电流为

$$I_f = \frac{U}{U_N}I_{fN} = \frac{180}{220} \times 1.2\text{A} \approx 0.982\text{A}$$

对照上表：当 $I_{fN} = 1.2\text{A}$ 时，$C_e\Phi_N = 0.1986\text{V}/(\text{r}\cdot\text{min}^{-1})$。

当 $I_f \approx 0.982\text{A}$，采用插入法求 $C_e\Phi$。

$$C_e\Phi \approx \left[0.182 - \frac{0.182 - 0.158}{1.0 - 0.8}(1.0 - 0.982)\right]\text{V}/(\text{r}\cdot\text{min}^{-1}) \approx 0.18\text{V}/(\text{r}\cdot\text{min}^{-1})$$

降压后电动机负载不变，得

$$T_e = C_T\Phi_N I_{aN} = C_T\Phi I_a$$

$$I_a = \frac{\Phi_N I_{aN}}{\Phi} \approx \frac{0.1986}{0.18} \times 38.8\text{A} \approx 42.8\text{A}$$

输入电流 $\qquad I = I_f + I_a \approx 42.8\text{A} + 0.982\text{A} = 43.782\text{A}$

（2）降压后电动机的负载转速

$$n = \frac{U - I_a R_a}{C_e \Phi} \approx \frac{180 - 42.8 \times 0.5}{0.18}\text{r/min} \approx 881.1\text{r/min}$$

电动机的理想空载转速

$$n = \frac{U}{C_e \Phi} \approx \frac{180}{0.18}\text{r/min} = 1000\text{r/min}$$

5.4.2　直流发电机

直流发电机各物理量的参考正方向选定如图 5-21a 所示。图中 U_a 是直流发电机负载两端的端电压，I_a 是电枢电流，T_m 是原动机的拖动转矩，T_e、T_0 是发电机的电磁转矩和空载转矩，n 是电机的电枢转速，U_f 是励磁电压，I_f 是励磁电流，Φ 是主磁通。

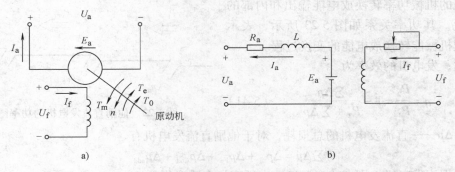

图 5-21　直流发电机物理量的正方向与等效电路
a）物理量的参考正方向　b）等效电路

1. 电压方程

当他励式直流发电机由外动力拖动按图 5-21a 所示逆时针方向旋转时，产生感应电动势 $E_a > U_a$ 并输出，使电枢电流实际方向与图示方向相反，为 $-I_a$，则电机发电运行状态电枢回路方程为

$$U_a = E_a + R_a(-I_a) = E_a - R_a I_a \tag{5-33}$$

即

$$E_a = U_a + R_a I_a \tag{5-34}$$

式中　$E_a = C_e \Phi n$。

他励直流发电机的励磁线圈采用单独电源供电，其回路方程见

式（5-16），即 $I_f = \dfrac{U_f}{R_f}$。如果发电机采用并励方式，励磁绕组与电

枢回路并联，由图 5-22 所示的电流方向，电枢回路的电压方程与

他励时相同，但电流有所不同，即

$$U = U_a = U_f \tag{5-35}$$

$$I = I_a - I_f \tag{5-36}$$

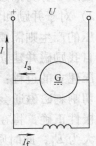

图 5-22　发电机并励方式

2. 转矩方程

直流电机的电枢在外动力转矩 T_m 的拖动下逆时针旋转，工作在发电状态时，与反方向的空载转矩和电磁转矩平衡。这样，按图 5-21 中正方向的约定，可写出电机发电状态的转矩平衡方程为

$$T_m = T_e + T_0 \tag{5-37}$$

3. 功率方程

对于直流发电机，输入机械功率为

$$P_1 = P_m = T_m \omega = (T_e + T_0) \omega = P_{em} + \Delta p_0 \tag{5-38}$$

因
$$P_{em} = E_a I_a = U I_a + R_a I_a^2 = P_2 + \Delta p_{Cua} \tag{5-39}$$

式中 P_2——直流发电机输出给负载的电功率。因此

$$P_1 = P_{em} + \Delta p_0 = P_2 + \Delta p_{Cua} + \Delta p_m + \Delta p_{Fe} \tag{5-40}$$

式（5-40）说明，他励直流发电机将输入的原动机的机械功率转换成电能输出和内部的热能损耗。其功率关系如图 5-23 所示，表示了电机把机械能转换成电能的变换过程。

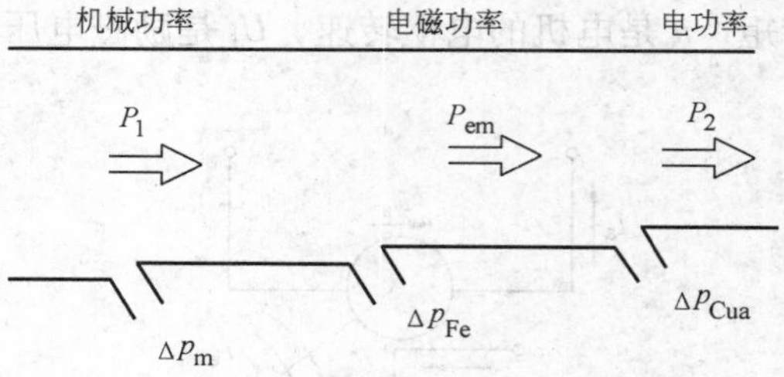

由此，发电机的效率为

$$\eta = \frac{P_2}{P_1} = 1 - \frac{\sum \Delta p}{P_2 + \sum \Delta p} \tag{5-41}$$

图 5-23 他励直流发电机的功率图

式中 $\sum \Delta p$——直流发电机的总损耗，对于他励直流发电机有

$$\sum \Delta p = \Delta p_m + \Delta p_{Fe} + \Delta p_{Cua} + \Delta p_{add} \tag{5-42}$$

对于并励直流发电机，则在式（5-42）中还应加上励磁损耗 Δp_{Cuf}。

4. 工作特性

根据直流发电机的基本方程，其工作状态和性能主要取决于电枢电压 U_a、励磁电流 I_f、负载电流 I_a 和转速 n 这 4 个物理量，它们之间的关系由下列几个特性曲线来描述：

（1）空载特性 空载特性是指当发电机不带负载 $I_a = 0$，$U = E_a$ 时，$E_0 = E_a = f(I_f)$ 的关系曲线，且与原动机的拖动转速有关。这里分两种情况讨论：

1）对于他励直流发电机，由感应电动势公式 $E_a = C_e \Phi n$，如果转速 n 恒定不变，因此 $E \propto \Phi$，再由图 5-12 给出的 $\Phi_0 = f(I_f)$ 磁化曲线可得到 $E_a = f(I_f)$ 的关系，即他励直流发电机的无载特性与其空载磁化曲线是相似的。如图 5-24 所示，其中：曲线 1 表示 $E_a = f(I_f)$ 的关系；曲线 2 称为励磁回路的伏安特性，即表示 $U = f(I_f)$ 的关系。

2）对于并励和复励直流发电机，其励磁电流要靠发电机自身提供的电压产生，而发电机电压的产生则需要有励磁电流才行。由此可见，并励和复励直流发电机在起始阶段需要有一个自我励磁并建立电压的过程，称为自励过程。图 5-25 给出了并励和复励直流发电机空载电压建立的过程：当原动机拖动发电机以恒定转速 n 旋转时，由于主磁极存在剩磁，电枢绕组切割剩磁磁通会产生一个较小的感应电动势 E_{od}，由 E_{od} 在励磁回路中产生励磁电流 I_{f1}；如果极性正确，将在磁路中产生与剩磁方向相同的磁通，使主磁路中磁通增加，使感应电动势增大为 E_1，此时励磁电流增大为 I_{f2}；如此循环，使得感应电动势和励磁电流不断增加，最终建立起发电机的空载电动势。例如在图中的 A 点（E_{0A}，I_{fA}）稳定工作。

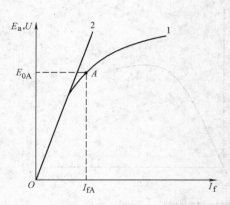

图 5-24　他励直流发电机的空载特性

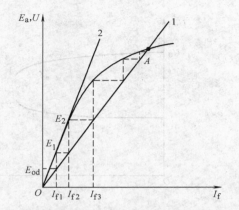

图 5-25　并励和复励直流发电机的空载特性

必须指出，自励发电方式能否建立空载电压是有条件的，要能满足下面三个条件：一是电机必须有剩磁，如果没有须事先进行充磁；二是励磁绕组的极性必须正确，也就是励磁绕组与电枢并联时接线要正确；三是励磁回路的电阻不能太大，即其伏安特性的斜率 U/I_f 不能太陡（如斜线 1），否则如果伏安特性的斜率太陡，与电机空载特性交点很低或无交点（如斜线 2），就无法建立空载电压。总之，自励发电机的运行首先要在空载阶段建立电压，然后才能带负载运行。

（2）外特性　发电机的外特性是指当励磁电流保持不变（$I_f = I_{fN}$），改变外部负载时，其输出电压与负载电流的关系，用 $U = f(I_a)$ 特性曲线表示。他励直流发电机的外特性如图 5-26a 中曲线 1 所示，随着电流增大，其输出电压下降。这是因为：①随着发电机的负载增加，其电枢反应的去磁效应增强，使每极磁通量减小，导致电枢电动势下降；②电枢回路电阻上的电压将随着电流上升而增大，使发电机的输出电压下降。实际上，他励直流发电机的负载电流从零变化到额定值时，其输出电压下降不大，接近于一个恒压源。对于并励直流发电机，因还要向励磁回路供电，其外特性要更软一些。

（3）调节特性　当外接负载变化时，为了保持直流发电机的输出电压不变，可调节励磁电流。例如：对于负载电流增大引起的电压下降，可通过增加励磁电流，加大磁通量，从而使电枢电动势增大，以抵消负载电流在电枢回路的电压降，达到维持发电机电压恒定的目的。他励直流发电机调节特性 $I_f = f(I_a)$ 如图 5-26a 中曲线 2 所示。

（4）效率特性　他励直流发电机带负载运行时，其损耗中仅电枢回路的铜耗与电流 I_a 的二次方成正比，称为可变损耗；其他部分损耗与电枢电流无关，称为不变损耗。当负载较小时，I_a 也较小，此时发电机的损耗是以不变损耗为主，但因输出功率小而效率低；随着负载增加，P_2 增大而效率上升，当可变损耗与不变损耗相等时效率达到最大值；此后，若继续增加负载，可变损耗将随着 I_a 增大而成为损耗的主要部分，效率又逐渐下降。他励直流发电机的效率特性曲线 $\eta = f(P_2/P_N)$ 如图 5-26b 所示。

例 5-3　一台并励直流发电机，其额定功率 $P_N = 20\text{kW}$，额定电压 $U_N = 230\text{V}$，额定转速 $n_N = 1500\text{r/min}$，电枢电阻 $R_a = 0.156\Omega$，励磁电阻 $R_f = 73.3\Omega$。已知机械损耗和铁耗为 1kW，附加损耗为 $0.01P_N$，求额定负载下输入功率、电磁功率、各绕组的铜耗、总损耗及效率。

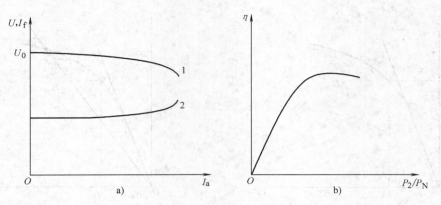

图 5-26 他励直流发电机的工作特性

a）外特性和调节特性　b）效率特性

解：先计算额定电流 $\qquad I_N = \dfrac{P_N}{U_N} = \dfrac{20 \times 10^3}{230} \text{A} \approx 86.96 \text{A}$

励磁电流 $\qquad I_f = \dfrac{U_N}{R_f} = \dfrac{230}{73.3} \text{A} \approx 3.14 \text{A}$

电枢电流 $\qquad I_a = I_N + I_f \approx 86.96\text{A} + 3.14\text{A} = 90.1\text{A}$

电枢铜耗 $\qquad \Delta p_{Cua} = R_a I_a^2 \approx 0.156 \times 90.1^2 \text{W} \approx 1266 \text{W}$

励磁铜耗 $\qquad \Delta p_{Cuf} = R_f I_f^2 \approx 73.3 \times 3.14^2 \text{W} \approx 723 \text{W}$

电磁功率 $\qquad P_{em} = P_2 + \Delta p_{Cuf} + \Delta p_{Cua}$

$\qquad\qquad\qquad \approx 20000\text{W} + 723\text{W} + 1266\text{W} = 21989\text{W}$

总损耗 $\qquad \sum \Delta p = \Delta p_{Cuf} + \Delta p_m + \Delta p_{Fe} + \Delta p_{Cua} + \Delta p_{add}$

$\qquad\qquad\qquad \approx 723\text{W} + 1000\text{W} + 1266\text{W} + 0.01 \times 20000\text{W}$

$\qquad\qquad\qquad = 3189\text{W}$

输入功率 $\qquad P_1 = P_2 + \sum \Delta p \approx 20000\text{W} + 3189\text{W} = 23189\text{W}$

电机效率 $\qquad \eta = \dfrac{P_2}{P_1} \approx \dfrac{20000}{23189} \approx 86.25\%$

小　结

作为直流电能与机械能互相转换的运动装置，直流电机在结构上保证了直流电动机和直流发电机工作状态的可逆性。在由定子绕组产生的工作磁场中，若将转子（电枢）电路接通直流电源，则转子受电磁力作用，输出机械转矩；若用外力拖动转子旋转，则在转子电路将输出一个直流电动势。直流电动机定子绕组的励磁方式有：他励、并励、串励和复励。

直流电机的电枢绕组是实现能量转换的主要部件。电枢绕组的嵌放和连接方式主要有叠绕组和波绕组之分。单叠绕组的支路由电刷引出，支路数等于电刷数，也等于磁极数。

直流电机的空载磁场是由定子绕组接通直流电源建立的，在电枢绕组通电或被旋转后有电枢电流也产生磁场，并且与定子绕组的磁场合成后产生了电机的电枢反应现象，该现象会影响电机的工作状态，引起换向器的换向火花等。改善电枢的换向性能一般采用在定子上安装换向磁极的方法。

直流电机在运行时电枢产生的感应电动势和电磁转矩公式为

$$E_a = C_e \Phi n , \quad T_e = C_T \Phi I_a$$

直流电动机的基本方程包括电压平衡方程、转矩平衡方程和功率平衡方程。利用这些方程可分析电机的运行特性和电机内部的机电和电磁过程，进而可以获得不同励磁方式直流电动机的工作特性。

思考题与习题

5-1 直流电机电枢绕组导体中的电流是直流的还是交变的？

5-2 换向器和电刷在直流电机中起什么作用？

5-3 说明下列情况下空载电动势的变化情况：（1）每极磁通减少 10%，其他不变；（2）励磁电流增大 10%，其他不变；（3）电机转速增加 20%，其他不变。

5-4 在直流电机中，主磁通既链着电枢绕组又链着励磁绕组，为什么却只在电枢绕组里感应电动势？

5-5 直流电机的额定功率指的是什么？

5-6 他励直流电动机的电磁功率指的是什么？

5-7 他励直流电动机运行在额定状态，负载为恒转矩负载，如果减小磁通，电枢电流是增大、减小还是不变？

5-8 对直流电动机而言，他励方式与并励方式是否有所区别？

5-9 并励直流发电机自励建压的条件有哪些？

5-10 一台他励直流电动机的额定数据为 $P_N = 17\text{kW}$，$U_N = 220\text{V}$，$n_N = 1500\text{r/min}$，$\eta_N = 83\%$。计算额定电枢电流 I_N、额定转矩和额定负载时的输入电功率。

5-11 一台他励直流电动机的额定数据为 $P_N = 5\text{kW}$，$U_N = 220\text{V}$，$n_N = 1000\text{r/min}$，$\Delta p_{Cua} = 500\text{W}$，$\Delta p_0 = 395\text{W}$，计算额定运行时电动机的 T_e、T_L、T_0、P_1、η_N、R_a。

5-12 一台他励直流发电机的额定数据为 $P_N = 46\text{kW}$，$U_N = 230\text{V}$，$n_N = 1000\text{r/min}$，$R_a = 0.1\Omega$，已知 $\Delta p_0 = 1\text{kW}$，$\Delta p_{add} = 0.01 P_N$，求额定负载下发电机的 P_1、P_{em} 及 η_N。

第6章

直流电动机的电力拖动

原动机为直流电动机的电力拖动系统称为直流电力拖动系统，在此系统中有他励、串励和复励三种直流电动机，其中应用最多的是他励直流电动机，因此本章重点介绍由他励直流电动机组成的直流电力拖动系统，对串励、复励直流电动机的电力拖动只做简要介绍。

6.1 他励直流电动机的机械特性

直流电动机的机械特性是直流拖动理论的基础，下面以他励直流电动机为例进行讨论。

6.1.1 机械特性的一般形式

他励直流电动机的接线图如图 6-1 所示，电动机电磁转矩与转速之间的关系曲线便是电动机的机械特性，即 $n = f(T_e)$。为了推导机械特性公式的一般形式，在电枢回路中串入外接电阻 R。由转矩特性和转速特性可推导出机械特性的一般表达式为

$$n = \frac{U_a - I_a(R_a + R)}{C_e \Phi} = \frac{U_a}{C_e \Phi} - \frac{R_a + R}{C_e \Phi} \frac{T_e}{C_T \Phi}$$

$$= \frac{U_a}{C_e \Phi} - \frac{R_a + R}{C_e C_T \Phi^2} T_e = n_0 - \beta T_e \qquad (6-1)$$

式中　n_0——理想空载转速，$n_0 = \dfrac{U_a}{C_e \Phi}$；

　　　　β——机械特性的斜率，$\beta = \dfrac{R_a + R}{C_e C_T \Phi^2}$。

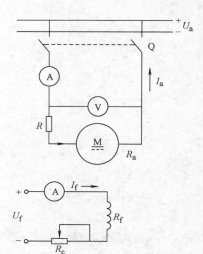

图 6-1　他励直流电动机接线图

6.1.2 固有机械特性

直流电动机在电枢电压、励磁电压均为额定值，电枢外串电阻为零时所得的机械特性称为固有机械特性。特性曲线如图 6-2 所示，特性满足如下公式

$$n = \frac{U_N}{C_e \Phi_N} - \frac{R_a}{C_e C_T \Phi_N^2} T_e \tag{6-2}$$

通过对他励直流电动机机械特性方程的分析，可以看出其固有特性的主要特点如下：

1）$T_e = 0$ 时，$n = n_0 = \dfrac{U_N}{C_e \Phi_N}$ 是理想空载转速，同时 $I_a = 0$，$U_N = E_a$。

2）机械特性呈下倾的直线，转速随转矩增大而减小。因为下倾的斜率 β 较小，表示转速变化较小，所以他励直流电动机的固有机械特性比较硬。

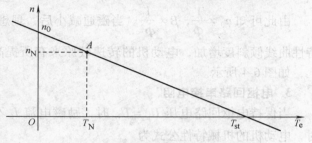

3）电动机起动时 $n = 0$，感应电

图 6-2　他励直流电动机固有机械特性

动势 $E_a = C_e \Phi_N n = 0$，这时电枢电流为起动电流，即 $I_a = \dfrac{U_N}{R_a} = I_{st}$；电磁转矩为起动转矩 $T_e = C_T \Phi_N I_a = T_{st} = C_T \Phi_N I_{st}$；又因为电枢电阻 R_a 很小，在额定电压的作用下，起动电流将非常大，远远超过电动机允许最大电流，会烧坏换向器，因此直流电动机一般不允许全电压直接起动。

4）若转矩 $T_e > T_{st}$，$n < 0$，特性曲线在第四象限；若 $T_e < 0$，$n > 0$，则特性曲线在第二象限，电磁转矩与转速方向相反，形成制动转矩，电机处于发电状态。

6.1.3　人为机械特性

由式（6-1）可知，若改变电动机的电枢电压 U_a、励磁电流 I_f、电枢外接电阻 R，可改变电动机的机械特性，这种由人为改变参数所形成的机械特性又称为人为机械特性。研究人为特性就是为了通过改变电动机的运行条件，达到改变电动机性能的目的。

1. 改变电枢电压

若电动机励磁电流为额定值，使每极磁通为 Φ_N 并保持不变，电枢回路不外接电阻，这时，改变电动机的电枢电压 U_a，可得到一条与固有机械特性平行的人为机械特性。由于电动机受其额定电压的限制，一般通过减小 U_a 来改变其特性，其机械特性公式为

$$n = \frac{U_a}{C_e \Phi_N} - \frac{R_a}{C_e C_T \Phi_N^2} T_e \tag{6-3}$$

由此得到一组平行曲线，如图 6-3 所示，这组特性曲线的斜率和硬度均相同，仅理想空载转速大小不同。

2. 减小每极气隙磁通

改变电动机的磁通也可以改变其机械特性。由于电机磁路的饱和特性，一般都是采用减少磁通的办法来改变其特性。当降低励磁电压或在励磁回路串接电阻 R_c 时，使励磁电流 I_f 减小，由于磁通与励磁电流在

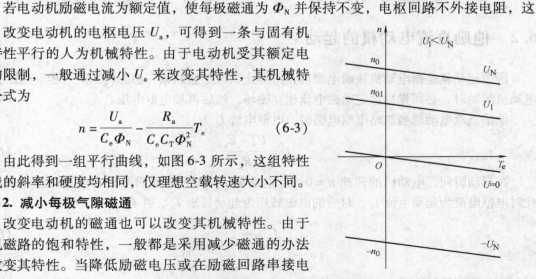

图 6-3　改变电枢电压的人为机械特性

额定磁通以下时基本成正比,所以主极磁通减小了。其机械特性公式为

$$n = \frac{U_N}{C_e \Phi} - \frac{R_a}{C_e C_T \Phi^2} T_e \qquad (6-4)$$

由此可知 $n_0 \propto \frac{1}{\Phi}$,$\beta \propto \frac{1}{\Phi^2}$。当磁通减小后,理想空载转速 n_0 升高,而斜率 β 增大,使特性曲线倾斜度增加,电动机的转速较原来有所提高,整个特性曲线均在固有机械特性之上,如图 6-4 所示。

3. 电枢回路串接电阻

当保持电枢回路电压 $U_a = U_N$ 时,励磁电流 I_f 不变,改变电枢回路的串接电阻 R,此时,电动机的机械特性公式为

$$n = \frac{U_N}{C_e \Phi_N} - \frac{R_a + R}{C_e C_T \Phi_N^2} T_e \qquad (6-5)$$

电动机的理想空载转速 n_0 不变,但机械特性的斜率 β 增大,特性曲线倾斜度增加,且串入电阻越大,曲线越倾斜,其人为机械特性如图 6-5 所示。

并励直流电动机的机械特性与他励直流电动机类同,不再重复。

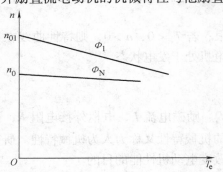

图 6-4 改变磁通的人为机械特性

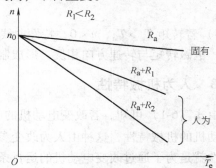

图 6-5 改变电枢电阻的人为机械特性

6.2 他励直流电动机的起动

所谓起动就是指电动机接通电源后,由静止状态加速到某一稳态转速的过程。他励直流电动机起动时,必须先加额定励磁电流建立磁场,然后再加电枢电压。

他励直流电动机当忽略电枢电感时,电枢电流 I_a 为

$$I_a = \frac{U_N - E_a}{R_a} \qquad (6-6)$$

在起动瞬间,电动机的转速 $n = 0$,反电动势 $E_a = 0$,电枢回路只有电枢绕组电阻 R_a,此时电枢电流为起动电流 I_{st},对应的电磁转矩为起动转矩 T_{st},并有

$$I_{st} = \frac{U_N}{R_a} \qquad (6-7)$$

$$T_{st} = C_T \Phi_N I_{st} \qquad (6-8)$$

由于电枢绕组电阻 R_a 很小,因此起动电流 $I_{st} \gg I_N$ [为 $(10 \sim 20) I_N$],这么大的起动

电流使电动机换向困难，在换向片表面产生强烈的火花，甚至形成环火；同时电枢绕组也会因过热而损坏；另外，由于大电流产生的转矩过大，将损坏拖动系统的传动机构，这都是不允许的。因此除了微型直流电动机由于 R_a 较大、惯量较小可以直接起动外，一般直流电动机都不允许直接起动。这样，就需要增加起动设备和采取限流措施来控制电机的起动过程。一般情况下，直流电动机拖动负载能够顺利起动的基本要求如下：

1）起动电流限制在一定范围内，即 $I_{st} \leqslant \lambda I_N$，$\lambda$ 为电动机的电流过载倍数。

2）有足够大的起动转矩，$T_{st} \geqslant (1.1 \sim 1.2) T_N$。

3）起动设备简单、可靠。

如何限制起动时的电枢电流呢？由 $I_{st} = U_N / R_a$ 可知，限制起动电流的措施有两个：一是增加电枢回路电阻；二是降低电源电压，即有电枢串电阻和降压两种方法，下面分别予以叙述。

6.2.1   电枢回路串电阻起动

在额定电源电压下，电枢回路串入分级起动电阻 R_{st}，在起动过程中将起动电阻逐步切除。图 6-6a 为他励直流电动机三级起动时的电气原理图。

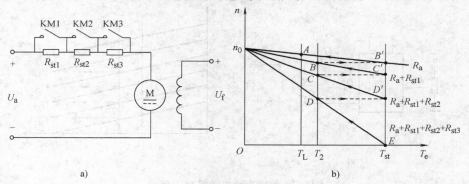

图 6-6   他励直流电动机串电阻起动
a）原理图   b）机械特性

直流电动机串电阻起动的控制原理是：起动时，应串入全部电阻，即接触器 KM1、KM2、KM3 触点处于断开状态。此时起动电流为

$$I_{st} = \frac{U_N}{R_a + R_{st}} \qquad (6-9)$$

式中 $R_{st} = R_{st1} + R_{st2} + R_{st3}$，其值应使 I_{st} 不超过电动机允许的过载能力。然后随着转速的升高逐步减少串入的起动电阻。起动过程如图 6-6b 所示，其中 T_L 为电动机所带的恒转矩负载。由起动电流 I_{st} 产生起动转矩 T_{st}，由于 $T_{st} > T_L$，电动机沿特性 ED 加速，随着转速的上升，电磁转矩逐步下降，加速度变小。为了得到较大的加速度，到了 D 点时使 KM3 触点闭合，将 R_{st3} 切除，D 点对应的电流 I_2 称为切换电流，对应的电磁转矩为切换转矩 T_2，$T_2 = (1.1 \sim 1.2) T_L$。在切除电阻的瞬间，由于机械惯性电机转速来不及变化，电枢电流突然增大，电磁转矩突然增大，运行点从 D 点过渡到 D' 点，电动机沿特性 $D'C$ 加速到 C 点，再使 KM2 闭合将 R_{st2} 切除。这样逐级切除电阻，直至加速到稳态运行点 A，电磁转矩与负载转矩相平衡

$T_e = T_L$，电动机以转速 n_A 稳定运行，整个起动过程结束。在起动过程中，接触器线圈的动作和电阻的切除都是由自动控制设备自动完成的。

串电阻起动操作较简单、可靠，但起动电阻要消耗大量电能，效率较低。因此，目前已较少使用，只在应用串电阻调速（见本章6.3节）的电力拖动系统中才同时使用这种起动方法。

6.2.2 减压起动

当直流电源电压可调时，可以采用减压方法起动。在起动瞬间，电动机的转速 $n = 0$，反电动势 $E_a = 0$，通过降低电源电压 U_d，将起动电流限制在允许的范围内。此时起动电流为

$$I_{st} = \frac{U_d}{R_a} \tag{6-10}$$

随着电动机转速的上升，反电动势逐渐增大，再逐渐升高电源电压，直至升到额定电源电压 U_N，电动机在 A 点以转速 n_A 稳定运行。注意每次电压的提高必须使电枢电流不超过允许值。减压起动的机械特性如图 6-7b 所示。其中 T_L 为恒转矩负载，起动电流对应的电磁转矩为 T_{st}，电压切换点的电磁转矩 $T_2 = (1.1 \sim 1.2)T_L$。

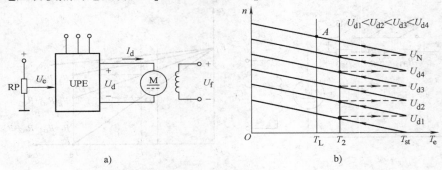

图 6-7 他励直流电动机减压起动
a) 电力电子可控整流供电系统原理图 b) 减压起动的机械特性

减压起动需要可调的直流电源，这里可采用基于电力电子器件的可控整流器（UPE）向直流电动机供电（见图 6-7a），例如：采用晶闸管整流器或 PWM 脉宽调制器[9]，其控制原理是通过改变控制电压 U_c，使 UPE 的输出电压 U_d 连续变化，从而使电动机的转速逐步增加到稳态值。采用减压起动方法，可使整个起动过程既快又平稳，同时能量损耗也小。此外，可控直流电源还可用于调速（见本章6.3节），因而在电机拖动系统中得到广泛应用。

6.2.3 他励直流电动机起动的过渡过程

4.4节已对电力拖动系统的机械过渡过程做了理论分析，并得出了转速动态方程式（4-20）、转矩动态方程式（4-22）及过渡过程时间计算式（4-27）和式（4-28）。

下面对他励直流电动机串电阻起动的机械过渡过程做进一步分析。图 6-8a 为他励直流电动机串固定电阻起动时的机械特性曲线，其中 S 为起动过程开始的点（即起始点），对应的转矩为 $T_e = T_{st}$，转速为 $n = 0$；A 为起动过程结束的点（即稳态点），对应的转矩为 $T_e = T_L$，转速为 $n = n_A$。将 S 点与 A 点的具体数据代入式（4-20）及式（4-22），便可得到起动

过程中的转速及转矩表达式，即

$$n = n_A - n_A e^{-t/T_M} \tag{6-11}$$

$$T_e = T_L + (T_{st} - T_L) e^{-t/T_M} \tag{6-12}$$

式中

$$T_M = \frac{GD^2(R_a + R_{st})}{375 C_e C_T \Phi_N^2} \tag{6-13}$$

R_{st} 为电枢回路所串的总起动电阻值，其起动过程如图6-8b、c所示。

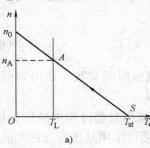
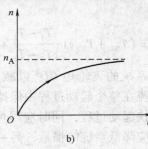
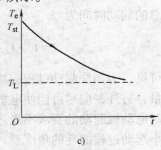

图 6-8　起动过渡过程

a）系统起动的稳态特性　b）转速动态曲线　c）转矩动态曲线

从图6-8可见，电动机的转矩在起动刚开始时数值最大，转速上升的速度也最大，随后转矩按指数规律下降，系统的加速度也相应下降，最后当转矩下降到 $T_e = T_L$ 时，加速度下降为零，转速上升到 $n = n_A$，系统进入稳定运行状态。起动时间近似为 $(3 \sim 4) T_M$。

当采用电枢串多级电阻起动时，其过渡过程如何呢？图6-9所示为他励直流电动机二级起动的起动过程。第一级起动时，电枢电阻为 $R_1 = R_a + R_{st1} + R_{st2}$，转矩的变化为 $T_1 \rightarrow T_2$，这里，$T_1 = T_{st}$ 为起动转矩，T_2 为切换转矩，转速由 $0 \rightarrow n_1$。在这一级上，转矩和转速的初始值分别为 T_1、0；转矩和转速的稳态值分别为 T_L、n_{A1}；机电时间常数为 $T_{M1} = \dfrac{GD^2 R_1}{375 C_e C_T \Phi_N^2}$。由此可得出这一级的 n、T_e 及 t_1 为

$$n = n_A(1 - e^{-t/T_{M1}}) \tag{6-14}$$

$$T_e = T_L + (T_1 - T_L) e^{-t/T_{M1}} \tag{6-15}$$

$$t_1 = T_{M1} \ln \frac{T_1 - T_L}{T_2 - T_L} \tag{6-16}$$

同样，当过渡到第二级加速时，电枢电阻 $R_2 = R_a + R_{st1}$，转矩由 $T_1 \rightarrow T_2$，转速由 $n_1 \rightarrow n_2$，转矩和转速的稳态值分别为 T_L、n_{A2}，机电时间常数为 $T_{M2} = \dfrac{GD^2 R_2}{375 C_e C_T \Phi_N^2}$。转速与转矩的动态表达式及 t_2 为

$$n = n_{A2} - (n_{A2} - n_1) e^{-t/T_{M2}} \tag{6-17}$$

$$T_e = T_L + (T_1 - T_L) e^{-t/T_{M2}} \tag{6-18}$$

$$t_2 = T_{M2} \ln \frac{T_1 - T_L}{T_2 - T_L} \tag{6-19}$$

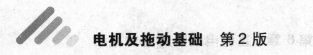

最后一级加速时，电枢电阻为 R_a，转矩 $T_1 \to T_L$，转速 $n_2 \to n_A$，$T_{M3} = \dfrac{GD^2 R_a}{375 C_e C_T \Phi_N^2}$。转速与转矩的动态表达式及 t_3 为

$$n = n_A - (n_A - n_2)e^{-t/T_{M3}} \tag{6-20}$$

$$T_e = T_L + (T_1 - T_L)e^{-t/T_{M3}} \tag{6-21}$$

$$t_3 = (3 \sim 4)T_{M3} \tag{6-22}$$

总的起动时间为

$$t = t_1 + t_2 + t_3 = (T_{M1} + T_{M2})\ln\frac{T_1 - T_L}{T_2 - T_L} + (3 \sim 4)T_{M3} \tag{6-23}$$

可见，为加快起动过程应减小系统的飞轮矩 GD^2 以减小机电时间常数，从而降低系统的惯量；另外，应尽可能使电枢电流在整个起动过程中保持最大。

对电动机起动的要求不光是加快起动过程，同时应尽可能减小起动过程中的能量损耗。从减小起动过程能耗的角度看，也应降低系统的惯量，另一方面可采用减压起动的方法。由理论分析可见，对可调电压源供电的系统，在理想空载状态下，如采用连续升压起动，其能耗趋于零。

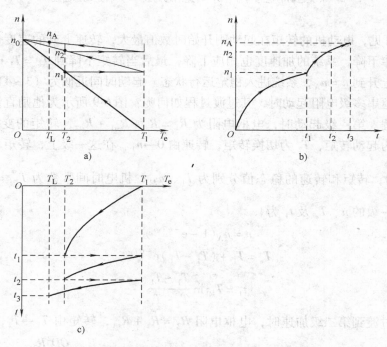

图6-9　他励直流电动机电枢串二级电阻的起动过程
a) 机械特性　b) 转速变化曲线　c) 转矩变化曲线

6.3　他励直流电动机的调速

为了提高生产率和满足生产工艺的要求，生产机械往往需要在不同速度下运行。例如，车床切削工件时，粗加工用低速，精加工用高速；轧钢机在轧制不同钢种和不同规格的钢材

时，须用不同的轧制速度。这些事例说明，生产机械的工作速度需要根据工艺要求而可以调节。故所谓调速，就是根据生产机械工艺要求人为地改变电力拖动系统的速度。但必须注意：这和由于负载变化引起的速度变化是截然不同的概念。

调速可用机械调速（改变传动机构速比进行调速的方法）、电气调速（改变电动机参数进行调速的方法）或二者配合起来调速。本节将讨论直流电力拖动系统的调速性能，并以他励直流电动机为例，介绍几种常用的电气调速方法。

6.3.1　调速指标

1. 调速范围

调速范围是指电动机在额定负载下可能达到的最高转速 n_{max} 和最低转速 n_{min} 之比，通常用 D 来表示，即

$$D = \frac{n_{max}}{n_{min}} \tag{6-24}$$

调速范围 D 反映了生产机械对调速的要求，不同的生产机械对电动机的调速范围有不同的要求，例如，车床 $D = 20 \sim 120$，龙门刨床 $D = 10 \sim 40$，轧钢机 $D = 3 \sim 120$，造纸机 $D = 3 \sim 20$ 等。对于一些经常轻载运行的生产机械，可以用实际负载时的最高转速和最低转速之比来计算调速范围 D。

要扩大调速范围，必须尽可能提高 n_{max} 与降低 n_{min}，而电动机能否满足生产机械的要求则要取决于电动机本身的能力，比如，最高转速 n_{max} 受到电动机的换向及机械强度限制，最低转速 n_{min} 受到电动机输出转矩的限制。

2. 静差率

静差率是指在同一条机械特性上，从理想空载到额定负载时的转速降与理想空载转速之比，用百分比表示为

$$s = \frac{\Delta n_N}{n_0} \times 100\% = \frac{n_0 - n_N}{n_0} \times 100\% \tag{6-25}$$

静差率 s 反映了拖动系统的相对稳定性。不同的生产机械，其允许的静差率是不同的，例如普通车床 $s \leqslant 30\%$，而精度高的造纸机则要求 $s \leqslant 0.1\%$。

而电动机与传动系统能否满足静差率的要求，则要取决于电动机特性和传动系统的性能。比如，s 值与机械特性的硬度及理想空载转速 n_0 有关，当理想空载转速 n_0 一定时，机械特性越硬，额定速降 Δn_N 越小，则静差率越小。而且，调速范围 D 与静差率 s 两项性能指标是互相制约的。在同一种调速方法中，s 值较大，即静差率要求较低时，可得到较宽的调速范围。就他励直流电动机本身而言，其固有的机械特性硬度是一定的，如果要进一步提高拖动系统的调速性能，则必须考虑采用电压或转速负反馈的闭环系统，以提高机械特性的硬度，减小转速降，来满足生产机械的要求[9]。

3. 平滑性

在一定的调速范围内，调速的级数越多，则认为调速越平滑。平滑性用平滑系数来衡量，它是相邻两级转速之比，即

$$\rho = \frac{n_i}{n_{i-1}} \tag{6-26}$$

ρ 越接近于 1，则系统调速的平滑性越好。当 $\rho = 1$ 时，称为无级调速，即转速可以连续调节，采用调压调速的方法可实现系统的无级调速。

4. 经济性

主要考虑调速设备的初投资、调速时电能的损耗及运行时的维修费用等。

6.3.2 他励直流电动机的调速方法

拖动负载运行的他励直流电动机，其转速是由负载特性和机械特性的交点（称工作点）决定的，工作点改变了，电动机的转速也就改变了。对于具体的负载，其转矩特性是一定的，不会改变，但电动机的机械特性却可以人为改变。这样，通过人为改变电动机的机械特性而使电动机与负载两条特性的交点随之改变，可以达到调速的目的。前面曾介绍过他励直流电动机三种不同的人为机械特性，因而相应地他励直流电动机就有三种调速方法，下面分别予以介绍。

1. 串电阻调速

他励直流电动机拖动生产机械运行时，保持电枢电压额定，励磁电流（磁通）额定，在电枢回路串入不同的电阻时，电动机运行于不同的速度。他励直流电动机电枢回路串电阻调速的电气原理图如图 6-10a 所示。电枢串电阻调速的机械特性方程式为

$$n = \frac{U_N}{C_e \Phi_N} - \frac{R_a + R}{C_e C_T \Phi_N^2} T_e \tag{6-27}$$

他励直流电动机串电阻调速的机械特性如图 6-10b 所示，是一组过理想空载点 n_0 的直线，串入的电阻越大，其斜率 $\beta = (R_a + R)/(C_e C_T \Phi_N^2)$ 越大。

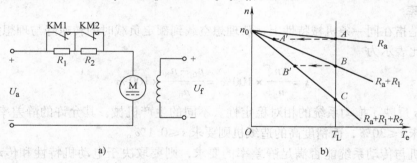

图 6-10 他励直流电动机串电阻调速

a) 原理图 b) 机械特性

下面通过图 6-10 来说明串电阻调速的控制方法和调速过程。设电动机拖动恒转矩负载 T_L 原稳定运行在固有特性的 A 点上（$T_e = T_L$，$n = n_A$），此时接触器 KM1、KM2 触点闭合。调速时，接触器 KM1 得电，其常闭触点断开，串入电阻 R_1。电动机由于机械惯性从 A 点过渡到人为特性的 A' 点，这时 $T_e < T_L$，电动机减速，直到 B 点，电动机又处于稳定运行状态，此时 $T_e = T_L$，$n = n_B$，而 $n_B < n_A$。若进一步使接触器 KM2 常闭触点断开，使 R_2 也串入电枢回路，经过相同的过程，可以得到更低的速度 n_C。显然，串入电枢回路的电阻越多或阻值越大，电动机运行的转速越低。通常把电动机运行于固有机械特性上的额定转速称为基速，那么电枢回路串电阻调速是一种在基速以下调节转速的方法。

电枢回路串电阻调速的特点如下：

1）实现简单，操作方便。

2）低速时机械特性变软，静差率增大，相对稳定性变差。

3）只能在基速以下调速，调速范围较小，一般 $D \leqslant 2$。

4）由于电阻是分级切除的，所以只能实现有级调速，平滑性差。

5）由于串接电阻上要消耗电功率，因而经济性较差，而且转速越低，能耗越大。

因此，电枢串电阻调速的方法多用于对调速性能要求不高的场合，如过去的起重机、电车等，现在已不多见。

2. 调电压调速

他励直流电动机拖动负载运行时，保持励磁电流（磁通）额定，电枢回路不串电阻，改变电枢两端的电压，可以得到不同的转速。由于受电机绝缘耐压的限制，其电枢电压不允许超过额定电压，只能在额定电压 U_N 以下进行，因此，调压调速也是一种在基速以下调节转速的方法。

调压调速的电气原理图如图 6-7a 所示，其机械特性方程式为

$$n = \frac{U_{d0}}{C_e \Phi_N} - \frac{R_a + R_{rec}}{C_e C_T \Phi_N^2} T_e \tag{6-28}$$

式中　　U_{d0}——整流装置输出电压；

　　　　R_{rec}——整流装置内阻。

他励直流电动机调压调速时的机械特性如图 6-11 所示。可见改变 U_{d0}，可得到一组平行的机械特性，其 n_0 与 U_{d0} 成正比，并具有相同的斜率 $\beta = (R_a + R_{rec})/(C_e C_T \Phi_N^2)$。下面通过图 6-11 的机械特性来说明调压调速的调速过程。

设电动机拖动额定恒转矩负载 T_L 在固有特性（$U = U_N$）上 A 点稳定运行，其转速为额定转速 n_N。当电枢电压降至 U_{d1} 时，电动机由于机械惯性从 A 点过渡到人为特性的 A' 点，这时 $T_e < T_L$，电动机减速，直到 B 点，电动机又处于稳定运行状态，此时 $T_e = T_L$，$n = n_B$，而 $n_B < n_N$。从图中可以看出，电压越低，转速也越低。

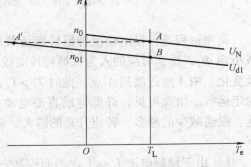

图 6-11　他励直流电动机调压调速时的机械特性

调压调速的特点如下：

1）由于调压电源可连续平滑调节，所以拖动系统可实现无级调速。

2）调速前后机械特性硬度不变，因而相对稳定性较好。

3）在基速以下调速，调速范围较宽，D 可达 $10 \sim 20$。

4）调速过程中能量损耗较少，且转速下调时还可再生制动，因此调速经济性较好。

5）需要一套可控的直流电源。

调压调速多用在对调速性能要求较高的生产机械上，如机床、轧钢机、造纸机等。

3. 弱磁调速

他励直流电动机拖动负载运行时，保持电枢电压额定，电枢回路不串电阻，改变励磁电流（磁通），可以得到不同的转速。由于电动机在额定运行时，磁路已接近饱和，因此改变

磁通调速，实际上只能通过减弱磁通来实现，所以叫弱磁调速。弱磁调速的电气原理图如图 6-12 所示。小容量系统在励磁回路中串接可调电阻以实现调速（见图 6-12a），而大容量系统须用专用可调电源供励磁绕组调节电流（见图 6-12b）。弱磁调速时，机械特性方程式为

$$n = \frac{U_N}{C_e \Phi} - \frac{R_a}{C_e C_T \Phi^2} T_e \tag{6-29}$$

当 Φ 减弱时，理想空载转速 $n_0 = U_N/(C_e \Phi)$ 将升高，特性斜率 $\beta = R_a/(C_e C_T \Phi^2)$ 将增大，但 n_0 较 βT 增加得快，其机械特性如图 6-12c 所示。可见弱磁调速时，人为机械特性在固有特性上方，而且特性变软。

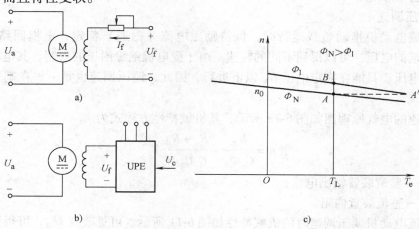

图 6-12 他励直流电动机弱磁调速原理

a）小容量系统 b）大容量系统 c）改变磁通时的机械特性

调速过程是：设电动机带恒转矩负载原稳定工作在固有特性上的 A 点，现将 Φ 从 Φ_N 减小到 Φ_1，得到对应的人为机械特性曲线。弱磁瞬间由于电动机的机械惯性，转速 n 来不及变化，由 A 点过渡到 A' 点，此时 $T_e > T_L$，系统加速，沿特性 A'-B 升速到 B 点，以 n_B 转速稳定运行。由此可见，降低他励直流电动机的磁通，可以使电动机的转速升高，即弱磁升速。磁通减少的越多，转速升高的越大，弱磁升速是从基速以上调速的。弱磁调速的特点如下：

1）由于励磁电流 $I_f \ll I_a$，因而控制方便，能量损耗小。

2）可连续调节励磁电流，以实现无级调速。

3）在基速以上调速，由于受电动机机械强度和换向火花的限制，转速不能太高，一般为 $(1.2 \sim 1.5) n_N$，特殊设计的弱磁调速电动机，最高转速为 $(3 \sim 4) n_N$，因而调速范围窄。

因为弱磁调速的调速范围小，所以很少单独使用，一般都与调压调速配合，以获得很宽范围的、高效、平滑而又经济的调速，以满足各种生产机械的调速要求。

例 6-1 一台他励直流电动机，额定电压 $U_N = 220V$，额定电流 $I_N = 115A$，额定转速 $n_N = 1500 r/min$，电枢回路总电阻 $R_a = 0.1\Omega$，忽略空载转矩，电动机带恒转矩负载运行时，要求把转速降到 1000r/min，计算：

（1）采用电枢串电阻调速需串入的电阻值；

（2）采用调压调速需将电枢电压降到多少？

（3）上述两种调速情况下，电动机输入功率（不计励磁功率）与输出功率各是多少？

（4）当负载转矩 $T_L = 0.6T_N$ 时，采用弱磁调速，使转速上升至 1800r/min，此时磁通 Φ 应降到额定值的多少倍？若不使电枢电流超过额定值，该电动机所能输出的最大转矩是多少？

解： $C_e\Phi_N = \dfrac{U_N - I_N R_a}{n_N} = \dfrac{220 - 115 \times 0.1}{1500} \text{V/(r·min}^{-1}) = 0.139\text{V/(r·min}^{-1})$

（1）电枢回路应串入的电阻值 R，由电枢回路电压平衡方程式可得

$$R = \frac{U_N - C_e\Phi_N n}{I_N} - R_a = \frac{220 - 0.139 \times 1000}{115}\Omega - 0.1\Omega \approx 0.605\Omega$$

（2）电枢电压值

$$U = C_e\Phi_N n + I_N R_a = 0.139 \times 1000\text{V} + 115 \times 0.1\text{V} = 150.5\text{V}$$

（3）串电阻调速时的输入功率与输出功率

输入功率 $P_1 = U_N I_N = 220 \times 115\text{kW} = 25.3\text{kW}$

输出功率 $P_2 = T_2\Omega = T_2\dfrac{2\pi n}{60}$

因为是恒转矩负载，且不计空载转矩，所以负载转矩就等于额定电磁转矩 T_N。

$$T_2 = T_N = C_T\Phi_N I_N = 9.55 \times 0.139 \times 115\text{N·m} \approx 152.7\text{N·m}$$

$$P_2 = T_2\frac{2\pi n}{60} \approx 152.7 \times \frac{2 \times 3.14 \times 1000}{60}\text{kW} \approx 15.98\text{kW}$$

调压调速时的输入功率与输出功率

输入功率 $P_1 = UI_N = 150.5 \times 115\text{kW} \approx 17.31\text{kW}$

输出功率 $P_2 = T_2\Omega \approx 152.7 \times \dfrac{2\pi \times 1000}{60}\text{W} \approx 15.98\text{kW}$

（4）弱磁调速时

$$T_L = 0.6T_N \approx 0.6 \times 152.7\text{N·m} \approx 91.6\text{N·m}$$

$$n = \frac{U_N}{C_e\Phi} - \frac{R_a}{9.55(C_e\Phi)^2}T_e$$

将 $n = 1800\text{r/min}$，$T_e = T_L$ 代入上式，得

$$1800\text{r/min} = \frac{220\text{V}}{C_e\Phi} - \frac{0.1\Omega}{9.55(C_e\Phi)^2} \times 91.6\text{N·m}$$

$$1800(C_e\Phi)^2 - 220C_e\Phi + 0.959 = 0$$

解得：$C_e\Phi = 0.1177\text{V/(r·min}^{-1})$，或 $C_e\Phi = 0.00453\text{V/(r·min}^{-1})$（舍去）

磁通减少到额定值的倍数为

$$\frac{\Phi}{\Phi_N} = \frac{C_e\Phi}{C_e\Phi_N} = \frac{0.1177}{0.139} = 0.847$$

在磁通减少的情况下，不致使电枢电流超过额定值，电动机可能输出的最大转矩为

$$T_e = 9.55C_e\Phi I_N = 9.55 \times 0.1177 \times 115\text{N·m} \approx 129.26\text{N·m}$$

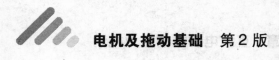

6.3.3 调速方式与负载类型的配合

1. 电动机的容许输出与充分利用

电动机的容许输出，是指电动机在某一转速下长期可靠工作时所能输出的最大功率和转矩。容许输出的大小主要取决于电机的发热，而发热又主要决定于电枢电流。因此，在一定转速下，对应额定电流时的输出功率和转矩便是电动机的容许输出功率和转矩。

要使电动机得到充分利用，应在一定转速下让电动机的实际输出达到容许值，即电枢电流达到额定值。显然，在大于额定电流下工作的电动机，其实际输出将超过它的容许值，这时电动机会因过热而损坏；而在小于额定电流下工作的电动机，其实际输出会小于它的允许值，这时电动机便会因得不到充分利用而造成浪费。因此，最充分使用电动机，就是让它工作在 $I_a = I_N$ 情况下。

由于电动机运行时，电枢电流 I_a 的实际大小取决于所拖动的负载。因此，正确使用电动机，应使电动机既满足负载的要求，又得到充分利用，即让电动机始终处于额定电流下工作。对于恒速运行的电动机，非常容易做到这一点。但是，当电动机调速时，在不同的转速下，电动机电枢电流能否保持额定值？即电动机能否在不同的转速下都得到充分利用？这是设计电力拖动系统和选择电动机需要解决的问题之一。

2. 调速方式

电力拖动系统中，负载有不同的类型，电动机也有不同的调速方法，具体分析电动机采用不同调速方法拖动不同类型负载时的电枢电流 I_a 的情况，对于充分利用电动机来说，是十分必要的。对于他励直流电动机的三种调速方法，可以把它分类归为恒转矩调速和恒功率调速两种方式。所谓恒转矩调速方式指的是：为充分利用电机，在整个调速范围内保持电动机电磁转矩 T_e 不变；而恒功率调速方式指的是：在整个调速范围内保持电动机电磁功率 P_{em} 不变。

对于他励直流电动机串电阻调速和改变电枢电压调速，由 $T_e = C_T \Phi_N I_a$，可知当 $I_a = I_N$ 时，若 $\Phi = \Phi_N$，则 T_e 为常数，因而属于恒转矩调速方式。此时，$P = T_e \omega$，当转速上升时，输出功率也上升（见图 6-13 中的曲线 1）。

对于他励直流电动机改变磁通调速，因为 $T_e = C_T \Phi_N I_a$，$P = T_e \omega$，当 $I_a = I_N$ 时，若 Φ 减小，则转速上升，同时转矩减小，保持 P 为常数，因而属于恒功率调速方式（如图 6-13 中的曲线 2）。

3. 调速方式与负载类型的配合

为了使电动机得到充分利用，根据不同的负载，应选用相应的调速方式。通常，恒转矩负载应采用恒转矩调速方式，恒功率负载应采用恒功率调速方式，这样可使调速方式与负载类型相匹配，电动机可以被充分利用。例如，初轧机主传动机构，在转速比较低时，压下量较大，即负载转矩大，可采用恒转矩调速方式；转速高时，压下量减小，即负载转矩随转速的升高而减小，为恒功率负载，因此，要与

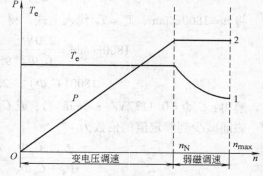

图 6-13 他励直流电动机调速时的
容许输出转矩和功率

恒功率调速方式相配合。所以，在采用他励直流电动机拖动的初轧机主传动系统中，在额定转速 n_N 以下一般用改变供电电压调速，在 n_N 以上用弱磁调速，这样的配合较恰当。反之，假如恒转矩负载采用恒功率调速方式，或者恒功率负载采用恒转矩调速方式，则调速方式与负载类型就不匹配，电动机不能被充分利用。

对于泵类负载，既非恒转矩类型，也非恒功率类型，那么采用恒转矩调速方式或恒功率调速方式的电动机，拖动泵类负载时，无论怎样都不能做到调速方式与负载性质匹配。至于泵类负载应采用什么调速方式，将在后面章节中讨论。

这里要注意的是，恒转矩调速、恒功率调速和恒转矩负载、恒功率负载是完全不同的概念。前者是指在调速范围内电动机本身允许输出的转矩和功率，表示输出转矩和功率的限度，实际输出多少取决于它所拖动的负载。后者则是负载所具有的转矩和功率，表示负载本身的性质。

表 6-1 为他励直流电动机三种调速方法的一些调速性能比较。

表 6-1　各种调速方法的性能比较

调速方法	电枢串电阻调速	减压调速	弱磁调速
调速方向	基速以下	基速以下	基速以上
调速范围 （对 δ 一般要求时）	约 2	10 ~ 12	1.2 ~ 2（一般电动机） 3 ~ 4（特殊电动机）
相对稳定性	差	好	较好
平滑性	差	好	好
经济性	初投资少，电能损耗大	初投资多，电能损耗少	初投资较少，电能损耗少
应用	对调速要求不高的场合，宜与恒转矩负载配合	对调速要求高的场合，宜与恒转矩负载配合	一般与降压调速配合使用，宜与恒功率负载配合

例 6-2　某一生产机械采用他励直流电动机作原动机，该电动机用弱磁调速，其参数为：$P_N = 18.5$kW，$U_N = 220$V，$I_N = 103$A，$n_N = 500$r/min，$n_{max} = 1500$r/min，$R_a = 0.18\Omega$。

（1）若电动机拖动额定恒转矩负载，求当把磁通减弱至 $\Phi = \Phi_N/3$ 时电动机的稳定转速和电枢电流，并问电动机能否长期运行？为什么？

（2）若电动机拖动额定恒功率负载，求当把磁通减弱至 $\Phi = \Phi_N/3$ 时电动机的稳定转速和电枢电流，并问电动机能否长期运行？为什么？

解：$C_e\Phi_N = \dfrac{U_N - I_N R_a}{n_N} = \dfrac{220 - 103 \times 0.18}{500}$V/$(r \cdot min^{-1}) = 0.403$V/$(r \cdot min^{-1})$

（1）拖动额定恒转矩负载，即 $T_L = T_N$，$\Phi = \Phi_N/3$ 时的 n 及 I_a 计算如下：

因为

$$T_L = T_N = C_T\Phi_N I_N = C_T\Phi I_a$$

所以

$$I_a = \frac{\Phi_N}{\Phi}I_N = \frac{\Phi_N}{\frac{1}{3}\Phi_N}I_N = 3I_N = 309\text{A}$$

$$n = \frac{U_N - I_a R_a}{C_e\Phi} = \frac{220 - 309 \times 0.18}{\frac{1}{3} \times 0.403}\text{r/min} = 1225\text{r/min}$$

可见由于电枢电流 I_a 远大于额定电流，会造成电机换向恶化及绕组过热烧坏的结果，故此种情况下，电动机不能长期运行。

（2）拖动额定恒功率负载，即 $P_L = P_N$，$\Phi = \Phi_N/3$ 时的 n 及 I_a，拖动恒功率负载，采用弱磁调速时，电枢电流大小不变，因而感应电动势不变，得

$$E_a = C_e \Phi_N n_N = C_e \Phi n$$

$$n = \frac{\Phi_N}{\Phi} n_N = 3n_N = 1500 \text{r/min}$$

$$I_a = I_N = 103\text{A}$$

此时转速和电枢电流均在允许范围内，机械强度、换向及温升都允许，故电动机可长期运行。

从本例题看出，弱磁升速时，若带恒转矩负载，转速升高后电枢电流增大；若带恒功率负载，转速升高后电枢电流不变。因此弱磁升速适合于拖动恒功率负载。对于具体的负载，可以选择合适的电动机使 I_a 等于或接近 I_N，达到匹配。

6.4 他励直流电动机的制动

6.4.1 电动状态和制动状态

直流电动机的运行状态主要分为电动状态和制动状态两大类。电动状态是电动机运行时的基本工作状态。电动状态运行时，电磁转矩 T_e 为拖动转矩，其作用是使电动机旋转，因此 T_e 与转速 n 方向相同。电机从电源吸收电功率，向负载传递机械功率，其机械特性如图 6-14 所示。

电动机处于正向电动状态运行时，$T_e > 0$，$n > 0$，其机械特性在第一象限。要改变电动机的运行方向，只要改变电磁转矩的方向即可。由电磁转矩表达式 $T_e = C_e \Phi I_a$ 可知：改变电枢电流 I_a 的方向，或改变磁通 Φ 的方向便可使电磁转矩反向。此时 $T_e < 0$，$n < 0$，电动机的电磁转矩 T_e 与转速 n 方向仍相同，称为反向电动状态，其机械特性在第三象限。

电动机在制动状态运行时，电磁转矩 T_e 为制动性阻转矩，其作用是阻止电动机转动，因此此时 T_e 与转速 n 方向相反。电动机吸收机械能并转

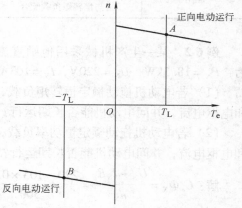

图 6-14 他励直流电动机的电动运行状态

化为电能，该电能或消耗在电阻上，或回馈电网。电动机的机械特性处在第二、四象限。

制动的目的是使拖动系统停车，或使拖动系统减速；对于位能性负载的工作机构，用制动可获得稳定的下放速度。制动的方法有几种：最简单的就是自由停车，即切除电源，靠系统摩擦阻转矩使之停车，但时间较长。要使系统实现快速停车，可以使用电磁制动器，通过机械抱闸制动电动机；还可以使用电气制动的方法，即由电动机提供一个制动性阻转矩 T_e，以降低速度；也可以将电磁抱闸制动与电气制动同时使用，加强制动效果。这里主要介绍电

气制动的方法，常用的电气制动方法有能耗制动、反接制动、回馈制动三种，下面将分别予以介绍。

6.4.2 能耗制动

1. 能耗制动的机械特性

图 6-15a 所示为他励直流电动机能耗制动原理图。其工作原理为：电动状态时，接触器 KM 得电，其常开触点 KM 闭合，接通电源，常闭触点 KM 断开。能耗制动时，接触器 KM 失电，其常开触点 KM 断开，切除电源，同时常闭触点 KM 闭合，使电枢与外接能耗电阻 R_{eb} 形成闭合回路，从而实现能耗制动。能耗制动的机械特性与电动机所带负载的特性有关，对于反抗性负载，其机械特性曲线在第二象限，没有稳定运行点，称为能耗制动过程；对于位能性负载，其机械特性曲线在第四象限，有稳定运行点，故称为能耗制动运行状态。

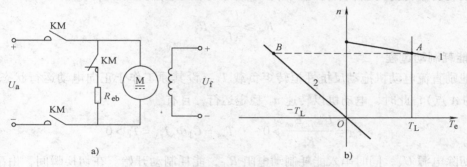

图 6-15 他励直流电动机的能耗制动
a）控制电路原理图 b）能耗制动过程

（1）能耗制动机械特性方程将 $U_N = 0$、$\Phi = \Phi_N$，$R = R_a + R_{eb}$ 代入他励直流电动机机械特性方程式，可得能耗制动时的机械特性方程为

$$n = -\frac{R_a + R_{eb}}{C_e \Phi_N C_T \Phi_N} T_e \tag{6-30}$$

或

$$n = -\frac{R_a + R_{eb}}{C_e \Phi_N} I_a \tag{6-31}$$

可见，能耗制动时的机械特性是一条经过原点、位于第二、四象限的直线，如图 6-15 中的特性 2 所示。

（2）能耗制动的功率关系 他励直流电动机能耗制动过程中的功率传递方向为：因电源已被断开，不向电动机提供能量，输入电功率 $P_1 = 0$；此时，电磁转矩与转速方向相反，机械功率 P_2 为负，说明电动机轴上非但没有输出机械功率给负载，反而是负载向电动机输入了机械功率，扣除空载损耗，其余的转变为电功率 P_{em}；电磁功率 P_{em} 因而也变为负值，说明功率传递方向与电动状态时相反，即在电动机内，电磁作用把机械功率转变为电功率；最终，该电功率在电枢回路总电阻上被转化为热能消耗掉了。

从电磁功率把机械功率转化为电功率这一点来说，能耗制动过程中的电动机似发电机，但与一般的发电机不同，表现在：①没有原动机输入机械功率，其机械能是系统从高速向低速制动时所释放出来的动能；②没有电功率输出，而是转化为电枢回路总电阻（$R_a + R_{eb}$）

上的热能消耗掉了，因此称这种制动方式为能耗制动。

（3）能耗制动电阻的计算　能耗制动过程中，起始制动转矩的大小与外接制动电阻 R_{eb} 的大小有关。外接制动电阻越大，制动转矩越小，制动过程越缓慢，但电机不易过热；反之外接电阻越小，则制动转矩越大，制动过程越快。但制动电阻的最小值受到电动机过载能力的限制，因此在能耗制动过程中，应将制动瞬间的电流（即最大制动电流 I_{amax}）限制在允许的范围内，应按下式选择电阻，即

$$R_{eb} \geqslant \frac{E_a}{I_{amax}} - R_a = \frac{E_a}{\lambda I_N} - R_a \qquad (6-32)$$

式中　E_a——制动瞬间的反电动势，与制动初始转速有关；

　　　　λ——电动机的过载倍数。

当制动初始转速大于 n_N 时，因 $U_N \approx E_a$，可用下列近似公式计算 R_{eb}，即

$$R_{eb} \geqslant \frac{U_N}{\lambda I_N} - R_a \qquad (6-33)$$

2. 能耗制动过程

若他励直流电动机拖动反抗性恒转矩负载 T_L，设其原工作于正向电动运行状态（图6-15b中的 A 点），此时，电动机以转速 n_A 稳定运行，且有

$$I_{aA} = \frac{U_N - E_{aA}}{R_a} > 0, \qquad T_{eA} = C_T \Phi_N I_{aA} = T_L > 0$$

现切除电源 U_N，同时串入能耗制动电阻 R_{eb}，能耗制动开始。在切换瞬间，由于转速 n 不能突变，使电动机的工作点从 $A \rightarrow B$，这时，由于 $U_N = 0$，电枢回路在反电动势作用下产生的电枢电流改变方向，电动机的电磁转矩随之改变方向，即 T_B 与 T_L 同方向，其大小为

$$I_{aB} = \frac{-E_{aB}}{R_a + R_{eb}} < 0, \qquad T_{eB} = C_T \Phi_N I_{aB} < 0$$

这样，在 T_{eB} 与 T_L 的共同作用下，系统沿特性 BO 减速。随着转速下降，反电动势不断减小，电枢电流和电磁转矩相应减小，直到 O 点，电动机停止转动，能耗制动结束。这一过程处在第二象限，且没有稳定运行点，仅是一个制动过程，故称能耗制动过程。

3. 能耗制动运行状态

若他励直流电动机拖动恒转矩位能性负载（如起重机的提升机构），原运行于电动状态的 A 点，以转速 n_A 提升重物。现采用能耗制动，如图6-16所示，电动机的运行点从 $A \rightarrow B \rightarrow O$，其中 $B \rightarrow O$ 是能耗制动过程（与拖动反抗性负载时完全一样）。在 O 点（$T_e = 0$，$n = 0$）时，停止提升。此时如果不采用其他办法停车，如抱闸抱住电动机轴，则系统将在位能性负载转矩 T_L 作用下开始反转（即下放重物），系统进入第四象限。由于 $n < 0$，$E_a < 0$，则由反电动势产生的电枢电流 $I_a > 0$，$T_e > 0$，可见仍有 T_e 与 n 方向相反的特点，是制动状态，此时

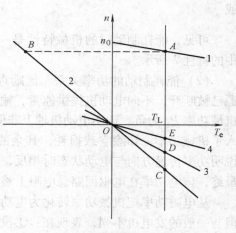

图6-16　能耗制动运行状态

T_L 为拖动性转矩，而 T_e 是制动性阻转矩。由于 $T_e < T_L$，则在 T_L 作用下，系统继续反向加速，直到 C 点（$T_e = T_L$），以转速 n_C 稳定运行，即以 n_C 稳定下放重物。此时负载位能的减少完全转化为电枢回路总电阻（$R_a + R_{eb}$）上的热能消耗掉。

能耗制动运行时，电动机电枢回路串入的能耗制动电阻不同，则稳定运行的转速也不同，如图 6-16 中特性 3、4 所示，制动电阻 R_{eb} 越大，下放重物的速度越高。

4. 能耗制动的过渡过程

能耗制动的过渡过程与电动机所拖动的负载性质有关，下面分别讨论。

（1）拖动位能性恒转矩负载　他励直流电动机拖动位能性恒转矩负载能耗制动的过渡过程如图 6-17 所示，电动机从 B 点开始制动，到 C 点以 n_C 下放重物这一过程，可以用转速和转矩的动态方程式来描述。为此将起始点 B（$n = n_B$，$T_e = T_B$）、稳态点 C（$n = n_C$，$T_e = T_L$）的数值代入式（2-20）及式（2-22），得

$$n = n_C + (n_B - n_C) e^{-t/T_{Mn}} \tag{6-34}$$

$$T_e = T_L + (T_B - T_L) e^{-t/T_{Mn}} \tag{6-35}$$

式中，$T_{Mn} = \dfrac{GD^2 (R_a + R_{eb})}{375 C_e C_T \varPhi_N^2}$。

由图 6-17 可见，转速和转矩的变化是从起始点 B 到稳态点 C 的两条指数曲线（一条实线，一条虚线）。过渡过程时间为 $4T_{Mn}$。

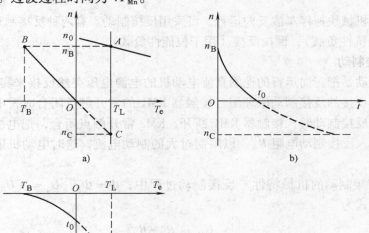

图 6-17　能耗制动的过渡过程
a）机械特性　b）转速变化曲线　c）转矩变化曲线

（2）拖动反抗性恒转矩负载　他励直流电动机拖动反抗性恒转矩负载进行能耗制动的过渡过程也如图 6-17 所示。拖动反抗性恒转矩负载，能耗制动过程就是一个制动停车的过

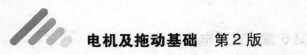

程，从 B 点开始，到 O 点为止（如图中实线部分所示）。

为写出过渡过程中转速和转矩的动态表达式，应先确定稳态点，但在拖动反抗性负载时，电动机能耗制动特性与负载转矩特性没有交点，为了找到过渡过程中的稳态点，假想将两条特性曲线延长交与 C 点（即图中的虚线部分）。只有把这点作为稳态点代入 $n = f(t)$ 和 $T_e = f(t)$ 方程式，才能求出能耗制动的过渡过程曲线，而 C 点其实并不存在，所以称 C 点为虚稳态点。由此可见，$n = f(t)$ 和 $T_e = f(t)$ 方程式仍可用拖动位能性负载时的表达式来描述，转速及转矩的变化曲线如图6-17b 和图6-17c 的实线部分所示。电动机能耗制动至停车的时间可用下式求出，即

$$t_0 = T_{Mn} \ln \frac{n_B - n_C}{-n_C} \tag{6-36}$$

5. 能耗制动的特点

能耗制动的线路简单、经济、安全；用于反抗性负载可实现准确停车；用于位能性负载，可以稳定的速度下放重物。但在制动过程中，随着转速的下降，制动转矩随之减小，制动效果变差，为使电机更快停车，可在转速降到一定程度时，切除一部分电阻，使制动转矩增大，从而加强制动作用。

6.4.3　反接制动

为了使生产机械快速停车或反向运行，可采用反接制动。有两种反接制动方式：电枢反接（一般用于反抗性负载），倒拉反接（用于位能性负载）。

1. 电枢反接制动

电枢反接制动是把正向运行的他励直流电动机的电源电压突然反接来实现的，图6-18a 所示为电枢电压反接的反接制动原理图。接触器 KM1 的常开触点闭合时，电动机运行于电动状态；当进行反接制动时，接触器 KM1 断开，KM2 常开触点闭合，把电枢电压反接，同时在电枢回路串入反接制动电阻 R_{rb}，以限制过大的制动电流，这时电动机进入反接制动过程。

（1）电枢反接制动的机械特性　反接制动过程中，$\Phi = \Phi_N$，$U_a = -U_N$，$R = R_a + R_{rb}$，其机械特性方程式为

$$n = -\frac{U_N}{C_e \Phi_N} - \frac{R_a + R_{rb}}{C_e C_T \Phi_N^2} T_e \tag{6-37}$$

当 $n = 0$ 时，$T_e = T_{eC}$；$T_e = 0$ 时，$n = -n_0$，所以反接制动机械特性是一条过 $-n_0$，斜率取决于 $(R_a + R_{rb})$ 大小的直线，如图6-18 中特性2所示。

电动机反接制动时的机械特性如图6-18b 所示。设电动机带反抗性恒转矩负载 T_L 原在 A 点稳定运行，现突然将电枢电压反接，同时串入 R_{rb}，此时工作点由 $A \rightarrow B$，由于电源电压反向，$(U_N + E_a)$ 共同产生很大的反向电流及反向转矩

$$I_{aB} = \frac{-U_N - E_{aA}}{R_a + R_{rb}} = -\frac{U_N + E_{aA}}{R_a + R_{rb}} \tag{6-38}$$

$$T_{eB} = C_T \Phi_N I_{aB} \tag{6-39}$$

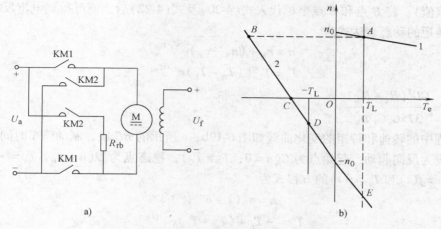

图 6-18　他励直流电动机的反接制动

a) 原理图　b) 机械特性

电动机在制动转矩的作用下，转速开始下降，工作点从 $B \rightarrow C$，到 C 点后转速 $n = 0$，这时将电源切除，制动停车过程结束。在这一过程中，电动机运行于第二象限，没有稳定运行点，故称反接制动过程。

（2）电枢反接制动的功率关系　他励直流电动机反接制动过程中的功率传递方向为：从电源输入电功率 P_1，从负载输入机械功率 P_2，P_2 扣除空载损耗 Δp_0 后，即转变为电磁功率 P_{em}。P_1 与 P_{em} 两部分电功率全部消耗在电阻$(R_\mathrm{a} + R_\mathrm{rb})$上。这时的机械功率是由系统释放的动能提供的。

（3）电枢反接制动电阻的计算　反接制动过程开始瞬间，电枢电流的大小与电枢回路总电阻成反比，所串的电阻 R_rb 越小，电枢电流越大，为使制动时最大电流不超过允许值，应使反接制动电阻 R_rb 为

$$R_\mathrm{rb} \geqslant \frac{U_\mathrm{N} + E_\mathrm{a}}{\lambda I_\mathrm{N}} - R_\mathrm{a} \tag{6-40}$$

当制动初始转速大于 n_N 时，可用下列近似公式计算 R_rb，即

$$R_\mathrm{rb} \geqslant \frac{2U_\mathrm{N}}{\lambda I_\mathrm{N}} \tag{6-41}$$

与能耗制动电阻相比，电压反接制动电阻几乎大一倍。

（4）电枢反接制动的过渡过程　电枢反接制动的过渡过程与电动机所拖动的负载性质有关，下面分别说明：

1）拖动反抗性恒转矩负载。直流电动机拖动反抗性负载进行电枢反接制动的机械特性如图 6-19a 所示，电动机原在 A 点稳定工作，现将电枢电压反接，并同时串入大电阻，使运行点从 $A \rightarrow B$，进入 BC 段的反接制动过程，到 C 点时 $n = 0$，此时如不切除电源，电动机将反向起动，直到 D 点才稳定运行。整个过渡过程由反接制动和反向起动（若不是反接制动停车而是接着反向起动的话）两部分组成，故动态分析应分两个阶段来研究：

第一段为电枢反接制动，起始点为 $B(n = n_\mathrm{B}, T_\mathrm{e} = T_\mathrm{B})$，稳态点为 $E(n = n_\mathrm{E}, T_\mathrm{e} = T_\mathrm{L})$，但应注意此时 E 点是虚稳态点（即只是求解动态方程时所需的理论上的稳态值，而实际上并

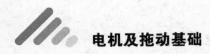

不能达到该值)。将 B 点和 E 点坐标代入式(4-20)及式(4-22)后,便可得到电枢反接制动阶段转速和转矩的动态表达式为

$$n = n_E + (n_B - n_E)\,e^{-t/T_{Mf}} \tag{6-42}$$

$$T_e = T_L + (T_B - T_L)\,e^{-t/T_{Mf}} \tag{6-43}$$

式中, $T_{Mf} = \dfrac{GD^2(R_a + R_{rb})}{375 C_e C_T \Phi_N^2}$。

其过渡过程中的转速和转矩的变化曲线如图 6-19b、c 所示的 BC 段,制动停车时间为 t_0。

第二段为反向起动,起始点为 $C(n=0,\ T_e = T_C)$,稳态点为 $D(n=n_D,\ T_e = -T_L)$。过渡过程中 $n = f(t)$ 和 $T_e = f(t)$ 的方程式为

$$n = n_D(1 - e^{-t/T_{Mf}}) \tag{6-44}$$

$$T_e = -T_L + (T_C + T_L)\,e^{-t/T_{Mf}} \tag{6-45}$$

所得转速、转矩的变化曲线如图 6-19b、c 中的 CD 段,过渡过程时间为 $4T_{Mf}$。

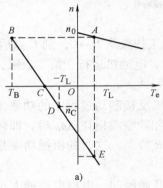
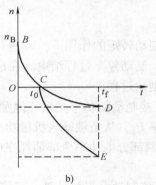
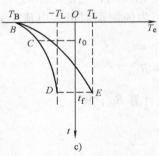

图 6-19 电枢反接制动的过渡过程

a) 机械特性 b) 转速变化曲线 c) 转矩变化曲线

2)拖动位能性恒转矩负载。同理,可分析直流电动机拖动位能性负载进行电枢反接制动动态过程:电动机原在 A 点提升重物,现将电枢电压反接,并同时串入大电阻,使运行点从 $A \to B$,进入 BC 段的反接制动过程,到 C 点,停止提升重物;此时如不切除电源,电动机将反向起动,直到 E 点才稳定运行(这里是实稳态点)。若只考虑反接制动停车,则过渡过程为 $B \to C$,到 C 点结束,而 E 点为虚稳态点。因此,在求解位能性负载电枢反接制动的动态方程时,无论是哪种情况,都是将 B 点作为初始条件, E 点作为终值条件,将其坐标代入式(4-20)及式(4-22)中,所得 $n = f(t)$ 和 $T_e = f(t)$ 的表达式与电动机拖动反抗性负载进

行电枢反接制动时相同。其过渡过程中的转速和转矩的变化曲线，以及制动停车时间也相同（见图6-19b、c所示的BC段）。

若从反接制动开始经过反向起动直到E点稳定下放重物（见回馈制动）的整个过渡过程，则E点为最终的稳定点，其过渡过程中的转速和转矩的变化曲线如图6-19b、c所示的BE段，过渡过程时间也为$4T_{\mathrm{Mf}}$。

如上分析，无论是反抗性或位能性负载，直流电动机电枢反接过渡过程时间的计算是相同的，分为两段来进行，分别为

$$t_0 = T_{\mathrm{Mf}}\ln\frac{n_{\mathrm{B}} - n_{\mathrm{E}}}{-n_{\mathrm{E}}} \tag{6-46}$$

$$t_{\mathrm{f}} = 4T_{\mathrm{Mf}} \tag{6-47}$$

所以，从反接制动到反转全过程的时间为

$$t = t_0 + t_{\mathrm{f}} = T_{\mathrm{Mf}}\ln\frac{n_{\mathrm{B}} - n_{\mathrm{E}}}{-n_{\mathrm{E}}} + 4T_{\mathrm{Mf}} \tag{6-48}$$

（5）电枢反接制动的特点 由于R_{rb}较能耗制动时的R_{eb}差不多大一倍，机械特性比能耗制动陡得多，即BC段的制动转矩都比较大，因此比能耗制动时制动作用更强烈，制动更快。如能使制动停车过程中电枢电流始终保持最大值I_{amax}，即停车过程中始终保持最大的减速度，则制动效果最佳，这需要自动控制系统来完成。

电动机拖动反抗性负载T_{L}，制动到达C点时，$n = 0$，但此时电磁转矩T_{eC}不为零，若该起动转矩大于负载转矩时，即$T_{\mathrm{eC}} > T_{\mathrm{L}}$，便成为电动机的反向起动转矩，电动机便会反向起动（见图6-19b），并一直加速到D点（$T_{\mathrm{e}} = T_{\mathrm{L}}$），电动机进入反向电动运行状态。假如制动的目的就是为了停车，则应在$n = 0$（C点）处，立即切除电源，使系统可靠停车。

在频繁正、反转的电力拖动自动控制系统中，常采用这种先反接制动停车，接着自动反向起动的运行方式，以达到迅速制动并反转的目的。

2. 倒拉反接制动

他励直流电动机拖动位能性负载，如起重机下放重物时，若在电枢回路串入大电阻，致使电磁转矩小于负载转矩，这样电动机将被制动减速，并被负载反拖进入第四象限运行，如图6-20所示，这一制动方式被称为倒拉反接制动。

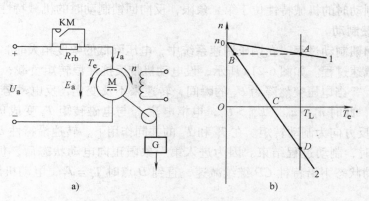

图6-20 他励直流电动机倒拉反转运行
a）原理图 b）机械特性

倒拉反接制动过程的分析如下：设电动机带位能性恒转矩负载（如起重机提升机构）原工作在正向电动状态，如图 6-20b 中固有特性上的 A 点，以转速 n_A 稳定提升重物。现将接触器 KM 的常开触点断开，在电枢回路串入反接制动电阻 R_{rb}，得到特性 2。由于机械惯性，转速不能突变，电动机的工作点从 $A{\rightarrow}B$，此时电磁转矩 $T_{eB} < T_L$，电动机沿特性 BC 开始减速，到 C 点，$n = 0$，电动机停止提升。但此时仍有 $T_{eC} < T_L$，在位能负载 T_L 的拖动下，电动机进入第四象限，沿特性 CD 反向加速，直到 D 点，电磁转矩 T_e 与负载转矩 T_L 相等，电动机以转速 n_D 匀速下放重物。此时 T_L 为拖动性转矩，与 n 方向相同；电磁转矩 T_e 与 n 方向相反，故为制动转矩，所以电动机处于制动运行状态。由于此运行状态是位能负载转矩拖动电动机反转而形成的，并有稳定运行点，所以也可称为倒拉反转运行。

倒拉反转运行状态时的机械特性就是电枢串电阻的人为特性，但这时所串的电阻阻值较大，使得 $n < 0$，其机械特性方程式为

$$n = \frac{U_N}{C_e \Phi_N} - \frac{R_a + R_{rb}}{C_e C_T \Phi_N^2} T_e \tag{6-49}$$

由此可见，在电枢回路串入不同的电阻 R_{rb}，可得到不同的下放速度，所串电阻越大，下放速度越高。而对应某一给定的下放速度 n_D，所串电阻的大小为

$$R_{rb} = \frac{U_N + E_{aD}}{I_L} - R_a \tag{6-50}$$

式中　E_{aD}——电动机下放转速为 n_D 时的反电动势，且有 $E_{aD} = C_e \Phi_N n_D$。

倒拉反转运行的功率关系与反接制动过程的功率关系一样，区别仅在于机械能的来源，反接制动的功率是负载释放出来的动能，倒拉反转运行的功率是负载减少的位能。

6.4.4　回馈制动（再生发电制动）

电动状态下运行的电动机，在某种条件下（如电动车辆下坡时）会出现运行转速 n 高于理想空载转速 n_0 的情况，此时 $E_a > U$，电枢电流 I_a 反向，电磁转矩 T_e 方向也随之改变，由拖动性转矩变成制动性转矩，即 T_e 与 n 方向相反。从能量传递方向看，电机处于发电状态，将机械能变成电能回馈给电网，因此称这种状态为回馈制动状态。

回馈制动时的机械特性方程式与电动状态时相同，只是运行在特性曲线上不同的区段而已。正向回馈制动时的机械特性位于第二象限，反向回馈制动时的机械特性位于第四象限。

1. 正向回馈制动

（1）正向回馈制动过程　在调压调速系统中，电压降低的幅度稍大时，会出现电动机经过第二象限的减速过程。如图 6-21a 所示，设电动机带反抗性恒转矩负载，原工作在固有机械特性的 A 点上，当电压突然降为 U_1 的瞬间，转速来不及变化，反电动势不变，电动机的运行点从 $A{\rightarrow}B$，此时 $n_B > n_{01}$，$E_{aB} > U_1$，电枢电流 I_a 与电磁转矩 T_e 变成负值，而 n 为正，即 T_e 与转速 n 反方向为制动转矩。在 T_e 和 T_L 的共同作用下，转速沿特性 BC 迅速下降，到 $n = n_{01}$，$T_e = 0$ 时，制动过程结束。因为进入第一象限正向电动状态后，仍有 $T_L > T_e$ 的关系，系统在电动状态下沿特性 CD 继续减速，直到 D 点时 $T_e = T_L$，电动机以较低的转速 n_D 稳定运行。

$B{\rightarrow}C$ 这一过程为正向回馈制动过程，其功率关系与直流发电机相同，都是将机械功率转换成电功率输出。所不同的是：①机械功率不是由原动机输入，而是系统从高速到低速的

降速过程中，释放出的动能所提供；②电功率不是给用电设备，而是回送给直流电源，故称回馈制动。又因为没有稳定运行点，只是一个过程，而称为正向回馈制动过程。

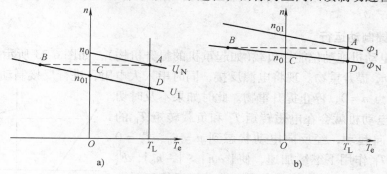

图6-21　正向回馈制动过程

a）调压调速过程　b）调磁调速过程

正向回馈制动过程仅仅是降速过程中的一个阶段。在降压调速过程中，只要是降压前的稳态转速大于降压后的理想空载转速，而且电源允许电枢电流反向，则在降速过程中，电动机就要经过正向回馈制动过程和正向电动状态减速两个阶段。

回馈制动过程同样会出现在他励直流电动机增加磁通（当磁通未达到额定值时）的降速过程中，如图6-21b所示。

在回馈制动过程中，电动机向电源回馈电能。因此与能耗制动及反接制动相比，从电能消耗来看，回馈制动是较为经济的。为了节省能量，可采用可调电源，使电动机在整个停车过程都处于回馈制动状态，直至转速为零。这种电气制动的方法既能实现快速停车，而且是最经济的。但应注意：在回馈制动过原点的最后一级特性，是电枢回路串电阻的能耗制动状态。

（2）正向回馈制动运行　如用他励直流电动机驱动一辆电动车，如图6-22所示。当电动车在平路上行驶时，负载转矩为摩擦性阻转矩 T_{L1}，此时电磁转矩 T_e 克服负载转矩 T_{L1}，使电动车前进，电动机工作在电动运行状态，如图6-22中的 A 点。当电动车下坡时，负载转矩 T_{L2} 为摩擦性阻转矩与拖动电动车下坡的位能性转矩的合成转矩，由于位能性转矩的方向相反，且绝对值大，故 $T_{L2}<0$，但此时 T_{L2} 与 n 方向相同。这样，在 (T_e+T_{L2}) 的共同作用下，电动车沿特性 AB 加速下坡，到 $n=n_0$，$T_e=0$ 时，电动车只靠本身的负载转矩加速下坡，使 $n>n_0$，$E_a>U$，电枢电流 I_a 改变方向，电磁转矩 T_e 随之改变方向，进入第二象限的正向回馈制动运行状态。此时，T_e 与 n 方向相反，为制动转矩，抑制电动车下坡速度，同

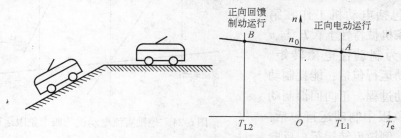

图6-22　正向回馈制动运行

时将电能回送给电网。当 $T_e = T_{L2}$ 时，电动机稳定运行于 B 点，使电动车以恒速下坡。

回馈制动运行时的功率关系与回馈制动过程时相同，只是机械功率是由电动车减少位能储存来提供的。

2. 反向回馈制动运行

他励直流电动机拖动位能性负载（如起重机的提升机构），如图 6-23 所示。电动机原工作在 A 点，以 n_A 提升重物。现将电源反接，同时串入大电阻，进行反接制动，工作点由 A →B→C，在 C 点 $n = 0$，停止提升重物。此时如果不及时切除电源，那么电动机就会在电磁转矩 T_e 和负载转矩 T_L 的共同作用下反向起动，经反向电动状态到 $n = n_0$、$T_e = 0$ 后，电动机在 T_L 作用下继续加速，使 $|-n| > |-n_0|$，$E_a > U$，I_a 与 E_a 同方向，进入第四象限，电动机运行于反向回馈制动状态，直到 D 点，以 n_D 转速下放重物。注意此时的下放速度很高，较为危险。为了获得较低的稳定下放速度，一般在回馈制动时将电枢回路的电阻全部切除。回到固有机械特性上的 E 点，以 n_E 稳定下放重物。

回馈制动的重要特点是：$n > n_0$，$E_a > U$，向电源回馈电能，运行经济。由于其功率关系与直流发电机一样，故又称为再生发电制动。

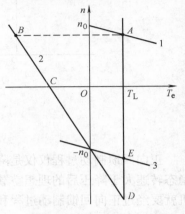

图 6-23　反向回馈制动运行

6.4.5　他励直流电动机的四个象限运行

到此为止，他励直流电动机四个象限的运行状态全部介绍完了，现将四个象限运行的机械特性画在一起，如图 6-24 所示。由图可见，电动机运行状态分成两大类，T_e 与 n 同方向时为电动运行状态，T_e 与 n 反方向时为制动运行状态。

电动机在第一象限各条机械特性上运行时，$T_e > 0$，$n > 0$，T_e 为拖动性电磁转矩，为正向电动运行。电动机运行于第三象限各条机械特性上，$T_e < 0$，$n < 0$，T_e 仍为拖动性电磁转矩，为反向电动运行。正向起动应属于正向电动运行状态，反向起动应属于反向电动运行状态。

制动运行包括电动机工作在第二、四象限各条机械特性上，T_e 与 n 方向相反，T_e 为制动性电磁转矩。第二象限中制动运行包括：能耗制动过程、反接制动过程、正向回馈制动运行等；第四象限中制动运行包括：能耗制动运行、倒拉反转运行、反向回馈制动运行等。从制动运行的定义来看，只要是在第二、四象限各条机械特性上运行，不

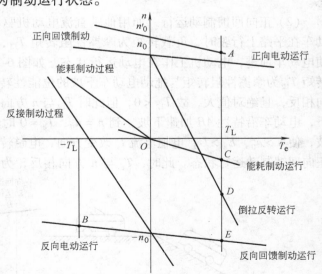

图 6-24　他励直流电动机的四个象限运行

论是稳态运行，还是动态过程，都属于制动运行状态。各象限中各种运行状态一般都包括稳态运行和加速或减速过程两种情况。

实际的电力拖动系统，根据生产工艺要求，电动机一般都要在两种以上的状态下运行，有时甚至要在四个象限中运行。

例6-3 某台他励直流电动机，$P_N = 22kW$，$U_N = 220V$，$I_N = 115A$，$n_N = 1500r/min$，$R_a = 0.1\Omega$，$I_{amax} \leqslant 2I_N$。若电动机运行于正向电动状态时，$T_L = 0.9T_N$，忽略空载转矩 T_0，要求计算：

（1）负载为反抗性恒转矩负载时，采用能耗制动过程停车时，电枢回路应串入的制动电阻最小值是多少？采用反接制动停车，制动电阻最小值又是多少？

（2）负载为位能性恒转矩负载时，例如起重机，传动机构的转矩损耗 $\Delta T = 0.1T_N$，要求电动机以转速 $n_1 = -200r/min$ 匀速下放重物，采用能耗制动运行方式，电枢回路应串入的电阻是多少？该电阻上的功率损耗是多少？

（3）负载为位能性恒转矩负载，电动机以转速 $n_2 = -1000r/min$ 匀速下放重物，采用倒拉反转运行方式，电枢回路应串入的电阻是多少？该电阻上的功率损耗是多少？

（4）负载为位能性恒转矩负载，采用反向回馈制动运行方式，电枢回路不串电阻，电动机的转速是多少？

解： 基本数据计算如下：

$$C_e\Phi_N = \frac{U_N - I_N R_a}{n_N} = \frac{220 - 115 \times 0.1}{1500}V/(r \cdot min^{-1}) = 0.139V/(r \cdot min^{-1})$$

电动机正向电动运行时的负载转矩及负载电流为

$$T_L = 0.9T_N$$

$$I_L = 0.9I_N = 103.5A（因为 \Phi = \Phi_N 且恒定不变）$$

原工作点转速为

$$n = \frac{U_N}{C_e\Phi_N} - \frac{R_a}{C_e\Phi_N}I_L$$

$$= \frac{220}{0.139}r/min - \frac{0.1}{0.139} \times 0.9 \times 115 r/min \approx 1508.3r/min$$

原工作点反电动势为

$$E_a = C_e\Phi_N n \approx 0.139 \times 1508.3V \approx 209.7V$$

（1）反抗性负载时能耗制动应串入的制动电阻最小值为

$$R_{ebmin} = \frac{E_a}{I_{amax}} - R_a \approx \frac{209.7}{2 \times 115}\Omega - 0.1\Omega = 0.812\Omega$$

反抗性负载时反接制动应串入的制动电阻最小值为

$$R_{rbmin} = \frac{U_N + E_a}{I_{amax}} - R_a \approx \frac{220 + 209.7}{2 \times 115}\Omega - 0.1\Omega \approx 1.768\Omega$$

（2）位能性恒转矩负载时，采用能耗制动运行以 $n_1 = -200r/min$ 匀速下放重物，电枢回路串入的电阻值及其上所消耗的功率计算过程如下。

因为电动机正向电动运行时的负载转矩为 T_L，所以重物下放时的负载转矩及负载电流为

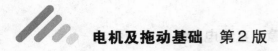

$$T_{L1} = T_L - 2\Delta T = 0.9 T_N - 2 \times 0.1 T_N = 0.7 T_N$$
$$I_{L1} = 0.7 I_N = 0.7 \times 115\text{A} = 80.5\text{A}(\text{因为 } \Phi = \Phi_N \text{ 且恒定不变})$$

电枢回路串入的电阻值为

$$R_1 = \frac{-E_{a1}}{I_{L1}} - R_a = \frac{-C_e \Phi_N n_1}{I_{L1}} - R_a$$
$$= \frac{-0.139 \times (-200)}{80.5}\Omega - 0.1\Omega \approx 0.245\Omega$$

该电阻上消耗的功率为

$$p_{R1} = I_{L1}^2 R_1 \approx 80.5^2 \times 0.245\text{W} \approx 1.588\text{kW}$$

（3）位能性恒转矩负载时，采用倒拉反转运行以 $n_2 = -1000\text{r/min}$ 匀速下放重物，电枢回路串入的电阻值及其上所消耗的功率计算过程如下。

电枢回路串入的电阻值为

$$R_2 = \frac{U_N - E_{a2}}{I_{L1}} - R_a = \frac{U_N - C_e \Phi_N n_2}{I_{L1}} - R_a$$
$$= \frac{220 - 0.139 \times (-1000)}{80.5}\Omega - 0.1\Omega \approx 4.36\Omega$$

该电阻上消耗的功率为

$$p_{R2} = I_{L1}^2 R_2 \approx 80.5^2 \times 4.36\text{W} \approx 28.254\text{kW}$$

（4）位能性恒转矩负载时，采用固有机械特性的反向回馈制动运行，其电动机的转速为

$$n_3 = \frac{-U_N}{C_e \Phi_N} - \frac{R_a}{C_e \Phi_N} I_{L1}$$
$$= \frac{-220}{0.139}\text{r/min} - \frac{0.1}{0.139} \times 80.5\text{r/min} \approx -1640.6\text{r/min}$$

例6-4　某台他励直流电动机，$P_N = 5.6\text{kW}$，$U_N = 220\text{V}$，$I_N = 31\text{A}$，$n_N = 1000\text{r/min}$，$R_a = 0.4\Omega$。如果系统总飞轮矩 $GD^2 = 9.8\text{N} \cdot \text{m}^2$，$T_L = 49\text{N} \cdot \text{m}$，若电动机原运行于正向电动状态，现要求进行能耗制动和反接制动，最大制动电流为 $2I_N$。试就反抗性恒转矩负载与位能性恒转矩负载两种情况列出 $n = f(t)$ 和 $T_e = f(t)$ 方程式，并计算：

（1）两种情况下制动停车的时间。

（2）如果当转速制动到 $n = 0$ 时，继续反向运行，转速达稳态值时整个过渡过程的时间。

解： 基本数据计算如下：

电动机的 $C_e \Phi_N$ 为

$$C_e \Phi_N = \frac{U_N - I_N R_a}{n_N} = \frac{220 - 31 \times 0.4}{1000}\text{V}/(\text{r} \cdot \text{min}^{-1}) \approx 0.208\text{V}/(\text{r} \cdot \text{min}^{-1})$$

制动前的转速为

$$n_A = \frac{U_N}{C_e \Phi_N} - \frac{R_a}{9.55(C_e \Phi_N)^2} T_L$$
$$\approx \frac{220}{0.208} - \frac{0.4}{9.55 \times 0.208^2} \times 49\text{r/min} \approx 1010\text{r/min}$$

制动前的电枢感应电动势为

$$E_{aA} = C_e \Phi_N n_A \approx 0.208 \times 1010V \approx 210.1V$$

制动开始时的制动转矩为

$$T_B = 2T_N \approx 2 \times (9.55 \times 0.208 \times 31) N \cdot m \approx 123N \cdot m$$

能耗制动时电枢回路总电阻为

$$R_n = R_a + R_{eb} = \frac{-E_{aA}}{-2I_N} \approx \frac{-210.1}{-2 \times 31}\Omega \approx 3.39\Omega$$

反接制动时电枢回路总电阻为

$$R_f = R_a + R_{rb} = \frac{-U_N - E_{aA}}{-2I_N} \approx \frac{-220 - 210.1}{-2 \times 31}\Omega \approx 6.94\Omega$$

（1）能耗制动

1）由转速和转矩的动态方程式，可得位能性恒转矩负载时的稳态工作点 C 的转速为

$$n_C = -\frac{R_n}{9.55(C_e \Phi_N)^2}T_L \approx -\frac{3.39 \times 49}{9.55 \times 0.208^2}r/min \approx -402r/min$$

对反抗性恒转矩负载来说，C 点的转速为虚稳态点。

$$T_{Mn} = \frac{GD^2}{375}\frac{R_n}{9.55(C_e \Phi_N)^2} \approx \frac{9.8}{375} \times \frac{3.39}{9.55 \times 0.208^2}s \approx 0.214s$$

所以

$$n = n_C + (n_B - n_C)e^{-t/T_{Mn}} \approx (-402 + 1412e^{-4.67t})r/min$$

$$T_e = T_L + (T_B - T_L)e^{t/T_{Mn}} \approx (49 - 172e^{-4.67t})N \cdot m$$

2）能耗制动停车时间。对两种性质的负载，其停车时间是一样的。

$$t_0 = T_{Mn}\ln\frac{n_A - n_C}{-n_C} \approx 0.214 \times \ln\frac{1010 - (-402)}{-(-402)}s \approx 0.269s$$

3）当转速制动到 $n = 0$ 时，不采取其他停车措施，转速达稳态值时整个过渡过程的时间计算如下：

对反抗性恒转矩，$t_1 = t_0 \approx 0.269s$。

对位能性恒转矩，$t_2 = t_0 + 4T_{Mn} \approx 1.125s$。

（2）反接制动

1）由转速和转矩的动态方程式，可得位能性恒转矩负载的稳态点 E 的转速为

$$n_E = \frac{-U_N}{C_e \Phi_N} - \frac{R_f}{9.55(C_e \Phi_N)^2}T_L$$

$$= \frac{-220}{0.208}r/min - \frac{6.94 \times 49}{9.55 \times 0.208^2}r/min \approx -1881r/min$$

$$T_{Mf} = \frac{GD^2}{375}\frac{R_f}{9.55(C_e \Phi_N)^2} \approx \frac{9.8}{375} \times \frac{6.94}{9.55 \times 0.208^2}s = 0.439s$$

对反抗性恒转矩负载来说，E 点的转速为虚稳态点。

所以

$$n = n_E + (n_B - n_E)e^{-t/T_{Mf}} \approx (-1881 + 2891e^{-4.67t})r/min$$

$$T_e = T_L + (T_B - T_L)e^{t/T_{Mn}} \approx (49 - 172e^{-4.67t})N \cdot m$$

对反抗性恒转矩负载来说，这里还应判断当反接制动到 $n = 0$ 后，电动机能否反向起动。

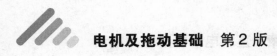

因为
$$T_C = C_T \Phi_N I_C = 9.55 C_e \Phi_N \frac{-U_N}{R_f}$$

$$\approx 9.55 \times 0.208 \times \frac{-220}{6.94} \mathrm{N \cdot m} \approx -63 \mathrm{N \cdot m}$$

由于 $|T_C| > |T_L|$，所以电动机反向起动后稳定运行在 D 点。

$$n_D = \frac{-U_N}{C_e \Phi_N} - \frac{R_f}{9.55(C_e \Phi_N)^2}(-T_L)$$

$$\approx \frac{-220}{0.208} \mathrm{r/min} - \frac{6.94 \times (-49)}{9.55 \times 0.208^2} \mathrm{r/min} \approx -235 \mathrm{r/min}$$

反抗性负载反向起动到反向电动阶段的动态方程式为
$$n = n_D(1 - e^{-t/T_{mf}}) \approx -235(1 - e^{-4.67t}) \mathrm{r/min}$$

$$T_e = -T_L + (T_C + T_L)e^{-t/T_{Mf}} \approx (-49 - 14e^{-4.67t}) \mathrm{N \cdot m}$$

2）反接制动停车时间。对两种性质的负载，其停车时间是一样的。

$$t_0' = T_{Mf} \ln \frac{n_A - n_E}{-n_E} \approx 0.439 \times \ln \frac{1010 - (-1881)}{-(-1881)} \mathrm{s} \approx 0.189 \mathrm{s}$$

3）当转速制动到 $n = 0$ 时，不采取其他停车措施，转速达稳态值时整个过渡过程的时间计算如下：

对反抗性恒转矩，$t_3 = t_0' + 4T_{Mf} \approx 1.945 \mathrm{s}$。

对位能性恒转矩，$t_4 = t_3 \approx 1.945 \mathrm{s}$。

该例题过渡过程曲线可参考图 6-17、图 6-19，通过计算可知，当从同一个转速起始值开始制动到转速为零，反接制动较能耗制动要快。

6.5　串励和复励直流电动机的电力拖动[*]

6.5.1　串励直流电动机的电力拖动

1. 串励直流电动机的特性

串励直流电动机的电路连接如图 6-25a 所示。其连接特点是电枢电流等于励磁电流，也等于总电流，即 $I_a = I_f = I$，$U = U_a + U_f + IR$，若电动机在磁通未饱和状态，每极磁通应与电路电流成线性正比，即

$$\Phi = K_f I_f = K_f I_a = K_f I \tag{6-51}$$

式中　K_f——比例系数。

当电动机带负载运行时，电枢电流是变化的，这将引起串励电动机磁通 Φ 的变化，此时串励电动机的转速公式为

$$n = \frac{U - I(R_a + R_f + R)}{C_e \Phi} = \frac{U}{C_{es} I} - \frac{R_{as}}{C_{es}} \tag{6-52}$$

式中　C_{es}——串励电动机电动势系数，且 $C_{es} = C_e K_f$；

　　　R_{as}——串励电动机电路总电阻，且 $R_{as} = R_a + R_f + R$。

电磁转矩公式为

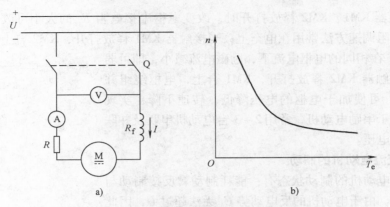

图 6-25 串励直流电动机的接线图与机械特性

a）接线图 b）机械特性

$$T_e = C_T \Phi I_a = C_T K_f I_f I_a = C_{Ts} I^2 \qquad (6\text{-}53)$$

式中 C_{Ts}——串励电动机电磁转矩系数，且 $C_{Ts} = C_e K_f$；

机械特性公式为

$$n = \frac{\sqrt{C_{Ts}}}{C_{es}} \frac{U}{\sqrt{T_e}} - \frac{R_{as}}{C_{es}} \qquad (6\text{-}54)$$

上述公式用曲线表示如图 6-25b 所示。由于转速与转矩的方根成反比，转矩增大，转速迅速减小；而转矩减小，则转速很高。理想状态下 $T_e = 0$，$n_0 \to \infty$。特性曲线是一条非线性的软特性。

串励电动机实际运行时，当电动机电流趋于零时，电动机尚存剩磁，理想空载转速虽然不会无穷大，但转速还是很高的，所以一般串励电动机不允许空载运行。

若电动机磁通处于饱和状态，其磁通 Φ 为额定值常数，电磁转矩为

$$T_e = C_T \Phi_N I \propto I \qquad (6\text{-}55)$$

可见，串励电动机轻载时，磁动势较小，磁通处于不饱和状态，电磁转矩与电动机电流的二次方成正比；随着负载的增加，磁动势增大，磁通呈饱和状态，电磁转矩仅与电流成正比，且电动机能拖动大负载低速运行，电动机具有起动转矩大、过载能力强的特点。

2. 串励直流电动机的起动与调速

串励直流电动机的励磁绕组与电枢绕组串联，电枢电流也就是励磁电流，即 $I_a = I_f$。主磁通 Φ 是电枢电流 I_a 的函数，其机械特性方程表示为

$$n = \frac{\sqrt{C_{Ts}}}{C_{es}} \frac{U}{\sqrt{T_e}} - \frac{R_{as}}{C_{es}} \qquad (6\text{-}56)$$

由此可知，串励直流电动机起动时也会出现起动电流过大的问题，所以为了限制起动电流，可以采用电枢串电阻或降低电源电压的方法。由于串励直流电动机的电磁转矩 T_e 与电枢电流 I_a^2 成正比，所以起动转矩较大，适用于重载起动的生产机械上，例如起重、运输设备等。

串励直流电动机的调速方法也分为电枢串电阻、降压、弱磁三种。调速原理如图 6-26

所示，当接触器 KM1、KM2 释放打开时，改变电枢串接电阻 R_{vs} 的大小可改变电动机的转速，这种串电阻调速方法常用在电车上；当接触器 KM1 释放打开，KM2 合上，励磁绕组并联电阻 R_{fp} 时，在相同的电枢电流下，励磁电流减小，即可弱磁升速；当接触器 KM2 释放打开，KM1 合上，电枢绕组并联电阻 R_{ap} 时，可使加于电枢的电压降低，转速下降，实现调压调速。对于串励电动机，常用 2~3 台电动机串联及并联连接法以降低电压。

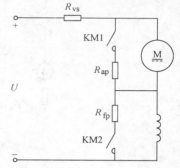

图 6-26 串励直流电动机改变参数原理图

3. 串励直流电动机的制动

串励直流电动机的制动状态有：能耗制动、反接制动与倒拉反转运行。由于电动机的反电动势 E_a 无法超过 U，因此在串励直流电动机中不能得到回馈制动。

（1）能耗制动　串励直流电动机正常运行时，若把电枢脱离电源，并接至制动电阻 R_{eb}，励磁绕组可以采用他励或自励方式，由于串励绕组电阻很小，当接成他励时，必须在励磁回路中串入较大的限流电阻 R_{fs}，如图 6-27a 所示。注意此时励磁磁场极性不能变，即励磁电流 I_f 的方向与电动状态时相同，否则不能产生制动转矩（因为电枢电流 I_a 已反向）。串励直流电动机的他励能耗式制动机械特性及制动过程与他励直流电动机的能耗制动完全相同（见图 6-27b）。他励式能耗制动的效果较好，应用较广泛。而自励式能耗制动由于不需要电源，因此主要用于事故停车。

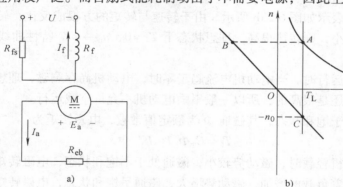

图 6-27 串励直流电动机的能耗制动
a）接线图　b）机械特性

（2）反接制动　串励直流电动机进行反接制动时，并不是将电源电压反接，因为这样会使 I_a 和 I_f 同时改变方向，电磁转矩方向不变，起不到制动作用。因此，只能将电枢两端反接，励磁绕组接法不变，如图 6-28a 所示。图中 R_b 为限制制动电流的制动电阻。其机械特性如图 6-28b 所示，与他励电动机反接制动时一样，到 C 点转速为零时，若要停车，应切除电源，否则电动机将反向加速到 D 点，在 D 点处于反向电动运行状态。

（3）倒拉反转运行　当串励直流电动机拖动位能性负载，电枢回路串入大电阻 R_{rb} 时，电动机将运行于倒拉反转状态，其接线图和机械特性如图 6-29 所示。电动机以 n_0 匀速下放重物。

串励直流电动机的接线简单，工作可靠，因而适用于要求有较大起动转矩，较大过载能力，工作要求可靠的起重运输机械上。注意串励直流电动机不允许空载或轻载运行。

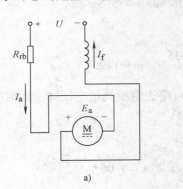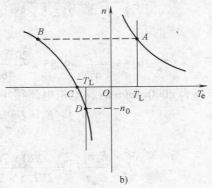

图 6-28　串励直流电动机的反接制动
a）接线图　b）机械特性

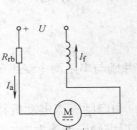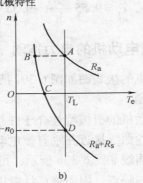

图 6-29　串励直流电动机的倒拉反转
a）接线图　b）机械特性

例 6-5　一台串励直流电动机额定电压 $U_N = 230V$，电枢电阻 $R_a = 0.3\Omega$，串励绕组电阻 $R_f = 0.4\Omega$，当电枢电流 $I_a = 25A$ 时，转速 $n = 700r/min$，假设电机磁路不饱和。求：（1）电枢电流为 35A 时，电动机转速和电磁转矩；（2）电动机转速为 2000r/min 时，电动机电枢电流和电磁转矩。

解：

（1）对于串励直流电动机

$$I_a = I_f = I$$

若 $I_{a1} = 25A$，则感应电动势

$$E_{a1} = U_N - I(R_a + R_f) = 230V - 25 \times (0.3 + 0.4)V = 212.5V$$

若 $I_{a2} = 35A$，则感应电动势

$$E_{a2} = U_N - I(R_a + R_f) = 230V - 35 \times (0.3 + 0.4)V = 205.5V$$

设电机磁路不饱和，则磁通与电流成正比，即

$$E_a = C_e \Phi n \propto In$$

电枢电流为 35A 时的转速

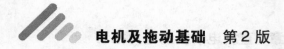

$$n_2 = \frac{E_{a2}I_1}{E_{a1}I_2}n_1 = \frac{205.5 \times 25}{212.5 \times 35} \times 700\text{r/min} \approx 483.5\text{r/min}$$

电磁转矩

$$T_e = 9.55\frac{E_aI_{a2}}{n} \approx 9.55 \times \frac{205.5 \times 35}{483.5}\text{N} \cdot \text{m} \approx 142.1\text{N} \cdot \text{m}$$

（2）当转速为2000r/min时，电枢电流很小，可略去电枢绕组电压降，此时感应电动势

$$E_a \approx U_N = 220\text{V}$$

电枢电流

$$I_a = \frac{E_a n_1}{E_{a1} n}I_{a1} = \frac{220 \times 700}{212.5 \times 2000} \times 25\text{A} \approx 9.06\text{A}$$

电磁转矩

$$T_e = 9.55\frac{E_aI_a}{n} \approx 9.55\frac{220 \times 9.06}{2000}\text{N} \cdot \text{m} \approx 9.52\text{N} \cdot \text{m}$$

6.5.2 复励直流电动机的电力拖动

复励直流电动机的接线图如图6-30a所示，若并励与串励两个绕组的极性相同，形成积复励，反之为差复励。

积复励直流电动机的机械特性介于并励（他励）和串励直流电动机特性之间。若以并励磁动势为主，则特性曲线接近并励直流电动机；若以串励磁动势为主，则特性曲线接近串励直流电动机。特性曲线如图6-30b所示，可见，它具有起动转矩大、过载能力强的优点，又没有空载转速很高的缺点，因而被广泛应用。

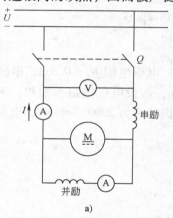
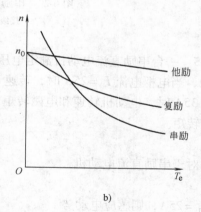

图6-30 复励直流电动机的接线图与机械特性

a）接线图　b）机械特性

复励直流电动机有两个励磁绕组，分别为串励绕组和并励绕组，如图6-30a所示。复励直流电动机当保持励磁绕组极性不变时，改变电枢两端接线，就可改变电动机的旋转方向。其起动和调速的方法与他励直流电动机相同。复励直流电动机有能耗制动、反接制动、倒拉反转、回馈制动四种方式。反接制动的方法和特性与串励直流电动机相似，但须注意在电枢

反接时，保持串励绕组中电流方向不变。当电动机进入能耗制动或回馈制动时，串励绕组须短接，以免因电枢电流反向而使串励绕组起去磁作用，影响制动效果。这样，复励直流电动机的回馈制动与能耗制动特性就与他励直流电动机完全相同，变成了直线。

复励直流电动机既具有串励直流电动机的起动转矩大、过载能力强等优点，又因为有并励绕组，使得理想空载转速不至于太高，因而避免了"飞车"的危险。这种电动机的用途也很广泛，例如无轨电车就是由积复励直流电动机拖动的。

小　结

本章依据直流电动机的机械特性方程式与直流电力拖动系统的运动方程式，详细讨论了直流电动机的起动、调速及制动这三个电力拖动系统运行的主要方式。

直流电动机起动时，由于其本身的电枢电阻 R_a 很小，因而直接起动会产生很大的起动电流，这对电动机及拖动系统都是不允许的。为了限制过大的起动电流，通常采用电枢回路串电阻或降低电枢电压的方法来起动直流电动机。

采用电气制动的方法能使拖动系统实现：或快速停车，或减速，或匀速下放位能性负载。直流电动机的制动方法有能耗制动、反接制动（包括倒拉反转运行）和回馈制动。本章从制动方法的实现、制动时的机械特性、制动的过程和运行、制动时的能量关系、每种制动的特点和应用等方面进行了分析和研究。

直流电动机的调速方法有电枢串电阻调速、调压调速和弱磁调速，其中串电阻调速和调压调速属于恒转矩调速方式，弱磁调速属于恒功率调速方式。在直流电力拖动系统中，通常将调压调速与弱磁调速配合起来使用，以获得良好的调速性能。

思考题与习题

6-1　直流电动机一般为什么不允许直接起动？采用什么方法起动比较好？

6-2　为什么要考虑调速方法与负载类型的配合？怎样配合才合理？试分析恒转矩调速拖动恒功率负载，以及恒功率调速拖动恒转矩负载两种情况的机械特性。

6-3　如何区别电动机是处于电动状态还是制动状态？

6-4　一台他励直流电动机拖动的卷扬机，当电枢所接电源电压为额定电压、电枢回路串入电阻时拖动重物匀速上升，若把电源电压突然倒换极性，电动机最后稳定运行于什么状态？重物提升还是下放？画出机械特性图，并说明中间经过了什么运行状态？

6-5　一台他励直流电动机拖动一台电动车行驶，前进时电动机转速为正。当电动车行驶在斜坡上时，负载的摩擦转矩比位能性转矩小，电动车在斜坡上前进和后退时电动机可能工作在什么运行状态？请在机械特性上标出工作点。

6-6　一台他励直流电动机的额定数据为 $P_N = 45\text{kW}$，$U_N = 200\text{V}$，$I_N = 270\text{A}$，$n_N = 1000\text{r/min}$，估算额定运行时的 E_{aN}、$C_e\Phi_N$、T_N、n_0，最后画出固有机械特性。

6-7　画出上题电动机电枢回路串入 $R = 0.1R_a$ 电阻和电枢电压降到 150V 的两条人为机械特性。

6-8　一台他励直流电动机的额定数据为 $P_N = 7.5\text{kW}$，$U_N = 220\text{V}$，$I_N = 40\text{A}$，$n_N = 1000\text{r/min}$，$R_a = 0.5\Omega$，$T_L = 0.5T_N$，不计空载转矩，求电动机的转速和电枢电流。

6-9　一台他励直流电动机的额定数据为 $P_N = 10\text{kW}$，$U_N = 220\text{V}$，$I_N = 53.8\text{A}$，$n_N = 1500\text{r/min}$，$R_a = 0.29\Omega$，试计算：

（1）直接起动时的起动电流。

（2）限制起动电流不超过 $2I_N$，采用电枢串电阻起动时，应串入多大的电阻值；若采用减压起动，电压应降到多大？

6-10　一台他励直流电动机的额定数据为 $P_N = 7.5kW$，$U_N = 220V$，$I_N = 41A$，$n_N = 1500r/min$，$R_a = 0.376\Omega$，拖动恒转矩额定负载运行，现把电源电压降至 150V，问：

（1）电源电压降低的瞬间转速来不及变化，电动机的电枢电流及电磁转矩各是多大？电力拖动系统的动力转矩是多大？

（2）稳定运行转速是多少？

6-11　一台他励直流电动机，$P_N = 21kW$，$U_N = 220V$，$I_N = 115A$，$n_N = 980r/min$，$R_a = 0.1\Omega$，拖动恒转矩负载运行，$T_L = 80\% T_N$。弱磁调速时，Φ 从 Φ_N 调至 $80\% \Phi_N$，问：

（1）调速瞬间电枢电流是多少？

（2）调速前后的稳态转速各为多少？

6-12　一台他励直流电动机，$P_N = 17kW$，$U_N = 110V$，$I_N = 185A$，$n_N = 1000r/min$，$R_a = 0.036\Omega$，已知电动机最大允许电流 $I_{amax} = 1.8I_N$，电动机拖动 $T_L = 0.8T_N$ 负载电动运行。问：

（1）若采用能耗制动停车，电枢应串入多大的电阻？

（2）制动开始瞬间及制动结束时的电磁转矩各为多大？

（3）若负载为位能性恒转矩负载，采用能耗制动使负载以 120r/min 转速匀速下放重物，此时电枢回路应串入多大的电阻？

6-13　一台他励直流电动机，$P_N = 10kW$，$U_N = 110V$，$I_N = 112A$，$n_N = 750r/min$，$R_a = 0.1\Omega$，已知电动机的过载能力 $\lambda = 2.2$，电动机带反抗性恒转矩负载处于额定运行。求：

（1）采用反接制动停车，电枢回路应串入多大的电阻？

（2）如制动结束时，不切断电源，电动机是否会反转？若能反转，试求稳态转速，并说明电动机工作在什么状态。

6-14　一台他励直流电动机，$P_N = 29kW$，$U_N = 440V$，$I_N = 76.2A$，$n_N = 1050r/min$，$R_a = 0.393\Omega$。

（1）电动机以反向回馈制动运行下放重物，设 $I_a = 60A$，电枢回路不串电阻，求电动机的转速与负载转矩各为多少？回馈电源的电功率多大？

（2）若采用能耗制动运行下放同一重物，要求电动机转速 $n = -300r/min$，问电枢回路串入多大的电阻？该电阻上消耗的电功率是多大？

（3）若采用倒拉反转下放同一重物，要求电动机转速 $n = -850r/min$，问电枢回路串入多大的电阻？该电阻上消耗的电功率是多大？电源送入电动机的电功率是多大？

6-15　一台他励直流电动机，$P_N = 29kW$，$U_N = 440V$，$I_N = 76A$，$n_N = 1000r/min$，$R_a = 0.377\Omega$。负载转矩 $T_L = 0.8T_N$，最大制动电流 $I_a = 1.8I_N$。求当该电动机拖动位能负载时，用哪几种方法可使电动机以 500r/min 的速度下放负载，每种方法电枢回路中所串电阻为多少？并画出相应的机械特性，标出从稳态提升重物到以 500r/min 速度下放重物的转换过程。

6-16　一台他励直流电动机的数据为 $P_N = 17kW$，$U_N = 110V$，$I_N = 185A$，$n_N = 1000r/min$，$R_a = 0.035\Omega$，$GD_D^2 = 30N \cdot m^2$。拖动恒转矩负载运行，$T_L = 0.85T_N$。采用能耗制动或反接制动停车，最大允许电流为 $1.8I_N$，求两种停车方法各自最快的制动停车时间是多少（取 $GD^2 = 1.25GD_D^2$）？

6-17　一台他励直流电动机的数据为 $P_N = 5.6kW$，$U_N = 220V$，$I_N = 31A$，$n_N = 1000r/min$，$R_a = 0.45\Omega$，系统总飞轮矩 $GD^2 = 9.8N \cdot m^2$。在转速为 n_N 时使电枢反接，反接制动的起始电流为 $2I_N$，传动机构损耗转矩 $\Delta T = 0.11T_N$。试就反抗性恒转矩负载及位能性恒转矩负载两种情况，求反接制动使转速自 n_N 降到 0 的制动时间。

第3篇 交流电机及拖动

本篇主要介绍和讨论交流电机的基本原理与拖动基础。变压器、异步电机和同步电机都是利用交流电进行机电能量转换的装置，具有许多共同的特性，便于集中在一起论述。此外，这类装置又具有广泛的应用领域，因而是本书的重点内容。

第 7 章

变 压 器

　　变压器是一种静止的电磁装置，可将一种电压等级的电能转换为另一种电压等级的电能。在电力系统中，从电力的生产、传输到分配，应用着大量的变压器。众所周知，要将大功率的电能输送到很远的地方，采用较低的电压即相应的大电流来传输是不可能的，这是因为：一方面，大电流将在输电线上产生很大的功率损耗；另一方面，大电流还将在输电线上引起较大的电压降落，以致电能根本送不出去。根据能量守恒的基本原理，若用变压器将发电机的端电压升高，相应的线路电流就可以减小。一般来说，当输电距离越远、输出功率越大时，要求的输出电压就越高。当电能输送到用户一端时，还需要用变压器降压，以符合用户的用电要求，如图 7-1 所示。

图 7-1　高压电力传输示意图

　　变压器除了在电力系统中应用外，还应用于一些工业部门，例如在电炉、整流设备、电焊设备、矿山设备、交通运输电车中，都要采用专门的变压器。另外，实验设备、无线电装置、测量设备和控制设备中，也应用着各式各样的变压器。本章主要讨论电力变压器。

7.1　变压器的工作原理与结构

7.1.1　工作原理

　　变压器的工作原理其实比较简单，就是利用电磁感应定律来实现电能的传输。如图 7-2 所示，两个不同匝数的绕组绕制于同一个框型铁心的两个铁心柱上（两铁心柱之间的部分称为铁轭），其中一个绕组接交流电源，称为一次绕组（俗称原绕组或初级绕组），另一个绕组接负载，称为二次绕组（俗称副绕组或次级绕组）。在交流电压 u_1 的作用下，一次绕组中将产生交流电流 i_1，以及相应的交流磁动势，从而在闭合的铁心中产生交变磁通 Φ。这

个交变磁通 Φ 将交链到二次绕组，根据电磁感应定律，二次绕组中将产生感应电动势 e_2。在感应电动势 e_2 的作用下，二次绕组便向负载供电，这样就实现了电能从一次绕组到二次绕组的传输。

这里，有关一次绕组的各量均以下标"1"来表示，二次绕组的各量均以下标"2"来表示。按照图7-2所标示的变量关系和正方向约定，忽略绕组中的电阻，考虑到交变磁通 Φ 也会在一次绕组中产生感应电动势 e_1，一、二次绕组的电压平衡方程可写成

$$u_1 = -e_1 = N_1 \frac{\mathrm{d}\Phi}{\mathrm{d}t} \tag{7-1}$$

$$u_2 = e_2 = -N_2 \frac{\mathrm{d}\Phi}{\mathrm{d}t} \tag{7-2}$$

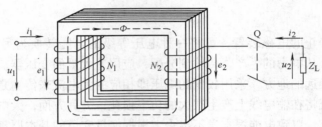

图7-2　变压器的工作原理

假定变压器的铁心没有饱和，两边绕组的电压、电流以及磁通、电动势的瞬时值都按正弦规律变化，由式（7-1）和式（7-2）可知，一、二次绕组电压和电动势的有效值与匝数的关系为

$$\frac{U_1}{U_2} = \frac{E_1}{E_2} = \frac{N_1}{N_2} = k \tag{7-3}$$

式中　k——匝数比，亦称电压比。

式（7-3）表明，变压器一、二次绕组的电压与匝数成正比。

根据能量守恒原理，如果忽略铁心中的铁磁损耗以及铁心中存储的励磁能量，变压器的输入电能与输出电能应该相等，即

$$U_1 I_1 = U_2 I_2 \tag{7-4}$$

由此可得变压器一、二次绕组中电压和电流有效值的关系为

$$\frac{U_1}{U_2} = \frac{I_2}{I_1} \tag{7-5}$$

由式（7-3）可得

$$\frac{I_1}{I_2} = \frac{1}{k} \tag{7-6}$$

式（7-6）表明，变压器一、二次绕组的电流与匝数成反比。

因此，只要改变一、二次绕组的匝数比 k，便可达到改变输出电压 u_2 或输出电流 i_2 大小的目的，这就是变压器利用电磁感应定律的工作原理。

7.1.2 变压器的结构

变压器的主要组成部件是铁心和绕组（合称为器身）。为了改善散热条件，大、中容量电力变压器的铁心和绕组浸入盛满变压器油的封闭油箱中，各绕组对外线路的连接由绝缘套管引出。为了使变压器安全、可靠地运行，还设有储油柜、安全气道和气体继电器等附件。

1. 铁心

铁心是变压器的主磁路部分，为了保证铁心的导磁性能，又能减小整块铁心的涡流损耗，变压器铁心一般采用一定厚度（如 0.35mm 厚）的表面涂有绝缘漆的热轧或冷轧硅钢片叠压而成，如图 7-2 所示。

变压器铁心的基本结构有心式和壳式两种：心式结构的特点是绕组包围铁心，铁心类似于"口"字形，绕组包绕于铁心柱，如图 7-3 所示的单相心式变压器。这种结构比较简单，绕组的装配及绝缘也比较容易，适用于容量大而电压高的单相或三相变压器；壳式结构的特点是铁心包围绕组，铁心类似于倒放的"日"字形，绕组包绕于铁心的中心柱，如图 7-4 所示的单相壳式变压器。这种结构的机械强度较好，铁心容易散热，但其制造工艺复杂，铁心材料使用较多，铁轭不仅包围绕组的顶面和底面，还包围着绕组的侧面，一般多用于小容量干式变压器。

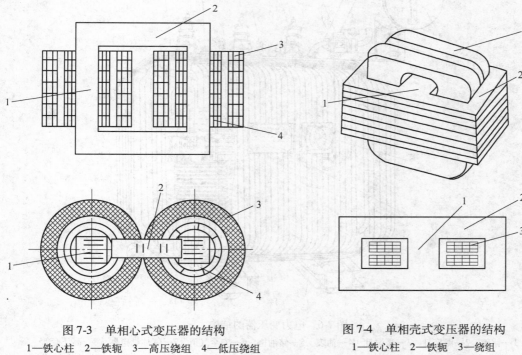

图 7-3　单相心式变压器的结构
1—铁心柱　2—铁轭　3—高压绕组　4—低压绕组

图 7-4　单相壳式变压器的结构
1—铁心柱　2—铁轭　3—绕组

2. 绕组

绕组是变压器的电路部分，常用铜质的绝缘圆线或扁线绕制而成。工作电压高的绕组称为高压绕组，工作电压低的绕组称为低压绕组。高、低压绕组间的相对位置和形状是比较灵活的，一般将高、低压绕组制成同心式的结构，就是将高、低压绕组同心地套在铁心柱上。

为了便于绕组与铁心之间的绝缘，通常将低压绕组装在里面，而把高压绕组装在外面，在高、低压绕组之间以及绕组与铁心之间都加有绝缘或采用环氧树脂浇注，如图7-3和图7-5所示。对于大容量的低压大电流变压器，为了便于低压绕组引出线，也可将低压绕组套在高压绕组外面。同心式绕组具有结构简单、制造方便的特点，国产电力变压器大多采用这种结构。

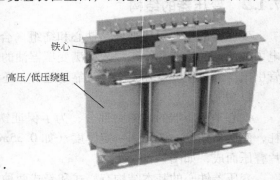

图7-5 三相心式变压器的结构

3. 其他结构附件

按照冷却方式，电力变压器可分为油浸式和干式结构。对油浸式，其附件还包括油箱、储油柜、气体继电器、安全气道、分接开关和绝缘套管等，如图7-6所示，这些附件的作用是保证变压器的安全和可靠运行。

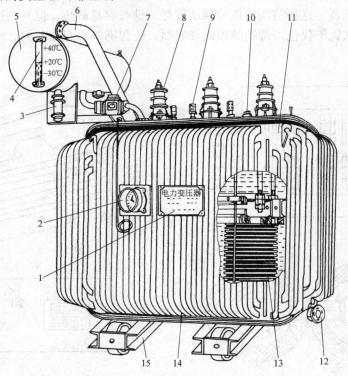

图7-6 电力变压器的结构

1—铭牌 2—温度计 3—吸湿计 4—油表 5—储油柜 6—安全气道 7—气体继电器 8—高压套管
9—低压套管 10—分接开关 11—油箱 12—放油阀门 13—器身 14—接地板 15—小车

7.1.3 变压器的额定值

为了使变压器安全、经济、可靠地运行，同时让用户对变压器的性能有所了解，制造厂家对每一台变压器都安装了一块铭牌，上面标明了变压器的型号和各种额定数据，只有理解铭牌上各种数据的含义，才能正确地使用变压器。

1）额定电压 U_{1N}、U_{2N}：额定电压 U_{1N} 是指根据变压器的绝缘耐压等级、铁心饱和限制和容许发热条件规定的一次绕组正常工作电压；额定电压 U_{2N} 指一次绕组加上额定电压，分接开关位于额定分接头时，二次绕组所输出的空载电压值。对三相变压器而言，额定电压是指线电压。

2）额定电流 I_{1N}、I_{2N}：额定电流 I_{1N}、I_{2N} 是指根据容许发热条件规定的一、二次绕组长期容许通过的最大电流值。对三相变压器而言，额定电流是指线电流。

3）额定容量 S_N：额定容量 S_N 是指额定工作条件下变压器视在功率（或称表观功率）的保证值，它是使变压器在稳定负载和额定使用条件下，一次绕组施加额定电压，且频率为额定频率时能输出额定电流而不超过温升限值的容量。三相变压器的额定容量是指三相容量之和。

由于变压器的效率很高，若忽略绕组压降损耗和铁心损耗，则有

对单相变压器 $$S_N = U_{1N}I_{1N} = U_{2N}I_{2N} \tag{7-7}$$

对三相变压器 $$S_N = \sqrt{3}U_{1N}I_{1N} = \sqrt{3}U_{2N}I_{2N} \tag{7-8}$$

7.2 变压器的运行方式

7.2.1 变压器的空载运行

变压器的空载运行是指变压器的一次绕组接在额定电压的交流电源上，而二次绕组开路的工作模式，如图 7-7 所示。

1. 空载运行时的物理情况

由于变压器中电压、电流、磁通及电动势的大小和方向都随时间做周期性变化，为了能正确表明各量之间的关系，要规定它们的参考正方向。一般采用电工惯例来规定其正方向（假定正方向），如图 7-7 所示：

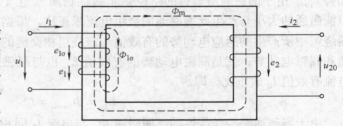

图 7-7 变压器的空载运行

1）同一条支路中，电压 u 的正方向与电流 i 的正方向一致。

2）电流 i 和由其产生磁动势所建立的磁通 Φ 的正方向符合右手螺旋法则。

3）由磁通 Φ 产生的感应电动势 e，其正方向与产生该磁通的电流 i 的正方向一致，且有 $e = -N\mathrm{d}\Phi/\mathrm{d}t$。

当一次绕组加上交流电压 u_1 时，一次绕组中就有电流产生，由于变压器为空载运行，此时一次绕组中的电流 i_1 称为空载电流，记为 i_0。由 i_0 产生空载磁动势 $F_0 = N_1 i_0$，并建立空载时的磁场。由于铁心的磁导率比周围的介质（空气或冷却油）的磁导率大得多，所以绝大部分磁通通过铁心闭合，同时交链一、二次绕组，并产生感应电动势 e_1 和 e_2，如果二次绕组与负载接通，则在电动势 e_2 作用下向负载输出电流和功率，可见这部分磁通起着一、二次绕组传递能量的媒介作用，因此称之为主磁通 Φ_m；另有一小部分磁通（约为主磁通的 0.25%）主要经非磁性材料（空气或冷却油等）而闭合，只与一次绕组交链，不参与对二

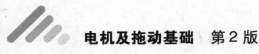

次侧的能量传递，称之为一次绕组的漏磁通 $\Phi_{1\sigma}$，它在一次绕组中产生漏磁电动势 $e_{1\sigma}$。

2. 感应电动势和漏磁电动势

（1）感应电动势　在变压器的一次绕组加上频率为 f_1 的正弦交流电压 u_1，所产生的主磁通 Φ_m 和感应电动势 e_1 也将按正弦规律变化。设主磁通 $\Phi_m = \Phi_{mmax}\sin\omega_1 t$，根据电磁感应定律，一次绕组的感应电动势为

$$e_1 = -N_1\frac{\mathrm{d}\Phi_m}{\mathrm{d}t} = -\omega_1 N_1 \Phi_{mmax}\cos\omega_1 t = \omega_1 N_1 \Phi_{mmax}\sin(\omega_1 t - 90°) = E_{1m}\sin(\omega_1 t - 90°)$$

由此式可知，当主磁通 Φ_m 按正弦规律变化时，由它产生的感应电动势也按正弦规律变化，但在时间相位上滞后于主磁通 $90°$，其有效值为

$$E_1 = \frac{E_{1m}}{\sqrt{2}} = \frac{\omega_1 N_1 \Phi_{mmax}}{\sqrt{2}} = \frac{2\pi f_1 N_1 \Phi_{mmax}}{\sqrt{2}} = \sqrt{2}\pi f_1 N_1 \Phi_{mmax} = 4.44 f_1 N_1 \Phi_{mmax} \tag{7-9}$$

同理，二次绕组感应电动势 e_2 的有效值为

$$E_2 = \sqrt{2}\pi f_1 N_2 \Phi_{mmax} = 4.44 f_1 N_2 \Phi_{mmax} \tag{7-10}$$

这样，若以主磁通 $\dot{\Phi}_m$ 为参考相量，e_1 和 e_2 的相量可表示为

$$\begin{cases} \dot{E}_1 = -\mathrm{j}4.44 f_1 N_1 \Phi_{mmax} \\ \dot{E}_2 = -\mathrm{j}4.44 f_1 N_2 \Phi_{mmax} \end{cases} \tag{7-11}$$

式（7-11）表明，变压器一、二次绕组感应电动势的大小与电源频率 f_1、绕组匝数 N_1、N_2 及铁心中主磁通幅值 Φ_{mmax} 成正比，而在相位上滞后主磁通 $90°$。

（2）漏磁电动势　变压器一次绕组的漏磁通 $\Phi_{1\sigma}$ 也将在一次绕组中感应产生一个漏磁电动势 $e_{1\sigma}$。由于漏磁通所通过的路径是非磁性物质（空气或冷却油），其磁导率是常数，所以漏磁通的大小与产生此漏磁通的绕组电流成正比。根据前面对主磁通的分析可知，在变压器绕组中所产生的感应电动势的有效值与该绕组相交链的磁通量的幅值成正比，推广到漏磁通和漏磁电动势，就是漏磁电动势的有效值 $E_{1\sigma}$ 也与漏磁通的幅值 $\Phi_{1\sigma max}$ 以及产生漏磁通的电流有效值 I_0 成正比，即

$$E_{1\sigma} \propto \Phi_{1\sigma max} \propto I_0 \tag{7-12}$$

由于漏磁通路径是线性的，漏磁通 $\dot{\Phi}_{1\sigma}$ 与电流 $\dot{I}_0$ 同相位。考虑到漏磁电动势 $\dot{E}_{1\sigma}$ 在相位上滞后漏磁通 $\dot{\Phi}_{1\sigma}$ 的角度是 $90°$，所以漏磁电动势 $\dot{E}_{1\sigma}$ 滞后于电流 $\dot{I}_0$ 的相位角也是 $90°$。这样，引入一次绕组的漏电感 $L_{1\sigma}$ 和漏电抗 X_1，式（7-12）所示的关系可写成

$$\dot{E}_{1\sigma} = -\mathrm{j}\omega_1 L_{1\sigma}\dot{I}_0 = -\mathrm{j}X_1\dot{I}_0 \tag{7-13}$$

从物理意义上讲，漏电抗表征了漏磁通对电路（即绕组）的电磁效应。由于漏磁通的路径大部分是铁心周围的非铁磁物质，漏磁路参数基本上是线性的。因此，对已制成的变压器，漏电感 $L_{1\sigma}$ 为一常数，当频率 f_1 一定时，漏电抗 $X_1 = \omega_1 L_{1\sigma}$ 也是常数。

3. 空载运行时的电压平衡方程

一次绕组上施加的电压 U_1 将由三部分电压平衡，即主磁通 Φ_m 所产生的感应电动势 e_1、漏磁通 $\Phi_{1\sigma}$ 所产生的感应电动势 $e_{1\sigma}$、一次绕组中的电阻压降。按照图7-7规定的正方向，由基尔霍夫第二定律，可以列出变压器空载运行时的一、二次侧的电压平衡方程为

$$\begin{cases} \dot{U}_1 = -\dot{E}_1 - \dot{E}_{1\sigma} + \dot{I}_0 R_1 = -\dot{E}_1 + \mathrm{j}\dot{I}_0 X_1 + \dot{I}_0 R_1 = -\dot{E}_1 + \dot{I}_0 Z_1 \\ \dot{U}_{20} = \dot{E}_2 \end{cases} \tag{7-14}$$

式中　R_1——一次绕组的电阻;

　　　Z_1——一次绕组的漏阻抗,$Z_1 = R_1 + jX_1$。

4. 空载运行时的等效电路与相量图

交变的主磁通 Φ_m 产生感应电动势 e_1 的作用,也可以用空载电流 $\dot{I}_0$ 在一个电抗 X_f 上的电压降来表达。由于交变磁通会在铁心中产生损耗,还需要用一个电阻 R_f 来等效表征这个铁心损耗。电阻 R_f 可以与电抗 X_f 串联,这意味着励磁磁通产生的电动势有一部分要降在电阻上。这样,空载电流 $\dot{I}_0$ 的主磁通励磁作用以及引起的铁心损耗,可以用励磁阻抗 Z_f 来表征,即

$$-\dot{E}_1 = \dot{I}_0 Z_f = \dot{I}_0 (R_f + jX_f) \tag{7-15}$$

式中　Z_f——励磁阻抗,$Z_f = R_f + jX_f$;

　　　R_f——励磁电阻,表征铁心损耗 Δp_{Fe} 的等效电阻;

　　　X_f——励磁电抗,表征主磁通的感应电动势作用。

将式(7-15)代入式(7-14),得到

$$\dot{U}_1 = -\dot{E}_1 + \dot{I}_0 Z_1 = \dot{I}_0 Z_f + \dot{I}_0 Z_1 = \dot{I}_0 (Z_f + Z_1) \tag{7-16}$$

相应的等效电路与相量图如图 7-8 所示,其中

$$Z_f = \frac{E_1}{I_0}, \ R_f = \frac{E_1^2}{\Delta p_{Fe}}, \ X_f = \sqrt{Z_f^2 - R_f^2} \tag{7-17}$$

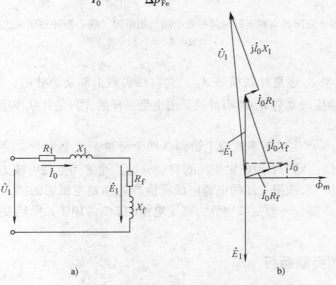

图 7-8　变压器空载运行时的等效电路与相量图(铁心损耗串联表达模型)

a) 等效电路　b) 相量图

由于铁心的磁导率与铁心的损耗都具有非线性的特性,因此 R_f 和 X_f 一般都不是常数,它们随外加电源电压 U_1 的变化而变化。通常电源电压在额定值附近变化不大,所以定量计算时,可以认为 Z_f 基本上不变。变压器中由于漏磁路的磁阻比主磁路的磁阻大得多,因此有 $X_f \gg X_1$,而 R_f 和 R_1 体现的是铁心损耗和绕组损耗,与体现传递电能的电抗相比要小很多,故有 $Z_f \gg Z_1$。

从铁心损耗的机理上讲，无论是涡流损耗还是磁滞损耗，都主要取决于磁通或磁通密度，也就是说，铁心损耗与感应电动势的大小直接相关，因此在一些场合也可采用与励磁电抗并联的电阻模型来表征铁心的损耗特性[3]。这时变压器空载运行时的励磁电流 $\dot{I}_0$，一部分作用在励磁电抗 X_{fb} 上用于励磁，一部分作用在电阻 R_{fb} 上用于产生铁心损耗，这时的等效电路图与相量图如图7-9所示，对应的励磁阻抗为 Z_{fb}。

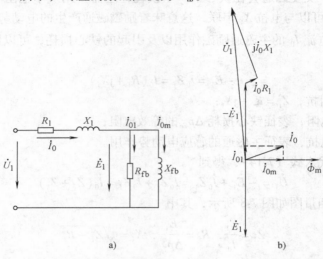

图7-9 变压器空载运行时的等效电路与相量图（铁心损耗并联表达模型）
a）等效电路 b）相量图

无论是串联模型 Z_f 还是并联模型 Z_{fb}，它们在实质上都是等效的，表达电压 $\dot{U}_1$、电流 $\dot{I}_0$、主磁通 $\dot{\Phi}_m$ 和感应电动势 $\dot{E}_1$ 的相量关系图也是一样的，只是并联模型表达铁心损耗的物理概念更明确一些。

从空载电流 $\dot{I}_0$ 所产生的功率效应上讲包含两个分量：一个为产生励磁的无功分量，它与主磁通 $\dot{\Phi}_m$ 同相位；另一个为产生损耗的有功分量。通常用空载电流 $\dot{I}_0$ 与电源电压 $\dot{U}_1$ 之间的夹角 φ_0 来表达一次绕组上加的电源电压所能产生励磁主磁通的能力，称作空载功率因数角。对于电力变压器，一般空载电流为额定电流的 2%～10%，并随变压器容量的增大而下降。

7.2.2 变压器的负载运行

1. 变压器负载运行时的物理情况

如图7-10所示，变压器一次绕组加电源电压 u_1，二次绕组接负载阻抗 Z_L，则变压器投入负载运行。

变压器空载运行时，一次绕组由空载电流 i_0 产生主磁通 Φ_m。当二次绕组接上负载阻抗 Z_L 时，在二次绕组感应电动势 e_2 的作用下，二次绕组流过负载电流 i_2，并产生二次绕组磁动势 $F_2 = N_2 i_2$。根据楞次定律，该磁动势力图削弱空载时的主磁通 Φ_m，因而引起一次绕组感应电动势 e_1 的减小。由于电源电压 u_1 不变，所以 e_1 的减小会导致一次绕组电流增加，即由空载电流 i_0 变为负载电流 i_1，其增加的磁动势用以抵消 $N_2 i_2$ 对空载主磁通的去磁影响，

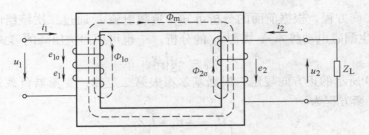

图 7-10　变压器的负载运行

使负载时的主磁通基本回升至原来空载时的数值，使得电磁关系达到新的平衡。可见，负载时的主磁通 Φ_m 是由一、二次绕组磁动势共同建立的。

　　变压器负载运行时，通过电磁感应关系，将一、二次绕组电流紧密地联系在一起，i_2 的增加或减小势必同时引起 i_1 的增加或减小；相应地，随着二次绕组输出功率的增加或减小，一次绕组输入功率也将增加或减小，这就达到了变压器通过电磁感应作用来传输电能的目的。

2. 负载运行时的基本方程

　　（1）磁动势平衡方程　变压器负载运行时，一次电流由空载时的 i_0 变为负载时的 i_1，由于一次绕组漏阻抗 Z_1 较小，其漏阻抗压降 I_1Z_1 也很小，当忽略不计时，有 $U_1 \approx E_1$，故当电源电压 U_1 和频率 f_1 不变时，产生 E_1 的主磁通 Φ_m 也应基本不变，这是由电磁感应定律所决定的。即从空载到负载的稳定运行状态，变压器主磁通基本保持不变，这样负载时建立主磁通所需的合成磁动势 $F_1 + F_2$ 与空载时所需的磁动势 F_0 也应基本相等，即有磁动势平衡方程

$$\dot{F}_0 = \dot{F}_1 + \dot{F}_2 \tag{7-18}$$

或

$$N_1\dot{I}_0 = N_1\dot{I}_1 + N_2\dot{I}_2 \tag{7-19}$$

将式（7-19）两边除以 N_1 并移项，可得

$$\dot{I}_1 = \dot{I}_0 + \left(-\frac{N_2}{N_1}\dot{I}_2\right) = \dot{I}_0 + \left(-\frac{\dot{I}_2}{k}\right) = \dot{I}_0 + \dot{I}_{1L} \tag{7-20}$$

　　式（7-20）表明，负载时一次电流 $\dot{I}_1$ 由两个分量组成：一个是励磁电流 $\dot{I}_0$，用于建立主磁通 Φ_m；另一个是供给负载的负载电流分量（$\dot{I}_{1L} = -\dot{I}_2/k$），用以抵消二次绕组磁动势的去磁作用，保持主磁通基本不变。

　　由于空载电流 $\dot{I}_0$ 很小，为简便计可忽略，式（7-20）近似为

$$\dot{I}_1 \approx -\frac{\dot{I}_2}{k} \tag{7-21}$$

此式表明，$\dot{I}_1$ 与 $\dot{I}_2$ 相位上相差接近 $180°$，考虑数值关系时，有

$$\frac{I_1}{I_2} \approx \frac{N_2}{N_1} = \frac{1}{k} \tag{7-22}$$

　　这里得到了与式（7-6）相同的结果，说明变压器负载运行时，其一、二次绕组的电流在数值上近似地与绕组匝数成反比。

125

（2）电压平衡方程 根据前面的分析可知，负载电流 i_2 通过二次绕组时也产生漏磁通 $\Phi_{2\sigma}$，相应地产生漏磁电动势 $e_{2\sigma}$。类似 $e_{1\sigma}$ 的分析，$e_{2\sigma}$ 也可用漏抗压降的形式来表示，即

$$\dot{E}_{2\sigma} = -\mathrm{j}\dot{I}_2 X_2 \tag{7-23}$$

参照图 7-10 所示的正方向规定，根据基尔霍夫第二定律，变压器负载运行时的一、二次绕组的电压平衡方程为

$$\begin{cases} \dot{U}_1 = -\dot{E}_1 + \dot{I}_1 Z_1 \\ \dot{U}_2 = \dot{E}_2 - \dot{I}_2 Z_2 \end{cases} \tag{7-24}$$

综上所述，可得到变压器负载运行时的基本方程式

$$\begin{cases} N_1 \dot{I}_0 = N_1 \dot{I}_1 + N_2 \dot{I}_2 \\ \dot{U}_1 = -\dot{E}_1 + \dot{I}_1 Z_1 \\ \dot{U}_2 = \dot{E}_2 - \dot{I}_2 Z_2 \\ \dot{E}_1 = -\dot{I}_0 Z_f \\ \dot{E}_1 = k \dot{E}_2 \\ \dot{U}_2 = \dot{I}_2 Z_L \end{cases} \tag{7-25}$$

7.3 变压器的等效电路

变压器负载运行时的基本方程式反映了变压器内部的电磁关系，利用这些方程式可以分析变压器的各种运行特性。根据式（7-25），可画出如图 7-11 所示的变压器负载运行时的等效电路。由图可见，变压器一、二次绕组之间是通过共同磁路的磁通所产生的感应电动势 $\dot{E}_1$ 和 $\dot{E}_2$ 来实现电磁耦合的，它们之间并无直接的电路联系。由于变压器一、二次绕组的匝数并不相等，甚至相差很大，感应电动势 $\dot{E}_1$ 和 $\dot{E}_2$ 两端的电位不相等，一、二次侧的电路无法建立直接的联系，使得计算变得较为繁琐。为了简化分析与计算，可以建立变压器的"纯电路模型"，即采用绕组折算的方法来规避一、二次侧的电磁耦合，从而建立一种简化的等效电路。

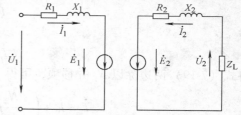

图 7-11 变压器负载运行时的等效电路

1. 绕组折算

绕组折算就是将变压器的一、二次绕组折算成相同匝数，通常是将二次绕组折算到一次绕组，即取 $N_2' = N_1$，则 E_2 变为 E_2'，可使 $E_2' = E_1$。折算仅是一种数学手段，它不改变折算前后的电磁关系，即折算前后的磁动势平衡关系、功率传递及损耗等均应保持不变。为了识别折算量，常在其原来符号的右上角加 "'" 表示。

对二次绕组而言，折算后的二次绕组与实际的二次绕组是等效的。由于折算前后二次绕组的匝数不同，因此折算后二次绕组各物理量的数值将与折算前的有所不同，但有关物理量的相位角应保持不变，否则将引起功率传递关系的改变。

（1）电动势和电压的折算 由于主磁通保持不变，感应电动势应与匝数成正比，即

$$\frac{E_2'}{E_2} = \frac{N_2'}{N_2} = \frac{N_1}{N_2} = k \tag{7-26}$$

$$E_2' = kE_2 = E_1 \tag{7-27}$$

同理

$$E_{2\sigma}' = kE_{2\sigma} \tag{7-28}$$

$$U_2' = kU_2 \tag{7-29}$$

（2）电流的折算 根据折算前后二次绕组磁动势保持不变的原则，应有

$$I_2'N_2' = I_2N_2 \tag{7-30}$$

$$I_2' = \frac{N_2}{N_2'}I_2 = \frac{N_2}{N_1}I_2 = \frac{1}{k}I_2 \tag{7-31}$$

（3）阻抗的折算 根据折算前后消耗在二次绕组电阻及漏电抗上的有功功率和无功功率不变的原则，应有

$$I_2'^2 R_2' = I_2^2 R_2 \tag{7-32}$$

$$I_2'^2 X_2' = I_2^2 X_2 \tag{7-33}$$

即

$$R_2' = \left(\frac{I_2^2}{I_2'^2}\right)R_2 = k^2 R_2 \tag{7-34}$$

$$X_2' = \left(\frac{I_2^2}{I_2'^2}\right)X_2 = k^2 X_2 \tag{7-35}$$

这样，二次绕组阻抗的折算公式便为

$$Z_2' = R_2' + jX_2' = k^2 Z_2 \tag{7-36}$$

相应地，负载阻抗 Z_L 的折算公式为

$$Z_L' = \frac{U_2'}{I_2'} = \frac{kU_2}{\frac{1}{k}I_2} = k^2 \frac{U_2}{I_2} = k^2 Z_L \tag{7-37}$$

由以上推导可知，将变压器二次绕组折算到一次绕组时，电动势和电压的折算值等于实际值乘以电压比 k，电流的折算值等于实际值除以 k，而电阻、漏电抗及阻抗的折算值等于实际值乘以 k^2。这样，二次绕组经过折算后，变压器的基本方程式变为

$$\begin{cases} \dot{I}_0 = \dot{I}_1 + \dot{I}_2' \\ \dot{U}_1 = -\dot{E}_1 + \dot{I}_1 Z_1 \\ \dot{U}_2' = \dot{E}_2' - \dot{I}_2' Z_2' \\ \dot{E}_1 = -\dot{I}_0 Z_f \\ \dot{E}_1 = \dot{E}_2' \\ \dot{U}_2' = \dot{I}_2' Z_L' \end{cases} \tag{7-38}$$

2. T 形等效电路

经过绕组折算，就可以用一个纯电路的形式来等效表示变压器原来的电磁耦合关系。根据式（7-38），可以画出图 7-12a 所示的变压器 T 形等效电路，其中一、二次绕组之间磁的

耦合作用，反映在由主磁通所产生的感应电动势 E_1 和 E'_2 上，经过绕组折算后，$E_1 = E'_2$，就构成了相应主磁场励磁部分的等效电路。在图7-12a 中，励磁及铁心损耗是以串联形式表达的，同样也可以用并联形式来表达[3]。

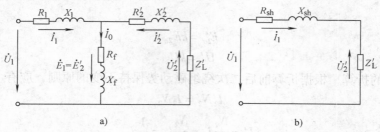

图7-12 变压器的等效电路及简化

a）T形等效电路 b）简化等效电路

3. 简化等效电路

T形等效电路虽然正确反映了变压器内部的电磁关系，但它属于混联电路，进行相量的复数运算比较麻烦。由于变压器运行时，空载电流（励磁电流）I_0 一般都是很小的，仅占 (2% ~ 10%) I_{1N}，从工程计算的角度来看，可以把 I_0 略去不计，即去掉励磁支路，得到一个更简单的一、二次绕组阻抗相串联的简化等效电路，如图7-12b 所示。此时，接在电源与负载之间的变压器相当于一个串联阻抗 Z_{sh}，Z_{sh} 就称为变压器的等效漏阻抗或短路阻抗。即

$$Z_{sh} = Z_1 + Z'_2 = R_{sh} + jX_{sh} \tag{7-39}$$

式中　　R_{sh}——短路电阻，$R_{sh} = R_1 + R'_2$；

　　　　X_{sh}——短路电抗，$X_{sh} = X_1 + X'_2$。

如果不考虑变压器本身漏阻抗的影响，由图7-12b 可看出，对于电源来说，经过变压器接入的负载阻抗 Z_L，相当于不用变压器而把折算后的负载阻抗 Z'_L 直接接入电源。这说明，通过改变变压器的电压比就可以改变一、二次侧的阻抗比，达到阻抗变换的目的。在电子技术中，经常要用到变压器的阻抗变换功能，从而获得所需的阻抗匹配以实现最大功率的传输。

4. 相量图

变压器负载运行时的电磁关系，除了用基本方程式和等效电路表示外，还可以用相量图直观地表达出变压器运行时各物理量的大小及相位关系。图7-13 为对应 T形等效电路的感性负载时的相量图，是根据式 (7-38) 画出的。

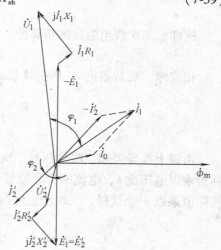

图7-13 变压器带感性负载时的相量图

7.4 变压器的参数测定

上述基本方程式、等效电路或相量图都可用于计算和分析变压器的运行性能，但必须先知道变压器的绕组电阻、漏电抗及励磁阻抗等参数。对于一台已制成的变压器，可通过试验

的方法来得到这些参数，常用的试验包括变压器的空载试验和短路试验。

1. 空载试验

变压器的空载试验是在变压器空载运行的情况下进行测量的，其目的是测定变压器的电压比 k、空载电流 I_0、空载损耗 Δp_0 和励磁参数 R_f、X_f、Z_f 等。

空载试验电路如图 7-14 所示，试验时调压器 TC 加工频正弦交流电源，调节调压器的输出电压使其等于被测变压器的额定电压，然后测量 U_1、I_0、U_{20} 及空载损耗（即空载时输入功率）Δp_0。

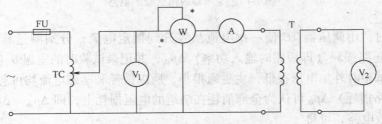

图 7-14　变压器空载试验电路

由于变压器空载电流 I_0 很小，绕组损耗 $I_0^2 R_1$ 可以忽略，认为空载时的输入功率 Δp_0 完全消耗在变压器的铁心损耗上，即 $\Delta p_0 \approx \Delta p_{Fe}$。

由等效电路可知，变压器空载时的总阻抗为

$$Z_0 = Z_1 + Z_f = (R_1 + jX_1) + (R_f + jX_f) \tag{7-40}$$

一般情况下，$X_f \gg X_1$，$Z_0 \approx Z_f$，所以

励磁阻抗
$$Z_f \approx Z_0 = \frac{U_1}{I_0} \tag{7-41}$$

励磁电阻
$$R_f = \frac{\Delta p_{Fe}}{I_0^2} \approx \frac{\Delta p_0}{I_0^2} \tag{7-42}$$

励磁电抗
$$X_f = \sqrt{Z_f^2 - R_f^2} \tag{7-43}$$

电压比
$$k \approx \frac{U_{20}}{U_1} \tag{7-44}$$

由于励磁参数 R_f、X_f 和 Z_f 与铁心的磁通工作点或饱和程度有关，当电源电压变化时，铁心的磁通工作点不同，这些参数会发生变化，因此为使测量的参数符合变压器的实际运行情况，应取额定电压下的数据来计算励磁参数。

空载试验可在高压侧或低压侧进行，考虑到空载试验电压要加到额定电压，当高压侧的额定电压较高时，为了便于试验和安全起见，可以在低压侧进行试验，而高压侧开路。空载试验在低压侧进行时，其测得的励磁参数是低压侧的，因此必须乘以 k^2，将其折算成高压侧的励磁参数。

2. 短路试验

变压器的短路试验是在二次绕组短路的条件下进行的，其目的是测定变压器的短路损耗（铜损耗）Δp_{sh}、短路电压 U_{sh} 和短路参数 R_{sh}、X_{sh}、Z_{sh} 等。

由于短路试验时电流较大（应加大到额定电流），而外加电压却很低，为便于测量，一般在高压侧试验，低压侧短路。短路试验的电路如图 7-15 所示。

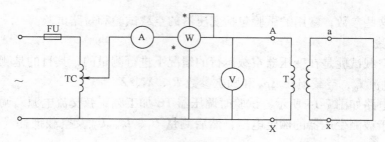

图7-15 变压器短路试验的电路

短路试验时，用调压器 TC 使一次电流从零升到额定电流，分别测量其短路电压 U_{sh}、短路电流 I_{sh} 和短路损耗（即短路时输入功率）Δp_{sh}，并记录试验时的室温 θ（℃）。

由于短路试验时外加电压很低，主磁通很小，所以铁耗和励磁电流均可忽略不计，这时输入功率（短路损耗）Δp_{sh} 可认为全部消耗在绕组的电阻损耗上，即 $\Delta p_{sh} = \Delta p_{Cu}$。

由简化等效电路，可得

短路阻抗
$$Z_{sh} = \frac{U_{sh}}{I_{sh}} = \frac{U_{sh}}{I_{1N}} \tag{7-45}$$

短路电阻
$$R_{sh} = \frac{\Delta p_{Cu}}{I_{sh}^2} \approx \frac{\Delta p_{sh}}{I_{1N}^2} \tag{7-46}$$

短路电抗
$$X_{sh} = \sqrt{Z_{sh}^2 - R_{sh}^2} \tag{7-47}$$

由上述公式计算得出的结果是变压器在室温下的短路参数。由于绕组的电阻随温度而变，而短路试验一般是在室温下短时进行的，绕组的温升还来不及升高，故测得的电阻值应按国家标准换算到参考温度。油浸式变压器的绝缘耐热等级为 A、E、B 级，其短路电阻值应换算到参考温度为 75℃ 时的数值。即

$$R_{sh75℃} = \frac{T_0 + 75}{T_0 + \theta} R_{sh} \tag{7-48}$$

式中　θ——试验时的环境温度（℃）；

T_0——对铜线为 234.5℃，对铝线为 228℃。

这样，在 75℃ 时的短路阻抗为

$$Z_{sh75℃} = \sqrt{R_{sh75℃}^2 + X_{sh}^2} \tag{7-49}$$

另外，短路电流等于额定电流时的短路损耗 Δp_{shN} 和短路电压（阻抗电压）U_{shN} 也应换算到 75℃ 时的数值，即

$$\Delta p_{shN75℃} = I_{1N}^2 R_{sh75℃} \tag{7-50}$$

$$U_{shN75℃} = I_{1N} Z_{sh75℃} \tag{7-51}$$

在实际工作中，如果没有特别说明，变压器的参数等均指参考温度下的数值（不再注明 75℃）。

为了便于比较，常把 $U_{shN75℃}$ 表示为对一次侧额定电压的相对值的百分数，即

$$u_{sh} = \frac{U_{shN75℃}}{U_{1N}} \times 100\% \tag{7-52}$$

一般情况，中小型变压器 $u_{sh} = (4 \sim 10.5)\%$，大型变压器的 $u_{sh} = (12.5 \sim 17.5)\%$。如

果变压器的绝缘耐热等级为其他绝缘耐热等级，则应换算的参考温度为 115℃。

短路电压（阻抗电压）u_{sh} 是变压器的一个重要参数，标在变压器的铭牌上，它的大小反映了变压器在额定负载下运行时，漏阻抗压降的大小。从运行的角度上看，希望 u_{sh} 值小一些，这样可使变压器输出电压波动受负载变化的影响较小，但从限制变压器短路电流的角度来看，则希望 u_{sh} 值大一些，这样可以使变压器在发生短路故障时短路电流小一些。如电炉用变压器，由于工作时短路的可能性较大，往往将其 u_{sh} 值设计得比一般电力变压器的 u_{sh} 值大很多。

以上所分析的是单相变压器的计算方法，对于三相变压器而言，变压器的参数是指一相的参数，因此只要采用相电压、相电流、一相的功率（或损耗），即每相的数值进行计算即可。

例 7-1 有一台三相铝线油浸式电力变压器，$S_N = 100\text{kV} \cdot \text{A}$，$U_{1N}/U_{2N} = 6000\text{V}/400\text{V}$，$I_{1N}/I_{2N} = 9.63\text{A}/144.5\text{A}$，Yyn0 接法，空载及短路试验的试验数据如下（在室温 25℃ 下进行），试求折算到高压侧的励磁参数和短路参数。

试验名称	电压/V	电流/A	功率/W	备注
空载	400	9.37	600	电源加在低压侧
短路	325	9.63	2014	电源加在高压侧

解： 由于为三相变压器，应采用相值进行计算。
先求电压比

$$k = \frac{6000/\sqrt{3}}{400/\sqrt{3}} = 15$$

由空载试验数据，先求低压侧的励磁参数

$$Z_f' \approx Z_0 = \frac{U_2}{I_0} = \frac{400}{\sqrt{3} \times 9.37}\Omega \approx 24.6\Omega$$

$$R_f' = \frac{\Delta p_{Fe}}{I_0^2} \approx \frac{\Delta p_0}{I_0^2} = \frac{600}{3 \times 9.37^2}\Omega \approx 2.28\Omega$$

$$X_f' = \sqrt{Z_f'^2 - R_f'^2} \approx \sqrt{24.6^2 - 2.28^2}\Omega \approx 24.5\Omega$$

折算到高压侧的励磁参数

$$Z_f = k^2 Z_f' \approx 15^2 \times 24.6\Omega \approx 5535\Omega$$

$$R_f = k^2 R_f' \approx 15^2 \times 2.28\Omega \approx 513\Omega$$

$$X_f = k^2 X_f' \approx 15^2 \times 24.5\Omega \approx 5513\Omega$$

由短路试验数据，计算高压侧室温下的短路参数

$$Z_{sh} = \frac{U_{sh}}{I_{sh}} = \frac{325}{\sqrt{3} \times 9.63}\Omega \approx 19.5\Omega$$

$$R_{sh} = \frac{\Delta p_{Cu}}{I_{sh}^2} \approx \frac{\Delta p_{sh}}{I_{1N}^2} = \frac{2014}{3 \times 9.63}\Omega \approx 7.24\Omega$$

$$X_{sh} = \sqrt{Z_{sh}^2 - R_{sh}^2} \approx \sqrt{19.5^2 - 7.24^2}\Omega \approx 18.1\Omega$$

一般油浸式电力变压器属 A 级绝缘，其短路电阻和短路阻抗应换算到参考温度为 75℃

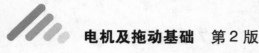

时的数值,同时该变压器采用铝线,故有

$$R_{sh75℃} = \frac{228+75}{228+\theta}R_{sh} \approx 7.24 \times \frac{228+75}{228+25}\Omega \approx 8.63\Omega$$

$$Z_{sh75℃} = \sqrt{R_{sh75℃}^2 + X_{sh}^2} \approx \sqrt{8.63^2 + 18.1^2}\Omega \approx 20\Omega$$

额定短路损耗和阻抗电压为

$$\Delta p_{shN75℃} = 3I_{1N}^2 R_{sh75℃} \approx 3 \times 9.63^2 \times 8.63W \approx 2400W$$

$$u_{sh} = \frac{U_{shN75℃}}{U_{1N}} \times 100\% \approx \frac{9.63 \times 20}{6000/\sqrt{3}} \times 100\% \approx 5.56\%$$

7.5 变压器的运行特性

对于负载来讲,变压器的二次侧相当于一个电源。对于电源,我们所关心的运行性能是它的输出电压与负载电流之间的关系,即一般所说的外特性,以及变压器运行时的效率特性。

7.5.1 变压器的外特性

由于变压器内部存在电阻和漏电抗,因此当负载运行时,负载电流流过二次绕组,变压器内部将产生阻抗压降,使二次侧端电压随负载电流的变化而变化,这种变化关系可用变压器的外特性来描述。

变压器的外特性是指当一次侧的电源电压和二次侧的负载功率因数均为常数时,二次侧端电压随负载电流变化的规律,即 $U_2 = f(I_2)$。

变压器负载运行时,二次侧端电压的变化程度通常用电压变化率来表示。所谓电压变化率是指,当一次侧接在额定频率和额定电压的电网上,负载功率因数一定时,从空载到负载运行时二次侧端电压的变化量 ΔU 与额定电压 U_{2N} 的百分比,用 $\Delta U\%$ 表示,即

$$\Delta U\% = \frac{\Delta U}{U_{2N}} \times 100\% = \frac{U_{20}-U_2}{U_{2N}} \times 100\% = \frac{U_{2N}-U_2}{U_{2N}} \times 100\% = \frac{U_{1N}-U_2'}{U_{1N}} \times 100\% \quad (7\text{-}53)$$

利用简化等效电路和简化相量图,可推导出电压变化率的实用计算公式[7]为

$$\Delta U\% = \beta\frac{I_{1N}}{U_{1N}}(R_{sh}\cos\varphi_2 + X_{sh}\sin\varphi_2) \times 100\% \quad (7\text{-}54)$$

式中 β——变压器的负载因数,且有 $\beta = \dfrac{I_1}{I_{1N}} = \dfrac{I_2}{I_{2N}}$。

对于三相变压器,式(7-54)中的 U_{1N}、I_{1N} 均为某一相的数值。从式(7-54)可以看出,变压器的电压变化率 $\Delta U\%$ 不仅取决于短路参数 R_{sh}、X_{sh} 和负载因数 β,还与负载的功率因数有关。

根据式(7-54),可以画出变压器的外特性,如图 7-16 所示。由于一般情况下电力变压器的 X_{sh} 和 R_{sh} 都比较小,因此当负载为纯电阻负载,即 $\cos\varphi_2 = 1$ 时,$\Delta U\%$ 很小,说明负载变化时 U_2 下降得很小;当负载为感性负载,即 $\varphi_2 > 0$ 时,$\cos\varphi_2$ 和 $\sin\varphi_2$ 均为正值,$\Delta U\%$ 也为正值且较大,说明 U_2 随负载电流 I_2 的增大而下降,而且在相同负载电流 I_2 下,感性负载

时 U_2 的下降比纯电阻负载时 U_2 的下降来得大；当负载为容性负载，即 $\varphi_2 < 0$ 时，$\cos\varphi_2 > 0$，而 $\sin\varphi_2 < 0$，若 $I_1 R_{sh}\cos\varphi_2 < |I_1 X_{sh}\sin\varphi_2|$，则 $\Delta U \%$ 为负值，这表明负载时二次侧端电压比空载时高，即 U_2 随 I_2 的增大而升高。

电压变化率 $\Delta U \%$ 是变压器的主要性能指标之一，它表明了变压器二次侧供电电压的稳定性，一定程度上反映了电能的质量。一般电力变压器中，当 $\cos\varphi_2$ 接近 1 时，额定负载时的电压变化率为（2 ~ 3）%，而当 $\cos\varphi_2 = 0.8$（感性）时，额定负载时的电压变化率为（4 ~ 7）%，即电压变化率大为增加，因此，提高负载的功率因数也可起到减小电压变化率的作用。

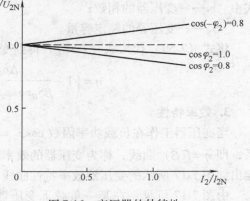

图 7-16 变压器的外特性

7.5.2 变压器的效率特性

1. 变压器的损耗

变压器在能量传递的过程中会产生损耗，由于变压器是静止的电磁装置，其损耗只有铜损耗 Δp_{Cu} 和铁心损耗 Δp_{Fe} 两大类。

（1）铜耗 变压器的绕组都有一定的电阻，当电流流过绕组时就要产生绕组损耗，称之为铜损耗，即铜耗 Δp_{Cu}。铜耗的大小取决于负载电流和绕组电阻的大小，因而是随负载的变化而变化的，故称之为可变损耗。

用短路试验可以求得铜耗。由于短路试验时外电压很低，铁心中磁通密度很小，这样铁耗可以略去不计，短路损耗主要是铜耗。所以，在一定负载下，变压器的铜耗 Δp_{Cu} 为

$$\Delta p_{Cu} = I_2^2 R_{sh} = \left(\frac{I_2}{I_{2N}}\right)^2 I_{2N}^2 R_{sh} = \beta^2 \Delta p_{shN} \tag{7-55}$$

（2）铁耗 由于铁心中的磁通是交变的，在铁心和金属结构件中会产生磁滞损耗和涡流损耗，统称为铁心损耗，即铁耗 Δp_{Fe}。当电源电压 U_1 一定时，铁心中的磁通基本上是不变的，铁耗基本上可认为是恒定的，故称之为不变损耗，它与负载电流的大小和性质无关。

用空载试验可以求得铁耗。由于变压器空载电流和绕组电阻都比较小，空载时的绕组损耗很小，可以略去不计，所以空载损耗主要是铁耗，即

$$\Delta p_{Fe} = \Delta p_0 = 常值 \tag{7-56}$$

因此，变压器的总损耗为

$$\sum \Delta p = \Delta p_{Cu} + \Delta p_{Fe} = \beta^2 \Delta p_{shN} + \Delta p_0 \tag{7-57}$$

2. 变压器的效率

变压器的效率 η 是指它的输出功率 P_2 与输入功率 P_1 的比值，用百分数表示为

$$\eta = \frac{P_2}{P_1} \times 100\% = \left(1 - \frac{\sum \Delta p}{P_1}\right) \times 100\% \tag{7-58}$$

由于变压器的电压变化率很小，因此，如果不考虑负载时输出电压 U_2 的变化，即认为 $U_2 \approx U_{2N}$，当采用相值计算时，则有

$$P_2 = mU_{2N}I_2\cos\varphi_2 = \beta mU_{2N}I_{2N}\cos\varphi_2 = \beta S_N\cos\varphi_2 \tag{7-59}$$

式中 m——变压器的相数;

S_N——变压器的额定容量。

将式(7-59)代入式(7-58),得到变压器效率的实用计算公式为

$$\eta = \left(1 - \frac{\Delta p_0 + \beta^2\Delta p_{shN}}{\beta S_N\cos\varphi_2 + \Delta p_0 + \beta^2\Delta p_{shN}}\right)\times100\% \tag{7-60}$$

3. 效率特性

当变压器工作在负载功率因数 $\cos\varphi_2 = $ 常值的条件下,其效率 η 与负载因数 β 之间的关系,即 $\eta = f(\beta)$ 曲线,称为变压器的效率特性。在式(7-60)中代入不同的负载因数 β,可绘出如图7-17所示的变压器效率特性曲线。

由图7-17可见,在某一负载下变压器将出现最大效率 η_{max}。通过数学分析可知,当可变损耗与不变损耗相等,即 $\beta_m^2\Delta p_{shN} = \Delta p_0$ 时,变压器效率达最大值,由此得到最大效率时的负载因数 β_m 为

$$\beta_m = \sqrt{\frac{\Delta p_0}{\Delta p_{shN}}} \tag{7-61}$$

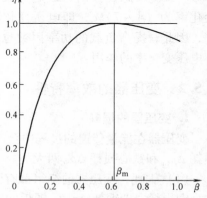

图7-17 变压器的效率特性

由于电力变压器常年接在电网上运行,铁耗总是存在,而铜耗随负载的变化而变化,同时变压器不可能一直在满载下运行,为了使总的经济效益良好,铁耗应相对小些,所以一般电力变压器取 $\Delta p_0/\Delta p_{shN} = 1/4 \sim 1/2$,故最大效率 η_{max} 发生在 $\beta_m = 0.5 \sim 0.7$ 范围内。

7.6 三相变压器

现代电力系统均采用三相制供电,因而三相变压器的使用非常广泛。从运行原理来看,三相变压器在对称负载运行时,各相的电压和电流大小相等,相位上彼此相差120°,因而可取一相进行分析。就其一相而言,这时三相变压器的任意一相与单相变压器之间就没有什么区别,因此前面所述的单相变压器的分析方法及其结论完全适用于三相变压器在对称负载下的运行情况。

本节主要讨论三相变压器本身的特点,如三相变压器的磁路、三相绕组的连接方法、三相变压器的联结组以及三相变压器的并联运行等问题。

7.6.1 三相变压器的磁路系统

1. 三相变压器组的磁路

三相变压器组是由三个单相变压器按一定方式连接起来而组成的,如图7-18所示。由于每相的主磁通 Φ_m 沿各自的磁路闭合,因此三相磁路之间是独立的。当一次绕组加上三相对称电压时,三相的主磁通必然呈120°对称,三相的空载电流也是120°对称的。

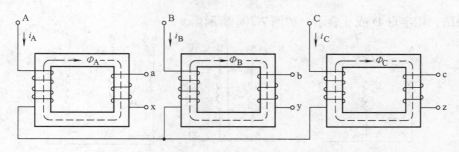

图 7-18　三相组合变压器

2. 三相心式变压器的磁路

在三相电网中，由于 $\dot{U}_A + \dot{U}_B + \dot{U}_C = 0$，因此 $\dot{E}_A + \dot{E}_B + \dot{E}_C = 0$，或 $\dot{\Phi}_A + \dot{\Phi}_B + \dot{\Phi}_C = 0$。因此三个铁心可以结合在一起，成为三相心式结构的变压器。三相心式变压器的磁路特点是三相主磁通磁路相互联系，彼此相关。为了使结构简单、制造方便、减小体积和节省硅钢片，可将三相铁心柱布置在同一平面内。常用的三相心式变压器的铁心结构如图 7-19 所示，其三相磁路不完全对称，从而导致空载电流不对称。但是由于电力变压器的空载电流很小，它的不对称对变压器负载运行的影响很小，可以不予考虑。空载电流可取三相的平均值。

比较上面两种类型的三相变压器的磁路系统可以看出，三相心式变压器具有节省材料、效率高、维护方便、占地面积小等优点；而三相变压器组中的每个单相变压器具有制造及运输方便、备用的变压器容量较小等优点。所以，现在广泛应用的是三相心式变压

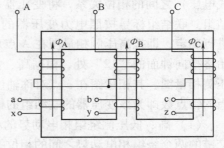

图 7-19　三相心式变压器

器，只在特大容量、超高压及制造和运输有困难时，才采用三相变压器组。

7.6.2　三相变压器的电路系统——联结组

为了方便变压器绕组的联结及标记，对绕组的首端和末端的标志规定见表 7-1。

表 7-1　变压器绕组的首端和末端标志

绕组（线圈）名称	单相变压器		三相变压器		中性点
	首端	末端	首端	末端	
高压绕组（线圈）	A	X	A、B、C	X、Y、Z	N
低压绕组（线圈）	a	x	a、b、c	x、y、z	n
中压绕组（线圈）	Am	Xm	Am、Bm、Cm	Xm、Ym、Zm	Nm

1. 三相变压器绕组的联结法

在三相变压器中，绕组的联结主要采用星形和三角形两种联结方法。如图 7-20 所示，将三相绕组的末端联结在一起，而由三个首端引出，即为星形联结，用字母 Y 或 y 表示。如果由中性点引出，则用 YN 或 yn 表示，如图 7-20a、b 所示。将三相绕组的各相绕组首末端相连（规定按 A—X—C—Z—B—Y—A 联结）而成闭合回路，再由三个首端引出，则为

三角形联结，用字母 D 或 d 表示，如图 7-20c 所示。

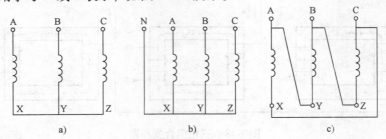

图 7-20 三相变压器绕组的联结

a）星形联结（无中性线） b）星形联结（有中性线） c）三角形联结

2. 变压器的联结组

由于变压器绕组可以采用不同的联结，因此一次绕组和二次绕组的对应线电动势（或线电压）之间将产生不同的相位移。为了简单明了地表达绕组的联结及对应线电动势（或线电压）之间的相位关系，将变压器一、二次绕组的联结分成不同的组合，称为绕组的联结组。联结组标号按照电力变压器的国家标准 GB 1094.1—2013 中的"时钟序数表示法"进行确定，即把高压侧相量图在 A 点对称轴位置指向外的相量作为时钟的长针（即分针），始终指向钟面的"12"处，根据高、低压侧绕组相电动势（或相电压）的相位关系做出低压侧相量图，其相量图在 a 点对称轴位置处指向外的相量作为时钟的短针（即时针），它所指的钟点数即为该变压器的联结组的标号。

（1）高、低压侧绕组相电动势的相位关系 以单相变压器为例，研究由同一主磁通所交链的两个绕组相电动势之间的相位关系（此即电路理论中互感线圈的同名端问题）。假定绕组相电动势的正方向都是规定从绕组的首端指向末端。当高、低压侧绕组的同名端同时标为首端（或末端）时，如图 7-21a 所示，这时高、低压侧绕组相电动势 $\dot{E}_A$ 与 $\dot{E}_a$ 同相位，二者之间的相位移为零，故该单相变压器的联结组为 Ⅱ0，其中 Ⅱ 表示高、低压绕组均为单相，即单相变压器，"0"表示其联结组的标号。如果取高、低压侧绕组的异名端同时标为首端（或末端），则高、低压侧绕组的相电动势 $\dot{E}_A$ 与 $\dot{E}_a$ 相位相反，二者之间的相位移为 180°，如图 7-21b 所示，故为 Ⅱ6 联结组。

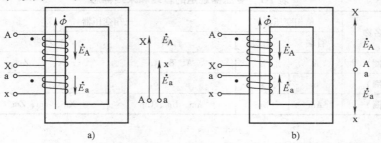

图 7-21 单相变压器的联结组

a）Ⅱ0 联结组 b）Ⅱ6 联结组

从以上的分析可知，由同一主磁通所交链的两个绕组，其两个绕组的相电动势只有同相位和反相位两种情况，它取决于绕组的同名端和绕组的首末端标记。

（2）三相变压器联结组标号的确定 三相变压器的联结组标号不仅与绕组的同名端及首末端的标记有关，还与三相绕组的联结方式有关。三相绕组的联结图按传统的标志方式，高压绕组位于上面，低压绕组位于下面。根据联结图，用相量图法判断联结组的标号一般可分为四个步骤：

第一步，标出高、低压侧绕组相电动势的假定正方向。

第二步，做出高压侧的电动势相量图，将相量图的 A 点放在钟面的"12"处，相量图按逆时针方向旋转，相序为 A—B—C（相量图的三个顶点 A、B、C 按顺时针方向排列）。

第三步，判断同一相高、低压侧绕组相电动势的相位关系（同相位或反相位），做出低压侧的电动势相量图，相量图按逆时针方向旋转，相序为 a—b—c（相量图的三个顶点 a、b、c 按顺时针方向排列）。

第四步，确定联结组的标号。观察低压侧的相量图 a 点所处钟面的序数（就是几点钟），即为该联结组的标号。

根据联结组的标号以及一个钟点数对应 30°角，即可确定高、低压侧对应线电动势（或线电压）之间的相位移。

（3）Yy0 联结组 在图 7-22a 的三相变压器联结图中，高、低压侧绕组都接成星形联结，且同名端同时作为首端，同一铁心柱为同一相。画出高压绕组的电动势相量图，将相量图的 A 点放在钟面的"12"处；根据 $\dot{E}_a$ 与 $\dot{E}_A$、$\dot{E}_b$ 与 $\dot{E}_B$、$\dot{E}_c$ 与 $\dot{E}_C$ 同相位，通过画平行线做出低压侧的电动势相量图，由相量图的 a 点处在钟面的"0"（即"12"），所以该联结组的标号是"0"，即为 Yy0 联结组。对 Yy0 联结组，线电动势 $\dot{E}_{ab}$ 与 $\dot{E}_{AB}$ 同相位。

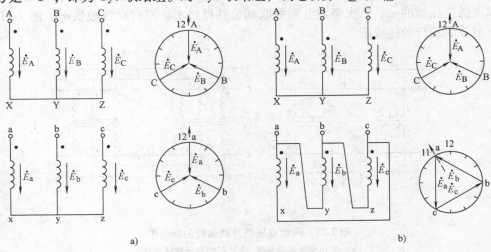

图 7-22 三相变压器联结图

a）Yy0 联结组 b）Yd11 联结组

（4）Yd11 联结组 在图 7-22b 中，高压侧绕组为星形联结，低压侧绕组为三角形联结，且同名端同时作为首端，同一铁心柱为同一相。由 $\dot{E}_a$ 与 $\dot{E}_A$ 同相位，所以在低压侧的相量图中，$\dot{E}_a$ 与 $\dot{E}_A$ 平行且方向一致，因是三角形联结，即有 $\dot{E}_{ca} = -\dot{E}_a$，同时注意封闭三角形的其余相量关系也要画正确。在图 7-22b 中可见，低压侧相量图的 a 点处在钟面的"11"，所

137

以是 Yd11 联结组。另外画出对应三角形 a 点处的对称轴位置而指向外的相量，可见它指向"11"，得到相同的结论。对 Yd11 联结组，$\dot{E}_{ab}$ 滞后 $\dot{E}_{AB}30°×11=330°$。

当高压侧绕组采用三角形联结，低压侧绕组为星形联结，且同名端同时作为首端，同一铁心柱为同一相时，可得 Dy1 联结组。当高、低压侧绕组均采用三角形联结，且同名端同时作为首端，同一铁心柱为同一相时，可得 Dd0 联结组。请读者自行推导。

记住以上四种联结组的标号、绕组联结和首末端标记，则可通过以下规律确定其他联结组的标号或由联结组的标号确定绕组联结和首末端标记。在高压侧绕组的联结和标记不变，而只改变低压侧绕组的联结或标记的情况下，其规律归纳起来有以下三点：

1）对调低压侧绕组首末端的标记，即高、低压侧绕组的首端由同名端改为异名端，其联结组的标号加 6 个钟点数。

2）低压侧绕组的首末端标记顺着相序移一相（a—b—c →c—a—b），则联结组标号加 4 个钟点数。

3）高、低压侧的绕组联结相同（Yy 和 Dd）时，其联结组的标号为偶数；高、低压侧的绕组联结不相同（Yy 和 Dd）时，其联结组的标号为奇数。

变压器联结组的数目很多，为了方便制造和并联运行，对于三相双绕组电力变压器，一般采用 Yyn0、Yd11、YNd11、YNy0、Yy0 五种标准联结组，其中前三种最常用。对单相变压器通常采用 II0 联结组。

7.6.3　三相变压器的并联运行

在电力系统中，常采用多台变压器并联运行的运行方式。所谓并联运行，就是将两台或两台以上的变压器的一、二次绕组分别并联到公共母线上，同时对负载供电。图 7-23 为两台变压器并联运行的接线图。

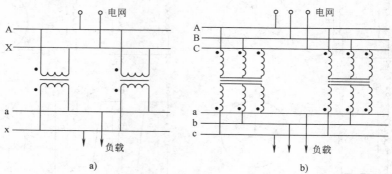

图 7-23　两台变压器并联运行的接线图

a) 单相变压器的并联　b) 三相变压器的并联

变压器采用并联运行有很多优点，主要如下：

1）提高供电的可靠性。并联运行的某台变压器发生故障或需要检修时，可以将它从电网上切除，而电网仍能继续供电。

2）提高运行的经济性。当负载有较大的变化时，可以调整并联运行的变压器台数，使各台变压器都能工作在效率比较高的负载范围内，从而提高整体运行的效率。

3）可以减小总的备用容量，并可随着用电量的增加而分批增加新的变压器。当然，并联运行的台数过多也是不经济的，因为一台大容量的变压器，其造价要比总容量相同的几台小容量变压器的低，而且占地面积小。

变压器并联运行的理想情况如下：

1）空载时并联运行的各台变压器之间没有环流。

2）负载运行时，各台变压器所分担的负载电流按其容量的大小成比例分配，使各台变压器能同时达到满载状态，使并联运行的各台变压器的容量得到充分利用。

3）负载运行时，各台变压器二次电流同相位，这样当总的负载电流一定时，各台变压器所分担的电流最小；如果各台变压器的二次电流一定，则承担的负载电流最大。

为了达到上述理想的并联运行要求，则需要满足下列三个条件：

1）并联运行的各台变压器的额定电压应相等，即各台变压器的电压比应相等。

2）并联运行的各台变压器的联结组标号必须相同。

3）并联运行的各台变压器的短路阻抗（或阻抗电压）的相对值要相等。

下面分别说明满足以上条件的必要性。

1. 电压比不等时的并联运行

以两台变压器的并联运行为例，假设并联运行的其他条件都具备，只是电压比不等，且 $k_I > k_{II}$。由于并联运行时两台变压器的一次侧接在同一电源电压 U_1 下，而 $k_I > k_{II}$，则使得两台变压器的二次侧空载电压不等，且 $U_{20I} < U_{20II}$，故二次绕组之间在并联前存在空载电压差 $\Delta \dot{U}_{20} = \dot{U}_{20II} - \dot{U}_{20I}$，如图 7-24 所示，因此当二次侧绕组的输出端并联后，在两个绕组中就会产生空载环流 I_c。

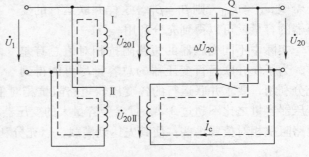

图 7-24　变压器并联运行电压比不等时产生的环流

一般电力变压器的短路阻抗 Z_{sh} 很小，所以即使两台变压器电压比的差值 ΔU_{20} 很小，也会产生较大的环流 I_c，因此必须使并联运行的变压器的电压比相等。若电压比不相等，为了保证变压器并联运行时空载环流不超过额定电流的 5%，通常规定并联运行的变压器电压比的差值对几何平均值之比，即 $\Delta k = (|k_I - k_{II}| / \sqrt{k_I k_{II}}) \times 100\%$ 不应大于 0.5%。

2. 联结组标号不同时的并联运行

如果并联运行的两台变压器的电压比和短路阻抗相对值均相等，但是联结组的标号不同，那后果将十分严重。因为联结组标号不同时，两台变压器二次侧线电压的相位就不同，至少会相差 30°，因此会产生很大的空载电压差 ΔU_{20}。如以联结组为 Yy0 和 Yd11 的两台变压器为例，并联时二次侧线电压的相位差为 30°，如图 7-25 所示，图中 $U_{2NI} = U_{2NII} = U_{2N}$，则空载电压差为

$$\Delta U_{20} = 2 U_{2N} \sin \frac{30°}{2} = 0.518 U_{2N} \qquad (7\text{-}62)$$

由于电力变压器的短路阻抗很小，这样大的电压差将在两台并

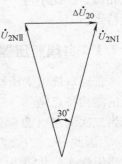

图 7-25　联结组标号不同时的电压差

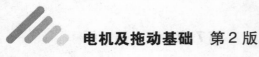

联运行的变压器的二次绕组中产生很大的空载环流，同时一次侧亦感应很大环流，会将变压器的绕组烧毁，所以变压器的联结组标号不同时绝对不允许并联运行。

3. 短路阻抗（或阻抗电压）相对值不等时的并联运行

如果并联运行的两台变压器，其电压比相同，联结组标号相同，则在图 7-24 所示空载情况下就不会有空载环流产生。但当并联的变压器带上负载时，因为两台变压器阻抗电压的相对值不等，如 $u_{\text{shI}} > u_{\text{shII}}$，则第一台变压器 I 的绕组压降大于第二台变压器 II 的绕组压降，即短路阻抗相对值较大的第一台变压器 I 外特性较软，如图 7-26 所示。但是，并联运行的两台变压器二次侧接在同一母线上，具有相同的 U_2 值，因而使两台变压器的负载分配不均匀，将会出现第一台变压器的负载电流还小于额定值时（如 $\beta_I = 0.8$），第二台变压器已过载了（如 $\beta_{II} = 1.2$）。也就是说两台变压器并联运行时的负载因数 β 与短路阻抗相对值成反比，短路阻抗相对值小的变压器，要负担较大的负载。为了使第二台变压器不过载，即保持满载运行（$\beta'_{II} = 1$），第一台变压器的负载因数（$\beta'_I = 0.6$）就更小了，结果总的负载容量小于总的设备容量，变压器容量就得不到充分的利用。因此理论上希望 $u_{\text{shI}} = u_{\text{shII}}$，则 $\beta_I = \beta_{II}$，这样并联运行的变压器的容量就可以得到充分利用。

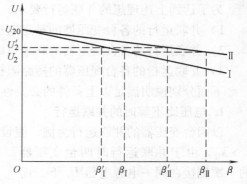

图 7-26　阻抗电压相对值不等时的并联运行

实际中不同变压器的短路阻抗相对值总有差异，为了使并联运行变压器的总容量尽可能得到充分利用，要求并联运行的各变压器短路阻抗相对值之差不超过其平均值的 10%；大、小变压器容量之比不超过 3∶1，且希望容量大的变压器的短路阻抗相对值比容量小的变压器的短路阻抗相对值要小些，使其先达到满载，以充分利用大变压器的容量。

7.7　其他用途的变压器

随着工业技术水平的不断发展，除了前面介绍的普通双绕组变压器外，相应地出现了适用于各种用途的特殊变压器，虽然种类和规格很多，但其基本原理与普通双绕组变压器相同或相似，在此不再一一详述。本节主要介绍较为常用的自耦变压器和仪用互感器的基本原理及特点。

7.7.1　自耦变压器

普通双绕组变压器的一、二次绕组之间只有磁的联系，而没有电的直接联系。自耦变压器的结构特点是一、二次绕组共享部分绕组，如图 7-27 所示。此时，一次绕组中的一部分充当二次绕组（自耦降压变压器）或二次绕组中的一部分充当一次绕组（自耦升压变压器），因此一、二次绕组之间既有磁的联系，又有电的直接联系。将一、二次绕组共有部分的绕组称作公共绕组。自耦变压器无论是升压还是降压，其基本原理是相同的。下面以自耦降压变压器为例进行分析。

在普通双绕组变压器中，通过电磁感应，将电能从一次侧传递到二次侧。而在自耦变压器中，除了通过电磁感应传递电能外，还由于一次侧和二次侧之间电路相通，直接传递了一部分电功率。

当在一次绕组施加电源电压 $\dot{U}_1$ 时，由于主磁通 $\dot{\Phi}_m$ 的作用，在一、二次绕组中产生感应电动势 $\dot{E}_1$ 和 $\dot{E}_2$，其有效值为

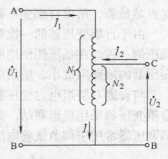

$$\begin{cases} E_1 = 4.44f_1N_1\Phi_{mmax} \\ E_2 = 4.44f_1N_2\Phi_{mmax} \end{cases} \qquad (7\text{-}63)$$

如不考虑绕组的漏阻抗，则自耦变压器的电压比为

$$k = \frac{U_1}{U_{20}} \approx \frac{E_1}{E_2} = \frac{N_1}{N_2} \qquad (7\text{-}64)$$

图 7-27 自耦变压器原理图

当自耦变压器负载运行时，根据磁动势平衡原理，负载时合成磁动势建立的主磁通与空载磁动势建立的主磁通基本相等，根据图 7-27 所示的正方向规定，有

$$\dot{I}_1(N_1 - N_2) + (\dot{I}_1 + \dot{I}_2)N_2 = \dot{I}_0 N_1 \qquad (7\text{-}65)$$

$$\dot{I}_1 N_1 + \dot{I}_2 N_2 = \dot{I}_0 N_1 \qquad (7\text{-}66)$$

由于空载电流 $\dot{I}_0$ 很小，如果忽略不计，则

$$\dot{I}_1 N_1 + \dot{I}_2 N_2 = 0 \qquad (7\text{-}67)$$

即

$$\dot{I}_1 = -\frac{N_2}{N_1}\dot{I}_2 = -\frac{\dot{I}_2}{k} \qquad (7\text{-}68)$$

此式表明，忽略空载电流，一、二次电流的大小与匝数成反比，而相位相反。

公共绕组中的电流应为

$$\dot{I} = \dot{I}_1 + \dot{I}_2 = \dot{I}_2\left(1 - \frac{1}{k}\right) \qquad (7\text{-}69)$$

对自耦降压变压器，$I_2 > I_1$，且相位相反，故公共绕组电流的大小应为

$$I = I_2 - I_1 = I_2\left(1 - \frac{1}{k}\right) \qquad (7\text{-}70)$$

由于自耦变压器的电压比 k 一般接近于 1，这时 I_1 与 I_2 的数值相差不大，公共绕组中的电流 I 较小，因此公共绕组可用截面积较小的导线绕制，以节省绕组用铜量，同时减小变压器的体积和重量。

自耦变压器的输出视在功率（即容量）为

$$S = U_2 I_2 = U_2 I + U_2 I_1 = U_2 I_2\left(1 - \frac{1}{k}\right) + U_2 I_1 \qquad (7\text{-}71)$$

此式表明，自耦变压器的输出视在功率可分为两个部分：其中 $U_2 I$ 是通过电磁感应传递给负载的，即通常所说的电磁功率，这部分功率决定了变压器的主要尺寸和材料用量，是变压器设计的依据，称为自耦变压器的计算容量（或电磁功率）；另一部分 $U_2 I_1$ 是一次电流 I_1 直接传递给负载的功率，称为传导功率。传导功率是自耦变压器所特有的。

综上所述，自耦变压器与普通双绕组变压器相比较，在相同的额定容量下，自耦变压器的计算容量要小于额定容量，因此自耦变压器的结构尺寸小，有效材料（铜线和硅钢片）和结构材料（钢材）用量较少，成本较低。同时，有效材料的减少还可减小损耗，从而提

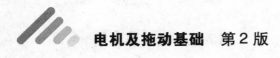

高自耦变压器的效率。

从式（7-71）可见，自耦变压器的电压比 k 越接近 1，计算容量越小，则自耦变压器的优点越显著，所以自耦变压器一般用于电压比 $k<2$ 的场合。

由于自耦变压器的一次侧和二次侧之间有电的直接联系，所以高压侧的电气故障会波及低压侧，因此在低压侧使用的电气设备同样要有高压保护设备，以防止过电压。另外，自耦变压器的短路阻抗小，短路电流比双绕组变压器的大，因此必须加强保护。

与普通双绕组电力变压器一样，自耦变压器可做成单相的，也可做成三相的，一般三相自耦变压器采用星形联结。如果将自耦变压器的抽头做成滑动触头，就成为自耦调压器。自耦调压器常用于调节试验电压的大小。

7.7.2 仪用互感器

在生产和科学实验中，经常要测量交流电路的高电压与大电流，如果直接使用电压表和电流表进行测量，就存在一定的困难，同时对操作者也不安全。利用变压器既可变压又可变流的原理，可制造测量高电压与大电流的仪器，称为仪用互感器，分为电压互感器和电流互感器两种。

使用互感器有两个目的：一是使测量回路与被测量回路隔离，从而保证工作人员的安全；二是可以使用普通量程的电压表和电流表测量高电压和大电流。下面分别介绍电压互感器和电流互感器。

1. 电压互感器

电压互感器实质上就是一个降压变压器，其工作原理和结构与双绕组变压器基本相同。图 7-28 是电压互感器的接线图，它的一次绕组匝数 N_1 很多，直接并联到被测的高压线路上；二次绕组匝数 N_2 较少，接高阻抗的测量仪表（如电压表或其他仪表的电压线圈）。由于电压互感器的二次绕组所接仪表的阻抗很高，二次电流很小，近似等于零，所以电压互感器正常运行时相当于降压变压器的空载运行。根据变压器的变压原理，有

$$U_2 = \frac{U_1}{k} \tag{7-72}$$

式中　k——电压比，$k = N_1/N_2$。

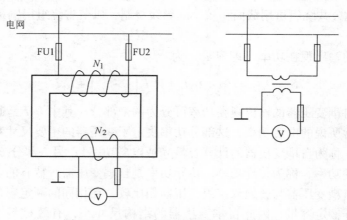

图 7-28 电压互感器的接线图及电路符号

此式表明，利用一、二次绕组的不同匝数，电压互感器可将被测量的高电压转换成低电压来测量。由于电压互感器工作在空载状态，为了保证二次侧测量电压与一次侧被测电压在幅值和相位上的精度，在设计上要使一次绕组的漏阻抗足够小。

电压互感器二次侧额定电压一般都设计为100V，而固定的板式电压表的表面刻度则按一次侧的额定电压来刻度，因而可以直接读数。电压互感器额定电压的等级有3000V/100V、10000V/100V等。

使用电压互感器时，应注意以下几点：

1）电压互感器在运行时二次绕组绝对不允许短路。因为如果二次侧发生短路，则短路电流很大，会烧坏互感器。实际使用时，在一、二次电路中都应串接熔断器作短路保护。

2）电压互感器的铁心和二次绕组的一端必须可靠接地，以防止高压绕组绝缘损坏时，铁心和二次绕组带上高电压而造成的事故。

3）电压互感器有一定的额定容量，使用时二次侧不宜接过多的仪表，以免影响电压互感器的准确度。我国目前生产的电力电压互感器，按准确度分为0.5、1.0和3.0三级。

2. 电流互感器

电流互感器类似于一个升压变压器，它的一次绕组匝数 N_1 很少，一般只有一匝到几匝；二次绕组匝数 N_2 很多。使用时，一次绕组串联在被测线路中，流过被测电流，而二次绕组与电流表等阻抗很小的仪表接成闭合回路，如图7-29所示。

由于电流互感器二次绕组所接仪表的阻抗很小，二次绕组相当于被短路，因此电流互感器的运行情况相当于变压

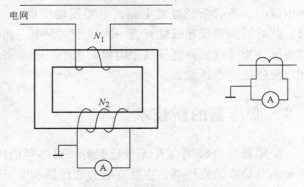

图7-29 电流互感器的接线图及电路符号

器的短路运行。为了减小误差，电流互感器铁心中的磁通密度一般设计得较低，在0.08~0.10T的范围内，所以励磁电流很小，若忽略励磁电流，根据变压器的变流原理，有

$$I_2 = \frac{I_1}{k} \tag{7-73}$$

式中 k ——电流比，$k = N_2/N_1$。

由此式可知，利用一、二次绕组的不同匝数，电流互感器可将线路上的大电流转成小电流来测量。由于电流互感器是工作在短路状态，为了保证二次侧测量电流与一次侧被测电流在幅值和相位上的精度，在设计上要保证励磁阻抗足够大。

通常电流互感器的二次侧额定电流均设计为5A，当与测量仪表配套使用时，电流表按一次侧的电流值标出，即从电流表上直接读出被测电流值。另外，二次绕组可能有很多抽头，可根据被测电流的大小适当选择。电流互感器的额定电流等级有100A/5A、500A/5A、2000A/5A等。按照测量误差的大小，电流互感器的准确度分为0.2、0.5、1.0、3.0、和10.0五个等级。

使用电流互感器时，应注意以下几点：

1）电流互感器在运行时二次绕组绝对不允许开路。如果二次绕组开路，电流互感器就

成为空载运行，被测线路的大电流就全部成为励磁电流，铁心中的磁通密度就会猛增，磁路严重饱和，一方面造成铁心过热而毁坏绕组绝缘；另一方面，二次绕组将会感应产生很高的电压，可能使绝缘击穿，危及仪表及操作人员的安全。因此，电流互感器的二次绕组电路绝对不允许装熔断器，运行中如果需要拆下电流表等测量仪表，应先将二次绕组短路。

2）电流互感器的铁心和二次绕组的一端必须可靠接地，以免绝缘损坏时，高电压传到低压侧，危及仪表及人身安全。

3）电流表的内阻抗必须很小，否则会影响测量精度。

另外，在实际工作中，为了方便在带电现场检测线路中的电流，工程上常采用一种钳形电流表，其外形结构如图7-30所示，其工作原理和电流互感器的相同。其结构特

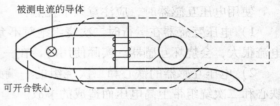

图7-30 钳形电流表

点是：铁心像一把钳子可以张合，二次绕组与电流表串联组成一个闭合回路。在测量导线中的电流时，不必断开被测电路，只要压动手柄，将铁心钳口张开，把被测导线夹于其中即可。此时被测载流导线就充当一次绕组（只有一匝），借助电磁感应作用，由二次绕组所接的电流表直接读出被测导线中电流的大小。一般钳形电流表都有几个量程，使用时应根据被测电流值适当选择量程。

7.8 变压器的新技术 *

变压器自1885年发明至今已经有一百多年的历史，其类型与应用领域在不断扩展。对于传递电功率的变压器，主要有电力变压器和电子变压器。随着电网规模的不断扩大，作为电力行业必备的输配电设备，电力变压器的需求量与日俱增，其性能直接关系到电力系统运行的可靠性和经济效益。电子变压器是指在电子电路和电子设备中使用的变压器，其应用范围十分广泛，若按工作频率分，可分为工频变压器（50～60Hz）、中频变压器（400～1000Hz）、音频变压器（20～20kHz）、高频变压器（>20kHz）。下面主要介绍极具发展前景的非晶合金节能变压器和开关电源高频变压器，以及用于高压输电系统的直流变压器与固态变压器。

1. 非晶合金节能变压器

目前大多数情况下，电能的电压等级自发电厂到用户至少要经过五级变压器，方可输送到低压用电设备（380V/220V）。虽然变压器本身效率很高，但因其数量多，容量大，总损耗仍是很大的。据估计，我国变压器的总损耗占系统发电量的10%左右，如损耗每降低1%，每年可节约上百亿千瓦·时电能，因此降低变压器损耗是势在必行的节能措施。

变压器的损耗主要是铁心损耗和导线损耗，其中铁心损耗发生在变压器铁心叠片中，主要是因交变的磁力线通过铁心产生磁滞及涡流而带来的损耗。变压器无论是空载还是负载运行，都存在铁心损耗。为了保证铁心的导磁性能，又能减小整块铁心的涡流损耗，变压器铁心一般采用一定厚度（如0.35mm厚）的表面涂有绝缘漆的热轧或冷轧硅钢片叠压而成。

近年来世界各国都在积极研究生产节能材料，变压器的铁心材料已发展到现在最新的节能材料——非晶合金材料2605S2，非晶合金铁心变压器应运而生。非晶合金材料是金属熔

液经过快速冷却，在还来不及结晶前就凝固的金属材料，一般加工成薄带状，通过卷绕制成铁心，如图7-31所示。由于薄带厚度（如30μm）比一般硅钢片小很多，因此其铁心涡流损耗很小，非晶合金损耗只有冷轧硅钢片铁损的1/6。同时由于非晶材料磁导率高，所以空载电流小。据相关报道，与硅钢变压器相比，采用非晶合金的配电变压器的空载损耗可下降（70～80）%，空载电流可下降50%，因此是一种绿色环保型的节能变压器。虽然非晶合金成本比硅钢片高，但运行成本低，是一种优良的节能产品。

非晶合金变压器的构成特点如下：

1）变压器铁心均为三相五柱式两行矩形排列，在两个旁柱中流过零序磁通，磁通不经过箱体，不产生发热的结构损耗，使变压器能满足低噪声、低损耗的要求。

2）高低压线圈均为矩形的铜绕组，当线圈偶然发生短路时，能适应较大的机械应力破坏，线圈不产生变形。

图7-31　非晶合金变压器的卷绕式铁心结构

3）箱体采用冷轧钢板制成片状散热器，高低压套管的上方加装防冰雹、防尘、防雨罩，其引线无导体裸露，可用电缆接线，全绝缘保护。

4）变压器热循环油填充硅油，箱体全密封，20年内免维护，且可适应高温场所。

美国麻省理工学院于1979年采用2605SC制作了15kV·A的干式非晶合金变压器，日本于1981年采用2605S2试制了10kV·A的非晶合金变压器，再于1982年试制了30kV·A的高压油浸变压器，1983年又试制了35kV·A三相五柱式变压器。我国在20世纪80年代初期开始非晶合金变压器的研究工作，并于1986年由上海变压器厂研制成功30kV·A的非晶合金变压器。90年代非晶合金变压器的研发已进入实用阶段，国内数厂家相继引进国外技术，生产出较大容量的非晶合金节能变压器。

2. 开关电源高频变压器

开关电源的基本工作原理是通过电子开关先将直流或工频的交流电压转换为高频的交流电压，通过高频变压器传递到负载侧，再通过整流和滤波环节还原为直流电压输出，其输出电压的调整通过控制开关的占空比来实现。开关电源变压器就是指应用在开关功率变换器中的变压器，它起着隔离、变压和电能传递的作用。

由于开关功率变换器的开关工作频率至少在20kHz以上，根据式（7-9），由于工作频率 f_1 增大，对于同样的电压或感应电动势 E_1，磁通量 Φ_m 将大大降低。换句话说，如果保持单位时间内传递的能量不变，由于工作频率的提高，每个电周期内传递的能量就可以降低，铁心的截面积或体积就可以减小。因此，开关电源变压器的功率密度比工作在工频段的电力变压器高得多。但是，由于工作频率的提高，除了磁滞损耗直接与频率成正比外，涡流损耗也会显著增强，因此需要采用电阻率比较高（如 $\rho = 5\Omega \cdot m$）的铁氧体磁性材料，或厚度只有几十微米的非晶合金薄带材料，以降低涡流损耗。这是高频变压器与工频变压器的主要差别。

开关电源高频变压器的发展方向主要体现在如下几个方面：

（1）高频化　由于变压器体积的大小直接取决于工作频率，因此要降低开关电源体积，

最有效的办法是提高工作频率。目前对交流变直流的开关电源，工作频率达到几十、上百千赫兹，而对小功率的直流变直流的功率变换器，频率高达几百千赫兹，甚至几兆赫兹。

（2）平面化 随着各种电子元器件的平面化和集成电路芯片的广泛应用，要求电子变压器的高度降低，以便与其他平面化的元器件组装。除了铁心结构的平面化之外，也要求绕组的平面化，这样就出现了用多层PCB设计和制作的平面化PCB绕组，其绕组直接利用PCB的铜层来制作，如图7-32所示。PCB绕组可以采用自动化制作，参数一致性好，参数设计准确，而且平面化后，散热面积增大，热点温升降低。

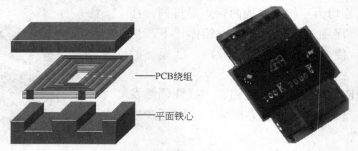

图 7-32 开关电源 PCB 绕组平面变压器的结构

（3）微型化 为了进一步提高功率密度和体积，对小功率（如10W）高密度芯片式电源模块，工作频率甚至高达5MHz。这样，变压器的绕组匝数和铁心面积就很小，铁心厚度甚至只要几个微米，可以采用没有铁心的空心式变压器结构，采用微加工技术（如厚膜工艺、MEMS工艺和LTCC工艺等）来设计和制造磁性元件，甚至可以将磁性元件直接做在半导体硅片基层上，如图7-33所示。

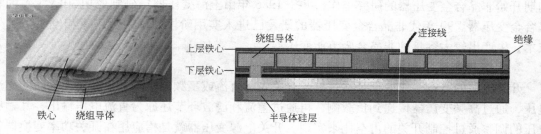

图 7-33 微制造磁性元件的结构

3. 直流变压器与固态变压器

与高压交流输电相比，高压直流输电具有输送容量大、线路损耗小、输送距离远、系统稳定性好等优点，因而具有广阔的应用前景。以往在高压直流输电系统中，整流侧和逆变侧都是采用工频变压器来实现直流电网与交流电网的连接，变压器的体积和重量较大，整个输电系统显得笨重而不经济。此时，直流输电只能作为交流输电的一种辅助功能。

随着可再生新能源发电技术如光伏发电、风力发电和海流发电等的发展，直流微电网将是这些分布式发电系统最主要的运行方式。为了将直流微电网接入配电网以及实现各种不同电压等级直流配电网的连接，直流能量变换将不可避免。在直流配网中难以像交流系统中通过电磁感应的方式直接实现电压变换和功率传递，必须基于电力电子技术通过功率变换器来实现电能传输，主要方式是通过电力电子变流器实现高频变换，并通过高频隔离变压器实现电压变换和电气隔离。

近年来，随着大功率电力电子元器件及其控制技术的发展，通过电力电子变换技术实现电压变换和能量传递的新型变压器——电力电子变压器（Power Electronics Transformer，PET）得到了越来越多的关注。电力电子变压器又称为固态变压器（Solid State Transformer，SST），是连接高压和低压电网的一种很好的解决方案。在固态变压器中，大功率直流变换器也就是所谓的"直流变压器"是柔性直流配网中的关键环节，可实现高低压直流配电网或微电网间电压和功率的灵活控制和快速管理。

图 7-34 所示是直流变压器与固态变压器工作示意图，其基本原理为设立两个电压源型换流器（通常采用模块化多电平换流器拓扑），两个电压源型换流器的直流端分别与待互联的两个直流电网相连接，交流端通过固态变压器互联在一起。两直流电网间传输的功率将先经过一个换流器，经 DC/AC 变换逆变为交流电，该交流电经高频变压器传输至另一个换流器的交流端，再由另一个换流器经 AC/DC 变换整流为直流电。为了减小变压器以及模块化多电平换流器的体积和重量，变压器隔离型 DC-DC 的内部交流链路一般运行于高频范围。

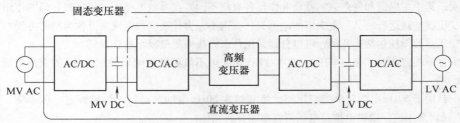

图 7-34　直流变压器与固态变压器工作示意图

采用直流变压器的优点在于，换流器可在接近 100% 的等效占空比下工作，输出省去了滤波电感，结构简单；采用开环控制，控制方便灵活，便于电能的双向流动；易于实现软开关，可提高开关频率和功率密度。

小　结

变压器是静止的电磁装置，其中既有电路问题，又有磁路问题。要掌握变压器内部的物理情况和电磁耦合关系，特别要弄清楚主磁通和漏磁通的性质及作用。主磁通沿铁心闭合，因耦合作用在一、二次绕组中产生感应电动势，起到传递电能的媒介作用，它的大小取决于一次侧的电源电压，而与负载变化无直接关系；漏磁通仅与自身绕组相交链，在绕组中产生漏电抗压降，不直接参与电能的传递过程。

分析变压器内部的电磁关系可采用三种方法：基本方程式、相量图和等效电路。由于求解基本方程组比较麻烦，如做定性分析，可采用相量图；如做定量计算，则可采用等效电路。等效电路中的各电阻、电感参数可以通过变压器的空载试验与短路试验来测取，空载试验在低压侧进行，短路实验在高压侧进行，并应注意参数的折算问题。等效电路作为电磁装置分析和计算的有效工具，将在本书的其他章节得到更多应用。

三相变压器在对称负载下运行时，它的每一相就相当于一个单相变压器，因此单相变压

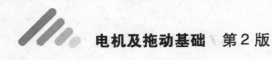

器的基本方程式、相量图和等效电路等分析方法和结论完全适用于三相变压器。三相变压器的磁路系统分成各相磁路彼此无关的三相变压器组和三相磁路彼此相关的三相心式变压器两种。三相变压器的电路系统即联结组，反映了变压器高、低压侧绕组对应线电压（或线电动势）之间的相位关系，可用时钟序数表示法来确定联结组的标号。

为了提高供电的可靠性及使设备得到充分利用，电力系统一般采用多台变压器并联运行。为了得到最理想的运行情况，要求并联运行的各变压器满足电压比相等、联结组的标号相同以及短路阻抗（或阻抗电压）的相对值相等。电压比相等和联结组标号相同保证了空载时不产生环流，短路阻抗相对值相等保证负载按变压器额定容量成比例分配，使各变压器容量得到充分利用。

思考题与习题

7-1 在研究变压器时，对按正弦规律变化的电压、电流、感应电动势和磁通等为什么要规定正方向？这些物理量的正方向又是如何规定的？

7-2 变压器的等效电路模型是如何建立的？其简化等效电路的依据是什么？

7-3 变压器中主磁通和漏磁通的性质和作用各有何不同？在等效电路中如何反映它们的作用？

7-4 变压器空载运行时，一次绕组的电流为什么很小？为什么空载电流又可称为励磁电流？

7-5 变压器的损耗包括哪几种？可以分别采用什么方法来尽量减小这些损耗？

7-6 一台单相变压器，额定电压为220V/110V，如果不慎将低压侧误接到220V的交流电源上，对变压器有何影响？

7-7 一台用于50Hz电源的单相变压器，将其接在60Hz电网上运行，如果额定电压不变，则空载电流、铁心损耗、漏电抗、励磁电抗及电压调整率等有何变化？

7-8 变压器为什么需要并联运行？实现正常并联运行的条件有哪些？哪些条件需要严格遵守？

7-9 与普通双绕组变压器相比，自耦变压器有哪些优缺点？

7-10 电压互感器和电流互感器的功能是什么？使用时必须注意什么事项？

7-11 为什么提高变压器工作电源的频率，可以使变压器的体积减小？

7-12 简述直流变压器的基本概念与工作原理。

7-13 有一台单相变压器，已知 $R_1 = 2.19\Omega$，$X_1 = 15.4\Omega$，$R_2 = 0.15\Omega$，$X_2 = 0.964\Omega$，$R_f = 1250\Omega$，$X_f = 12600\Omega$，$N_1 = 876$ 匝，$N_2 = 260$ 匝，$U_2 = 6000V$，$I_2 = 180A$，$\cos\varphi_2 = 0.8$（滞后），试用 T 形等效电路和简化等效电路求电压 U_1 和电流 I_1。

7-14 一台单相变压器，$S_N = 1000kV \cdot A$，$U_{1N}/U_{2N} = 60kV/6.3kV$，$f_1 = 50Hz$，空载及短路试验的结果如下（25℃时）：

试验名称	电压/V	电流/A	功率/W	电源位置
空载	6300	10.1	5000	低压侧
短路	3240	16.67	14000	高压侧

试计算：（1）归算到高压侧的参数；（2）满载及 $\cos\varphi_2 = 0.8$（滞后）时的电压调整率 $\Delta U\%$、电压 U_2 及效率 η；（3）最大效率 η_{max}。

7-15 有一三相铝线变压器，已知 $S_N = 750kV \cdot A$，$U_{1N}/U_{2N} = 10000V/400V$，Yy0 联结，空载及短路试验数据（20℃）如下：

试验名称	电压/V	电流/A	功率/W	电源位置
空载	400	60	3800	低压侧
短路	440	43.3	10900	高压侧

试计算：（1）归算到高压侧的参数；（2）满载及 $\cos\varphi_2 = 0.8$（滞后）时的电压调整率 $\Delta U\%$、电压 U_2 及效率 η；（3）最大效率 $\eta_{\max}$。

7-16 有一台单相变压器，$S_N = 100\text{kV} \cdot \text{A}$，$U_{1N}/U_{2N} = 6000\text{V}/230\text{V}$，$f_1 = 50\text{Hz}$，绕组参数为 $R_1 = 4.32\Omega$，$R_2 = 0.00631$，$X_1 = 8.9\Omega$，$X_2 = 0.013\Omega$，试求：（1）归算到高压侧的短路参数 R_{sh}、X_{sh}、Z_{sh}；（2）求满载时，当 $\cos\varphi_2 = 1$、$\cos\varphi_2 = 0.8$（滞后）和 $\cos\varphi_2 = 0.8$（超前）三种情况下的电压调整率 $\Delta U\%$，并对结果进行分析。

第8章

交流电机的共性问题

交流电机包括异步电机和同步电机两大类，虽然这两类电机的运行性能有着很大的不同，但它们在定子电枢绕组的基本构成、感应电动势、磁动势和旋转磁场的基本理论等方面有着许多共同的地方，所以在分别介绍异步电机和同步电机原理之前，先就交流绕组和交流电机的共性问题进行探讨。

8.1 交流电机的电枢绕组

交流电机的定子是由硅钢片叠压而成的，在定子铁心内圆上冲有若干定子槽，三相电枢绕组就嵌放在定子槽中（称为定子绕组）。三相电枢绕组是对称分布的，它们匝数相等，在空间互差 120° 电角度。图 8-1 给出了三相交流电机电枢绕组的示意图，其中 A-X、B-Y、C-Z 分别代表三相电枢绕组的线圈边。为了便于叙述，下面首先介绍与交流绕组有关的几个常用术语。

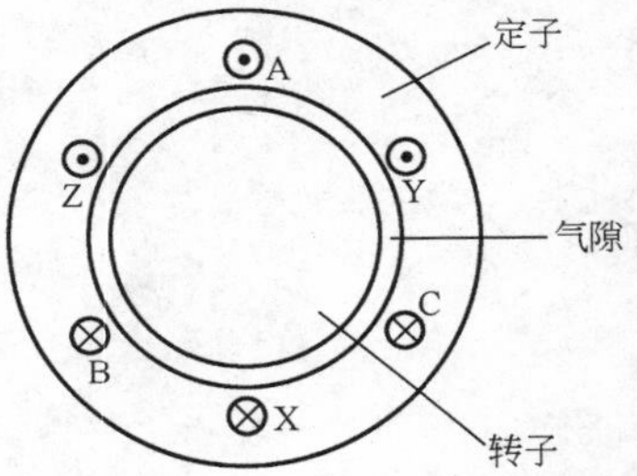

图 8-1　交流电机电枢绕组的示意图

8.1.1 常用术语

1. 绕组元件

与直流电机一样，交流电机的绕组也是由线圈按照一定规律连接而成的，因而称线圈为绕组元件，它也有单匝与多匝之分。

2. 极距

极距是指沿定子铁心内圆每个磁极所占的范围，可用长度（单位为 m）或槽数（单位为槽）来表示，即

$$\begin{cases} \tau = \dfrac{\pi D_{i1}}{2n_p} \\[2mm] \tau = \dfrac{Z_1}{2n_p} \end{cases} \tag{8-1}$$

式中　D_{i1}——定子铁心内径；

　　　Z_1——定子总槽数；

n_p——电机极对数。

3. 节距

槽中线圈的两根有效边之间所跨的槽数称为节距，用符号 y 表示。线圈的节距 y 一般等于或小于极距 τ，如果 $y = \tau$，称为整距线圈；如果 $y < \tau$，则称为短距线圈。

4. 机械角度与电角度

从几何上说，沿电机定子内圆或转子外圆旋转一周就是转过了360°，这样划分的角度称为机械角度，用符号 θ_m 表示。但从磁场角度来看，一对磁极对应一个交变的周期，也是360°，如果是 n_p 对磁极，则对应的交变周期就是 $n_p \times 360°$，这样划分的角度称为电角度，用符号 θ 表示。如图8-2所示，如果将电机沿气隙展开，一个圆周长可以用360°机械角度表示，而不论电机极数的多少，一个磁极对应180°电角度，一对磁极对应360°电角度，一个圆周长应该对应 $n_p \times 360°$电角度。可见，电角度 θ 与机械角度 θ_m 的关系是

$$\theta = n_p \times \theta_m \tag{8-2}$$

5. 槽距角

槽距角是指相邻两槽之间的电角度，用符号 α 表示，即

$$\alpha = \frac{n_p \times 360°}{Z_1} \tag{8-3}$$

6. 每极每相槽数

为了确保三相绕组的对称性，每相绕组在每磁极下应占有相等的槽数，该槽数称为每极每相槽数，用符号 q 表示，即

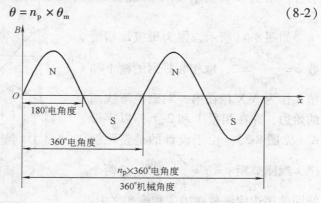

图 8-2 电角度与机械角度的关系

$$q = \frac{Z_1}{2n_p m} \tag{8-4}$$

q 可以是整数，也可以是分数。

7. 相带

为了确保三相绕组的对称性，每相绕组在每磁极下应占有相等的区域，这个区域常用电角度表示，称为相带。由于每极所对应的电角度是180°，对三相电机而言，每个相带将占有60°电角度。

8. 槽电动势星形图

当把槽中各线圈的导体按正弦规律变化的电动势分别用相量表示时，这些相量将构成一个辐射状的星形图，称为槽电动势星形图。由槽距角的定义可知，相邻两槽中的导体在空间上互差 α 电角度，反映到时间上就是相应的导体感应电动势互差 α 电角度。图8-3给出了极对数 $n_p = 2$，定子槽数 $Z_1 = 24$ 时的槽电动势星形图。

槽电动势星形图反映了定子槽中导体感应电

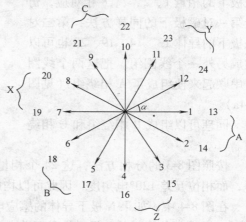

图 8-3 槽电动势星形图（$n_p = 2$，$Z_1 = 24$）

动势之间的相位关系，是交流绕组分相（在星形图上划分各相所属槽号）的基本依据。

交流电机电枢绕组的分类比较复杂，如果按照线圈节距 y 来分，可分为整距绕组和短距绕组；如果按照每极每相槽数 q 来分，可分为整数槽绕组和分数槽绕组；如果按照槽内嵌放导体的层数来分，可分为单层绕组和双层绕组。下面简要介绍三相单层绕组和三相双层绕组的绕制方法。

8.1.2 三相单层绕组

以极对数 $n_p = 2$，定子槽数 $Z_1 = 24$ 的三相单层整距绕组为例。图 8-3 已经给出了槽电动势星形图，其中槽距角 $\alpha = \dfrac{n_p \times 360°}{Z_1} = 30°$，相量 1-12 表示第一对磁极下槽中导体的感应电动势，相量 13-24 表示第二对磁极下槽中导体的感应电动势，这两组对应的电动势一一重合。

如图 8-4a 所示，因为每极每相槽数 $q = \dfrac{Z_1}{2 n_p m} = 2$，取相邻排列的槽 1 和槽 2 作为 A-X 相在第一对磁极下线圈的始边，并在相量 1 和 2 上标以字母 A（见图 8-3）。由于设计的是整距绕组，线圈节距 $y = \tau = \dfrac{Z_1}{2 n_p} = 6$，这两个线圈的尾边应该放在槽 7 和槽 8 之中，相应的相量 7 和 8 标以字母 X（见图 8-3）。将这两个线圈串联起来便组成了一个线圈组。

根据槽电动势星形图，第二对磁极下的相量 13、14、19、20 与第一对磁极下的相量 1、2、7、8 相对应，仿造第一对磁极下的同样方法，第二对磁极下的导体 13、14、19、20 也可以组成另外一个线圈组。把这两个线圈组串联起来便组成了 A 相绕组（见图 8-4a）。

同理可以组成 B 相绕组和 C 相绕组。

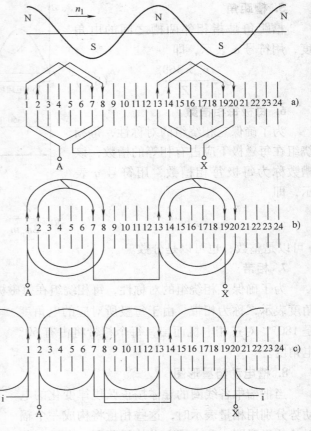

图 8-4 单层绕组

按照图 8-3 的分相方法，这 24 个相量分属 A、B、C 三相，各相的合成电动势大小相等，而相位互差 120° 电角度，因此可以构成一组对称的三相交流绕组。

在图 8-4 中，如果 N 极下导体的感应电动势方向向上，则 S 极下导体的感应电动势方向向下，组成 A 相绕组的 8 根导体是顺着电动势方向串联起来的。实际上，只要将这 8 根导体顺着电动势方向串联起来就行，至于串联的先后次序是无关紧要的，并不影响合成电动势的大小和相位。根据这个原则，可以得到其它的绕组型式。图8-4b 称为同心式绕组，图8-4c 称为链式绕组。同心式绕组制造工艺简单，而链式绕组由于线圈节距较短，比较省铜。

单层绕组的优点是结构简单，但缺点是当导线较粗时，绕组端部排列困难，所以只在小容量电机中使用。当电机容量较大、导线较粗时，为了端部排列整齐，下线方便，一般采用双层绕组。

8.1.3　三相双层绕组

以极对数 $n_p = 2$、定子槽数 $Z_1 = 24$ 的三相双层短距绕组为例，其线圈节距 $y = \dfrac{5}{6}\tau = \dfrac{5}{6} \times 6 = 5$ 槽。如图8-5 所示，因为是双层绕组，每一槽中均放置两根导体，其中实线表示上层导体，虚线表示下层导体。如果第一个线圈的始边是第1 槽中的上层导体，那么它的尾边应该是第6 槽中的下层导体；如果第二个线圈的始边是第2 槽中的上层导体，那么它的尾边应该是第7 槽中的下层导体；其余以此类推。

图8-3 的槽电动势星形图直接反映的是槽中导体感应电动势的相位关系，对于单层绕组，一根相量代表一个线圈边的感应电动势；而对于双层绕组，一个线圈两边导体的感应电动势总是串联连接的，一根相量就代表整个线圈的感应电动势。所以，A 相绕组应该由1、2、7、8、13、14、19、20 八个线圈串联组成。这八个线圈的连接方法如图8-5 所示，其中线圈7-8 及19-20 的感应电动势相量与线圈组1-2 及13-14 的感应电动势

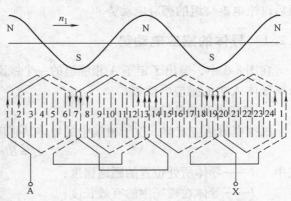

图8-5　双层绕组

相量分别相差180°，为避免电动势相抵消，应分别反方向串联。

同理可以组成 B 相绕组和 C 相绕组。显然，如此构成的 A、B、C 三相绕组，其合成电动势大小相等，相位互差120°电角度，是一组对称的三相交流绕组。

对比图8-5 与图8-4 可知，双层绕组的线圈组数等于磁极数，是单层绕组的两倍。

在双层绕组中，线圈的尾边可以放在任何一个槽的下层，这样非常便于短距绕组的设计。短距绕组可以节约材料并改善电动势波形，所以现代交流电机大都采用双层短距绕组。

从以上介绍可以看出，槽电动势星形图是分析交流绕组的一个有效方法，不仅可以分析三相单层绕组和三相双层绕组，还可以分析比较复杂的绕组，如分数槽绕组、变极调速绕组、多相绕组（六相、十二相等）。

8.2　电枢绕组的感应电动势

设在交流电机定、转子之间的气隙中存在着旋转磁场，该磁场可以是定子或转子单独产生，也可以是定、转子共同产生。旋转磁场的基波分量在气隙空间按正弦规律分布，其转速

为 n_1，称为同步转速，如图 8-6 所示。

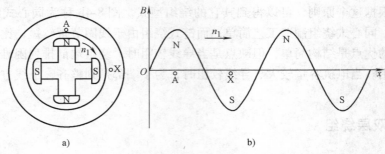

图 8-6 气隙旋转磁场示意图

a）4 极电机示意图　b）磁场空间展开图

根据电磁感应定律，旋转磁场将切割定、转子绕组，并在绕组中产生感应电动势。按照交流绕组的基本构成，先讨论一根导体的感应电动势，再讨论线圈及线圈组的感应电动势，最后讨论电枢绕组的感应电动势。

8.2.1　导体的感应电动势

在图 8-6 中，画出了定子 A 相绕组的一个线圈 A-X，下面从波形、频率和大小三个方面分析导体 A 中的感应电动势。

1. 感应电动势的波形

根据电磁感应定律，位于磁场中的导体其感应电动势的瞬时值为

$$e_n = Blv \tag{8-5}$$

式中　B——导体所处位置的磁通密度；

l——导体在磁场中的有效长度；

v——导体与磁场的相对速度。

对于现有的电机，导体的长度 l 和导体切割磁场的速度 v 都是一定的，导体中的感应电动势 e_n 与导体切割到的磁通密度 B 成正比，所以感应电动势 e_n 的波形取决于磁通密度 B 的波形。显然，磁通密度 B 在空间是正弦分布的（见图 8-6b），对应地感应电动势 e_n 在时间上也是正弦分布的，如图 8-7 所示。

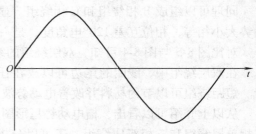

2. 感应电动势的频率

由图 8-6 可见，当磁场旋转过一对极时，导体 A 中的感应电动势将变化一个周期。当磁场旋转一圈转过 n_p 对极时，导体 A 中的感应电动势将变化 n_p 周期。旋转磁场的转速是 n_1，其单位是 r/min，表示磁场旋转 n_1 圈的时间是 60s，所以感应电动势 e_n 的频率为

图 8-7 感应电动势的波形

$$f = \frac{n_p n_1}{60} \tag{8-6}$$

其单位为赫兹（Hz）。

3. 感应电动势的大小

设气隙磁通密度的最大值为 B_δ，则感应电动势 e_n 的最大值为

$$E_{n\max} = B_\delta lv \tag{8-7}$$

式中

$$v = \frac{\pi D_{i1} n_1}{60} = 2 \times \frac{\pi D_{i1}}{2n_p} \times \frac{n_p n_1}{60} = 2\tau f \tag{8-8}$$

由于磁通密度在空间是正弦分布的，其最大值 B_δ 与平均值 B_{av} 之间的关系为

$$B_\delta = \frac{\pi}{2} B_{av} \tag{8-9}$$

将式（8-8）、式（8-9）代入式（8-7），得

$$E_{n\max} = \pi f \Phi_1 \tag{8-10}$$

式中 Φ——每极磁通，$\Phi_1 = B_{av} l\tau$。

感应电动势 e_n 是正弦变化的，其相应的有效值为

$$E_n = \frac{E_{n\max}}{\sqrt{2}} = \frac{\pi}{\sqrt{2}} f \Phi_1 = 2.22 f \Phi_1 \tag{8-11}$$

8.2.2 线圈的感应电动势

一匝线圈由两根导体连接而成，根据线圈节距 y 与电机极距 τ 的大小关系，可以分为整距线圈（$y = \tau$）和短距线圈（$y < \tau$）。下面分别讨论这两种线圈的感应电动势。

1. 整距线圈的感应电动势

整距线圈的两根导体在空间相隔一个极距 τ，也就是相隔 180° 电角度。如图 8-8a 所示，当一根导体处在 N 极的最大磁通密度处时，另一根导体必然处于 S 极的最大磁通密度处，所以这两根导体的感应电动势总是大小相等、方向相反的。如果用相量 $\dot{E}_{n1}$ 和 $\dot{E}_{n2}$ 来分别表示这两个随时间按正弦规律变化的感应电动势，则它们的相位关系如图 8-8b 所示。

因为相量 $\dot{E}_{n1}$ 和 $\dot{E}_{n2}$ 的正方向都规定为由下向上，所以顺着线圈回路看，线圈的感应电动势 $\dot{E}_y$ 应是 $\dot{E}_{n1}$ 和 $\dot{E}_{n2}$ 的相量差，即

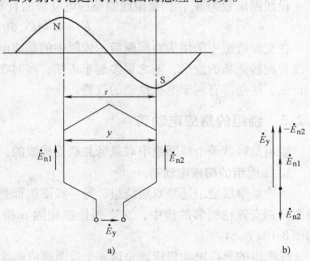

图 8-8 整距线圈的感应电动势

$$\dot{E}_y = \dot{E}_{n1} - \dot{E}_{n2} = 2\dot{E}_{n1} \tag{8-12}$$

于是，每匝线圈感应电动势的有效值为

$$E_y = 2E_{n1} = 4.44 f \Phi_1 \tag{8-13}$$

如果每个线圈的匝数为 N_y，则整个线圈感应电动势的有效值为

$$E_y = 4.44 f N_y \Phi_1 \qquad (8\text{-}14)$$

2. 短距线圈的感应电动势

如图 8-9 所示，设短距线圈的两根导体在空间相隔的距离比整距线圈缩短 β 电角度，即相隔 $(180° - \beta)$ 电角度，这样两根导体的感应电动势 $\dot{E}_{n1}$ 和 $\dot{E}_{n2}$ 在相位上将相差 $(180° - \beta)$ 电角度。根据相量图，可求得短距线圈的感应电动势为

$$\dot{E}_y = \dot{E}_{n1} - \dot{E}_{n2} \qquad (8\text{-}15)$$

其有效值为

$$E_y = 2 E_{n1} \cos \frac{\beta}{2} = 2 E_{n1} k_{y1} \qquad (8\text{-}16)$$

式中　k_{y1}——基波短距因数，有

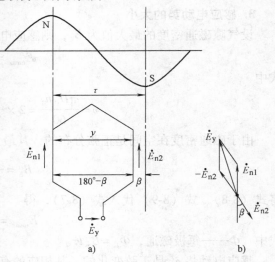

图 8-9　短距线圈的感应电动势

$$k_{y1} = \frac{\text{短距线圈感应电动势}}{\text{整距线圈感应电动势}} = \frac{2 E_{n1} \cos \dfrac{\beta}{2}}{2 E_{n1}} = \cos \frac{\beta}{2} \qquad (8\text{-}17)$$

其值总是小于 1，表示线圈短距后感应电动势对比整距时应打的折扣。例如线圈节距 $y = 5\tau/6$，即缩短了 1/6 的极距，对应的电角度 $\beta = 180°/6 = 30°$，所以 $k_{y1} = \cos 30°/2 = 0.966$。

设线圈匝数为 N_y，则短距线圈感应电动势的有效值为

$$E_y = 4.44 f N_y \Phi_1 k_{y1} \qquad (8\text{-}18)$$

在交流绕组中采用短距线圈后，线圈中的感应电动势比整距时虽然有所减小，但是有利于改善旋转磁场的波形，使之更接近于正弦，同时在旋转磁场作用下的感应电动势也更接近于正弦，这些都有利于电机性能的改善。

8.2.3　绕组的感应电动势

绕组是将若干个线圈组串联或者并联而构成的，所以下面先讨论线圈组的感应电动势。

1. 线圈组的感应电动势

不论是单层绕组还是双层绕组，每一线圈组都是由 q 个线圈串联而成的，并且这些串联线圈分别安置在相邻的槽中，在空间依次相隔 α 槽距角，由此构成的绕组即为分布绕组，如图 8-10a 所示。

线圈组的感应电动势应该是这 q 个线圈感应电动势的相量和，这 q 个相量大小相等，相位依次相差 α 电角度，相加之后构成正多边形的一部分，如图 8-10b 所示。如果为这个正多边形做一外接圆，并以 R 表示外接圆的半径，则从几何关系上可以得到 q 个串联线圈的合成电动势为

$$E_q = 2R \sin \frac{q\alpha}{2} \qquad (8\text{-}19)$$

而单个线圈的电动势可表示为

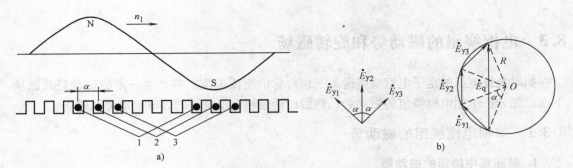

图 8-10 分布绕组的感应电动势

$$E_y = 2R\sin\frac{\alpha}{2} \tag{8-20}$$

从以上两式消去 R，可以得到

$$E_q = E_y \frac{\sin\frac{q\alpha}{2}}{\sin\frac{\alpha}{2}} = qE_y \frac{\sin\frac{q\alpha}{2}}{q\sin\frac{\alpha}{2}} = qE_y k_{q1} \tag{8-21}$$

式中 k_{q1}——分布因数，有

$$k_{q1} = \frac{分布绕组合成电动势}{集中绕组合成电动势} = \frac{E_q}{qE_y} = \frac{\sin\frac{q\alpha}{2}}{q\sin\frac{\alpha}{2}} \tag{8-22}$$

其值也总是小于 1，表示分布绕组感应电动势对比集中绕组应打的折扣。

把式 (8-18) 代入式 (8-21)，得到线圈组的感应电动势为

$$E_q = 4.44f(qN_y)\Phi_1 k_{y1} k_{q1} = 4.44f(qN_y)\Phi_1 k_{w1} \tag{8-23}$$

式中 k_{w1}——绕组因数，$k_{w1} = k_{y1}k_{q1}$。

2. 绕组的感应电动势

式 (8-23) 中的 qN_y 是线圈组 q 个串联线圈的总匝数，如果每相绕组的总串联匝数为 N_1，则每相绕组的感应电动势就是

$$E = 4.44fN_1\Phi_1 k_{w1} \tag{8-24}$$

对于单层绕组，每个线圈占有两个槽，每相的线圈数等于每相所占槽数 $2n_pq$ 的一半，所以每相绕组共有 n_pqN_y 匝。设绕组的并联支路数为 a，则每相绕组的总串联匝数为

$$N_1 = \frac{n_pqN_y}{a} \tag{8-25}$$

对于双层绕组，线圈数等于槽数，每相的线圈数等于每相所占槽数 $2n_pq$，所以每相绕组共有 $2n_pqN_y$ 匝，其总串联匝数为

$$N_1 = \frac{2n_pqN_y}{a} \tag{8-26}$$

157

8.3 电枢绕组的磁动势和旋转磁场

如果交流电机的定子电枢绕组通入三相对称的交流电流，将产生一定的磁动势及磁场。下面首先分析单相电枢绕组的磁动势，然后讨论三相电枢绕组的合成磁动势及磁场。

8.3.1 单相电枢绕组的磁动势

1. 整距集中绕组的磁动势

图8-11a所示是一台两极电机的示意图，定子及转子铁心是同心的圆柱体，定、转子间的气隙是均匀的。在定子上画出了一相的整距集中绕组，当线圈中通过电流时，便产生了一个两极磁场。按照右手螺旋定则，磁场的方向如图中箭头所示。显然，磁场的强弱取决于定子线圈匝数 N_y 和线圈电流 i_y 的乘积 $N_y i_y$，即磁动势 f_y，其单位是安匝。

由第1章所述的电磁感应原理，可以认为磁动势 f_y 全部消耗在两段气隙上，即任一磁力线在每段气隙上所消耗的磁动势都是 $N_y i_y/2$。把图8-11a沿圆周展开便得到图8-11b所示的磁动势分布，这是一个矩形波，其高度即为 $N_y i_y/2$。

假如线圈中的电流 i_y 是稳恒电流，其数值和方向恒定不变，那么矩形波磁动势的高度也将恒定不变。而实际上交流电机电枢绕组中流过的是交变电流，其电流的大小和方向都是随时间而变化的，因此矩形波磁动势的高度也将随时间而变化。设线圈电流为 $i_y = \sqrt{2} I_y \cos\omega t$，则

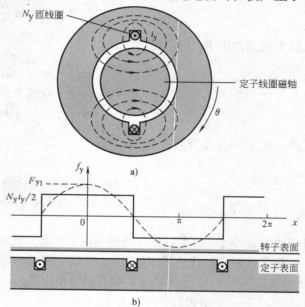

图8-11 整距集中绕组的磁动势
a) 两极电机示意图 b) 矩形波磁动势

$$f_y(t) = \frac{\sqrt{2}}{2} N_y I_y \cos\omega t \tag{8-27}$$

式中 I_y——线圈电流有效值。

式（8-27）说明，任何瞬间单相电枢绕组的磁动势在空间以矩形波分布，矩形波的高度随时间按正弦规律变化。这种在空间位置固定，而大小随时间变化的磁动势称为脉振磁动势。

对图8-11b所示的矩形波磁动势沿圆周进行傅里叶分解，可以得到相应的基波分量为

$$f_{y1}(x,\ t) = \frac{4}{\pi} \frac{\sqrt{2}}{2} N_y I_y \cos\omega t \cos\frac{\pi x}{\tau} = F_{y1} \cos\omega t \cos\frac{\pi x}{\tau} \tag{8-28}$$

式中　F_{y1}——磁动势基波分量的幅值，$F_{y1}=\dfrac{4}{\pi}\dfrac{\sqrt{2}}{2}N_yI_y=0.9N_yI_y$；

　　　　x——定子内表面的圆周距离；

　　　　τ——极距，表示相邻极间的圆周距离。

2. 整距分布绕组的磁动势

如图 8-12a 所示，由 q 个整距线圈串联所构成的线圈组是最简单的整距分布绕组，每个线圈所产生的基波磁动势在空间按正弦规律分布，可以用空间相量来表征，这些空间相量之间的相位差应该就是线圈之间的位移角，即槽距角 α。

线圈组的合成基波磁动势是这 q 个线圈基波磁动势的相量和，这 q 个相量大小相等，相位依次相差 α 电角度，相加之后构成正多边形的一部分，如图 8-12b 所示。仿照线圈组感应电动势的求解方法（见图 8-10b），可以得到 q 个分布线圈的合成基波磁动势的幅值，即

$$F_q = qF_{y1}k_{q1} = 0.9qN_yI_yk_{q1} \tag{8-29}$$

式中　k_{q1}——分布因数，$k_{q1}=\dfrac{\sin\dfrac{q\alpha}{2}}{q\sin\dfrac{\alpha}{2}}$。

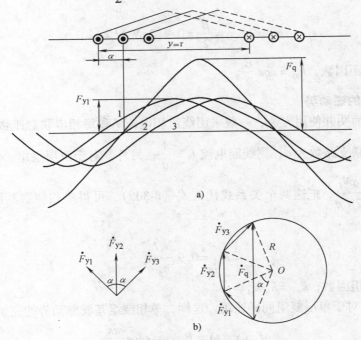

图 8-12　整距分布绕组的磁动势

3. 双层短距分布绕组的磁动势

图 8-13a 所示是双层短距分布绕组的展开图，同一相线圈的上、下层导体要错开一个距离，这个距离刚好就是线圈节距所缩短的电角度 β。

从绕组电流产生磁场的角度看，合成磁动势的大小及波形只取决于导体电流的大小和方向以及导体的分布情况，而与导体之间的连接次序无关。因此，可以将所有上层导体看成是

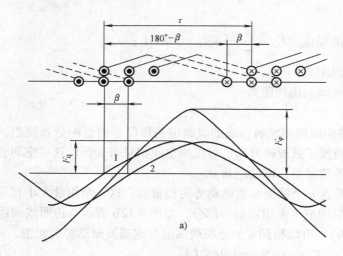
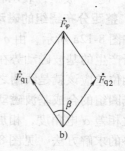

图 8-13 双层短距分布绕组的磁动势

一个 $q=3$ 的整距分布绕组，而将所有下层导体看成是另一个 $q=3$ 的整距分布绕组。如图 8-13b 所示，这两个绕组的基波磁动势大小相等，相位差为 β 电角度，其合成基波磁动势的幅值为

$$F_\varphi = 2F_q\cos\frac{\beta}{2} = 0.9(2qN_y)I_y k_{q1}k_{y1} \qquad (8\text{-}30a)$$

式中　k_{y1}——短距因数，$k_{y1} = \cos\dfrac{\beta}{2}$。

4. 单相绕组的磁动势

为了使公式简明并使用方便，一般采用绕组相电流 I 和每相串联总匝数 N_1 来计算磁动势。设绕组的并联支路数为 a，则线圈电流 $I_y = \dfrac{I}{a}$；另外，对于双层绕组，由式（8-26）可知线圈匝数 $N_y = \dfrac{aN_1}{2n_p q}$。把这两个关系式代入式（8-30a），可得单相绕组基波磁动势的幅值为

$$F_{\varphi1} = 0.9\frac{N_1 I}{n_p}k_{w1} \qquad (8\text{-}30b)$$

式中　k_{w1}——绕组因数，$k_{w1} = k_{q1}k_{y1}$。

式（8-30b）对于单层绕组同样适用。这样，单相绕组基波磁动势的完整表达式为

$$f_{\varphi1}(x,\ t) = F_{\varphi1}\cos\omega t\cos\frac{\pi x}{\tau} \qquad (8\text{-}31)$$

该磁动势的轴线在空间固定不动，而振幅不断地随时间做正弦变化。

8.3.2　三相电枢绕组的合成磁动势

通过合理布置定子槽中的三相电枢绕组，能够有效地减小气隙中的磁动势谐波。可以认为每相电枢绕组产生的磁动势在空间是正弦分布的，并且三相磁动势在空间互差 120° 电角度。三相电枢绕组的基波磁动势为

$$\begin{cases} f_{A1}(x,\ t) = F_{\varphi 1}\cos\omega t\cos\dfrac{\pi x}{\tau} \\[2mm] f_{B1}(x,\ t) = F_{\varphi 1}\cos\left(\omega t - \dfrac{2\pi}{3}\right)\cos\left(\dfrac{\pi x}{\tau} - \dfrac{2\pi}{3}\right) \\[2mm] f_{C1}(x,\ t) = F_{\varphi 1}\cos\left(\omega t + \dfrac{2\pi}{3}\right)\cos\left(\dfrac{\pi x}{\tau} + \dfrac{2\pi}{3}\right) \end{cases} \tag{8-32}$$

根据三角函数的积化和差公式，式（8-32）可以写为

$$\begin{cases} f_{A1}(x,\ t) = \dfrac{1}{2}F_{\varphi 1}\cos\left(\omega t - \dfrac{\pi x}{\tau}\right) + \dfrac{1}{2}F_{\varphi 1}\cos\left(\omega t + \dfrac{\pi x}{\tau}\right) \\[2mm] f_{B1}(x,\ t) = \dfrac{1}{2}F_{\varphi 1}\cos\left(\omega t - \dfrac{\pi x}{\tau}\right) + \dfrac{1}{2}F_{\varphi 1}\cos\left(\omega t + \dfrac{\pi x}{\tau} + \dfrac{2\pi}{3}\right) \\[2mm] f_{C1}(x,\ t) = \dfrac{1}{2}F_{\varphi 1}\cos\left(\omega t - \dfrac{\pi x}{\tau}\right) + \dfrac{1}{2}F_{\varphi 1}\cos\left(\omega t + \dfrac{\pi x}{\tau} - \dfrac{2\pi}{3}\right) \end{cases} \tag{8-33}$$

将式（8-33）中三相电枢绕组磁动势相加，得到合成基波磁动势为

$$f_1(x,\ t) = F_1\cos\left(\omega t - \dfrac{\pi x}{\tau}\right) \tag{8-34}$$

式中　F_1——合成基波磁动势的幅值，$F_1 = \dfrac{3}{2}F_{\varphi 1} = 1.35\dfrac{N_1 I}{n_p}k_{w1}$。

从式（8-34）可以看出，当 $\omega t = 0$ 时，$f_1(x,$
$0) = F_1\cos\left(-\dfrac{\pi x}{\tau}\right)$，按选定的坐标轴，可画出
相应的曲线如图 8-14 中的实线所示；当经过一
定时间，$\omega t = \theta$ 时，$f_1(x,\ \theta) = F_1\cos\left(\theta - \dfrac{\pi x}{\tau}\right)$，
再画出相应的曲线如图 8-14 中的虚线所示。将
这两个瞬时的磁动势进行比较，发现磁动势的
幅值未变，但后者比前者向前推移了一个 θ 角
度，说明 $f_1(x,\ t)$ 是一个幅值恒定、正弦分布

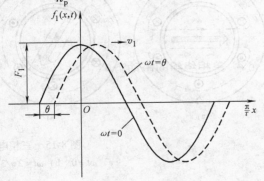

图 8-14　合成磁动势的行波特点

的行波。由于 $f_1(x,\ t)$ 表示三相电枢绕组基波合成磁动势沿气隙圆周的空间分布，所以它是
一个沿气隙圆周旋转的行波，其相对于定子的速度是

$$v_1 = \dfrac{\tau\omega}{\pi} \tag{8-35}$$

v_1 称为同步速度，相应的波长为

$$\lambda = \dfrac{2\pi v_1}{\omega} = 2\tau \tag{8-36}$$

根据对式（8-34）的分析，从式（8-33）可以看出，定子 A、B、C 三相绕组的磁动势
均可以分解为两个大小相等、转向相反的旋转磁动势。正向旋转的磁动势相位相同，其合成
磁动势的幅值是每相正转磁动势幅值的 3 倍，而反向旋转的磁动势相位互差 120°，其合成
磁动势为零。

161

一个三相对称绕组通入三相对称电流时，所产生的一定是个圆形的旋转磁场。这个概念不仅可以用上面的数学手段来证明，还可以进一步用图 8-15 来解释。图中假定：正值电流从绕组的首端流入而从尾端留出，负值电流从绕组的尾端流入而从首端流出。设三相电流为

$$\begin{cases} i_A = I_m \cos\omega t \\ i_B = I_m \cos\left(\omega t - \dfrac{2\pi}{3}\right) \\ i_C = I_m \cos\left(\omega t + \dfrac{2\pi}{3}\right) \end{cases} \tag{8-37}$$

式中 I_m——三相电流的最大值。

当 $\omega t = 0$ 时，$i_A = I_m$，$i_B = i_C = -\dfrac{I_m}{2}$，根据右手螺旋定则，合成磁动势的轴线与 A 相绕组的中心线重合，如图 8-15a 所示；当 $\omega t = \dfrac{2\pi}{3}$ 时，$i_B = I_m$，$i_A = i_C = -\dfrac{I_m}{2}$，合成磁动势的轴线与 B 相绕组的中心线重合，如图 8-15b 所示；当 $\omega t = \dfrac{4\pi}{3}$ 时，$i_C = I_m$，$i_A = i_B = -\dfrac{I_m}{2}$，合成磁动势的轴线与 C 相绕组的中心线重合，如图 8-15c 所示。

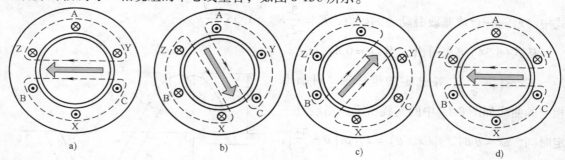

图 8-15　三相电枢绕组的旋转磁场

a）$\omega t = 0$　b）$\omega t = 2\pi/3$　c）$\omega t = 4\pi/3$　d）$\omega t = 2\pi$

比较这三个图的变化，可以明显看出：三相电枢绕组的合成磁动势是一个旋转行波。

8.3.3　旋转磁场的基本特点

根据以上分析，可以归纳出三相电枢绕组旋转磁场的基本特点：

1）三相对称绕组通入三相对称电流所产生的三相基波合成磁动势是一个旋转行波，合成磁动势的幅值是单相电枢绕组脉振磁动势幅值的 3/2 倍。同理可以证明，对于 m 相对称绕组通入 m 相对称电流，所产生的基波合成磁动势也是一个旋转行波，其幅值为每相脉振幅值的 $m/2$ 倍。

2）根据旋转磁场的行波性质以及式（8-34），可以知道旋转磁场的电角速度为 $\omega_1 = \omega = 2\pi f$（$\omega_1$ 的单位为 rad/s，f 为电源频率），而旋转磁场的机械转速为 $n_1 = \dfrac{60f}{n_p}$（n_1 的单位为 r/min，n_p 为电机极对数），这表明旋转磁场的转速 n_1 仅与电源频率 f 和电机极对数 n_p 有

关，称为同步转速。

3）从图 8-15 可见，旋转磁场的旋转方向是从电流超前的相转向电流滞后的相，即合成磁动势的轴线是从 A 相转到 B 相，再从 B 相转到 C 相。因此要改变旋转磁场的方向，只要改变电枢绕组的相序即可，也就是将连接到电源的三相绕组的三根接线中的任意两根对调就可以了。

4）从图 8-15 还可以看出，当某相电流达到最大时，旋转磁动势的波幅刚好转到该相绕组的中心线上。

8.4　交流电机的磁场分析

8.4.1　交流电机的主磁通

当交流电机的定子绕组通入三相对称电流时，便在气隙中建立基波旋转磁动势，同时产生相应的基波旋转磁场。与基波旋转磁场相对应的磁通称为主磁通，用 Φ_m 表示。由于旋转磁场是沿气隙圆周的行波，而气隙的长度是非常小的，所以相应的主磁通实际上是与定、转子绕组同时相交链的，这也是判断主磁通的重要依据。主磁通又称为气隙磁通，交流电机就是依靠气隙磁通来实现定、转子之间的能量转换的。

电机的磁场分布可以用计算机仿真的方法来模拟，目前有一些专用的磁场分析软件，如 Ansoft、MagNet、FEMM 等，也可以利用通用软件 MATLAB[15]。图 8-16 所示就是采用 MATLAB 软件的有限元工具箱建立的一个交流凸极同步电机的磁场仿真模型，当电机转子通以励

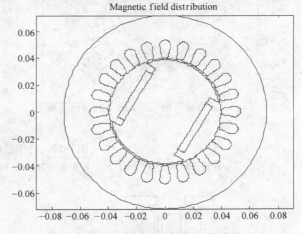

图 8-16　凸极同步电机的磁场仿真模型

磁电流，并假定定子电流为 0 时，其磁场分布如图 8-17 所示。由图可见，交流电机主磁通经过的路径为：气隙→定子齿→定子轭→定子齿→气隙→转子齿→转子轭→转子齿→气隙，这与直流电机相类似。

8.4.2　交流电机的漏磁通

交流电机定子绕组除产生主磁通外，还产生与定子绕组相交链而不与转子绕组相交链的磁通，称为定子漏磁通，用 $\Phi_{1\sigma}$ 表示。定子漏磁通按磁通路径可分为三类：

（1）槽漏磁通　由一侧槽壁横越至另一侧槽壁的漏磁通，如图 8-18a 所示。

（2）端部漏磁通　交链于绕组端部的漏磁通，如图 8-18b 所示。

（3）谐波漏磁通　当定子绕组通入三相交流电时，在气隙中除产生基波旋转磁场外，还产生一系列谐波旋转磁场，以及相应的谐波磁通。这些谐波磁通虽然同时交链定、转子绕组，但一般不利于电机的正常运行，所以把它们作为漏磁通处理。

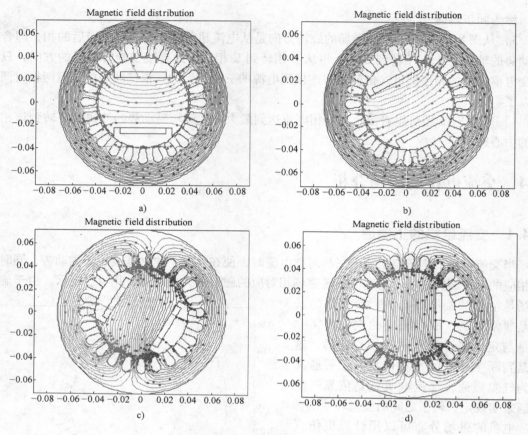

图 8-17 转子磁场分布

a) 转子转角 θ = 0° b) 转子转角 θ = 30° c) 转子转角 θ = 60° d) 转子转角 θ = 90°

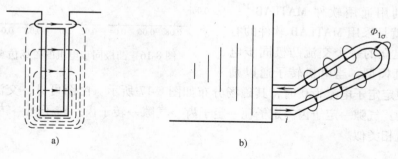

图 8-18 漏磁通分布

a) 槽漏磁通 b) 端部漏磁通

如果转子绕组中有电流通过，也会在气隙中建立基波旋转磁动势，这时主磁通将由定、转子基波磁动势联合产生。当然，转子电流也会产生只与转子绕组相交链而不与定子绕组相交链的磁通，称为转子漏磁通，用 $\Phi_{2\sigma}$ 表示。

由于漏磁通不能同时与定、转子绕组相交链，因此虽然它们也能在两个绕组中感应电动势，影响电机的电磁过程，但却不直接参与定、转子之间的机电能量转换。

小　结

本章首先介绍了交流电机电枢绕组的基本构成，主要包括三相单层整距绕组和三相双层短距绕组的绕制方法。然后从导体感应电动势出发，推导了电枢绕组感应电动势的计算公式 $E = 4.44fN_1\Phi_1k_{w1}$，其中短距因数 k_{y1} 与分布因数 k_{q1} 的物理概念十分重要。从单相电枢绕组的脉振磁动势出发，推导了三相对称交流绕组合成基波磁动势的表达式 $f_1(x, t) = F_1\cos\left(\omega t - \dfrac{\pi x}{\tau}\right)$，其幅值 $F_1 = 1.35\dfrac{N_1I}{n_p}k_{w1}$，是单相绕组脉振磁动势幅值的 3/2 倍。同时从物理上明确了旋转磁场的方向以及与绕组相序的关系。最后简要分析了交流电机的磁场分布，提出了主磁通与漏磁通的概念。

思考题与习题

8-1　电角度的含义是什么？它与机械角度之间的关系如何？

8-2　试解释槽电动势星形图的物理意义。

8-3　试解释在交流绕组基波磁动势计算中短距因数 k_{y1} 与分布因数 k_{q1} 的物理意义。

8-4　从物理意义上解释为什么三相交流绕组产生的磁动势是旋转的？

8-5　三相绕组接在三相电源上，如果有一相断路，则绕组所产生的磁动势具有怎样的性质？

8-6　如果在三相对称绕组中通入时间上同相位的电流，则绕组所产生的磁动势具有怎样的性质？

8-7　已知三相交流电机的极对数 $n_p = 3$，定子槽数 $Z_1 = 36$，采用双层短距分布绕组，线圈节距 $y = \dfrac{5}{6}\tau$，并联支路数 $a = 2$。试求：（1）槽距角 α；（2）每极每相槽数 q；（3）画出槽电动势星形图；（4）画出 A 相绕组的连接图。

8-8　已知三相交流电机的极对数 $n_p = 2$，定子槽数 $Z_1 = 36$，采用双层短距分布绕组，线圈节距 $y = 7$ 槽，线圈匝数 $N_y = 2$，并联支路数 $a = 1$，每极气隙磁通 $\Phi_1 = 0.75\text{Wb}$。试求：（1）短距因数、分布因数和绕组因数；（2）绕组感应电动势。

8-9　已知三相交流电机的极对数 $n_p = 3$，定子槽数 $Z_1 = 54$，采用双层短距分布绕组，线圈节距 $y = \dfrac{7}{9}\tau$，线圈匝数 $N_y = 5$，并联支路数 $a = 1$。若在绕组中通入频率为 50Hz、有效值为 5A 的三相对称电流，试求：（1）基波磁动势的幅值；（2）旋转磁场的转速。

第 9 章

交流异步电机

本章在介绍异步电动机基本结构与工作原理的基础上，从基本电磁关系出发，对三相异步电动机的功率关系及转矩关系进行分析。采用与分析变压器相类似的方法，先通过电磁关系建立异步电动机的基本方程，并导出等效电路和相量图，然后分析异步电动机的功率、转矩和工作特性。最后简要介绍单相异步电动机的基本原理与应用。

9.1 异步电机的结构与运行方式

9.1.1 异步电动机的用途与分类

1. 异步电动机的用途

与直流电机一样，异步电机也满足电机运行的可逆原理，即在某一种条件下异步电机可作为发电机运行，而在另一种条件下又可作为电动机运行。由于异步发电机的运行性能较差，异步电机主要用于电动机运行，以拖动各种生产机械。例如，在工业方面，用于拖动中小型轧钢设备、各种金属切削机床、轻工机械、矿山机械等；在农业方面，用于拖动水泵、脱粒机、粉碎机以及其他农副产品的加工机械等；在民用方面，家用电风扇、洗衣机、电冰箱、空调机等也大都是用异步电动机拖动的。

异步电动机的优点是结构简单、成本低廉、运行可靠、效率较高，并具有适用的工作特性。缺点是功率因数较差，异步电动机运行时必须从电网里吸收滞后性的无功功率，其功率因数总是小于1。由于电网的功率因数可以用其他方法进行补偿，所以这并不妨碍异步电动机的广泛使用。

2. 异步电动机的分类

异步电动机的种类很多，从不同的角度考虑就有不同的分类方法。按定子相数可分为单相异步电动机、三相异步电动机和多相异步电动机（指三相以上）；按转子结构可分为绕线转子异步电动机和笼型转子异步电动机，其中又包括单笼型转子异步电动机、双笼型转子异步电动机及深槽型异步电动机；按定子绕组所加电压的大小可分为低压异步电动机、中压异步电动机和高压异步电动机。此外，还有高起动转矩异步电动机、高转差率异步电动机和高转速异步电动机等。

9.1.2 三相异步电动机的结构

图9-1是一台绕线转子三相异步电动机的结构图。与直流电机一样，异步电机主要也是由定、转子两大部分所组成的，定子与转子之间有一个较小的空气隙。此外，还有端盖、轴承、机座、风扇等部件，现分述如下。

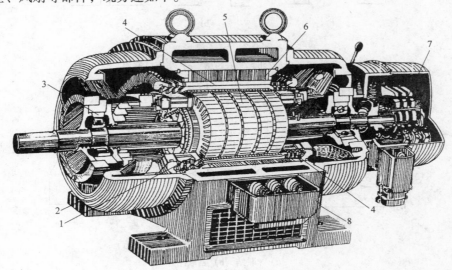

图9-1　绕线转子三相异步电动机结构图

1—转子绕组　2—端盖　3—轴承　4—定子绕组　5—转子　6—定子　7—集电环　8—出线盒

1. 定子

异步电动机的定子主要由机座、定子铁心和定子绕组三部分组成。

（1）定子铁心　定子铁心是异步电动机主磁通磁路的一部分，装在机座里。由于电机内部的磁场是交变的，为了降低定子铁心里的铁损耗（磁滞损耗与涡流损耗），定子铁心一般采用0.35~0.5mm厚的硅钢片叠压而成，在硅钢片的两面还涂上绝缘漆，如图9-2所示。当直径小于1m时，定子铁心用整圆的硅钢片叠成；当直径大于1m时，由于受硅钢片材料规格的制约，定子铁心用扇形的硅钢片叠成。

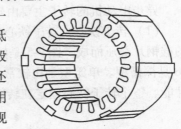

图9-2　定子铁心

在定子铁心的内圆上开有槽，称为定子槽，用来放置和固定定子电枢绕组。图9-3所示为定子槽，其中图9-3a是开口槽，用于大、中型容量的高压异步电动机中；图9-3b是半开口槽，用于中型500W以下的异步电动机中；图9-3c是半闭口槽，用于低压小型异步电动机中。

（2）定子绕组　高压大、中型容量的异步电动机三相定子绕组通常采用星形（Y）联结，只有三根引出线，如图9-4a所示。对于中、小容量的低压异步电动机，通常把定子三相绕组的六根出线头都引出来，根据需要可接成星形或三角形，如图9-4b所示。定子绕组用绝缘的铜（或铝）导线绕成，按一定的分布规律嵌在定子槽内，绕组与槽壁间用绝缘材料隔开。

167

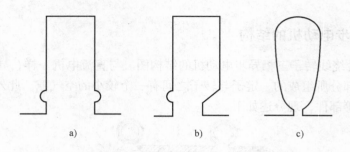

图 9-3 定子槽形

a）开口槽 b）半开口槽 c）半闭口槽

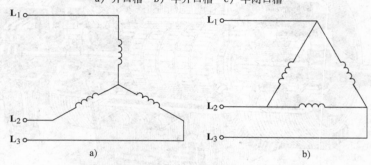

图 9-4 三相异步电动机定子绕组的联结

a）丫联结 b）△联结

（3）机座 机座的作用主要是固定与支撑定子铁心。如果是端盖轴承电机，还要支撑电机的转子部分。因此机座应有足够的机械强度和刚度。对中、小型异步电动机，通常采用铸铁机座。对大型异步电动机，一般采用钢板焊接的机座。

2. 转子

异步电动机的转子主要由转子铁心、转子绕组和转轴三部分组成。

（1）转子铁心 转子铁心也是异步电动机主磁通磁路的一部分，它用 $0.35 \sim 0.5\text{mm}$ 厚的硅钢片叠压而成。图 9-5 是转子槽形图，其中图 9-5a 是单笼型，图 9-5b 是双笼型，图 9-5c 是深槽型。单笼型是比较常见的转子槽形，双笼型和深槽型主要用于改善电动机的起动性能。整个转子铁心固定在转轴上，或固定在转子支架上，转子支架再套在转轴上。

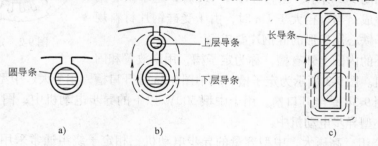

图 9-5 转子槽形

a）单笼型 b）双笼型 c）深槽型

（2）转子绕组 如果是绕线转子异步电动机，则转子绕组也是按一定规律分布的三相对称绕组，可以连接成星形或三角形。一般小容量电动机连接成三角形，大、中容量电动机连接成星形。转子绕组的三条引线分别接到三个集电环上，用一套电刷装置引出来，其目的是把外接的电阻或电动势串联到转子回路，用以改善异步电动机的调速性能及实现能量回馈等，如图 9-6 所示。

如果是笼型转子异步电动机，则转子绕组与定子绕组大不相同，它是一个自行短路的绕组。在转子的每个槽里放置一根导体（见图 9-5），每根导体都比铁心长，在铁心的两端用两个端环把所有的导条都短路起来，形成一个短路的绕组。如果把转子铁心拿掉，则剩下来的绕组其形状像一个松鼠笼子，如图 9-7a 所示，因此又叫笼型转子。导条材料有用铜的，也有用铝的。如果导条用的是铜材料，就需要把事先做好的裸铜条插入转子铁心上的槽里，再用铜端环套在伸出两端的铜条上，最后焊接在一起。如果导条用的是铝材料，就用熔化了的铝液直接浇铸在转子铁心的槽里，连同端环、风扇一次铸成，如图 9-7b 所示。

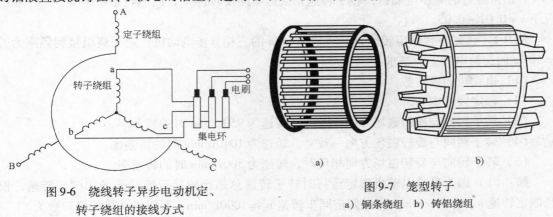

图 9-6　绕线转子异步电动机定、
转子绕组的接线方式

图 9-7　笼型转子
a) 铜条绕组　b) 铸铝绕组

3. 气隙

异步电动机定、转子之间的空气间隙简称为气隙，它比同容量直流电动机的气隙要小得多。在中、小型异步电动机中，气隙一般为 0.2～1.5mm。

异步电动机的励磁电流是由定子电源供给的。气隙较大时，磁路的磁阻较大。若要使气隙中的磁通达到一定的要求，则相应的励磁电流也就大了，从而影响电动机的功率因数。为了提高功率因数，尽量让气隙小些。但也不应太小，否则，定、转子有可能发生摩擦与碰撞。如果从减少附加损耗以及减少谐波磁动势所产生磁通的角度来看，又希望气隙大一点，所以设计电机时应全盘考虑。

9.1.3　异步电机的运行方式

为了便于分析，下面先以异步电动机为例说明异步电机的工作原理，并建立异步运行与转差的基本概念，然后再讨论异步电机的运行方式。

1. 工作原理

如前所述，三相异步电动机定子绕组接三相交流电源后，电机气隙中便形成圆形旋转磁场，由此产生感应电动势 e 和电磁转矩 T_e。电磁转矩与旋转磁场同向，转子在该方向上旋转。设转子转速为 n，只要 $n < n_1$（旋转磁场同步转速），转子便与旋转磁场之间存在相对

运动，电磁转矩 T_e 将使转子继续旋转，直至稳定运行在 $T_e = T_L$（负载转矩）的情况下。可见，异步电动机是由电磁感应而产生电磁转矩的，所以又称为感应电动机。

2. 转差率

异步电动机只有在 $n \neq n_1$ 时，转子与气隙旋转磁场之间才有相对运动，才能在转子绕组中产生感应电动势和电流，并产生电磁转矩。可见，异步电动机运行时转子的转速 n 总是与同步转速 n_1 不相等，"异步"的名称由此而来。

通常把同步转速 n_1 和转子转速 n 之差与同步转速 n_1 的比值称为转差率，用 s 表示，即

$$s = \frac{n_1 - n}{n_1} \tag{9-1}$$

如果同步转速 n_1 和转子转速 n 同方向，则 $s < 1$；如果同步转速 n_1 和转子转速 n 反方向，则 $s > 1$。正常运行的异步电动机，转子转速 n 接近于同步转速 n_1，故而转差率 s 很小，一般情况下 $s = 0.01 \sim 0.05$。

例 9-1 已知一台额定转速为 $n_N = 960 \text{r/min}$ 的三相异步电动机，定子绕组接到频率为 $f_1 = 50 \text{Hz}$ 的交流电源上，试求：

（1）电动机的极对数。

（2）额定转差率。

（3）转子转向与旋转磁场方向一致时，转速为 950r/min 时的转差率。

（4）转子转向与旋转磁场方向一致时，转速为 1040r/min 时的转差率。

（5）转子转向与旋转磁场方向相反时，转速为 500r/min 时的转差率。

解：（1）因为异步电动机额定运行时转子转速总是比较接近旋转磁场的同步转速，根据额定转速 $n_N = 960 \text{r/min}$，可以判定同步转速 $n_1 = 1000 \text{r/min}$，所以电动机的极对数为

$$n_p = \frac{60 f_1}{n_1} = \frac{60 \times 50}{1000} = 3$$

（2）额定转差率为

$$s_N = \frac{n_1 - n_N}{n_1} = \frac{1000 - 960}{1000} = 0.04$$

（3）转向相同时，若 $n = 950 \text{r/min}$，则

$$s = \frac{n_1 - n}{n_1} = \frac{1000 - 950}{1000} = 0.05$$

（4）转向相同时，若 $n = 1040 \text{r/min}$，则

$$s = \frac{n_1 - n}{n_1} = \frac{1000 - 1040}{1000} = -0.04$$

（5）转向相反时，若 $n = 500 \text{r/min}$，则

$$s = \frac{n_1 + n}{n_1} = \frac{1000 + 500}{1000} = 1.5$$

3. 运行方式

（1）电动机运行方式　异步电机定子绕组接交流电源，所产生的旋转磁场用 N、S 极表示。当转子转向与旋转磁场转向相同，并且转子转速 n 小于同步转速 n_1，即 $0 < n < n_1$，$1 > s$

>0时，电磁转矩 T_e 的方向将与转子转向相同，为驱动转矩性质，异步电机处于电动机运行方式，如图9-8b所示。异步电动机从电网吸收电功率，转换成从转子轴端输出的机械功率。通常容量较小的异步电动机空载运行时的转差率在 0.005 以下，满载运行时的转差率约在 0.05 以下，即正常运行时异步电动机的转速 n 低于并接近于同步转速 n_1。

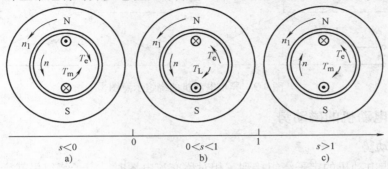

图9-8 异步电机的三种运行方式

a）发电机方式　b）电动机方式　c）电磁制动方式

（2）发电机运行方式　若用一台原动机拖动异步电机，原动机驱动转矩 T_m 的方向与旋转磁场的转向相同，并使转子转速 n 大于同步转速 n_1，即 $n > n_1$，$s < 0$。此时，转子导体中感应电动势及电流的方向与电动机运行方式时相反，电磁转矩 T_e 的方向将与转子转向相反，为制动转矩性质，异步电机处于发电机运行方式，如图9-8a所示。异步发电机把由转子传动轴输入的机械功率转换成定子绕组输出的电功率。一般正常运行的异步发电机其转速 n 高于并接近于同步转速 n_1。

（3）电磁制动运行方式　若用转矩为 T_m 的其他机械来驱动转子，使转子的转向与旋转磁场的转向相反，即 $n < 0$，$s > 1$，此时转子导体中感应电动势、电流及电磁转矩的方向将与电动机运行方式时相同，电机仍然从电网中吸收电功率，但由于电磁转矩 T_e 的方向与转子转向相反，故为制动转矩性质，如图9-8c所示。这种运行方式称为电磁制动运行方式，一方面定子从电网吸收电功率，另一方面外力也必须对转子供给机械功率，从定子和转子输入的功率均转变为电机内部的损耗，最后以热能的形式消耗掉。一般情况下异步电机电磁制动运行时其转速 n 低于同步转速 n_1。

综上所述，根据转差率 s 的大小，可以知道异步电机的工作状态，即当 $1 > s > 0$ 时，为电动机运行方式；当 $0 > s > -\infty$ 时，为发电机运行方式；当 $\infty > s > 1$ 时，为电磁制动运行方式。

9.2　异步电动机的电磁关系

首先分析绕线转子异步电动机，然后再将结果推广到笼型转子异步电动机。

图9-9是一台绕线转子异步电动机定、转子绕组的连接示意图，假设定、转子三相等效绕组都是丫联结，定子绕组接在三相对称交流电源上，转子绕组开路。图中标明了各有关物理量的正方向，其中 $\dot{U}_s$、$\dot{E}_s$、$\dot{I}_s$ 分别是定子绕组的相电压、相电动势、相电流，$\dot{U}_r$、$\dot{E}_r$、$\dot{I}_r$ 分别是转子绕组的相电压、相电动势、相电流。另外，规定从定子出来而进入转子的方向为

磁动势、磁通和磁密的正方向。

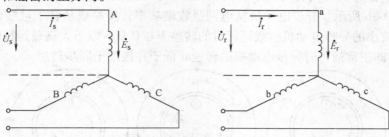

图 9-9 异步电动机的绕组示意图

9. 2. 1 异步电动机的磁动势

1. 定子磁动势

当三相异步电动机的定子绕组接到三相对称交流电源时，定子绕组里就会有三相对称电流流过，根据第 8 章的分析，三相对称电流所产生的定子合成磁动势是一圆形旋转磁动势 F_s，其合成基波磁动势的幅值为

$$F_{sm} = 1.35 \frac{N_1 I_s}{n_p} k_{w1} \tag{9-2}$$

式中 N_1——定子一相绕组的总串联匝数；

　　　　I_s——定子相电流的有效值；

　　　　k_{w1}——定子绕组的绕组因数；

　　　　n_p——电动机的极对数。

定子磁动势 F_s 相对于定子以同步转速 n_1 旋转，而定子电流的频率 $f_1 = \dfrac{n_p n_1}{60}$。

2. 转子磁动势

当异步电动机定子绕组电流所产生的磁通 Φ_1 在气隙中以同步转速 n_1 旋转时，若转子转速为 n，Φ_1 便以 $(n_1 - n)$ 的相对转速切割转子三相绕组，于是在转子绕组中产生三相对称的感应电动势和电流，其频率为

$$f_2 = \frac{n_p(n_1 - n)}{60} = \frac{n_1 - n}{n_1} \frac{n_p n_1}{60} = sf_1 \tag{9-3}$$

转子三相对称电流也会产生圆形旋转磁动势 F_r，其合成基波磁动势的幅值为

$$F_{rm} = 1.35 \frac{N_2 I_r}{n_p} k_{w2} \tag{9-4}$$

式中 N_2——转子一相绕组的总串联匝数；

　　　　I_r——转子相电流的有效值；

　　　　k_{w2}——转子绕组的绕组因数。

转子磁动势 F_r 相对于转子的转速为

$$n_2 = \frac{60 f_2}{n_p} = \frac{60 s f_1}{n_p} = sn_1 \tag{9-5}$$

由于转子本身相对于定子的转速为 n，转子磁动势 F_r 相对于定子的转速为

$$n_2 + n = sn_1 + n = n_1 \tag{9-6}$$

这表明定子磁动势 F_s 和转子磁动势 F_r 相对于定子的转速都是同步转速 n_1，并且是同向旋转的。

3. 定、转子合成磁动势

由于定子磁动势 F_s 和转子磁动势 F_r 都以同步转速 n_1 同向旋转，可以把它们按照矢量求和的方法加起来，得到一个总的合成磁动势 F_{sr}。如图 9-10 所示，设定、转子磁动势矢量分别为 F_s、F_r，它们之间的夹角为 φ_{sr}，其合成磁动势矢量 F_{sr} 为

$$F_{sr} = F_s + F_r \tag{9-7}$$

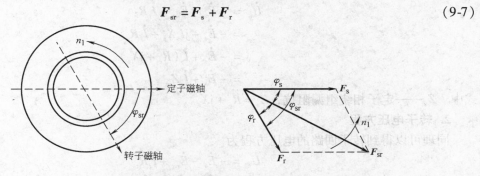

图 9-10　定、转子磁动势的矢量关系

由此可见，当三相异步电动机转子以转速 n 旋转时，定、转子磁动势在空间是相对静止的，只是两者的大小及相位有所不同而已。它们的合成磁动势将在气隙中建立圆形旋转磁场，与基波旋转磁场相对应的磁通称为主磁通，用 Φ_m 表示气隙每极主磁通。

9.2.2　异步电动机的感应电动势

旋转着的气隙每极主磁通 Φ_m 在定、转子绕组中分别产生感应电动势，根据第 8 章的分析，其有效值为

$$\begin{cases} E_s = 4.44 f_1 N_1 k_{w1} \Phi_m \\ E_r = 4.44 f_2 N_2 k_{w2} \Phi_m \end{cases} \tag{9-8}$$

E_s、E_r 的表达式与双绕组变压器相似，其相位也是滞后主磁通 Φ_m 90°电角度，所以若以主磁通 Φ_m 为参考相量，定、转子绕组感应电动势的相量表达式为

$$\begin{cases} \dot{E}_s = -j4.44 f_1 N_1 k_{w1} \Phi_m \\ \dot{E}_r = -j4.44 f_2 N_2 k_{w2} \Phi_m \end{cases} \tag{9-9}$$

9.2.3　异步电动机的电压平衡方程

1. 定子电压方程

定子绕组的漏磁通在定子绕组中的感应电动势称为定子漏磁电动势，用 $E_{s\sigma}$ 表示。一般来说，漏磁通所经过的磁路大部分是空气，磁路磁阻较大，因此漏磁通本身比较小。另外，由于磁路基本呈线性，定子漏磁电动势 $E_{s\sigma}$ 的大小与定子电流 I_s 成正比，可以仿照第 7 章变压器的方法，把定子漏磁电动势 $E_{s\sigma}$ 看成是定子电流 I_s 在定子漏电抗 X_s 上的压降，并且 $E_{s\sigma}$ 在相位上要滞后 I_s 90°电角度，即有

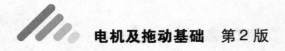

$$\dot{E}_{s\sigma} = -j\dot{I}_s X_s \tag{9-10}$$

其中，定子每相的漏电抗 X_s 主要包括定子槽漏抗、端部漏抗等。

需要注意的是，X_s 虽然是定子一相的漏电抗，但是它所对应的漏磁通却是由三相电流共同产生的。有了漏电抗这个参数，就能把电流产生的漏磁通，及其在绕组中产生感应电动势的复杂关系，简化成电抗压降形式，这对以后的分析计算是很方便的。

考虑定子绕组电阻 R_s 上的电压降，根据图 9-9 所规定的正方向，可以列出定子相绕组回路的电压方程为

$$\begin{aligned}
\dot{U}_s &= -\dot{E}_s - \dot{E}_{s\sigma} + \dot{I}_s R_s \\
&= -\dot{E}_s + j\dot{I}_s X_s + \dot{I}_s R_s \\
&= -\dot{E}_s + \dot{I}_s (R_s + jX_s) \\
&= -\dot{E}_s + \dot{I}_s Z_s
\end{aligned} \tag{9-11}$$

式中　Z_s——定子相绕组漏阻抗，$Z_s = R_s + jX_s$。

2. 转子电压方程

同理可以得到转子回路的电压方程为

$$\begin{aligned}
\dot{U}_r &= -\dot{E}_r - \dot{E}_{r\sigma} + \dot{I}_r R_r \\
&= -\dot{E}_r + j\dot{I}_r X_r + \dot{I}_r R_r \\
&= -\dot{E}_r + \dot{I}_r (R_r + jX_r) \\
&= -\dot{E}_r + \dot{I}_r Z_r
\end{aligned} \tag{9-12}$$

式中　Z_r——转子相绕组漏阻抗，$Z_r = R_r + jX_r$。

对于笼型转子异步电动机，其转子绕组总是短接的，$U_r = 0$；对于绕线转子异步电动机，一般情况下也不外接电源，因此式（9-12）可写成

$$\dot{E}_r = \dot{I}_r(R_r + jX_r) \tag{9-13}$$

根据式（9-3）和式（9-9），转子绕组的感应电动势可写成

$$\begin{aligned}
E_r &= 4.44 f_2 N_2 k_{w2} \Phi_m \\
&= 4.44 s f_1 N_2 k_{w2} \Phi_m \\
&= s E_{r0}
\end{aligned} \tag{9-14}$$

式中　E_{r0}——转子静止时转子绕组的感应电动势，$E_{r0} = 4.44 f_1 N_2 k_{w2} \Phi_m$。

转子漏电抗 X_r 是对应转子频率 f_2 时的漏电抗，它与转子静止时的转子漏电抗 X_{r0} 的关系为

$$X_r = s X_{r0} \tag{9-15}$$

可见，当转子以不同的转速旋转时，转子漏电抗 X_r 是变化的，它与转差率 s 成正比。异步电动机正常运行时，转差率 s、转子频率 f_2 都很小，所以 $X_r \ll X_{r0}$。

9.2.4　异步电动机的等效电路

1. 基本电磁关系

根据上述分析，可以画出如图 9-11 所示的异步电动机的基本电磁关系，它表示了异步电动机负载运行时定、转子之间电磁感应作用的内在联系。

根据图 9-11，可以画出三相异步电动机的单相等效电路，如图 9-12 所示。显然，异步

电动机定、转子绕组之间没有电的直接联系，只有磁路的联系，这点和变压器的情况相似。为了方便起见，可采用类似于变压器的分析方法，通过折算把转子绕组折合到定子边，建立一个定、转子绕组相连的等效电路。下面首先介绍定子电路的等效，再考虑转子电路的折算。

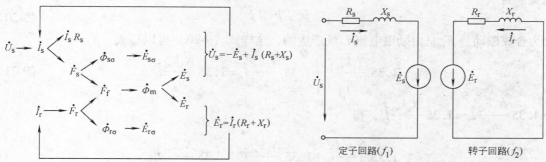

图 9-11　异步电动机的基本电磁关系　　　　图 9-12　异步电动机的基本等效电路

2. 定子等效电路

如果将定子感应电动势看作是励磁电流 I_f 在励磁电路上的压降，则

$$-\dot{E}_s = \dot{I}_f(R_f + jX_f) = \dot{I}_f Z_f \tag{9-16}$$

式中　Z_f——励磁阻抗，$Z_f = R_f + jX_f$；

　　　R_f——励磁电阻，是铁心损耗的等效参数；

　　　X_f——励磁电抗，表征电机主磁通的作用。

根据式（9-11），定子电压平衡方程可写成

$$
\begin{aligned}
\dot{U}_s &= -\dot{E}_s + \dot{I}_s(R_s + jX_s) \\
&= \dot{I}_f(R_f + jX_f) + \dot{I}_s(R_s + jX_s) \\
&= \dot{I}_f Z_f + \dot{I}_s Z_s
\end{aligned} \tag{9-17}
$$

这样，可以得到图 9-13 所示的定子侧的等效电路。

3. 转子等效电路

如果把实际电机的转子抽出，换上一个"新转子"，它的绕组相数、每相串联总匝数及绕组系数都分别和定子绕组的一样，并且所产生的转子旋转磁动势 F_r 保持不变。这样，虽然换成了新转子，但并不影响定子边及定、转子的合成磁场，同时保持功率守恒

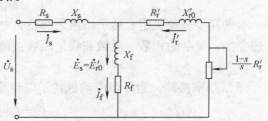

图 9-13　异步电动机的 T 形等效电路

关系，这就是进行绕组折算的基本依据。设新转子每相绕组的感应电动势为 E_r'，电流为 I_r'，转子漏阻抗为 $Z_r' = R_r' + jX_r'$。

（1）电压比 k_e　定子感应电动势与转子静止感应电动势之比，即

$$k_e = \frac{E_s}{E_{r0}} = \frac{4.44f_1 N_1 k_{w1} \Phi_m}{4.44f_1 N_2 k_{w2} \Phi_m} = \frac{N_1 k_{w1}}{N_2 k_{w2}} \tag{9-18}$$

如果把转子原来的 $N_2 k_{w2}$ 看成和定子边的 $N_1 k_{w1}$ 一样，静止时转子绕组中每相的感应电动

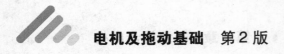

势便为 E'_{r0}，且有 $E'_{r0} = E_s = k_e E_{r0}$，用相量形式表示为

$$\dot{E}_s = \dot{E}'_{r0} \tag{9-19}$$

（2）电流比 k_i　折算前后转子电流 I_r 与 I'_r 之比。根据式（9-7），定、转子磁动势的合成关系为

$$\dot{F}_s + \dot{F}_r = \dot{F}_{sr} \tag{9-20}$$

认为合成磁动势 F_{sr} 是由励磁电流 I_f 所产生的，这样式（9-20）可以写成

$$1.35\frac{N_1 k_{w1}}{n_p}\dot{I}_s + 1.35\frac{N_2 k_{w2}}{n_p}\dot{I}_r = 1.35\frac{N_1 k_{w1}}{n_p}\dot{I}_f \tag{9-21}$$

令 $1.35\dfrac{N_2 k_{w2}}{n_p}\dot{I}_r = 1.35\dfrac{N_1 k_{w1}}{n_p}\dot{I}'_r$，得

$$1.35\frac{N_1 k_{w1}}{n_p}\dot{I}_s + 1.35\frac{N_1 k_{w1}}{n_p}\dot{I}'_r = 1.35\frac{N_1 k_{w1}}{n_p}\dot{I}_f$$

可简化为

$$\dot{I}_s + \dot{I}'_r = \dot{I}_f \tag{9-22}$$

电流比 k_i 表示为

$$k_i = \frac{I_r}{I'_r} = \frac{N_1 k_{w1}}{N_2 k_{w2}} \tag{9-23}$$

式（9-23）是在假定电机的定、转子绕组均为三相的情况下推导的。实际上，只有绕线转子三相异步电动机的转子绕组是三相，而笼型转子异步电动机的转子绕组一般不是三相，而是 m_2 相。为不失一般性，设异步电动机定子绕组是 m_1 相，这样折算前后转子电流的关系就变成

$$m_2 N_2 k_{w2} \dot{I}_r = m_1 N_1 k_{w1} \dot{I}'_r$$

即电流比

$$k_i = \frac{I_r}{I'_r} = \frac{m_1}{m_2}\frac{N_1 k_{w1}}{N_2 k_{w2}} = \frac{m_1}{m_2}k_e \tag{9-24}$$

本来异步电动机定、转子绕组之间没有电的直接联系，只存在磁动势的平衡关系，经过上述变换，复杂的相数、匝数和绕组因数被消除，剩下的只是定、转子电流之间的简单关系了。

（3）频率换算　当异步电动机转子以转速 n 恒速旋转时，转子回路的电压平衡方程为

$$\dot{E}_r = \dot{I}_r (R_r + jX_r)$$

如果将此方程式折算到定子边，应有

$$\dot{E}'_r = \dot{I}'_r (R'_r + jX'_r) \tag{9-25}$$

由于 $\dot{E}'_r = s\dot{E}'_{r0}$，而 $\dot{E}_s = \dot{E}'_{r0}$，$\dot{E}'_r$ 与 $\dot{E}_s$ 不仅在数值上大小不相等，在频率上也不一致，故仍不能使异步电动机形成统一的等效电路，其主要问题就在于转子电压方程式中转子感应电动势和漏电抗的值与转子频率有关。如果进一步将转子绕组进行频率的换算，即用定子频率 f_1 替代转子频率 f_2，则上述问题便可得到解决。

因为 $f_2 = sf_2$，只有当 $s = 1$（即转子静止）时，才有 $f_2 = f_1$。所以，转子绕组频率的换算实际上是用一个假想的静止转子代替实际的旋转转子，换算的原则仍然是要保持换算前后磁

动势的平衡关系不变。而要保证换算前后转子磁动势不变，就必须保证换算前后转子电流的大小和相位均不改变。对式（9-25）做进一步的变换，得

$$\dot{I}_r' = \frac{\dot{E}_r'}{R_r' + jX_r'} = \frac{s\dot{E}_{r0}'}{R_r' + jsX_{r0}'} = \frac{\dot{E}_{r0}'}{R_r'/s + jX_{r0}'} \tag{9-26}$$

式（9-26）表明，要实现频率的换算，可用 E_{r0}' 和 X_{r0}' 分别取代 E_r' 和 X_r'，并用 R_r'/s 取代 R_r' 即可。此时不仅转子电流的大小和相位均保持不变，而且转子功率因数

$$\cos\varphi_2 = \frac{R_r'/s}{\sqrt{(R_r'/s)^2 + (X_{r0}')^2}} = \frac{R_r'}{\sqrt{R_r'^2 + (sX_{r0}')^2}}$$

也保持不变。

由于 $\dfrac{R_r'}{s}$ 与 R_r' 之间的差值为 $\dfrac{1-s}{s}R_r'$，这又表明，为了将旋转着的转子等效成不动的转子，就必须在转子回路中串入一个虚拟的电阻 $\dfrac{1-s}{s}R_r'$。这个虚拟电阻上的电功率为 $m_2 I_r'^2 \dfrac{1-s}{s}R_r'$，它实质上表征了异步电动机的机械功率。当 $0 < s < 1$ 时，为电动机运行方式，虚拟电阻上的电功率是正值，异步电机输出机械功率；当 $-\infty < s < 0$ 时，为发电机运行方式，虚拟电阻上的电功率是负值，异步电机输入机械功率；当 $1 < s < \infty$ 时，为电磁制动运行方式，虚拟电阻上的电功率也是负值，异步电机输入机械功率。

按照功率守恒原则，折算前后转子绕组的有功功率（损耗）应不变，即

$$m_1 I_r'^2 R_r' = m_2 I_r^2 R_r$$

所以折算后转子绕组的每相电阻

$$R_r' = \frac{m_2 I_r^2}{m_1 I_r'^2}R_r = \frac{m_2}{m_1}\left(\frac{m_1 N_1 k_{w1}}{m_2 N_2 k_{w2}}\right)^2 R_r = k_e k_i R_r = kR_r \tag{9-27}$$

式中 k——阻抗比，$k = k_e k_i = \dfrac{m_1 N_1^2 k_{w1}^2}{m_2 N_2^2 k_{w2}^2}$。

另外，折算前后转子绕组的无功功率也应不变，即

$$m_1 I_r'^2 X_r' = m_2 I_r^2 X_r$$

所以折算后转子绕组的每相漏电抗

$$X_r' = \frac{m_2}{m_1}\left(\frac{I_r}{I_r'}\right)^2 X_r = k_e k_i X_r = kX_r \tag{9-28}$$

转子静止时，式（9-28）同样成立，即 $X_{r0}' = kX_{r0}$。

最终，在式（9-25）的基础上，经频率换算后转子回路的电压平衡方程为

$$\dot{E}_{r0}' = \dot{I}_r'\left(\frac{R_r'}{s} + jX_{r0}'\right) \tag{9-29}$$

这样，就得到了图 9-13 所示的转子侧的等效电路。

9.2.5 异步电动机的基本方程式和相量图

经过绕组折算和频率换算，异步电动机转子绕组的相数、每相串联总匝数、绕组因数和频率都折合成与定子绕组一样，定、转子基本方程式为

$$\begin{cases} \dot{U}_s = -\dot{E}_s + \dot{I}_s\ (R_s + jX_s) \\ -\dot{E}_s = \dot{I}_f\ (R_f + jX_f) \\ \dot{E}_s = \dot{E}'_{r0} \\ \dot{E}'_{r0} = \dot{I}'_r \left(\dfrac{R'_r}{s} + jX'_0 \right) \\ \dot{I}_s + \dot{I}'_r = \dot{I}_f \end{cases} \tag{9-30}$$

以上 5 个方程式与图 9-13 所示的 T 形等效电路是对应的，其相应的相量图如图 9-14 所示。异步电动机的基本方程式、等效电路和相量图都是分析异步电动机工作特性的有效方法。

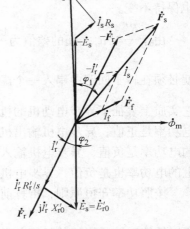

图 9-14　异步电动机的相量图

例 9-2　一台三相四极异步电动机，额定功率 $P_N = 10\text{kW}$，额定电压 $U_N = 380\text{V}$（△联结），额定转速 $n_N = 1452\text{r/min}$，$R_s = 1.33\Omega$，$X_s = 2.43\Omega$，$R'_r = 1.12\Omega$，$X'_{r0} = 4.4\Omega$，$R_f = 7\Omega$，$X_f = 90\Omega$。试求额定负载时的定子电流、转子电流、励磁电流、功率因数、输入功率和效率。

解：（1）额定负载时的转差率

$$s_N = \frac{n_1 - n_N}{n_1} = \frac{1500 - 1452}{1500} = 0.032$$

（2）用 T 形等效电路计算阻抗

1）转子电阻　$\dfrac{R'_r}{s_N} = \dfrac{1.12}{0.032}\Omega = 35\Omega$

2）转子阻抗　$Z_r = \dfrac{R'_r}{s_N} + jX'_0 = 35\Omega + j4.4\Omega \approx 35.3\underline{/7.15°}\,\Omega$

3）励磁阻抗　$Z_f = R_f + jX_f = 7\Omega + j90\Omega \approx 90.3\underline{/85.54°}\,\Omega$

转子阻抗与励磁阻抗的并联值为

$$Z_{rf} = \frac{Z_r Z_f}{Z_r + Z_f} \approx \frac{35.3\underline{/7.15°} \times 90.3\underline{/85.54°}}{35.3\underline{/7.15°} + 90.3\underline{/85.54°}}\Omega$$

$$\approx 30.9\underline{/26.69°}\,\Omega \approx 27.6\Omega + j13.89\Omega$$

4）总阻抗

$$Z_s + Z_{rf} \approx (1.33 + j2.43)\Omega + (27.6 + j13.89)\Omega$$

$$\approx 33.23\underline{/29.43°}\,\Omega \approx 28.93\Omega + j16.32\Omega$$

（3）定子电流

以定子相电压为参考相量，设 $\dot{U}_s = 380\underline{/0°}\,\text{V}$

$$\dot{I}_s = \frac{\dot{U}_s}{Z_s + Z_{rf}} \approx \frac{380\underline{/0°}}{33.23\underline{/29.43°}}\text{A} \approx 11.42\underline{/-29.43°}\,\text{A}$$

定子线电流有效值为

$$\sqrt{3} \times 11.42\text{A} = 19.8\text{A}$$

（4）功率因数

$$\cos\varphi_1 = \cos 29.43° = 0.87\ （滞后）$$

（5）输入功率

$$P_1 = 3U_s I_s \cos\varphi_1 \approx 3 \times 380 \times 11.42 \times 0.87\,\mathrm{W} \approx 11330\,\mathrm{W}$$

（6）转子电流

$$I_r' = \left| \dot{I}_s \frac{Z_f}{Z_r + Z_f} \right| \approx 11.42 \times \frac{90.3}{103.5}\,\mathrm{A} \approx 9.96\,\mathrm{A}$$

（7）励磁电流

$$I_f = \left| \dot{I}_s \frac{Z_r}{Z_r + Z_f} \right| \approx 11.42 \times \frac{35.3}{103.5}\,\mathrm{A} \approx 3.89\,\mathrm{A}$$

（8）效率

$$\eta = \frac{P_2}{P_1} = \frac{10000}{11330} \approx 88.27\%$$

9.3 异步电动机的功率与转矩

异步电动机的机电能量转换过程和直流电动机相似，其不同之处在于异步电动机的气隙磁场基本上与负载无关，故无电枢反应。因此，异步电动机由定子绕组输入电功率，并产生电磁功率，然后经由气隙送给转子，扣除一些损耗以后，在转轴上输出。在机电能量转换过程中，不可避免地要产生一些损耗，其种类和性质也与直流电动机相似。

9.3.1 功率关系

当三相异步电动机以转速 n 稳定运行时，从电源输入的功率为

$$P_1 = 3U_s I_s \cos\varphi_1 \tag{9-31}$$

定子铜损耗 Δp_{Cus} 为

$$\Delta p_{\mathrm{Cus}} = 3I_s^2 R_s \tag{9-32}$$

正常运行情况下的异步电动机，由于转子转速接近于同步转速，所以气隙旋转磁场与转子铁心的相对转速很小。再加上转子铁心和定子铁心都是用 0.5mm 厚的硅钢片叠压而成的，转子铁损耗很小，可以忽略不计，因此异步电动机的铁损耗可近似认为只有定子铁损耗 Δp_{Fes}，即

$$\Delta p_{\mathrm{Fe}} = \Delta p_{\mathrm{Fes}} = 3I_f^2 R_f \tag{9-33}$$

从图 9-13 所示的等效电路看出，传输给转子回路的电磁功率 P_{em} 等于转子回路全部电阻上的损耗，即

$$P_{\mathrm{em}} = P_1 - \Delta p_{\mathrm{Cus}} - \Delta p_{\mathrm{Fe}} = 3I_r'^2 \left(R_r' + \frac{1-s}{s} R_r' \right) = 3I_r'^2 \frac{R_r'}{s} \tag{9-34}$$

电磁功率也可表示为

$$P_{\mathrm{em}} = 3E_{r0}' I_r' \cos\varphi_2 \tag{9-35}$$

转子绕组中的铜损耗 Δp_{Cur} 为

$$\Delta p_{\mathrm{Cur}} = 3I_r'^2 R_r' = sP_{\mathrm{em}} \tag{9-36}$$

可见，电磁功率 P_{em} 减去转子绕组中的铜损耗 Δp_{Cur} 就是等效电阻 $\frac{1-s}{s} R_r'$ 上的电功率。这

部分电功率实际上就是传输给电机轴上的机械功率（用 P_m 表示），它是转子绕组电流与气隙旋转磁场共同作用产生电磁转矩，并带动转子以转速 n 旋转所对应的功率，即

$$P_m = P_{em} - \Delta p_{Cur} = 3I_r'^2 \frac{1-s}{s} R_r' = (1-s)P_{em} \tag{9-37}$$

电动机在运行时，还会受到轴承及风阻等摩擦性质的阻转矩，这也要损耗一部分功率，这部分功率称为机械损耗，用 Δp_m 表示。

在异步电动机中，除了上述各部分损耗外，由于定、转子开槽和定、转子磁动势中含有谐波磁动势，还要产生一些附加损耗，用 Δp_{add} 表示。Δp_{add} 一般不易计算，往往根据经验估算，在大型异步电动机中，Δp_{add} 约为输出额定功率的 0.5%；而在小型异步电动机中，满载时 Δp_{add} 可达输出额定功率的 1% ~ 3% 或更大些。

转子的机械功率 P_m 减去机械损耗 Δp_m 和附加损耗 Δp_{add}，才是转轴上真正输出的机械功率，用 P_2 表示，即

$$P_2 = P_m - \Delta p_m - \Delta p_{add} \tag{9-38}$$

综上分析，异步电动机运行时其能量传递过程可用图 9-15 所示的功率流程图来表示。因此，可得电源输入电功率 P_1 与转轴输出机械功率 P_2 的关系为

$$P_2 = P_1 - \Delta p_{Cus} - \Delta p_{Fe} - \Delta p_{Cur} - \Delta p_m - \Delta p_{add} \tag{9-39}$$

另外，异步电动机运行时其电磁功率 P_{em}、转子铜耗 Δp_{Cur} 和机械功率 P_m 三者之间的定量关系为

$$P_{em} : \Delta p_{Cur} : P_m = 1 : s : (1-s) \tag{9-40}$$

这个式子说明，若电磁功率一定，转差率 s 越小，转子铜耗就越小，机械功率就越大。电机运行时，若转差率 s 偏大，效率一定不高。

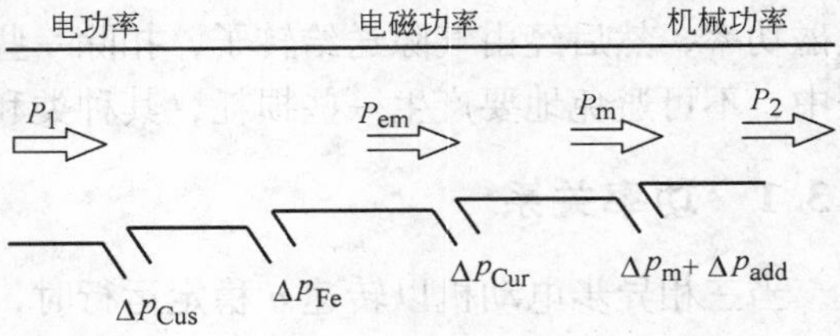

图 9-15 异步电动机的功率流程图

9.3.2 转矩关系

机械功率 P_m 除以转子的角速度 ω 就是电磁转矩 T_e，即

$$T_e = \frac{P_m}{\omega} = \frac{P_m}{\frac{2\pi n}{60}} = \frac{P_m}{(1-s)\frac{2\pi n_1}{60}} = \frac{P_{em}}{\omega_1} \tag{9-41}$$

式中 ω_1——旋转磁场的同步角速度。

式（9-38）两边同除以角速度 ω，得

$$\frac{P_2}{\omega} = \frac{P_m}{\omega} - \frac{\Delta p_m + \Delta p_{add}}{\omega}$$

即异步电动机的转矩关系为

$$T_2 = T_e - T_0 \tag{9-42}$$

式中 T_2——输出转矩；

T_0——空载转矩，$T_0 = \dfrac{\Delta p_0}{\omega}$（$\Delta p_0 = \Delta p_m + \Delta p_{add}$ 称为空载损耗）。

例 9-3　一台三相绕线转子异步电动机，额定功率为 $P_N = 100\text{kW}$，额定电压为 $U_N = 380\text{V}$，额定转速为 $n_N = 950\text{r/min}$，额定频率为 $f_1 = 50\text{Hz}$，在额定转速下运行时，机械摩擦损耗 $\Delta p_m = 1\text{kW}$（忽略附加损耗）。求额定运行时：（1）转差率；（2）电磁功率；（3）转子铜耗；（4）电磁转矩；（5）输出转矩；（6）空载转矩。

解：

（1）额定转差率

$$s_N = \frac{n_1 - n}{n_1} = \frac{1000 - 950}{1000} = 0.05$$

（2）电磁功率

因为

$$P_{em} = P_2 + \Delta p_m + \Delta p_{Cur}, \quad \Delta p_{Cur} = s_N P_{em}$$

所以

$$P_{em} = \frac{P_2 + \Delta p_m}{1 - s_N} = \frac{100 + 1}{1 - 0.05}\text{kW} \approx 106.3\text{kW}$$

（3）转子铜耗

$$\Delta p_{Cur} = s_N P_{em} \approx 0.05 \times 106.3\text{kW} \approx 5.3\text{kW}$$

（4）电磁转矩

$$T_e = \frac{P_{em}}{\omega_1} = \frac{P_{em}}{\frac{2\pi n_1}{60}} = 9550 \times \frac{P_{em}}{n_1} \approx 9550 \times \frac{106.3}{1000}\text{N} \cdot \text{m} \approx 1015.2\text{N} \cdot \text{m}$$

（5）输出转矩

$$T_N = \frac{P_N}{\omega_N} = \frac{P_N}{\frac{2\pi n_N}{60}} = 9550 \times \frac{P_N}{n_N} = 9550 \times \frac{100}{950}\text{N} \cdot \text{m} \approx 1005.3\text{N} \cdot \text{m}$$

（6）空载转矩

$$T_0 = \frac{\Delta p_m}{\omega_N} = \frac{\Delta p_m}{\frac{2\pi n_N}{60}} = 9550 \times \frac{\Delta p_m}{n_N} = 9550 \times \frac{1}{950}\text{N} \cdot \text{m} \approx 10.1\text{N} \cdot \text{m}$$

9.3.3　电磁转矩的物理表达式

可以用两种方法推导异步电动机的电磁转矩公式，一种是由上述电磁功率与电磁转矩的关系导出，另一种是由第 3 章给出的电磁转矩通用公式直接导出，下面分别予以介绍。

1. 由电磁功率导出

根据式（9-41），电磁功率 P_{em} 除以旋转磁场的同步角速度 ω_1 即为电磁转矩，即

$$T_e = \frac{P_{em}}{\omega_1} = \frac{3E'_{r0}I'_r\cos\varphi_2}{\frac{2\pi n_1}{60}} = \frac{3(\sqrt{2}\pi f_1 N_1 k_{w1}\Phi_m)I'_r\cos\varphi_2}{\frac{2\pi n_1}{60}}$$

$$= \frac{3}{\sqrt{2}}n_p N_1 k_{w1}\Phi_m I'_r\cos\varphi_2 = C_T\Phi_m I'_r\cos\varphi_2$$

这样，异步电动机的电磁转矩公式为

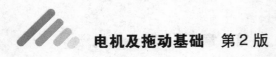

$$T_{\mathrm{e}} = C_{\mathrm{T}} \Phi_{\mathrm{m}} I'_{\mathrm{r}} \cos\varphi_2 \qquad (9\text{-}43)$$

式中 C_{T}——异步电动机的转矩系数，$C_{\mathrm{T}} = \dfrac{3}{\sqrt{2}} n_{\mathrm{p}} N_1 k_{\mathrm{w}1}$。

从上式可以看出，异步电动机的电磁转矩 T_{e} 与气隙每极磁通 Φ_{m}、转子电流 I'_{r} 以及转子功率因数 $\cos\varphi_2$ 成正比，或者说电磁转矩 T_{e} 与每极磁通 Φ_{m} 和转子电流的有功分量 $I'_{\mathrm{r}}\cos\varphi_2$ 的乘积成正比。

2. 由电磁转矩通用公式导出

在第 3 章已建立了由合成磁场、转子磁动势计算电磁转矩的通用公式，即

$$T_{\mathrm{e}} = -\frac{\pi}{2} n_{\mathrm{p}}^2 \Phi_{\mathrm{sr}} F_{\mathrm{r}} \sin\varphi_{\mathrm{r}}$$

对于异步电动机，定、转子的合成磁场为 $\Phi_{\mathrm{sr}} = \Phi_{\mathrm{m}}$，转子磁动势 F_{r} 的幅值可由式（9-4）得到

$$F_{\mathrm{rm}} = \frac{3}{2} \frac{4}{\pi} \frac{\sqrt{2}}{2} \frac{N_1 k_{\mathrm{w}1}}{n_{\mathrm{p}}} I'_{\mathrm{r}}$$

由于转子存在漏抗，其感应电流 I'_{r} 要滞后于感应电动势 $E'_{\mathrm{r}0}$ 一个阻抗角 φ_2。这样，根据图 9-14 所示的相量关系，转子磁动势 F_{r} 滞后于主磁通 Φ_{m}，且有 $\varphi_{\mathrm{r}} = -(90° + \varphi_2)$，即

$$\sin\varphi_{\mathrm{r}} = \sin[-(90° + \varphi_2)] = -\cos\varphi_2$$

将上述异步电动机的变量关系代入电磁转矩的通用公式，即有

$$T_{\mathrm{e}} = -\frac{\pi}{2} n_{\mathrm{p}}^2 \Phi_{\mathrm{sr}} F_{\mathrm{r}} \sin\varphi_{\mathrm{r}} = -\frac{\pi}{2} n_{\mathrm{p}}^2 \Phi_{\mathrm{m}} \frac{3}{2} \frac{4}{\pi} \frac{\sqrt{2}}{2} \frac{N_1 k_{\mathrm{w}1}}{n_{\mathrm{p}}} I'_{\mathrm{r}} (-\cos\varphi_2)$$

$$= \frac{3}{\sqrt{2}} n_{\mathrm{p}} N_1 k_{\mathrm{w}1} \Phi_{\mathrm{m}} I'_{\mathrm{r}} \cos\varphi_2$$

同样令 $C_{\mathrm{T}} = \dfrac{3}{\sqrt{2}} n_{\mathrm{p}} N_1 k_{\mathrm{w}1}$，可得到异步电动机电磁转矩的计算公式

$$T_{\mathrm{e}} = C_{\mathrm{T}} \Phi_{\mathrm{m}} I'_{\mathrm{r}} \cos\varphi_2$$

这个公式与用电磁功率推导的结果是一致的。

9.4 异步电动机的工作特性

异步电动机的工作特性是指在额定电压和额定频率的条件下，电动机的转速 n、定子电流 I_{s}、功率因数 $\cos\varphi_1$、电磁转矩 T_{e}、效率 η 等与输出功率 P_2 的关系，即在 $U_1 = U_{\mathrm{N}}$，$f_1 = f_{\mathrm{N}}$ 时，求解 $n = f(P_2)$、$I_{\mathrm{s}} = f(P_2)$、$\cos\varphi_1 = f(P_2)$、$T_{\mathrm{e}} = f(P_2)$ 和 $\eta = f(P_2)$。由于异步电动机是一种单边励磁的交流电机，励磁电流与负载电流共同存在于定子绕组之中，而转子电流一般不能直接测取，因此只好通过测取输出功率以求取异步电动机的工作特性。

9.4.1 工作特性的分析

1. 转速特性

异步电动机在额定电压和额定频率下，转速 n 随输出功率 P_2 变化的曲线 $n = f(P_2)$ 称为

转速特性。

电动机的转差率 s、转子铜耗 Δp_{Cur} 和电磁功率 P_{em} 的关系式为

$$s = \frac{n_1 - n}{n_1} = 1 - \frac{n}{n_1} = \frac{\Delta p_{\mathrm{Cur}}}{P_{\mathrm{em}}} = \frac{m_2 I_{\mathrm{r}}^2 R_{\mathrm{r}}}{m_2 E_{\mathrm{r}} I_{\mathrm{r}} \cos\varphi_2} \tag{9-44}$$

当电动机空载时，输出功率 $P_2 \approx 0$，可以认为 $I_{\mathrm{r}} \approx 0$。根据式（9-44），转差率 s 近似与 I_{r} 成正比，所以 $s \approx 0$，转速 n 接近于同步速 n_1。当负载增大时，转速将下降，转子绕组的感应电动势 E_{r} 和电流 I_{r} 都将增大，以产生更大的电磁转矩和负载转矩相平衡，并且转速又有所回升。这样，随着输出功率 P_2 的增大，转差率 s 也增大，转速 n 稍有下降。所以，异步电动机的转速特性为一条稍向下倾斜的曲线（见图 9-16 中曲线 1），与并励直流电动机的转速特性极为相似。

2. 定子电流特性

异步电动机在额定电压和额定频率下，定子电流 I_{s} 随输出功率 P_2 变化的曲线 $I_{\mathrm{s}} = f(P_2)$ 称为定子电流特性。

异步电动机的磁动势平衡方程式为

$$\dot{I}_{\mathrm{s}} = \dot{I}_{\mathrm{f}} + (-\dot{I}_{\mathrm{r}}') \tag{9-45}$$

空载时，转子电流 $I_{\mathrm{r}}' \approx 0$，定子电流 I_{s} 几乎全部为励磁电流 I_{f}。随着负载的增大，转子转速 n 下降，转子电流 I_{r}' 增大，定子电流 I_{s} 及磁动势也随之增大，以抵消转子电流 I_{r}' 所产生的磁动势，保持磁动势的平衡关系。所以，定子电流 I_{s} 几乎随输出功率 P_2 按正比例增加，如图 9-16 中的曲线 2 所示。

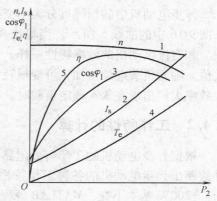

图 9-16　异步电动机的工作特性

3. 功率因数特性

异步电动机在额定电压和额定频率下，定子功率因数 $\cos\varphi_1$ 随输出功率 P_2 变化的曲线 $\cos\varphi_1 = f(P_2)$ 称为功率因数特性。

由异步电动机等效电路求得的总阻抗是电感性的，所以对电源来说，异步电动机相当于一个感性阻抗，其功率因数总是滞后的，它必须从电网吸收感性无功功率。空载时，定子电流基本上是励磁电流，主要用于无功励磁，所以功率因数很低，为 $0.1 \sim 0.2$。当负载增大时，转子电流的有功分量增加，定子电流的有功分量也随之增加，使功率因数提高。在接近额定负载时，功率因数达到最大。由于从空载到额定负载范围内，电动机的转差率 s 很小，而且变化也很小，所以转子功率因数角 $\varphi_2 = \arctan(sX_{r0}/R_{\mathrm{r}})$ 几乎不变。但负载超过额定值时，s 值就会变得较大，使 φ_2 变大，定、转子电流中的无功分量将增加，电动机定子功率因数又会重新下降，如图 9-16 中的曲线 3 所示。

4. 电磁转矩特性

异步电动机在额定电压和额定频率下，电磁转矩 T_{e} 随输出功率 P_2 变化的曲线 $T_{\mathrm{e}} = f(P_2)$ 称为电磁转矩特性。

异步电动机的转矩平衡方程式为

$$T_{\mathrm{e}} = T_2 + T_0 = \frac{P_2}{\omega} + \frac{\Delta p_0}{\omega} \tag{9-46}$$

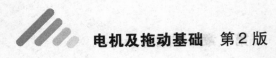

当异步电动机的负载不超过额定值时，角速度 ω 变化很小，而空载损耗 $\Delta p_0 = \Delta p_m + \Delta p_{add}$ 基本不变，这样可以认为空载转矩 T_0 也基本不变，所以异步电动机的电磁转矩特性 $T_e = f(P_2)$ 近似为一条斜率为 $\dfrac{1}{\omega}$ 的直线，如图 9-16 中的曲线 4 所示。

5. 效率特性

异步电动机在额定电压和额定频率下，效率 η 随输出功率 P_2 的变化曲线 $\eta = f(P_2)$ 称为效率特性。

异步电动机的效率计算公式为

$$\eta = \frac{P_2}{P_1} = \frac{P_2}{P_2 + \Delta p_{Cus} + \Delta p_{Fe} + \Delta p_{Cur} + \Delta p_m + \Delta p_{add}} \tag{9-47}$$

异步电动机中的损耗可分为不变损耗 Δp_{Fe}、Δp_m 和可变损耗 Δp_{Cus}、Δp_{Cur}、Δp_{add} 两部分。如图 9-16 中的曲线 5 所示，当输出功率 P_2 增加时，可变损耗增加较慢，所以效率上升很快。和直流电动机的效率特性一样，当可变损耗等于不变损耗时异步电动机的效率将达到最大值。随着负载继续增加，可变损耗增加很快，效率就要降低。对于中小型异步电动机，最大效率大约出现在 3/4 额定负载时。电动机容量越大，效率就越高。

9.4.2 工作特性的计算

根据异步电动机的 T 形等效电路，利用 MATLAB 软件的 m 文件编程，可以方便地计算并绘制出异步电动机的各种工作特性曲线。设异步电动机的参数与例 9-2 相同，空载损耗 $\Delta p_0 = 200\text{W}$ 基本不变，MATLAB 源程序如下：

```
% 三相异步电动机工作特性的计算
clear all;clc;
m = 3;Pn = 10000;Un = 380;f = 50;np = 2;P0 = 200;
Rs = 1.33;Xs = 2.43;Rr = 1.12;Xr0 = 4.4;Rf = 7;Xf = 90;
Zs = Rs + j * Xs;Zf = Rf + j * Xf;
s = 0;k = 1;
while s < 1
Zr = Rr/s + j * Xr0;
IIs = Un/(Zs + Zr * Zf/(Zr + Zf));
Is = abs(IIs);
COF = cos(angle(IIs));
P1 = m * Un * Is * COF;
Ir = Is * abs(Zf/(Zf + Zr));If = Is * abs(Zr/(Zf + Zr));
Pcus = 3 * Is^2 * Rs;Pfe = 3 * If^2 * Rf;Pcur = 3 * Ir^2 * Rr;
P2 = P1 - (Pcus + Pfe + Pcur + P0);
EFF = P2/P1 * 100;
N = (60 * f/np) * (1 - s);
Te = (m * Ir^2 * ((1 - s)/s) * Rr)/(2 * pi * N/60);
T2 = P2/(2 * pi * N/60);
```

$$P2x(k) = P2/1000;$$
$$Ny(k) = N; Isy(k) = Is; COFy(k) = COF; Tey(k) = Te; EFFy(k) = EFF;$$
$$s = s + 0.001;$$
$$k = k + 1;$$

  end

%工作特性与机械特性曲线绘制

figure(1); plot(P2x, Ny); title(''); xlabel('P2(kW)'), ylabel('n(r/min)'); grid;

figure(2); plot(P2x, Isy); title(''); xlabel('P2(kW)'), ylabel('Is(A)'); grid;

figure(3); plot(P2x, COFy); title(''); xlabel('P2(kW)'), ylabel('cosφ1'); grid;

figure(4); plot(P2x, Tey); title(''); xlabel('P2(kW)'), ylabel('Te(N.m)'); grid;

figure(5); plot(P2x, EFFy); title(''); xlabel('P2(kW)'), ylabel('η(%)'); grid;

figure(6); plot(Tey, Ny); title(''); xlabel('Te(N.m)'), ylabel('n(r/min)'); grid;

%

  程序运行后，可直接得到图9-17所示的异步电动机的工作特性曲线，可见这些曲线与图9-16所示的结果是一致的。另外，图9-17f还给出了电机转速与电磁转矩之间的关系曲线，称之为机械特性，该特性将在第11章做进一步的介绍。

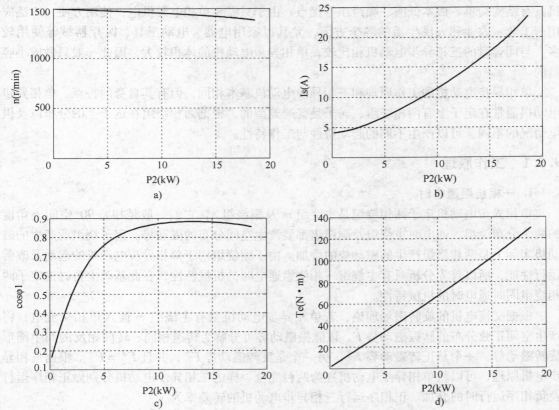

图9-17 异步电动机的特性计算

a) 转速　b) 定子电流　c) 功率因数　d) 电磁转矩

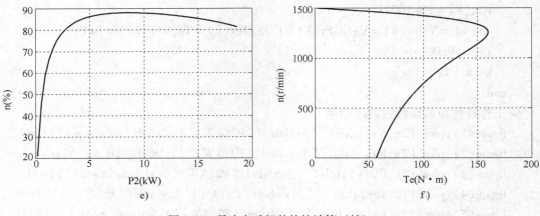

图 9-17 异步电动机的特性计算（续）

e）效率 f）机械特性

9.5 单相异步电动机 *

所谓单相异步电动机是指正常情况下用单相交流电源供电的异步电动机。单相异步电动机具有结构简单、成本低廉、噪声小等优点。由于只需要单相电源供电，使用方便，广泛应用于工业、农业和人民生活的各个方面，尤其以家用电器、电动工具、医疗器械等使用较多。与同容量的三相异步电动机相比较，单相异步电动机的体积较大，因此一般只做成小容量的。

单相异步电动机的工作原理和三相异步电动机基本相同，但有其自身的特点。单相异步电动机通常在定子上有两相绕组，转子是普通笼型的。根据两相绕组在定子上的分布以及供电情况的不同，可以产生不同的起动特性与工作特性。

9.5.1 工作原理

1. 一相绕组通电时

单相异步电动机定子两相绕组是主绕组 m 及副绕组 a，它们一般是相差 90° 空间电角度的两个分布绕组，通电时主绕组及副绕组都要产生空间分布的磁动势。定子绕组所产生的磁动势实际上是两绕组产生的磁动势的叠加。由于副绕组用于单相异步电动机的起动及改善运行性能，所以首先分析只有主绕组一相绕组通电时的机械特性，在此基础上再讨论定子两相绕组同时通电时的机械特性。

根据交流电机的旋转磁场理论，若单相异步电动机只有主绕组 m 通入单相交流电，将产生空间正弦分布的脉振磁动势 $\dot{F}$。该脉振磁动势可分解为转速相同、转向相反的两个圆形旋转磁动势，一个是正转磁动势 $\dot{F}^+$，另一个是反转磁动势 $\dot{F}^-$，并且 $F^+ = F^-$。根据三相异步电机原理，可以将单相异步电动机视为两台完全一样的三相异步电动机分别做正相序运行及负相序运行时的叠加。正相序运行三相异步电动机的转差率为

$$s_+ = \frac{n_1 - n}{n_1} \tag{9-48}$$

其正转电磁转矩 T_+ 与正转转差率 s_+ 的关系 $T_+ = f(s_+)$ 和三相异步电动机一样，如图 9-18

的曲线 1 所示。负相序运行的三相异步电动机的转差率为

$$s_- = \frac{n_1 - (-n)}{n_1} = \frac{2n_1 - (n_1 - n)}{n_1} = 2 - s_+ \tag{9-49}$$

其反转电磁转矩 T_- 与反转转差率 s_- 的关系 $T_- = f(s_-) = f(2 - s_+)$ 和 $T_+ = f(s_+)$ 形状完全一样，只不过当 T_+ 为正值时，T_- 为负值；当 T_+ 为负值时，T_- 为正值，并且两转差率之间有 $s_+ + s_- = 2$ 的关系，如图 9-18 的曲线 2 所示。显然，曲线 1、2 关于原点对称，单相异步电动机的 $T_e = f(s)$ 曲线就是曲线 1、2 的叠加，如图 9-18 的曲线 3 所示。

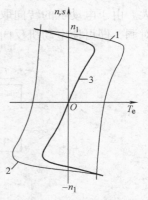

图 9-18　一相通电时的 $T_e\text{-}s$ 曲线

单相异步电动机的 $T_e = f(s)$ 曲线具有下列特点：

1）当 $n = 0$ 即 $s_+ = s_- = 1$ 时，电磁转矩 $T_e = 0$，即无起动转矩，电动机不能够起动。

2）当 $n \neq 0$ 即 s_+ 或 $s_- \neq 1$ 时，电磁转矩 $T_e \neq 0$。如果由于其他原因使电动机正转，电磁转矩将使电动机继续正转运行。如果电动机反转了，也能继续反转运行。

可见，如果单相异步电动机定子上只有主绕组，则无起动转矩，无法自行起动运行。

2. 两相绕组通电时

当单相异步电动机主绕组与副绕组同时通入不同相位的两相交流电流时，一般情况下将产生椭圆形旋转磁动势 $\dot{F}$。一个椭圆旋转磁动势同样可以分解成一个正转磁动势 $\dot{F}_+$ 与一个反转磁动势 $\dot{F}_-$，但此时 $F^+ \neq F^-$。在 $\dot{F}_+$ 作用下产生电磁转矩 T_+，$T_+ = f(s_+)$ 为正向转矩特性；在 $\dot{F}_-$ 作用下产生电磁转矩 T_-，$T_- = f(s_-)$ 为反向转矩特性。此时合成的机械特性 $T_e = f(s)$ 是一条不过原点的曲线，如图 9-19 所示。可见，当 $n = 0$ 时，若 $F^+ > F^-$，则 $T_e > 0$，电动机将正向起动；反之，当 $n = 0$ 时，若 $F^+ < F^-$，则 $T_e < 0$，电动机将反向起动。

根据上述分析可知，单相异步电动机正常起动必须具备的条件是：①定子具有空间不同相位的两个绕组；②两个绕组中分别通入不同相位的交流电流。

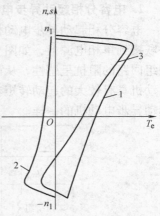

图 9-19　两相通电时的 $T_e\text{-}s$ 曲线

9.5.2　单相异步电动机的分类

单相异步电动机的主要优点是使用单相交流电源，但是单相异步电动机起动时又要求在两相绕组中通入相位不同的两相电流。如何把定子绕组中的电流相位分开即"分相"是单相异步电动机必须解决的首要问题。根据分相方法的不同就有不同类型的单相异步电动机。

1. 电阻分相起动异步电动机

电阻分相起动异步电动机的副绕组通过一个离心开关和主绕组并联接到单相电源上，如图 9-20 所示。为使定子两相绕组中电流存在相位差，在设计上使两相绕组的阻抗不等。主绕组的匝数多，导线截面积大；副绕组的匝数少，导线截面积小。副绕组的电抗比主绕组的电抗小，副绕组的电阻比主绕组的电阻大。因而接在同一电源上将导致副绕组中电流的相位

超前主绕组中电流的相位，达到分相的目的。在起动过程中当转速达到一定的大小时，离心开关切断副绕组，使电动机运行在只有主绕组通电的情况下，故称为电阻分相起动异步电动机。这种异步电动机由于受到绕组的制约，两相绕组中电流的相位差不大，因而起动转矩不大。由于电动机的转向取决于电流的相序，因此只要把定子任一相绕组接电源的两个出线端对调，即可使电动机反向旋转。

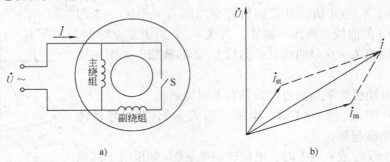

图 9-20　电阻分相起动异步电动机

a）电动机结构　b）相量图

2. 电容分相起动异步电动机

电容分相起动异步电动机是在副绕组中串联一个电容器，再通过一个离心开关和主绕组并联接到单相电源上，如图 9-21 所示。由于电容的作用，副绕组回路的阻抗呈容性，而主绕组回路的阻抗呈感性，从而导致两相绕组中电流的相位差较大。因此，电容分相起动异步电动机具有较大的起动转矩。电容分相起动异步电动机改变转子旋转方向的方法与电阻分相起动异步电动机的一样。

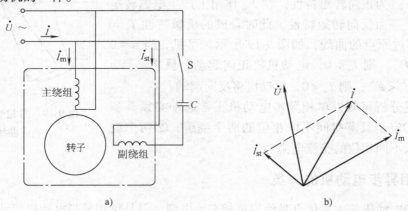

图 9-21　电容分相起动异步电动机

a）电动机结构　b）相量图

3. 电容运转异步电动机

在电容运转异步电动机中，副绕组不仅在起动时起作用，而且在电动机运转时也起作用，长期处于工作状态，因而实际上是两相电动机，电动机定子接线如图 9-22 所示。这种电动机电容的选择是按照运行时考虑的，要求在运行时磁动势接近于圆形旋转磁动势，以提高电动机的运行性能。但在起动时磁动势椭圆度较大，造成起动转矩较小，而起动电流较大。

4. 电容起动与运转异步电动机

为了使电动机在起动和运转时都能得到比较好的性能，在副绕组中采用两个电容的并联，如图 9-23 所示。电容 C 是运转时使用的，电容 C_s 是在电动机起动时使用的，它与起动开关串联后再与电容 C 并联。起动时串联在副绕组回路中的总电容为 $C + C_s$，比较大，可以使电机气隙中的旋转磁场接近于圆形。当电动机转速接近于同步转速时，起动开关动作，将电容 C_s 切除，从而使电动机在运行时，气隙中的旋转磁场也接近于圆形。

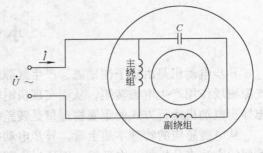

图 9-22   电容运转异步电动机

电容起动与运转的单相异步电动机，与电容起动的单相异步电动机相比较，起动转矩和最大转矩都有所增加，功率因数和效率也有所提高，电动机的噪声较小，所以它是单相异步电动机中最理想的一种。

5. 罩极式异步电动机

罩极式异步电动机的定子铁心多制成凸极式，由硅钢片叠压而成，每极上装有集中绕组，即主绕组，在每极的极靴一边开有小槽，在小槽中嵌入短路铜环，将部分磁极罩起来，转子是笼型结构，如图 9-24 所示。

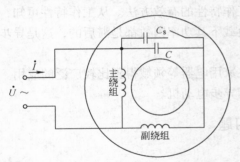

图 9-23   电容起动与运转异步电动机

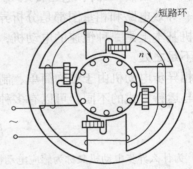

图 9-24   罩极式异步电动机

当主绕组中通入单相交流电流时，将产生脉振的磁动势，并形成脉振磁通。该磁通大部分通过磁极的未罩部分，小部分通过磁极的被罩部分。这小部分磁通将在短路铜环中感应电动势和电流。此时在罩极部分的电磁关系和变压器二次侧短路的情况一样，穿过短路铜环的总磁通是主绕组中电流在罩极部分产生的磁通与短路铜环中感应电流在罩极部分产生的磁通的合成。这样，未罩极部分的磁通与罩极部分的磁通在时间上会有一定的相位差。又由于这两部分的磁通在空间上处于不同的位置，所以在空间上也有一定的相位差。因此从结构上看，每一个磁极相当于两个空间位置不同的绕组（主绕组和短路绕组），它们分别通入相位不同的交流电流，产生不同的脉振磁场，在合成磁场的作用下使电动机获得一定的起动转矩。由于未罩极部分的磁通与罩极部分的磁通在空间上的相位差不大，罩极式异步电动机的起动转矩较小。但是由于结构简单、制造方便，在小型风扇、电唱机等起动转矩不大的家用

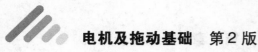

电器中常采用罩极式异步电动机。罩极式异步电动机转子的旋转方向总是从磁极的未罩部分转向被罩部分，所以电动机的旋转方向不能改变。

小　结

异步电动机是由定子侧励磁，产生气隙旋转磁场，由转子侧感应电动势所产生的电流与气隙磁场作用产生电磁转矩，从而实现机电能量转换的一类交流电机，其特点是 $n \neq n_1$。标志异步电动机运行方式的重要物理量是转差率 s。

从电磁感应的物理本质上看，异步电动机和变压器相似，因此可以采用与分析变压器相类似的方法来分析异步电动机，即通过内部电磁关系的分析，建立电压平衡和磁动势平衡方程式，通过折算导出等效电路和相量图。但是，由于异步电动机与变压器能量转换的类型不同，加之电机内部磁场性质不同，它们折算的内容和折算系数不完全相同。与变压器相比，应充分注意表征异步电动机特点的转差率 s、电磁转矩 T_e 等物理量对异步电动机特性的影响。由于转子旋转时转子侧各物理量的频率与定子侧不同，因此异步电动机除进行绕组折算外，还需进行频率换算。频率换算是将旋转的转子等效为静止的转子，轴上的机械功率用电阻 $\dfrac{1-s}{s}R_2'$ 上的电功率代表。

异步电动机的工作特性：电源的电压和频率均为额定值时，异步电动机的转速 n、定子电流 I_s、功率因数 $\cos\varphi_1$、电磁转矩 T_e 和效率 η 与输出功率 P_2 的关系。异步电动机的基本方程式、等效电路和相量图都是分析异步电动机工作特性的有效方法。从工作特性可知，异步电动机基本上是一种恒速的电动机，但在任何负载下其功率因数都是滞后的，这是异步电动机的不足之处。

单相异步电动机由于结构简单、制造方便，在家用电器等领域得到比较广泛的应用。根据起动与运行方式的不同，可以有多种类型的单相异步电动机。

思考题与习题

9-1　为什么异步电动机又称为感应电动机？

9-2　为什么说异步电机的工作原理与变压器的工作原理类似？试分析两者的异同点。

9-3　试说明异步电动机绕组折算和频率换算的意义，折算的条件及折算的方法。

9-4　为什么异步电动机的功率因数总是滞后的？

9-5　为什么异步电动机不宜在轻负载下运行？

9-6　异步电动机的 T 形等效电路能否像变压器的 T 形等效电路那样进一步地简化？

9-7　异步电动机在空载运行、额定负载运行及堵转运行三种情况下的等效电路有什么不同？当定子外加电压一定时，三种情况下的定、转子感应电动势大小、转子电流及转子功率因数角、定子电流及定子功率因数角各有什么不同？

9-8　异步电动机运行时，若负载转矩不变而电源电压下降10%，则电动机的同步转速 n_1、转子转速 n、主磁通 Φ_m、转子电流 I_r、转子回路功率因数 $\cos\varphi_2$、定子电流 I_s 等有何变化？如果负载转矩为额定负载转矩，长期低压运行，会有什么后果？

9-9　一台额定频率为50Hz的三相异步电机，当定子绕组加额定电压、转子绕组开路时每相感应电动势为100V。设电机额定运行时的转速 $n = 960 \text{r/min}$，转子转向与旋转磁场相同，试问：（1）此时电机运行在什么状态?(2)此时转子每相感应电动势 E_r 为多少?(忽略定子漏阻抗压降影响)(3)转子参数 $R_r = 0.1\Omega$,$X_{r0} = 0.5\Omega$,试求额定运行时转子电流 I_r 是多少?

9-10 一台三相异步电动机的额定数据为 $U_N = 380V$,$f_N = 50Hz$,$n_N = 1426r/min$,定子绕组为 $\triangle$ 联结。已知该三相异步电动机的参数为:$R_s = 2.865\Omega$,$X_s = 7.71\Omega$,$R_r' = 2.82\Omega$,$X_{r0}' = 11.75\Omega$,$X_f = 202\Omega$,R_f 忽略不计。试求:(1)额定负载时的转差率和转子电流的频率;(2)画出 T 形等效电路,并计算额定负载时的定子电流 I_s、转子电流 I_r'、输入功率 P_1 和功率因数 $\cos\varphi_1$。

9-11 一台三相 4 极异步电动机,其额定功率 $P_N = 5.5kW$,额定频率 $f_N = 50Hz$。在额定负载运行情况下,定子铜耗为 341W,转子铜耗为 237.5W,铁耗为 167.5W,机械损耗为 45W,附加损耗为 29W。(1)画出功率流程图,标明各功率及损耗;(2)在额定运行的情况下,求电动机的效率、转差率、转速、电磁转矩以及转轴上的输出转矩各是多少?

9-12 一台三相 6 极异步电动机的额定数据为 $P_N = 28kW$,$U_N = 380V$,定子为星形联结,$f_N = 50Hz$,$n_N = 950r/min$。额定负载时定子边的功率因数 $\cos\varphi_{1N} = 0.88$,定子铜耗、铁耗共为 2.2kW,机械损耗为 1.1kW,忽略附加损耗。计算额定负载时:(1)转差率;(2)转子铜耗;(3)效率;(4)定子电流;(5)转子电流的频率。

9-13 一台三相绕线转子异步电动机的额定数据为:$P_N = 3kW$,$U_N = 380V$,定子星形连接,$n_N = 957r/min$,其主要参数为:$R_s = 2.08\Omega$,$R_r' = 1.525\Omega$,$R_f = 4.12\Omega$,$X_s = 4.12\Omega$,$X_{r0}' = 4.25\Omega$,$X_f = 62\Omega$。试用 MATLAB 编程求取:(1)电磁转矩 T_e 随转差率 s 的变化曲线 $T_e = f(s)$;(2)当电源电压分别为 $0.8U_N$ 和 $0.5U_N$ 时的 $T_e = f(s)$ 曲线;(3)当转子电阻分别增大到 $3R_r'$ 和 $5R_r'$ 时的 $T_e = f(s)$ 曲线。

第10章

交流同步电机

本章主要阐述同步电机的工作原理，利用双反应理论建立同步电动机的基本电磁关系，在此基础上对同步电动机的功率关系、功角特性、矩角特性及功率因数的调节等进行深入的分析。本章还对迅速发展的永磁式同步电动机做了必要的介绍。

10.1 同步电机的结构与运行方式

如果稳态运行时交流电机的转子转速 n 与定子电流的频率 f_1 严格满足 $n = n_1 = 60f_1/n_p$ 的关系（n_1 称为同步转速），这种电机就称为同步电机。同步电机可用作发电机，目前各类发电厂的核心设备就是三相同步发电机；同步电机也可用作电动机，随着工业的迅速发展，一些生产机械要求的功率越来越大，例如空气压缩机、鼓风机、电力推进装置等，它们的功率可达数千千瓦甚至数万千瓦，如果采用同步电动机去拖动上述的生产机械，可能更为合适。这是因为大功率同步电动机与同容量的异步电动机相比较，功率因数高，在运行时它不仅不降低电网的功率因数，还能改善电网的功率因数，这点是异步电动机做不到的；其次，在大功率低转速的应用场合，同步电动机的体积要比异步电动机小一些。

10.1.1 同步电机的基本结构

如图 10-1 所示，同步电机也是由静止的定子和旋转的转子两个基本部分组成的。

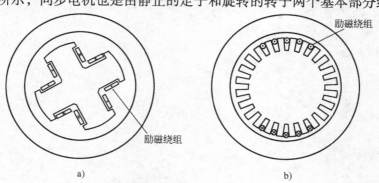

图 10-1 同步电机的结构示意图
a) 凸极式 b) 隐极式

1. 定子

就基本结构而言，同步电机的定子与异步电机的定子没有什么区别，也是由定子铁心、定子绕组以及机座、端盖等附件组成的。

2. 转子

同步电机的转子有两种结构形式，一种是有明显的磁极，称为凸极式，如图 10-1a 所示。这种结构的磁极是用钢板叠成或用铸钢铸成，磁极上套有串联线圈，构成励磁绕组。在励磁绕组中通入直流电流，使磁极产生极性，其极性呈 N、S 交替排列。励磁绕组两个出线端连接到两个集电环上，通过与集电环相接触的静止电刷向外引出；另一种是无明显的磁极，转子为一个圆柱体，表面上开有槽，称为隐极式，如图 10-1b 所示。这种结构的励磁绕组嵌于转子表面的槽中，下线较为困难，但比较坚固。同步发电机的转子可以采用凸极式，也可以采用隐极式。对于水轮发电机，由于水轮机的转速较低，把发电机的转子做成凸极式的；对于汽轮发电机，由于汽轮机的转速较高，为了很好地固定励磁绕组，把发电机的转子做成隐极式的。同步电动机一般都做成凸极式的，在结构上与凸极式同步发电机类似，为了能够自起动，一般在转子磁极的极靴上装设起动绕组。

同步电机的励磁电源有两种：一种是由励磁机供电；另一种是由交流电源经过整流而得到。每台同步电机应配备一台励磁机或整流励磁装置，以便调节励磁电流。

10.1.2 同步电机的基本原理

1. 同步电机的物理模型

同步电机的物理模型如图 10-2 所示，定子三相绕组分别有 N_1 匝线圈，由线圈电流产生的磁场可以用等效的磁极来表示，如图中在空间上相隔 120° 的 A、B、C 三相磁轴。同样，对于转子 N_f 匝线圈产生的磁场也可以用等效的旋转磁极来表示。

2. 同步电机的工作原理

以同步发电机为例来说明同步电机的工作原理。当同步发电机的转子在原动机的拖动下达到同步转速 n_1 时，由于转子绕组是由直流电流 I_f 励磁，所以转子绕组在气隙中所建立的磁场，相对于定子来说是一个与转子旋转方向相同，转速大小相等的旋转磁场。该磁场切割定子上开路的三相对称绕组，在三相对称绕组中产生三相对称空载感应电动势 E_0。若改变励磁电流 I_f 的大小则可以改变感应电动势 E_0 的大小。当同步发电机带负载后，定子绕组构成闭合回路，产生定子电流，

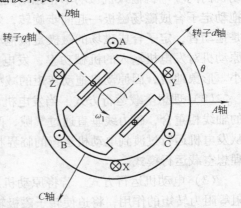

图 10-2　同步电机的物理模型

该电流是三相对称电流，因而要在气隙中产生与转子旋转方向相同、转速大小相等的旋转磁场。此时定、转子间旋转磁场相对静止，气隙中的磁场是定、转子旋转磁场的合成。由于气隙磁场的改变，定子绕组中感应电动势的大小也将发生变化。

3. 同步电机的运行方式

同步电机和其他类型的电机一样，也遵循可逆原理，可按发电机方式运行，也可按电动机方式运行。当原动机拖动同步电机并励磁时，电机从原动机输入机械功率，向电网输出电

功率，为发电机运行方式。当同步电机接于电网并励磁，拖动机械负载时，从电网输入电功率，在转轴上输出机械功率，为电动机运行方式。从图10-3所示同步电机的运行方式可以说明同步电机如何从发电机运行方式过渡到电动机运行方式，从而进一步理解同步电机的基本原理。

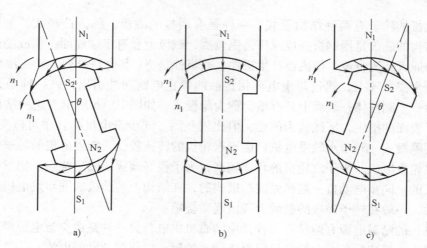

图 10-3　同步电机的运行方式

a）发电机方式　b）理想空载　c）电动机方式

（1）发电机运行方式　图10-3中，N_1、S_1、N_2、S_2分别表示同步电机的定子合成磁场磁极和转子磁极，两对磁极间存在着磁拉力，从而产生电磁转矩。当原动机拖动同步电机转子作发电机运行时，原动机的拖动转矩克服电磁转矩的制动作用，使转子不断地旋转。因原动机向同步电机输入机械功率，原动机拖动转子，磁力线斜着通过气隙，转子磁极用磁拉力拖动定子合成磁场磁极一起同步旋转，发电机将机械功率转换成电功率输出。由于转子磁极是拖动者，定子合成磁场的磁极是被拖动者，两者磁极的轴线存在一定的夹角θ，如果减小原动机对发电机输入的机械功率，发电机所产生的电磁功率以及输出的电功率也相应地减小。形象地说，因原动机拖动转矩的减小，使磁拉力和θ均减小，所以θ又称为功率角。

（2）理想空载运行方式　当发电机所产生的电磁功率为零时，必然$\theta=0$，此时两磁极的轴线相重合，磁力线垂直通过气隙，两磁极间无切向的磁拉力，电磁转矩为零，同步电机从发电机运行过渡到电动机运行的临界状态，如图10-3b所示。该状态表示同步电机工作在理想空载运行模式。

（3）电动机运行方式　若将原动机从同步电机上脱开，由于电机本身受轴承摩擦及风阻等阻力转矩的作用，将迫使转子磁极轴线落后于定子轴线一个微小的θ角，如图10-3c所示。这个θ角相对于发电机的运行情况是负值，这意味着同步电机开始从电网吸收电功率，并从电机的轴上输出机械功率，用于摩擦风阻等损耗上。磁力线又从另一个方向斜着通过气隙，又出现切向磁拉力而形成电磁转矩。显然，此时的电磁转矩的方向与转子旋转方向一致，是一个拖动转矩。若电机转子与负载相连，就能拖动机械负载而继续旋转。由于负载的增大，功率角必然增大，切向磁拉力和电磁转矩相应地增大，同步电机就处于同步电动机负载运行状态。这时定子合成磁场的磁极是拖动者，转子磁极是被拖动者，两者仍同步旋转，实现电功率向机械功率的转换。这就是三相同步电动机的工作原理。

10.2　同步电动机的电磁关系

10.2.1　同步电动机的磁动势

当同步电动机的定子三相对称绕组接到三相对称电源上时，就会产生三相合成旋转磁动势，简称电枢磁动势，用空间矢量 F_a 表示。设电枢磁动势 F_a 的转向为逆时针方向，转速为同步转速。在同步电动机负载运行时，其转子也是逆时针方向以同步转速旋转。由直流励磁电流 I_f 所产生的磁动势称为励磁磁动势，用 F_f 表示，它也是一个空间矢量。电枢磁动势 F_a 与励磁磁动势 F_f，两者都以同步转速按逆时针方向旋转，但是两者在空间的位置不一定相同。

为简明起见，不考虑主磁路的饱和，即认为主磁路是线性的，主磁路中的磁通可以认为是作用在主磁路上的各个磁动势各自产生的磁通的叠加。当这些磁通与定子绕组相交链时，各自在定子绕组中产生感应电动势，这些感应电动势的叠加即为定子绕组中的合成电动势。

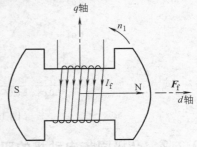

图 10-4　同步电机的直轴与交轴

这里规定两个轴方向：转子 N 极和 S 极的中心线称为直轴或纵轴，简称 d 轴；与直轴相距 90°空间电角度的方向称为交轴或横轴，简称 q 轴。直轴和交轴随转子一同旋转，如图 10-4 所示。

先分析转子励磁磁动势 F_f 单独在电机主磁路中产生磁通的情况。励磁磁动势 F_f 总是位于直轴方向，所产生的磁通如图 10-5 所示。由励磁磁动势 F_f 单独产生的磁通称为励磁磁通，用 Φ_f 表示。显然，Φ_f 经过的磁路是按直轴对称分布的，图 10-6 是其计算机仿真结果。

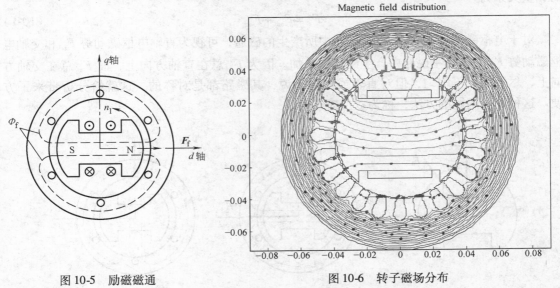

图 10-5　励磁磁通　　　　　　图 10-6　转子磁场分布

对于电枢磁动势 F_a 单独在电机主磁路中产生磁通的情况，则比励磁磁动势 F_f 单独产生励磁磁通 Φ_f 时复杂。这是因为电枢磁动势 F_a 的空间位置不一定位于直轴或交轴方向上，

195

对于凸极同步电机，由于气隙的不均匀，即使知道 F_a 的大小和位置，也不容易求得相应的磁通。图 10-7 给出了电枢磁动势 F_a 单独在电机主磁路中产生磁通的计算机仿真结果。

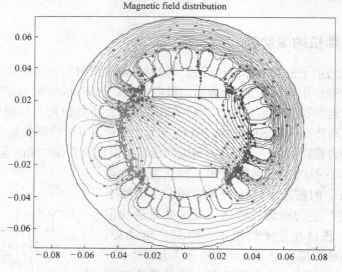

图 10-7　电枢磁动势 F_a 的磁场分布

10.2.2　凸极同步电动机的双反应理论

如图 10-8a 所示，如果电枢磁动势 F_a 与转子直轴（或交轴）的相对位置可以给定，就可以把 F_a 分解成两个分量：一个分量作用在直轴磁路方向，称为直轴电枢磁动势，用 F_{ad} 表示；另一个分量作用在交轴磁路方向上，称为交轴电枢磁动势，用 F_{aq} 表示。F_a、F_{ad}、F_{aq} 的相量关系为

$$\dot{F}_a = \dot{F}_{ad} + \dot{F}_{aq} \tag{10-1}$$

对于电枢磁动势 $\dot{F}_a$ 在电机主磁路中所产生的磁通，可视为直轴电枢磁动势 $\dot{F}_{ad}$ 和交轴电枢磁动势 $\dot{F}_{aq}$ 在电机主磁路中产生磁通的叠加。因为 $\dot{F}_{ad}$ 总在直轴方向上，而 $\dot{F}_{aq}$ 总在交轴方向上，尽管气隙不均匀，但对直轴或交轴来说，其磁路都是对称的，这就给分析带来了方便。这种处理问题的方法，称为双反应理论。

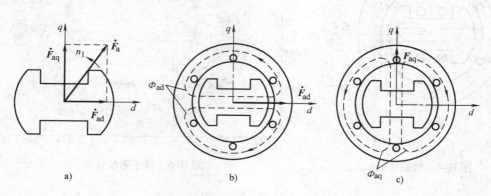

图 10-8　电枢反应磁动势及磁通
a）电枢反应磁动势　b）直轴磁通　c）交轴磁通

由直轴电枢磁动势 $\dot{F}_{ad}$ 在电机主磁路中产生的磁通称为直轴磁通，用 Φ_{ad} 表示，如图 10-8b 所示；由交轴电枢磁动势 $\dot{F}_{aq}$ 在电机主磁路中产生的磁通称为交轴磁通，用 Φ_{aq} 表示，如图 10-8c 所示。Φ_{ad}、Φ_{aq} 都以同步转速 n_1 逆时针方向旋转。

直轴电枢磁动势 $\dot{F}_{ad}$ 和交轴电枢磁动势 $\dot{F}_{aq}$ 除了各自在主磁路中产生经过气隙的磁通外，还要分别在定子绕组里产生漏磁通。根据第 8 章的分析，可以写出由定子电流 $\dot{I}_s$ 产生电枢磁动势 $\dot{F}_a$ 的表达式，即

$$\dot{F}_a = 1.35 \frac{N_1 k_{w1}}{n_p} \dot{I}_s \qquad (10\text{-}2)$$

同时

$$\begin{cases} \dot{F}_{ad} = 1.35 \dfrac{N_1 k_{w1}}{n_p} \dot{I}_d \\[2mm] \dot{F}_{aq} = 1.35 \dfrac{N_1 k_{w1}}{n_p} \dot{I}_q \end{cases} \qquad (10\text{-}3)$$

考虑到式（10-1）的关系，有

$$\dot{I}_s = \dot{I}_d + \dot{I}_q \qquad (10\text{-}4)$$

即把电枢电流 $\dot{I}_s$ 按相量的关系分解成两个分量：一个是直轴分量 $\dot{I}_d$，另一个是交轴分量 $\dot{I}_q$。$\dot{I}_d$ 产生磁动势 $\dot{F}_{ad}$，$\dot{I}_q$ 产生磁动势 $\dot{F}_{aq}$。

10.2.3　同步电动机的电压方程

1. 凸极同步电动机的电压方程

无论是励磁磁通 Φ_f，还是直轴磁通 Φ_{ad} 或交轴磁通 Φ_{aq}，都是以同步转速 n_1 逆时针旋转的，因此都要在定子绕组中产生相应的感应电动势。励磁磁通 Φ_f 在定子绕组中的感应电动势用 $\dot{E}_0$ 表示，直轴磁通 Φ_{ad} 在定子绕组里的感应电动势用 $\dot{E}_{ad}$ 表示，交轴磁通 Φ_{aq} 在定子绕组里的感应电动势用 $\dot{E}_{aq}$ 表示。根据图 10-9 所规定的正方向，可以列出定子 A 相回路的电压方程为

$$\dot{U}_s = \dot{E}_0 + \dot{E}_{ad} + \dot{E}_{aq} + \dot{I}_s (R_s + jX_s) \qquad (10\text{-}5)$$

式中　R_s——定子绕组的相电阻；

X_s——定子绕阻一相的漏电抗。

假定磁路线性，则 $\dot{E}_{ad}$ 与 Φ_{ad} 成正比，而 Φ_{ad} 与 $\dot{I}_d$ 成正比，所以 $\dot{E}_{ad}$ 与 $\dot{I}_d$ 成正比。由于 $\dot{I}_d$ 与 Φ_{ad} 方向相同，所以 $\dot{I}_d$ 落后 $\dot{E}_{ad}$ 90°电角度，这样电动势 $\dot{E}_{ad}$ 可以写成

$$\dot{E}_{ad} = j\dot{I}_d X_{ad} \qquad (10\text{-}6)$$

同理，电动势 $\dot{E}_{aq}$ 可以写成

$$\dot{E}_{aq} = j\dot{I}_q X_{aq} \qquad (10\text{-}7)$$

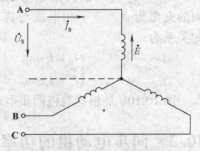

图 10-9　同步电动机的正方向

式中　X_{ad}——直轴电枢反应电抗；

X_{aq}——交轴电枢反应电抗。

把式（10-6）、式（10-7）代入式（10-5），得

$$\dot{U}_\mathrm{s} = \dot{E}_0 + \mathrm{j}\dot{I}_\mathrm{d}X_\mathrm{ad} + \mathrm{j}\dot{I}_\mathrm{q}X_\mathrm{aq} + \dot{I}_\mathrm{s}(R_\mathrm{s} + \mathrm{j}X_\mathrm{s}) \tag{10-8}$$

考虑到式（10-4），有

$$\dot{U}_\mathrm{s} = \dot{E}_0 + \mathrm{j}\dot{I}_\mathrm{d}(X_\mathrm{ad} + X_\mathrm{s}) + \mathrm{j}\dot{I}_\mathrm{q}(X_\mathrm{aq} + X_\mathrm{s}) + (\dot{I}_\mathrm{d} + \dot{I}_\mathrm{q})R_\mathrm{s} \tag{10-9}$$

一般情况下，当同步电动机容量较大时，可忽略定子电阻 R_s，于是

$$\dot{U}_\mathrm{s} = \dot{E}_0 + \mathrm{j}\dot{I}_\mathrm{d}X_\mathrm{d} + \mathrm{j}\dot{I}_\mathrm{q}X_\mathrm{q} \tag{10-10}$$

式中　$X_\mathrm{d} = X_\mathrm{ad} + X_\mathrm{s}$——直轴同步电抗；

　　　$X_\mathrm{q} = X_\mathrm{aq} + X_\mathrm{s}$——交轴同步电抗。

在一般凸极同步电动机中，由于直轴磁路的磁阻小于交轴磁路的磁阻（见图 10-8b、c），所以 $X_\mathrm{ad} > X_\mathrm{aq}$，即 $X_\mathrm{d} > X_\mathrm{q}$。

2. 隐极同步电动机的电压方程

对于隐极同步电动机，由于气隙均匀，直、交轴同步电抗是相等的，即有

$$X_\mathrm{d} = X_\mathrm{q} = X_\mathrm{c} \tag{10-11}$$

式中　X_c——隐极同步电动机的同步电抗。

这样，由式（10-10）可写出隐极同步电动机的电压方程为

$$\dot{U}_\mathrm{s} = \dot{E}_0 + \mathrm{j}\dot{I}_\mathrm{s}X_\mathrm{c} \tag{10-12}$$

10.2.4　同步电动机的相量图

同步电机作为电动机运行时，电源必须向定子绕组输入有功功率，这时输入电动机的有功功率 P_1 必须满足

$$P_1 = 3U_\mathrm{s}I_\mathrm{s}\cos\varphi_1 > 0 \tag{10-13}$$

式（10-13）表明，定子相电流的有功分量 $I_\mathrm{s}\cos\varphi_1$ 应与定子相电压 $\dot{U}_\mathrm{s}$ 同相位。即 $\dot{U}_\mathrm{s}$ 与 $\dot{I}_\mathrm{s}$ 之间的功率因数角 φ_1 必须小于 90°，才能使电机运行于电动机状态。图 10-10a 是根据凸极同步电动机的电压方程，在 $\varphi_1 < 90°$（超前）时画出的相量图。图中 $\dot{U}_\mathrm{s}$ 与 $\dot{I}_\mathrm{s}$ 之间的夹角是定子功率因数角 φ_1，$\dot{E}_0$ 与 $\dot{U}_\mathrm{s}$ 之间的夹角是功率角 θ，$\dot{E}_0$ 与 $\dot{I}_\mathrm{s}$ 之间的夹角为 ψ，定子相电流与直、交轴电流之间的关系为

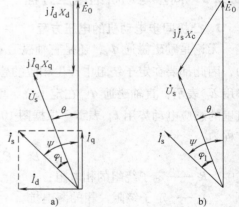

$$\begin{cases} I_\mathrm{d} = I_\mathrm{s}\sin\psi \\ I_\mathrm{q} = I_\mathrm{s}\cos\psi \end{cases} \tag{10-14}$$

图 10-10　同步电动机相量图
a）凸极式　b）隐极式

图 10-10b 是根据隐极同步电动机的电压方程画出的相量图。

10.3　同步电动机的功率与转矩

10.3.1　功率关系

同步电动机从电源吸收有功功率 $P_1 = 3U_\mathrm{s}I_\mathrm{s}\cos\varphi_1$，在扣除消耗于定子绕组的铜耗 $\Delta p_\mathrm{Cu} =$

$3I_s^2R_s$ 后，转变为电磁功率 P_{em}，即

$$P_{em} = P_1 - \Delta p_{Cu} \qquad (10\text{-}15)$$

从电磁功率 P_{em} 中再扣除铁耗 Δp_{Fe} 和机械摩擦损耗 Δp_m，就得到输出的机械功率 P_2，即

$$P_2 = P_{em} - \Delta p_{Fe} - \Delta p_m \qquad (10\text{-}16)$$

其中铁耗 Δp_{Fe} 与机械损耗 Δp_m 之和称为空载损耗 Δp_0，即

$$\Delta p_0 = \Delta p_{Fe} + \Delta p_m \qquad (10\text{-}17)$$

根据上述分析，可以画出同步电动机的功率流程图，如图 10-11 所示。

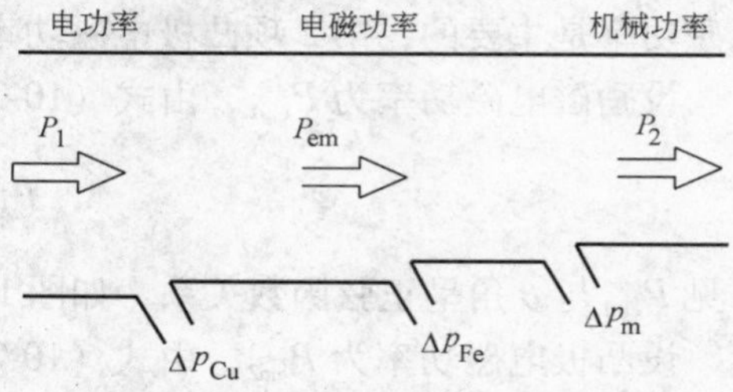

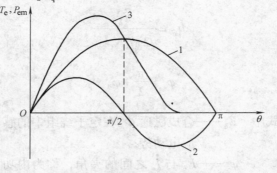

图 10-11　同步电动机的功率流程图

10.3.2　电磁功率与功角特性

对于凸极式同步电动机，当忽略定子电阻 R_s 时，电磁功率为

$$P_{em} = P_1 = 3U_sI_s\cos\varphi_1 \qquad (10\text{-}18)$$

由凸极式同步电动机的相量图（见图 10-10）可见，$\varphi_1 = \psi - \theta$，于是

$$P_{em} = 3U_sI_s\cos\psi\cos\theta + 3U_sI_s\sin\psi\sin\theta \qquad (10\text{-}19)$$

此外，根据相量图可得

$$I_d = I_s\sin\psi$$
$$I_q = I_s\cos\psi$$
$$I_dX_d = E_0 - U_s\cos\theta$$
$$I_qX_q = U_s\sin\theta$$

考虑以上关系，得

$$P_{em} = 3\frac{E_0U_s}{X_d}\sin\theta + 3U_s^2\left(\frac{1}{X_q} - \frac{1}{X_d}\right)\cos\theta\sin\theta$$

即

$$P_{em} = 3\frac{E_0U_s}{X_d}\sin\theta + \frac{3U_s^2(X_d - X_q)}{2X_dX_q}\sin2\theta \qquad (10\text{-}20)$$

接在电网上运行的同步电动机，电源电压 U_s、电源频率 f_1 都保持不变，如果励磁电流 I_f 也保持不变，则对应的感应电动势 E_0 也不变，此外电动机的参数 X_d、X_q 又是已知的常数，这样同步电动机的电磁功率 P_{em} 就仅仅是 θ 角的函数，当 θ 角变化时，电磁功率 P_{em} 也随着变化。把 $P_{em} = f(\theta)$ 的关系定义为同步电动机的功角特性，由此所绘制出的曲线称为功角特性曲线，如图 10-12 所示。

图 10-12　凸极式同步电动机的功角特性

式 (10-20) 中右边的第 1 项与励磁电流 I_f 的大小有关，称为励磁电磁功率；第 2 项与

励磁电流 I_f 的大小无关，是由参数 $X_d \neq X_q$ 而引起的，这部分功率只有在凸极式同步电动机中才有，而对隐极式同步电动机则不存在，所以该电磁功率称为凸极电磁功率。第 1 项励磁电磁功率是主要的，第 2 项凸极电磁功率比第 1 项小得多。

设励磁电磁功率为 P_{em1}，由式（10-20）得

$$P_{em1} = \frac{3E_0 U_s}{X_d}\sin\theta \tag{10-21}$$

可见 P_{em1} 与 θ 角呈正弦函数关系，如图 10-12 中的曲线 1 所示。当 $\theta = 90°$ 时，P_{em1} 为最大。

设凸极电磁功率为 P_{em2}，由式（10-20）得

$$P_{em2} = \frac{3U_s^2 (X_d - X_q)}{2X_d X_q}\sin2\theta \tag{10-22}$$

可见 P_{em2} 与 2θ 呈正弦函数关系，如图 10-12 中的曲线 2 所示。当 $\theta = 45°$ 时，P_{em2} 为最大。

图 10-12 中曲线 3 是总的电磁功率 P_{em} 与 θ 角的关系曲线，可见与 P_{em} 最大值所对应的 θ 角小于 90°。

10.3.3 电磁转矩与矩角特性

首先根据第 3 章所介绍的电磁转矩通用公式来推导同步电动机电磁转矩的表达式。电磁转矩的通用公式为

$$T_e = \frac{\pi}{2}n_p^2 \Phi_{sr} F_s \sin\varphi_s$$

式中 n_p——电机极对数；

$\quad\quad \Phi_{sr}$——每极合成磁通；

$\quad\quad F_s$——定子磁动势幅值；

$\quad\quad \varphi_s$——定子磁动势与合成磁动势之间的夹角。

由式（10-2），并考虑 $F_s = F_a$，可得

$$F_s = \frac{\sqrt{2}}{\pi}\frac{3N_1 k_{w1}}{n_p}I_s$$

由第 9 章的式（9-8），以及图 10-13 所示同步电动机的磁动势关系，可得

$$\Phi_{sr} = \frac{\dot{E}_\delta}{\sqrt{2}\pi f_1 N_1 k_{w1}}$$

$$\varphi_s = \frac{\pi}{2} + \varphi_\delta$$

式中 $\dot{E}_\delta$——合成磁通 Φ_{sr} 在定子绕组中的感应电动势；

$\quad\quad \varphi_\delta$——$\dot{E}_\delta$ 与 $\dot{I}_s$ 之间的夹角，称为内功率因数角。

把上述三式代入电磁转矩的通用公式，可得

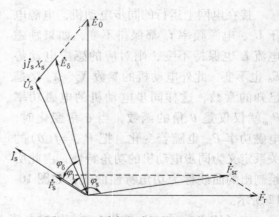

图 10-13 同步电动机的磁动势关系

$$T_e = \frac{3E_\delta I_s \cos\varphi_\delta}{\omega_1} \qquad (10\text{-}23)$$

式中 ω_1——同步角速度，$\omega_1 = \frac{2\pi f_1}{n_p}$。

不计定子漏阻抗时，$\dot{U}_s = \dot{E}_\delta$，且 $\varphi_1 = \varphi_\delta$，因此式（10-23）可以写成

$$T_e = \frac{3U_s I_s \cos\varphi_1}{\omega_1} \qquad (10\text{-}24)$$

根据功率与转矩的关系，同样可以导出电磁转矩的表达式，以及转矩平衡方程。与异步电动机一样，电磁转矩 T_e 应等于电磁功率 P_{em} 除以电动机角速度 ω，对于同步电动机 $\omega = \omega_1$，所以同步电动机的电磁转矩应为

$$T_e = \frac{P_{em}}{\omega_1} = \frac{3U_s I_s \cos\varphi_1}{\omega_1} \qquad (10\text{-}25)$$

此式与式（10-24）是完全一致的。

将式（10-16）等号两边同除以 ω_1，得到同步电动机的转矩平衡方程为

$$T_e = T_L + T_0 \qquad (10\text{-}26)$$

式中 T_0——空载转矩。

将电磁功率的表达式（10-20）代入式（10-25），可得电磁转矩的表达式为

$$T_e = 3\frac{E_0 U_s}{\omega_1 X_d}\sin\theta + \frac{3U_s^2 \ (X_d - X_q)}{2\omega_1 X_d X_q}\sin 2\theta \qquad (10\text{-}27)$$

式（10-27）说明，在电源电压 U_s、电源频率 f_1、励磁电流 I_f 都保持不变时，同步电动机的电磁转矩 T_e 也仅是 θ 角的函数。当 θ 角变化时，电磁转矩 T_e 也随着变化。把 $T_e = f(\theta)$ 的关系定义为同步电动机的矩角特性，由此所绘制出的曲线称为矩角特性曲线。功角特性表达式与矩角特性表达式之间仅相差一个常数 ω_1，所以图 10-12 中的曲线也可视为矩角特性曲线。

若是隐极式同步电动机，因 $X_d = X_q = X_c$，功角特性的表达式为

$$P_{em} = 3\frac{E_0 U_s}{X_c}\sin\theta \qquad (10\text{-}28)$$

而矩角特性的表达式为

$$T_e = 3\frac{E_0 U_s}{\omega_1 X_c}\sin\theta \qquad (10\text{-}29)$$

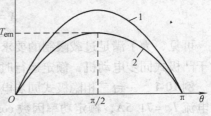

图 10-14 隐极同步电动机的矩角特性

其相应的特性曲线如图 10-14 所示，两者之间也仅相差一个常数 ω_1，图中曲线 1 为功角特性，曲线 2 为矩角特性。

10.3.4 稳定运行问题

下面以隐极同步电动机为例来讨论同步电动机的稳定运行问题。

1. 电动机拖动负载运行在 $\theta = 0° \sim 90°$ 的范围内

如图 10-15a 所示，设电动机原来运行于 θ_1，此时电磁转矩 T_{e1} 与负载转矩 T_{L1} 相平衡，

201

1

即 $T_{e1}=T_{L1}$。现在假设由于某种原因，负载转矩 T_{L1} 突然增加，变为 T_{L2}。这时转子要减速并使 θ 角增大，在 $\theta=0°\sim90°$ 的范围内，θ 角的增大将导致电磁转矩 T_e 增大。当 θ 变为 θ_2 时，所对应的电磁转矩为 T_{e2}，如果 $T_{e2}=T_{L2}$，则电动机在功率角 θ_2 处稳定运行。如果负载转矩又恢复为 T_{L1}，转子则将加速并使 θ 角减小，当 θ 恢复为 θ_1 时，又有 $T_{e1}=T_{L1}$。所以，电动机在 $\theta=0°\sim90°$ 的范围内能够稳定运行。

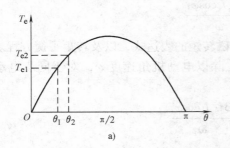 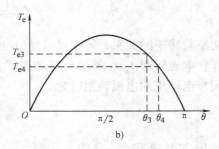

图 10-15 同步电动机运行分析

a) $\theta=0°\sim90°$ b) $\theta=90°\sim180°$

2. 电动机拖动负载运行在 $\theta=90°\sim180°$ 的范围内

如图 10-15b 所示，设电动机原来运行于 θ_3，此时电磁转矩 T_{e3} 与负载转矩 T_{L3} 相平衡，即 $T_{e3}=T_{L3}$。仍假定由于某种原因，负载转矩 T_{L3} 突然增大，变为 T_{L4}。这时转子要减速并使 θ 角增大，但在 $\theta=90°\sim180°$ 的范围内，θ 角的增大将导致电磁转矩 T_e 减小。当 θ 变为 θ_4 时，所对应的电磁转矩为 T_{e4}，而此时 $T_{e4}<T_{L4}$，转子将继续减速并使 θ 角进一步增大。这样，电磁转矩 T_e 只会进一步减小，不可能达到新的转矩平衡状态。所以，电动机在 $\theta=90°\sim180°$ 的范围内不能够稳定运行。

如果与异步电动机一样，将最大电磁转矩 T_{em} 与额定电磁转矩 T_N 之比称为过载倍数，用 λ 表示，那么由式（10-27）及式（10-29）得

$$\lambda=\frac{T_{em}}{T_N}\approx\frac{\sin90°}{\sin\theta_N}=2\sim3.5 \tag{10-30}$$

可见，为了满足过载限制的要求，隐极式同步电动机额定运行时，$\theta_N\approx30°\sim16.5°$。而对于凸极式同步电动机，额定运行时的功率角还要小一些。

例 10-1 一台三相隐极式同步电动机，定子绕组为星形联结，额定电压 $U_N=6000V$，额定电流 $I_N=71.5A$，额定功率因数 $\cos\varphi_N=0.9$（超前），同步电抗 $X_c=48.5\Omega$，不计定子电阻，求额定运行时：（1）感应电动势 E_0；（2）功率角 θ_N；（3）电磁功率 P_{em}；（4）过载倍数 λ。

解：（1）感应电动势 E_0

额定相电压 $U=\dfrac{U_N}{\sqrt{3}}=\dfrac{6000}{\sqrt{3}}V\approx3464.1V$

由 $\cos\varphi_N=0.9$，可知 $\varphi_N=25.84°$，$\sin\varphi_N=0.4359$

根据图 10-16 所示的相量图，得

$$E_0 = \sqrt{(U\sin\varphi_N + I_N X_c)^2 + (U\cos\varphi_N)^2}$$
$$\approx \sqrt{(3464.1 \times 0.4359 + 71.5 \times 48.5)^2 + (3464.1 \times 0.9)^2}\,\text{V}$$
$$\approx 5873.5\text{V}$$

（2）功率角 θ_N

$$\psi_N = \arctan\frac{U\sin\varphi_N + I_N X_c}{U\cos\varphi_N} \approx \arctan\frac{3464.1 \times 0.4359 + 71.5 \times 48.5}{3461.1 \times 0.9} \approx 57.94°$$

$$\theta_N = \psi_N - \varphi_N \approx 57.94° - 25.84° = 32.1°$$

（3）电磁功率 P_{em}

$$P_{em} = 3\frac{E_0 U}{X_c}\sin\theta_N \approx 3 \times \frac{5873.5 \times 3464.1}{48.5} \times \sin 32.1°\,\text{W} \approx 668.8\text{kW}$$

（4）过载倍数 λ

$$\lambda = \frac{\sin 90°}{\sin\theta_N} \approx \frac{1}{0.5314} \approx 1.88$$

例 10-2 一台三相凸极同步电动机，定子绕组星形联结，额定电压 $U_N = 6000\text{V}$，额定电流 $I_N = 60\text{A}$，额定转速 $n_N = 1000\text{r/min}$，频率 $f_1 = 50\text{Hz}$，额定功率因数 $\cos\varphi_N = 0.8$（超前），直轴同步电抗 $X_d = 60\Omega$，交轴同步电抗 $X_q = 40\Omega$，不计定子电阻，求额定运行时：（1）感应电动势 E_0；（2）电磁功率 P_{em}；（3）电磁转矩 T_e。

解：（1）感应电动势 E_0

额定相电压

$$U = \frac{U_N}{\sqrt{3}} = \frac{6000}{\sqrt{3}}\text{V} \approx 3464.1\text{V}$$

由 $\cos\varphi_N = 0.8$，可知 $\varphi_N = 36.87°$，$\sin\varphi_N = 0.6$

根据图 10-17 所示的相量图，得

$$\psi_N = \arctan\frac{I_N X_q + U\sin\varphi_N}{U\cos\varphi_N} \approx \arctan\frac{60 \times 40 + 3464.1 \times 0.6}{3464.1 \times 0.8} \approx 58.25°$$

$$\theta_N = \psi_N - \varphi_N \approx 58.25° - 36.87° = 21.38°$$

$$I_d = I_N\sin\psi_N \approx 60 \times \sin 58.25°\text{A} \approx 51.02\text{A}$$

$$E_0 = U\cos\theta_N + I_d X_d \approx 3464.1 \times \cos 21.38°\text{V} + 51.02 \times 60\text{V} \approx 6286.9\text{V}$$

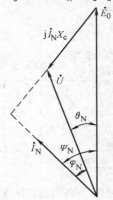

图 10-16 例 10-1 相量图

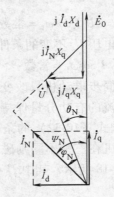

图 10-17 例 10-2 相量图

203

（2）电磁功率 P_{em}

因为不计定子电阻，所以

$$P_{em} = P_1 = \sqrt{3}U_N I_N \cos\varphi_N = \sqrt{3} \times 6000 \times 60 \times 0.8 \text{kW} \approx 498.83 \text{kW}$$

（3）电磁转矩 T_e

$$T_e = \frac{P_{em}}{\omega_1} \approx \frac{498.83}{2\pi \times 1000/60} \text{kN} \cdot \text{m} \approx 4.76 \text{kN} \cdot \text{m}$$

10.4 同步电动机的工作特性

10.4.1 功率因数调节

当同步电动机接在交流电源上，可认为电源电压 U_s 及频率 f_1 都保持不变。另外，假设同步电动机拖动的负载转矩也保持不变，那么仅改变同步电动机的励磁电流 I_f，就能调节同步电动机的功率因数。下面以隐极式同步电动机为例进行深入分析。

为方便起见，分析中忽略电机的各种损耗。在空载转矩 $T_0 = 0$ 的条件下，由式（10-26）可知 $T_e = T_L$，即当负载转矩 T_L 不变时，可认为电磁转矩 T_e 不变。这样，根据式（10-29）可得

$$T_e = 3\frac{E_0 U_s}{\omega_1 X_d}\sin\theta = 常数$$

式中，电源电压 U_s、角速度 ω_1 及同步电抗 X_d 都是常数，所以

$$E_0 \sin\theta = 常数 \tag{10-31}$$

这表明当同步电动机只改变励磁电流 I_f 时，其感应电动势 E_0 的大小及相位也要跟着改变，以满足式（10-31）的关系。

当负载转矩不变时，由于同步电动机的转速恒定不变，所以同步电动机的输出功率不变。在忽略电动机各种损耗的情况下，同步电动机的输入功率与输出功率相等，于是有

$$P_1 = 3U_s I_s \cos\varphi_1 = 常数$$

这样，在电源电压 U_s 不变的条件下，必有

$$I_s \cos\varphi_1 = 常数 \tag{10-32}$$

这表明当同步电动机只改变励磁电流 I_f 时，其定子电流的有功分量保持不变。根据式（10-31）和式（10-32）的条件可画出隐极式同步电动机在三种不同励磁电流时的相量图，如图 10-18 所示，其中 $I_f'' < I_f < I_f'$，即 $E_0'' < E_0 < E_0'$。

由图 10-18 可见，在改变励磁电流 I_f 的

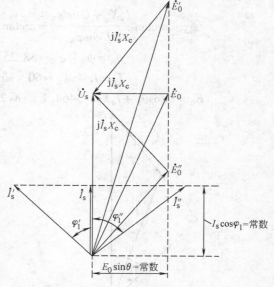

图 10-18　同步电动机仅改变励磁电流时的相量图

大小时，为了满足式（10-32）的条件，电流相量 $\dot{I}_s$ 的末端总是落在与电压相量 $\dot{U}_s$ 相垂直的固定的虚线上。同样地，为了满足式（10-31）的条件，电动势相量 $\dot{E}_0$ 的末端总是落在与电压相量 $\dot{U}_s$ 相平行的固定的虚线上。

当改变励磁电流 I_f 时，同步电动机功率因数变化的规律是：

1）当励磁电流为 I_f 时，使定子电流 $\dot{I}_s$ 与定子电压 $\dot{U}_s$ 同相位，这种情况称为正常励磁状态，如图 10-18 中的 $\dot{E}_0$、$\dot{I}_s$ 相量。在正常励磁状态下，同步电动机只从电网吸收有功功率，不吸收无功功率。也就是说，这种情况下的同步电动机就像个纯电阻负载，功率因数 $\cos\varphi_1 = 1$。

2）当励磁电流比正常励磁电流小时，称为欠励状态，如图 10-18 中的 $\dot{E}_0''$、$\dot{I}_s''$ 相量。这时 $E_0'' < E_0$，功率因数角为 φ_1''（滞后）。在这种情况下同步电动机除了从电网吸收有功功率以外，还要从电网吸收滞后的无功功率。这种情况下的同步电动机像一个电阻电感性负载。本来电网就供应着如异步电动机、变压器等需要滞后无功功率的负载，现在同步电动机处于欠励状态运行时，也需要电网提供滞后的无功功率，从而进一步加重了电网的负担，所以同步电动机一般很少采用欠励运行方式。

3）当励磁电流比正常励磁电流大时，称为过励状态，如图 10-18 中的 $\dot{E}_0'$、$\dot{I}_s'$ 相量。这时 $E_0' > E_0$，功率因数角为 φ'（超前）。在这种情况下同步电动机除了从电网吸收有功功率以外，还要从电网吸收超前的无功功率。这种情况下的同步电动机像一个电阻电容性负载。由此可见，在过励状态下运行的同步电动机对改善电网的功率因数是非常有益的。

总之，当改变同步电动机的励磁电流时，能够改变同步电动机的功率因数，这是异步电动机所不具备的。所以在同步电动机拖动负载运行时，一般要过励，至少也要运行在正常励磁状态，不要处于欠励状态。

10.4.2 U 形曲线

同步电动机的 U 形曲线是指当电源电压 U_s 和电源频率 f_1 均为额定值时，在输出功率 P_2 不变的条件下，调节励磁电流 I_f 时定子电流 I_s 的相应变化。以励磁电流 I_f 为横坐标，定子电流 I_s 为纵坐标，将这两个电流的数值变化关系绘制成曲线，由于其形状像英文字母 "U"，故称其为 U 形曲线（也有称为 V 形曲线[11]）。

如图 10-19 所示，当电动机带有不同的负载时，对应有一组 U 形曲线。在相同的励磁电流 I_f 下，输出功率 P_2 越大，定子电流 I_s 就越大，所得到的 U 形曲线就往右上方移。图中各条 U 形曲线对应的功率为 $P_2''' > P_2'' > P_2'$。

对于每条 U 形曲线，定子电流有一最小值，这时定子仅从电网吸收有功功率，功率因数 $\cos\varphi_1 = 1$。把这些点连起来，称为 $\cos\varphi_1$

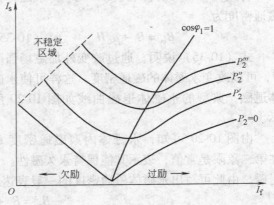

图 10-19 同步电动机的 U 形曲线

=1 线。它微微向右倾斜，表明输出为纯有功功率时，输出功率增大的同时，必须相应地增加一些励磁电流。这样，$\cos\varphi_1 = 1$ 线可作为分界线，线的左边是欠励区，右边是过励区。

当同步电动机带一定负载时，若减小励磁电流，感应电动势 E_0、电磁功率 P_{em} 减小。当 P_{em} 减小到一定程度时，θ 超过 90°，电动机将失去同步，如图 10-19 中虚线所示的不稳定区。从这个角度看，同步电动机最好也不要运行于欠励状态。

10.5 永磁式同步电动机

世界上第一台电机就是永磁电机，但是早期的永磁材料磁性能很差，致使永磁电机体积很大，非常笨重，因而很快就被电励磁式电机所取代。近年来，随着稀土永磁材料的快速发展，特别是第三代稀土永磁材料钕铁硼（Nd-Fe-B）的问世，给永磁电机的研究和开发带来了新的活力。从 20 世纪 80 年代初开始，各工业发达国家竞相研制高性能永磁电机，其中永磁式同步电动机（Permanent Magnet Synchronous Motor，PMSM）以其高效节能的优点而备受青睐。本书第 1.2.3 节曾对永磁材料有过简要介绍，下面进一步介绍永磁材料的基本特性和永磁电动机的结构与原理。

10.5.1 永磁电动机的基本结构与原理

永磁电动机是采用永磁材料作为部分结构的电动机，其关键技术在于永磁材料的特性和电机结构的选择。

1. 永磁材料的基本特性

具有永久磁性的材料称为永磁体。永磁体的磁通密度由两部分组成：一部分是固有磁性，其产生的磁通密度称为内禀磁通密度 B_i；另一部分是由其自身的磁场强度产生的励磁分量 B_h，这样，永磁体的磁通密度应为

$$B_m = B_i + B_h \qquad (10-33)$$

由于其励磁分量 B_h 正比于磁场强度 H，即有

$$B_h = \mu_0 H \qquad (10-34)$$

将式（10-34）代入式（10-33），永磁体的磁通密度为

$$B_m = B_i + \mu_0 H \qquad (10-35)$$

式（10-35）说明，通过改变外加磁场强度 H，可以改变永磁体的磁通密度，这样可使永磁体退磁，典型的永磁体退磁曲线如图 10-20 所示。

由图 10-20 可知，永磁体内禀磁通密度 B_i

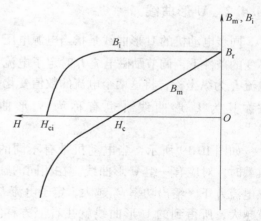

图 10-20 典型的永磁体退磁曲线

在第二象限是常值，表示其能保持永久磁性。但是如果外加反向的励磁磁场较强，可以使其退磁，由此可写出永磁体磁通密度的一般表达式为

$$B_m = B_r + \mu_0 \mu_{rm} H \qquad (10-36)$$

式中 μ_{rm}——永磁材料的相对磁导率；

B_r——永磁材料的剩余磁通密度。

2. 永磁电动机的基本结构

永磁同步电动机转子永磁体的结构和布置形式灵活多样，按照气隙磁通的不同方向可分为三类：径向磁通永磁电动机、轴向磁通永磁电动机和横向磁通永磁电动机。横向磁通永磁电动机极少采用，这里主要介绍前两类。

（1）径向磁通永磁同步电动机（RFPM synchronous machine）　通常，永磁同步电动机大都采用径向磁通结构，如图 10-21 所示，在定子或转子侧设置永磁体来代替电励磁绕组。根据转子与定子的相对位置，又可划分为内转子式和外转子式。图 10-21a 为内转子结构，其转子为圆柱形，外贴永磁体，在定子侧开槽放置绕组；图 10-21b 为外转子结构，定子侧开槽，在转子内侧放置永磁体。一般以内转子结构较为常见。

图 10-21　径向磁通永磁同步电动机的基本结构
a）内转子式　b）外转子式

按照永磁体布置方式的不同，又可分为内嵌式和表面式两种，如图 10-22 所示。内嵌式结构将永磁体埋在转子中，如图 10-22a 所示，每极磁通由两块永磁体联合提供，可产生较大的气隙磁通密度；表面式结构是将永磁体贴在转子表面，如图 10-22b 所示，极间漏磁较少，可采用导磁转轴，不需要隔磁衬套，因而转子零件较少，工艺也较简单，但须解决永磁体的粘贴问题。

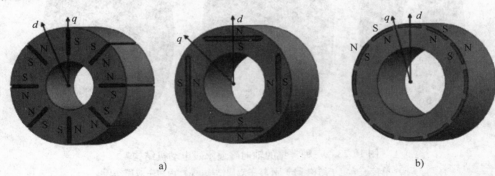

图 10-22　永磁体的布置方式
a）内嵌式　b）表面式

永磁体的相对磁导率 μ_{rm} 与空气的相对磁导率相近（≈1），所以，表面式永磁同步电动机的工作原理与隐极式同步电动机的相似，而内嵌式永磁同步电动机的工作原理与凸极式同步电动机的相似。

径向磁通永磁推进电动机的代表是德国 Siemens 公司研制的 PERMASYN 永磁推进电动机，这是世界上第一台成功应用于常规潜艇推进系统的新型高功率密度电动机，其输出功率等级从 1.7MW 到 5MW 不等，可以适应各类常规潜艇的具体要求。PERMASYN 永磁推进电动机的主要特点如下[18]：

1）体积小，重量轻，比功率高。

2）效率高，特别在部分负载范围内。

3）转速级别低，调速范围宽，运行全过程可任意调速。

4）由于有冗余和降级，有效利用率高。

5）电磁噪声、机械噪声和空气噪声水平低。

6）漏磁少，电磁兼容性能好。

（2）轴向磁通永磁同步电动机（AFPM synchronous machine）　轴向磁通永磁同步电动机由于外形扁平，又称为盘式永磁电动机，其轴向尺寸较短，气隙呈平面形，特别适用于安装空间有严格限制的场合。实际上，1831 年法拉第发明的世界上第一台电机便是轴向磁通电动机（又称盘式电动机）。然而，局限于当时的材料与技术水平，以及该类型电动机本身存在的缺点，使得轴向磁通电动机的发展远远落后于径向磁通电动机。

近年来，由于高磁能积材料的出现以及轴向磁通电动机的盘式形状，该类型电动机又重新受到了重视。根据电动机定子与转子的数量、相对位置的不同，轴向磁通电动机可以设计成多种不同的结构，如图 10-23 所示。图 10-23a 是最简单的单转子单定子结构，不难看出，可以通过增大转子的尺寸来提高永磁体的极对数，这样的设计结构非常适用于低速的应用场合；图 10-23b 是外转子的双层结构，又称为"TORUS"结构；而图 10-23c 是内转子的双层结构。A. Parviainen 就曾介绍和对比了不同结构的 AFPM 电动机[18]。

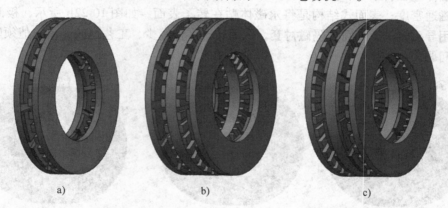

图 10-23　三种常见的轴向磁通永磁电动机结构

a）单转子单定子结构　b）外转子双层结构　c）内转子双层结构

AFPM 电动机具有诸多优点，由于盘式的特殊形状，AFPM 电动机适用于轴向长度有特殊要求与限制的装置。不仅如此，AFPM 电动机可以设计成多层的结构，从而非常简单地实现了输出功率的增大，获得了更高的转矩。与 RFPM 电动机相比，AFPM 电动机具有更高的转矩密度、电动机半径与长度的比值更大等特点。但是，由于 AFPM 电动机的轴向长度较短、半径与长度的比值较大，所以电动机表面的机械强度较差，容易发生扭曲变形，在电动机设计阶段需要充分考虑电动机在机械强度方面的限制。

1990 年，美国的 Kaman 公司与 Newport News 船厂共同研制了 18MW 的轴向磁通永磁推进电动机，该电动机采用双定子和单转子的结构，中间转子结构可使电动机获得最小的转动惯量，而双气隙可使电动机获得最优的散热条件。每个定子上有多个线圈，每个线圈由单独的逆变器供电。转子上设置钕铁硼永磁体，磁场方向为轴向。环形转子由径向轴承和推力轴承支撑，并在转子的中空部分安装减振联轴器，使电动机结构紧凑。定子采用水冷方式，转子通过轴承润滑油冷却。逆变器放在电动机外部两侧的控制柜中。两个定子相互错开一定的角度，以避免起动死区，并减小电磁转矩的脉动。

轴向磁通永磁推进电动机的主要特点如下：

1）轴向尺寸短，可适用于安装空间较小的场合，并且冷却方便。

2）转动部分只有中间永磁体，转动惯量小，具有快速的响应能力，可以用于频繁起、制动和正、反转的场合。

3）定子绕组两端面直接与气隙接触，有利于绕组的散热，并可取较大的电磁负荷，减小电动机的体积。

4）定、转子间的气隙较大，电枢反应较小，对永磁体的去磁作用较小。

5）定子采用环形铁心结构，可大大提高硅钢片的利用率。

6）定子可采用无槽铁心结构，消除因齿槽效应而产生的转矩脉动和转速波动，并消除因磁通脉振而引起的损耗和噪声。

3. 永磁同步电动机的工作原理

永磁同步电动机通常采用径向磁通结构，其定子与普通的电励磁同步电动机的定子相同，定子铁心由带有齿和槽的冲片叠压而成，在槽中嵌入交流绕组，在转子表面或内部嵌入永磁体来代替直流励磁绕组。因此，永磁同步电动机的工作原理与普通同步电动机相似，当交流电流通入定子交流绕组时，在气隙中产生圆形旋转磁场，定、转子磁场相互作用而产生电磁转矩，带动转子及负载同步旋转。

由于永磁同步电动机的转子磁通是由永磁体产生的，电动机的主要参数将取决于永磁体的结构和参数。图 10-24 给出了表贴式永磁同步电动机的永磁体结构与磁通密度的关系。由图 10-24 可知，如果永磁体的宽度（又称极弧）为 2β，其产生的磁通密度是一个幅值为 $\pm B_{\mathrm{m}}$ 的交替方波。经傅里叶分解，可以得到其基波分量的幅值为

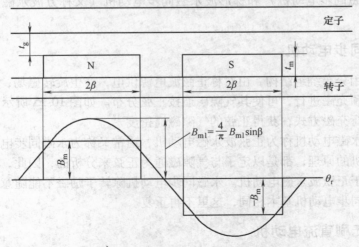

图 10-24 永磁体产生的气隙磁通

$$B_{m1} = \frac{4}{\pi} B_m \sin\beta \tag{10-37}$$

假设电动机的主磁通由永磁体产生，则其正弦基波分量的幅值为

$$\Phi_{m1} = \frac{B_{m1}DL}{n_p} \tag{10-38}$$

式中　D——定子叠片的内径；

　　　L——定子叠片的有效长度。

由式（10-37）及式（10-38），可得定子绕组感应电动势的有效值为

$$E_s = \frac{\omega_s N_1 k_{w1} \Phi_{m1}}{\sqrt{2}} = \frac{2\sqrt{2}}{\pi} N_1 k_{w1} DLB_m \omega_m \sin\beta \tag{10-39}$$

式中　ω_s——电角频率；

　　　ω_m——机械角频率。

为简化起见，假设定子磁动势为正弦波，则其幅值为

$$F_s = \frac{3}{2} \frac{N_1 k_{w1}}{2n_p} I_{sm} \tag{10-40}$$

式中　I_{sm}——定子电流幅值。

考虑到气隙磁通主要由永磁体产生，将式（10-38）和式（10-40）代入式（3-19），可得永磁同步电动机的电磁转矩为

$$T_e = \frac{\pi}{2} n_p^2 \Phi_{sr} F_s \sin\varphi_1 = \frac{\pi}{2} n_p^2 \frac{4Dl}{\pi n_p} B_m \sin\beta \frac{3N_1 k_{w1}}{4n_p} I_{sm} \sin\varphi_1 \tag{10-41}$$

$$T_e = \frac{3}{2} N_1 k_{w1} DlB_m \sin\beta I_{sm} \sin\varphi_1 \tag{10-42}$$

按照气隙磁通和感应电动势的波形，径向磁通永磁同步电动机又可分为正弦波永磁同步电动机（简称永磁同步电动机）和梯形波永磁同步电动机（又称方波永磁电动机或永磁无刷直流电动机）。

10.5.2　永磁同步电动机

如果定子采用分布绕组结构，由对称正弦波电源供电，产生旋转磁场，永磁体的布置及磁化方式按平行预充磁进行，可使其气隙磁通按正弦分布。如图10-25所示，永磁电动机的转子永磁体按平行充磁方式，获得正弦的气隙磁通密度[18]。

由此构造的永磁电动机称为正弦波永磁电动机，通常又称为永磁同步电动机。上节介绍的永磁同步电动机的原理，都是以定子与气隙磁通为正弦来分析的，因此，电动机的基本结构与公式都适用于正弦波永磁电动机。永磁同步电动机除转子励磁不能随意调节之外，其工作原理与电励磁同步电动机基本相同，这里不再重复。

10.5.3　永磁无刷直流电动机

永磁无刷直流电动机（Brushless DC Motor，BDCM）是一种特殊的永磁同步电动机，其

独特的绕组分布及磁化方式使得永磁铁产生的气隙磁场及感应电动势呈梯形波分布，而非正弦分布。一个采用径向预充磁的永磁电动机，其气隙磁通密度分布[18]，如图 10-26 所示。

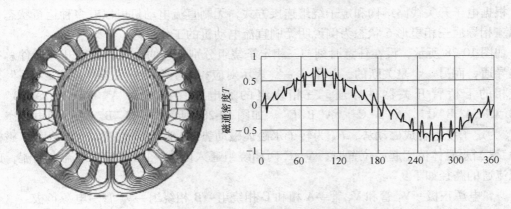

图 10-25　平行充磁的永磁电动机气隙磁通密度分布

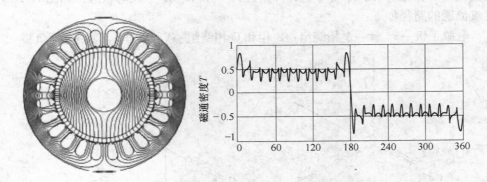

图 10-26　径向充磁的永磁电动机气隙磁通密度分布

永磁无刷直流电动机的主电路如图 10-27 所示，其电动机本体与正弦波永磁同步电动机相似，定子是电动机的电枢，定子铁心中安放着对称的多相绕组（可以是三相、四相、五相等），可接成星形或三角形，转子是由具有一定极数的永磁体构成，通过径向预充磁使气隙磁通密度按梯形波分布。

电动机的定子各相绕组分别与电子开关电路中的相应开关器件相连接，因此，从电源的直流母线端看，永磁同步电动机就像一台直流电动机，且因转子采用永磁体而无需电刷，无刷直流电动

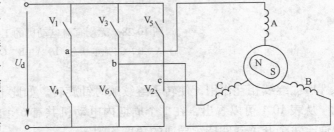

图 10-27　永磁无刷直流电动机的主电路

机由此得名。

驱动无刷直流电动机的逆变器是 6 阶梯波运行模式，而非正弦 PWM 运行模式。逆变器的开关由转子位置直接决定，所以位置传感器是无刷直流电动机的重要部分，其作用是检测

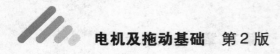

转子磁场相对于定子绕组的位置。它有多种结构形式，常见的有电磁式、光电式和霍尔元件。

根据电子开关线路结构和定子绕组连接方式，无刷直流电动机可以有多种运行状态，下面以三相导通三相星形6状态为例说明无刷直流电动机的工作原理。

如图10-28所示，设在任意时刻与三相定子绕组分别相连的上、下桥臂开关器件总有一个是导通，而另一个是关断的，并用"＋"表示对应相的上桥臂开关器件导通，"－"表示对应相的下桥臂开关器件导通，三相绕组的通电顺序依次为 $A^+B^-C^+$、$A^+B^-C^-$、$A^+B^+C^-$、$A^-B^+C^-$、$A^-B^+C^+$、$A^-B^-C^+$。如图10-28a所示的"$A^+B^-C^+$"通电状态，其中 $\boldsymbol{F}_S$ 为定子绕组合成磁动势，$\boldsymbol{F}_N$ 为转子永磁体磁动势，θ 为转子永磁体旋转角度（磁极位置角）。当永磁体位于起始位置时，A、C两相绕组通入电流，而B相绕组流出电流，此时电流流通的路径如下：

电源正极→V_1管和V_5管→A相和C相绕组→B相绕组→V_6管→电源负极

$\boldsymbol{F}_S$ 和 $\boldsymbol{F}_N$ 相互作用，使转子顺时针旋转。当转子顺时针旋转 $\pi/3$ 到达终止位置时，与C相绕组相连的 V_5 管关断，而 V_2 管导通，开始进入"$A^+B^-C^-$"通电状态，如图10-28b所示，此时电流流通的路径如下：

电源正极→V_1管→A相绕组→B相和C相绕组→V_6管和V_2管→电源负极

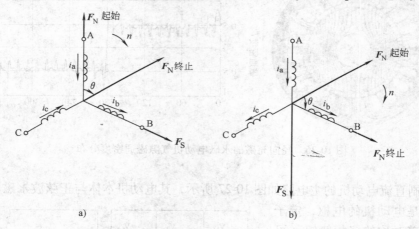

图10-28 无刷直流电动机的工作原理

a) $A^+B^-C^+$通电状态 b) $A^+B^-C^-$通电状态

$\boldsymbol{F}_S$ 和 $\boldsymbol{F}_N$ 继续相互作用，使转子继续顺时针旋转。如此下去，6种状态循环往复。

从表10-1可以看出，在1个周期内电动机共有6个通电状态，每个状态都是三相同时导通，每个开关器件持续导通的角度均为 π。

表10-1 三相导通三相星形6状态导通顺序表

电角度:	0		$\pi/3$		$2\pi/3$		π		$4\pi/3$		$5\pi/3$		2π
		A^+		A^+		A^+		A^-		A^-		A^-	
导通顺序		B^-		B^-		B^+		B^+		B^+		B^-	
		C^+		C^-		C^-		C^-		C^+		C^+	

（续）

电角度：	0		π/3		2π/3		π		4π/3		5π/3		2π
V_1	导通		导通		导通								
V_2			导通		导通		导通						
V_3					导通		导通		导通				
V_4							导通		导通		导通		
V_5	导通								导通		导通		
V_6	导通		导通								导通		

由于永磁无刷直流电动机磁通密度的有效值与幅值之比较高，因而其功率密度大。设正弦永磁同步电动机和永磁无刷直流电动机的定子电流的幅值分别为 I_{sm} 和 I_{dm}，则其有效值分别为

$$I_s = \frac{1}{\sqrt{2}} I_{sm} \tag{10-43}$$

$$I_d = \sqrt{\frac{2}{3}} I_{dm} \tag{10-44}$$

假定两种永磁电动机的定子铜耗相等，则有

$$3R_s I_s^2 = 3R_s I_d^2 \tag{10-45}$$

将式（10-43）和式（10-44）代入式（10-45），可得

$$3R_s \left(\frac{1}{\sqrt{2}} I_{sm} \right)^2 = 3R_s \left(\sqrt{\frac{2}{3}} I_{dm} \right)^2 \tag{10-46}$$

由此可得永磁同步电动机与无刷直流电动机的定子电流幅值之比为

$$I_{dm} = \frac{\sqrt{3}}{2} I_{sm} \tag{10-47}$$

如果两种电动机的感应电动势的幅值 E_m 相等，设无刷直流电动机任意时刻只有两相电流流过，其输出功率为

$$P_d = 2E_m I_{dm} = 2E_m \frac{\sqrt{3}}{2} I_{sm} = \sqrt{3} E_m I_{sm} \tag{10-48}$$

正弦永磁同步电动机的输出功率是由三相绕组产生的，即

$$P_{sy} = 3 \frac{E_m}{\sqrt{2}} \cdot \frac{I_{sm}}{\sqrt{2}} = \frac{3}{2} E_m I_{sm} \tag{10-49}$$

比较式（10-48）与式（10-49），可得

$$\frac{P_d}{P_{sy}} = \frac{\sqrt{3} E_m I_{sm}}{\frac{3}{2} E_m I_{sm}} = \frac{2}{\sqrt{3}} \approx 1.1547 \tag{10-50}$$

由此可知，永磁无刷直流电动机的功率密度比正弦永磁同步电动机大 15%，这是永磁无刷直流电动机的重要优势。又因无刷直流电动机仅要求输入三相对称方波电流，即通过调节直流端的电压来控制转速，故控制较为简单。

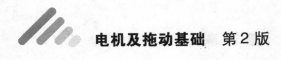

10.5.4 两种永磁式同步电动机的比较

（1）永磁同步电动机（PMSM） 其出发点是用永磁体取代电励磁式同步电动机转子上的励磁绕组，以省去励磁线圈、集电环和电刷。PMSM 的定子与电励磁式同步电动机基本相同。为产生恒定电磁转矩，要求系统向 PMSM 输入三相对称正弦电流，同时要求定子绕组的感应电动势为正弦波，因此也称 PMSM 为正弦波电动机。

永磁同步电动机通常采用正弦波脉宽调制（SPWM）的变频电源供电，相对来讲其控制系统较为复杂，价格较贵。但是它基本上属于旋转磁场式电机，转矩脉动小，转速稳定性较高，特别是这种电动机可以实现电磁转矩的矢量控制，系统动态性能好，因此适用于要求高精度控制和宽调速范围的场合。

（2）永磁无刷直流电动机（BDCM） 其出发点是用装有永磁体的转子取代有刷直流电动机的定子磁极，将原直流电动机的转子电枢变为定子。有刷直流电动机是依靠机械换向器将直流电流转换为近似梯形波的交流，而 BDCM 是将方波电流（实际上也是梯形波）直接输入定子，其好处就是省去了机械换向器和电刷，也称为电子换向。为产生恒定电磁转矩，要求系统向 BDCM 输入三相对称方波电流，同时要求 BDCM 的感应电动势为梯形波，因此也称 BDCM 为方波电动机。

无刷直流电动机的转速是通过调节直流端的电压来控制的，故控制系统比较简单，价格较便宜，且功率密度较大。但是，由于换向会引起转矩脉动，使系统的稳定性和动态性能稍差，调速范围亦较窄，故多应用于对运行性能要求不是很高的场合。

小 结

同步电机的转子转速与电枢电流的频率之间存在着严格不变的关系，即 $n = 60f_1/n_p$，或者说转子转速恒等于气隙旋转磁场的转速。同步电机的结构特点是定子铁心上嵌放三相对称绕组，转子铁心上装置直流励磁绕组。对高速电机采用隐极式转子，转子为圆柱形，电机气隙均匀，励磁绕组为同心式分布绕组；对低速电机采用凸极式转子，气隙不均匀，励磁绕组为集中绕组。由于转子结构的不同，使隐极电机和凸极电机的电磁参数和分析方法均存在较大的差异。

励磁磁动势 $\dot{F}_f$ 和电枢磁动势 $\dot{F}_a$ 共同作用在同步电动机的主磁路上，建立负载时的气隙磁场。对称负载时电枢基波磁动势对主磁极基波磁场的影响称为电枢反应，电枢反应的性质与负载的性质和大小有关，主要决定于感应电动势 $\dot{E}_0$ 与电枢电流 $\dot{I}_a$ 之间的相位角 ψ。根据"双反应理论"可以将电枢磁动势 $\dot{F}_a$ 分解为直轴磁动势 $\dot{F}_{ad}$ 和交轴磁动势 $\dot{F}_{aq}$ 两个分量，$\dot{F}_{ad}$ 在直轴方向对 $\dot{F}_f$ 起去磁或助磁作用，$\dot{F}_{aq}$ 在交轴方向对 $\dot{F}_f$ 起交磁作用。同步电动机在对称负载下运行时，若不考虑磁路饱和，可以应用叠加原理，即根据各个磁动势求取相应的磁通和感应电动势，再进行合成。

同步电动机的电压平衡方程式和相量图是分析同步电动机工作特性的有效方法。同步电动机的最大优点是调节励磁电流 I_f 可以改变功率因数，这是异步电动机所不具备的。在一定有功功率下，改变 I_f 可得到同步电动机的 U 形曲线。同步电动机过励时从电网吸收超前无功功率，欠励时从电网吸收滞后无功功率。所以，在过励状态下运行的同步电动机对改善电网的功率因数是非常有益的。

永磁同步电动机和永磁无刷直流电动机在现代运动控制系统中已得到重要的应用，前者采用正弦波电源供电，后者采用方波供电，各自具有不同的特点。

思考题与习题

10-1　异步电动机与同步电动机在电磁转矩的形成上有什么相同之处？

10-2　在凸极式同步电动机中，为什么要把电枢反应磁动势分成直轴和交轴两个分量？

10-3　试说明为什么在电励磁凸极式同步电动机中 $X_d > X_q$，而在永磁式同步电动机中 $X_d < X_q$。

10-4　一台凸极式同步电动机转子若不加励磁电流，它的功角特性和矩角特性是什么样的？

10-5　同步电动机欠励运行时，从电网吸收什么性质的无功功率？过励时，从电网吸收什么性质的无功功率？

10-6　同步电动机带额定负载时 $\cos\varphi_1 = 1$，若保持励磁电流不变，而负载降为零时，功率因数是否会改变？

10-7　一台拖动恒转矩负载运行的同步电动机，忽略定子电阻，当功率因数为超前的情况下，若减小励磁电流，电枢电流将如何变化？

10-8　试比较正弦永磁同步电动机与永磁无刷直流电动机的特点。

10-9　若永磁无刷直流电动机的定子绕组是两相或五相的，试画出其基本结构图，并分别分析其工作原理。

10-10　一台三相隐极式同步电动机，定子绕组为星形联结，额定电压 $U_N = 400V$，额定电流 $I_N = 23A$，额定功率因数 $\cos\varphi_N = 0.8$（超前），同步电抗 $X_e = 10.4\Omega$，不计定子电阻，求额定运行时：（1）感应电动势 E_0；（2）功率角 θ_N；（3）电磁功率 P_{em}；（4）过载倍数 λ。

10-11　一台三相隐极式同步电动机，定子绕组为星形联结，额定电压 $U_N = 380V$，额定电流 $I_N = 25A$，同步电抗 $X_e = 5.8\Omega$。当输入功率 P_1 为 15kW 时，不计定子电阻，求：（1）功率因数 $\cos\varphi = 1$ 时的功角 θ；（2）每相感应电动势 $E_0 = 250V$ 时的功角 θ 及功率因数 $\cos\varphi$。

10-12　一台三相凸极式同步电动机，定子绕组为星形联结，额定电压 $U_N = 380V$，额定转速 $n_N = 1000r/min$，频率 $f_1 = 50Hz$，直轴同步电抗 $X_d = 6.0\Omega$，交轴同步电抗 $X_q = 3.5\Omega$。额定运行时每相感应电动势 $E_0 = 250V$，功角 $\theta = 30°$，不计定子电阻，求电磁功率 P_{em} 和电磁转矩 T_e。

第 11 章

交流电动机的电力拖动

本章以异步电动机为重点讨论交流电力拖动系统的起动、调速和制动的原理、方法及性能。11.1 节主要介绍异步电动机的机械特性；11.2 节主要介绍异步电动机的起动性能和起动方法；11.3 节介绍异步电动机的调速原理；11.4 节介绍异步电动机的制动方法和特性；11.5 节介绍同步电动机的起动和调速等问题。

11.1 异步电动机的机械特性

三相异步电动机的机械特性是指在定子电压、频率和参数固定的条件下，电磁转矩 T_e 与转速 n（或转差率 s）之间的函数关系。

11.1.1 机械特性的三种表达式

1. 物理表达式

在第 9 章已推导出异步电动机的电磁转矩公式

$$T_e = C_T \Phi_m I_r' \cos\varphi_2 \tag{11-1}$$

在异步电动机等效电路中，由于励磁阻抗比定、转子漏阻抗大很多，所以可以把 T 形等效电路中励磁阻抗这一段电路认为是开路，此时计算 I_r' 误差很小。故有

$$I_r' = \frac{U_s}{\sqrt{(R_s + R_r'/s)^2 + (X_s + X_{r0}')^2}} \tag{11-2}$$

功率因数为

$$\cos\varphi_2 = \frac{R_r'}{\sqrt{R_r'^2 + (sX_{r0}')^2}} \tag{11-3}$$

这样，由式（11-2）和式（11-3）可间接地得到异步电动机的机械特性关系 $n = f(T_e)$。虽然由式（11-1）不能直接得到异步电动机的机械特性关系，但因其在形式上与直流电动机的转矩方程相似，物理概念清楚，因此被称为机械特性的物理表达式。

2. 参数表达式

根据异步电动机电磁转矩与电磁功率的关系，可以写出 T_e 与转子电流 I_r' 的关系为

$$T_e = \frac{3I_r'^2 R_r'/s}{2\pi n_1/60} = \frac{3I_r'^2 R_r'/s}{2\pi f_1/n_p}$$

将式（11-2）代入上式，得到

$$T_e = \frac{3U_s^2 R_r'/s}{\dfrac{2\pi n_1}{60}\left[(R_s + R_r'/s)^2 + (X_s + X_{r0}')^2\right]} = \frac{3n_p U_s^2 \dfrac{R_r'}{s}}{2\pi f_1\left[(R_s + R_r'/s)^2 + (X_s + X_{r0}')^2\right]} \tag{11-4}$$

在式（11-4）中，固定 U_s、f_1 及阻抗等参数，电磁转矩只是转差率的函数，也就是异步电动机的机械特性关系 $n = f(T_e)$。这里，电磁转矩方程是以异步电动机参数的形式表示的，便于根据电动机参数进行计算，因此成为机械特性的参数表达式。由 $T_e = f(s)$ 画成曲线便为 $T_e - s$ 曲线。

3. 实用表达式

实际应用时，三相异步电动机的参数不易得到，所以参数表达式使用不便，若能利用异步电动机产品目录中给出的数据，找出异步电动机的机械特性公式，即便有些粗糙，但也很有实用价值，这就是实用公式。

（1）最大电磁转矩的确定　在参数表达式（11-4）中，令 $dT_e/ds = 0$，可得到最大电磁转矩

$$T_{em} = \pm\frac{1}{2}\frac{3n_p U_s^2}{2\pi f_1\left[\pm R_s + \sqrt{R_s^2 + (X_s + X_{r0}')^2}\right]} \tag{11-5}$$

最大转矩对应的转差率称为临界转差率，用 s_m 表示为

$$s_m = \pm\frac{R_r'}{\sqrt{R_s^2 + (X_s + X_{r0}')^2}} \tag{11-6}$$

其中，"＋"号适用于电动机状态；"－"号适用于发电机状态。

一般情况下，R_s^2 的值不超过 $(X_s + X_{r0}')^2$ 值的 5%，可以忽略 R_s 的影响，可近似为

$$T_{em} = \pm\frac{1}{2}\frac{3n_p U_s^2}{2\pi f_1(X_s + X_{r0}')} \tag{11-7}$$

$$s_m = \pm\frac{R_r'}{X_s + X_{r0}'}$$

也就是说，异步发电机状态和电动机状态的最大电磁转矩绝对值可近似认为相等，临界转差率也近似认为相等，机械特性具有对称性。

由此说明，最大电磁转矩与电压的二次方成正比，与漏电抗 $X_s + X_{r0}'$ 成反比；临界转差率与电阻 R_r' 成正比，与电压大小无关。

最大电磁转矩与额定电磁转矩的比值即最大转矩倍数，又称过载能力，用 λ 表示为

$$\lambda = \frac{T_{em}}{T_N} \tag{11-8}$$

一般三相异步电动机 $\lambda = 1.6 \sim 2.2$，起重、冶金用的异步电动机 $\lambda = 2.2 \sim 2.8$。应用于不同场合的三相异步电动机都有足够大的过载能力，这样当电压突然降低或负载转矩突然增

大时，电动机转速变化不大。待干扰消失后又恢复正常运行。但要注意，绝不能让电动机长期工作在最大转矩处，这样电流过大使温升超出允许值，将会烧毁电动机。同时在最大转矩处运行时，也是属于不稳定运行。

（2）实用表达式的推导　用式（11-4）去除以式（11-5）得

$$\frac{T_e}{T_{em}} = \frac{2R'_r \left[R_s + \sqrt{R_s^2 + (X_s + X'_{r0})^2} \right]}{s \left[(R_s + R'_r/s)^2 + (X_s + X'_{r0}) \right]}$$

因为 $\sqrt{R_s^2 + (X_s + X'_{r0})^2} = R'_r/s_m$，代入上式，于是

$$\frac{T_e}{T_{em}} = \frac{2R'_r (R_s + R'_r/s_m)}{s(R'_r)^2/s_m^2 + (R'_r)^2/s + 2R_sR'_r} = \frac{2\left(1 + \dfrac{R_s}{R'_r}s_m\right)}{s/s_m + s_m/s + 2\dfrac{R_s}{R'_r}s_m} = \frac{2+q}{s/s_m + s_m/s + q}$$

其中　$q = \dfrac{2R_s}{R'_r} \dfrac{R'_r}{\sqrt{R_s^2 + (X_s + X'_{r0})^2}} = \dfrac{2}{\sqrt{1 + \left(\dfrac{X_s + X'_{r0}}{R_s}\right)^2}}$

当定子电阻的范围为 $0 < R_s < \infty$ 时，q 的范围为 $0 < q < 2$。

若定子电阻满足 $R_s << X_s + X'_{r0}$，有 $q \to 0$。所以只要满足定子电阻很小的条件，上式可简化为

$$\frac{T_e}{T_{em}} = \frac{2}{s/s_m + s_m/s} \tag{11-9}$$

这就是三相异步电动机机械特性的实用表达式。

（3）实用表达式的使用　从实用表达式可知，必须在已知最大转矩 T_{em} 和临界转差率 s_m 的前提下才能计算 T_e。额定输出转矩 T_N 可以通过额定功率和额定转速计算，过载能力可以从产品目录中查到，即 $T_{em} = \lambda T_N$。

若将额定工作点的 s_N 和 T_N 代入式（11-9），得到

$$\frac{1}{\lambda} = \frac{2}{s_N/s_m + s_m/s_N} \tag{11-10}$$

解上式得

$$s_m = s_N(\lambda + \sqrt{\lambda^2 - 1}) \tag{11-11}$$

这样在实用表达式中，在按产品目录求出 T_{em} 与 s_m 后，只剩下 T_e 与 s 两个未知数了。如欲绘制异步电动机的机械特性，只要给定一系列的 s 值，按实用表达式求出相应的 T_e 值即可绘制出 $n = f(T_e)$ 曲线。同样利用机械特性的实用表达式，还可进行机械特性的其他计算，其应用极为广泛。

当电动机在额定负载以下运行时，转差率 s 很小，则 $s/s_m << s_m/s$，实用表达式可进一步近似写为

$$T_e = \frac{2T_{em}}{s_m}s \tag{11-12}$$

由此可见，T_{em} 与 s_m 已知，当 $s < s_N$ 时，T_e 与 s 成正比，机械特性是一条直线。式（11-

12）称为机械特性的近似计算公式，应用这个公式时，s_m 可按下式计算，即

$$s_\mathrm{m} = 2\lambda s_\mathrm{N} \tag{11-13}$$

对于异步电动机机械特性的三种表达式，其应用场合各有不同。一般物理表达式适用于定性地分析 T_e 与 $\varPhi_\mathrm{m}$ 及 $I_2'\cos\varphi_2'$ 间的关系；参数表达式多用于分析各参数变化对电动机运行性能的影响；实用表达式最适用于进行机械特性的工程计算。

11.1.2 固有机械特性

1. 固有机械特性曲线

三相异步电动机在电压、频率均为额定值不变时，在定转子回路中不串入任何电路元件时的机械特性称为固有机械特性。其 T_e-s 曲线（也即 T_e-n 曲线）如图 11-1 所示。其中，曲线 1 为电源正相序时的机械特性曲线，此时异步电动机处于正向电动运行状态；曲线 2 为电源负相序时的机械特性曲线，此时异步电动机处于反向电动运行状态。从图 11-1 中看出三相异步电动机的固有机械特性不是一条直线，它具有以下特点：

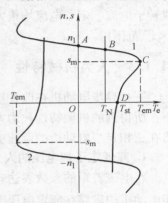

图 11-1　异步电动机的固有机械特性

1）在 $0 < s \leq 1$，即 $n_1 > n > 0$ 的范围内，特性在第一象限，电磁转矩 T_e 和转速 n 都为正，从正方向规定判断，T_e 与 n 同方向，n 与 n_1 同方向。电动机在此范围内是电动运行状态。

2）在 $s < 0$ 范围内，$n > n_1$，特性在第二象限，电磁转矩 T_e 为负，电磁功率也是负值，是发电状态。机械特性在 $s < 0$ 和 $s > 0$ 两个范围内近似对称。

3）在 $s > 1$ 范围内，$n < 0$，特性在第四象限，$T_\mathrm{e} > 0$，也是一种制动状态。

在第一象限电动状态的特性上，设 A 点 $n = n_1$，$T_\mathrm{e} = 0$，为理想空载运行点；B 点为额定运行点，电磁转矩与转速均为额定值 $n = n_\mathrm{N}$，$T_\mathrm{e} = T_\mathrm{N}$；$C$ 点是电磁转矩最大点，$s = s_\mathrm{m}$，$T_\mathrm{e} = T_\mathrm{em}$；$D$ 点是起动点，$n = 0$，$T_\mathrm{e} = T_\mathrm{st}$。

此外，异步电动机的机械特性可视为由两部分组成，即当负载转矩 $T_\mathrm{L} \leq T_\mathrm{N}$ 时，机械特性近似为直线，称为机械特性的直线部分，又可称为工作部分，因为电动机不论带何种性质的负载均能稳定运行；当 $s \geq s_\mathrm{m}$ 时，机械特性为一曲线，称为机械特性的曲线部分，有时又称为非工作部分。但所谓非工作部分是仅对恒转矩负载或恒功率负载而言的，因为电动机这一特性段与这类负载转矩特性的配合，使电力拖动系统不能稳定运行，而对于风机泵类负载，则在这一特性段上系统却能稳定工作。

2. 起动转矩

三相异步电动机起动时，即 $n = 0$，$s = 1$ 时的电磁转矩称为起动转矩，用 T_st 表示。将 $s = 1$ 代入式（11-4）中，得到起动转矩 T_st 为

$$T_\mathrm{st} = \frac{3n_\mathrm{p}U_\mathrm{s}^2 R_\mathrm{r}'}{2\pi f_1 \left[(R_\mathrm{s} + R_\mathrm{r}')^2 + (X_\mathrm{s} + X_\mathrm{r0}')^2 \right]} \tag{11-14}$$

从式中看出，T_st 与电压二次方成正比，漏电抗越大，起动转矩越小。将起动转矩与额定电磁转矩的比值称为起动转矩倍数，用 K_T 表示，有

$$K_T = T_{st}/T_N \tag{11-15}$$

电动机起动时，起动转矩 T_{st} 大于 $1.1 \sim 1.2$ 倍的负载转矩就可以顺利起动。一般异步电动机起动转矩倍数 $K_T = 0.8 \sim 1.2$。

3. 稳定运行问题

三相异步电动机的机械特性在 $0 < s < s_m$ 范围内，是一根下斜的曲线。根据电力拖动系统稳定条件（见第4章），三相异步电动机拖动恒转矩负载和泵类负载运行时，均能稳定运行。而在 $s_m < s < 1$ 范围，机械特性上翘，如果三相异步电动机拖动转矩负载，则不能稳定运行。但如果是拖动泵类负载，满足 $T_e = T_L$ 处，$dT_e/dn < dT_L/dn$ 的条件，即可以稳定运行。但是由于这时候转速低，转差率大，转子电动势 $E_r = sE_{r0}$ 比正常运行时大很多。这将造成转子电流、定子电流均很大，因此不能长期运行。所以，三相异步电动机长期工作在 $0 < s < s_m$ 范围内。

11.1.3 人为机械特性

三相异步电动机在改变电源电压、电源频率、定子极对数或增大定、转子阻抗的情况下，所得到的机械特性称为人为机械特性。关于改变电源频率、定子极对数的人为机械特性将在三相异步电动机的调速中介绍。

1. 降低定子端电压的人为机械特性

在电磁转矩的参数表达式中，保持其他量不变，只改变定子电压 U_s 的大小。但由于异步电动机的磁路在额定电压下工作于近饱和点，故不宜再升高电压，所以只讨论降低定子电压 U_s 时的人为机械特性。

因为异步电动机的同步转速 n_1 与电压 U_s 无关，所以不同电压 U_s 的人为机械特性线上的理想空载点是同一点。由电磁转矩的参数表达式可知，电磁转矩 T_e 与 U_s^2 成正比，为此最大电磁转矩 T_{em} 以及起动转矩 T_{st} 都要随 U_s 的降低而按二次方规律减小。临界转差率 s_m 与电压 U_s 无关。由此，绘制出不同电压时的机械特性如图11-2所示。

2. 定子回路串三相对称电阻的人为机械特性

在其他量不变条件下，仅改变异步电动机定子回路的电阻，如在定子回路中串三相对称电阻 R。定子回路串入电阻并不影响同步转速 n_1，但是最大电磁转矩 T_{em}、起动转矩 T_{st} 和临界转差率 s_m 都随着定子回路电阻的增大而减小。定子串三相对称电阻的人为机械特性如图11-3所示。

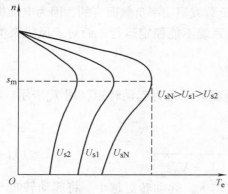

图11-2 改变定子电压的人为机械特性

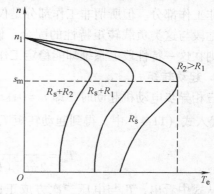

图11-3 定子串三相对称电阻的人为机械特性

3. 定子回路串三相对称电抗的人为机械特性

定子回路串入三相对称电抗的人为机械特性与串电阻的相似，n_1 不变，T_{em}、T_{st} 及 s_m 均减小了。这种情况下电抗不消耗有功功率，而串电阻时电阻消耗有功功率。

4. 转子回路串三相对称电阻的人为机械特性

绕线转子三相异步电动机通过集电环，可以把三相对称电阻串入转子回路后再三相短路。转子回路串入电阻并不影响同步转速 n_1。又因为最大电磁转矩与转子回路电阻无关，即转子串入电阻后，T_{em} 不变。由于临界转差率与转子回路电阻成正比，当转子串入电阻后 s_m 增大。转子回路串入三相对称电阻的人为机械特性如图 11-4 所示。

从图 11-4 看出，在转子回路中串入合适的电阻，可以增大起动转矩，若所串入的电阻 R 满足

$$s_m = \frac{R_r' + R'}{X_s + X_{r0}'} = 1 \qquad (11\text{-}16)$$

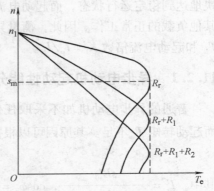

图 11-4　转子串三相对称电阻的人为机械特性

则有 $T_{st} = T_{em}$，即起动转矩为最大电磁转矩，其中 $R' = k_e k_i R$。但是若串入转子回路的电阻再增加，则 $s_m > 1$，$T_{st} < T_{em}$ 了。因此转子回路串电阻增大起动转矩并非是电阻越大越好，而是有一个限度。

例 11-1　从机电产品手册中查得一台三相 8 极异步电动机的数据为：额定功率 $P_N = 260\text{kW}$，额定电压 $U_N = 380\text{V}$，定子绕组为 △ 联结，额定频率 $f_N = 50\text{Hz}$，额定转速 $n_N = 722\text{r/min}$，过载能力 $\lambda = 2.13$。求：（1）额定转差率；（2）额定转矩；（3）最大转矩；（4）临界转差率；（5）当电动机运行在 $s = 0.02$ 时的电磁转矩。

解：（1）额定转差率　由于 $n_p = 4$，$f = f_N = 50\text{Hz}$，则同步转速为

$$n_1 = \frac{60 f_N}{n_p} = \frac{60 \times 50}{4}\text{r/min} = 750\text{r/min}$$

额定转差率为

$$s_N = \frac{n_1 - n}{n_1} = \frac{750 - 722}{750} \approx 0.0373$$

（2）额定转矩　$T_N = 9550 \dfrac{P_N}{n_N} = 9550 \times \dfrac{260}{722}\text{N·m} \approx 3439\text{N·m}$

（3）最大转矩　$T_{em} = \lambda T_N \approx 2.13 \times 3439\text{N·m} \approx 7325\text{N·m}$

（4）临界转差率　$s_m = s_N(\lambda + \sqrt{\lambda^2 - 1}) \approx 0.0373 \times (2.13 + \sqrt{2.13^2 - 1}) \approx 0.15$

（5）当电动机运行在 $s = 0.02$ 时的电磁转矩为

$$T_e = \frac{2T_{em}}{s_m/s + s/s_m} \approx \frac{2 \times 7325}{\dfrac{0.15}{0.02} + \dfrac{0.02}{0.15}}\text{N·m} \approx 1919\text{N·m}$$

11. 2 异步电动机的起动

异步电动机定子绕组接入电网后，转子从静止状态到稳定运行状态的过程，称为异步电动机的起动。在电力拖动系统中，通常要求电动机应具有足够大的起动转矩，以拖动负载较快地达到稳定运行状态，而起动电流又不要太大，以免引起电网电压波动过大，影响电网上其他负载的正常工作。因此，衡量异步电动机起动性能的主要指标是起动转矩倍数 $K_T = T_{st}/T_N$ 和起动电流倍数 $K_I = I_{st}/I_N$。

11. 2. 1 异步电动机起动性能分析

普通的异步电动机如不采取任何措施而直接接入电网起动时，往往起动电流 I_{st} 很大，而起动转矩 T_{st} 不足。其原因可以根据下列异步电动机的转矩公式来分析。

$$T_e = C_T \Phi_m I_r' \cos\varphi_2$$

其中，$I_r' = \dfrac{sE_{r0}'}{\sqrt{R_r'^2 + (sX_{r0}')^2}}$，$\cos\varphi_2 = \dfrac{R_r'}{\sqrt{R_r'^2 + (sX_{r0}')^2}}$。

在起动初始，异步电动机转速 $n = 0$，转差率 $s = 1$，转子电流频率 $f_2 = f_1$，转子绕组电动势值 $sE_{r0}' = E_{r0}'$，比正常运行时（$s = 0.01 \sim 0.05$）的电动势值大 20 倍以上，此时转子电流 I_r' 很大，定子电流的负载分量也随之急剧增大，使得定子电流（即起动电流）很大；其次，由于转子电流频率很高（$f_2 = sf_1 \approx 50Hz$），转子漏抗 $sX_{r0}' = X_{r0}' >> R_r'$，使得转子内的功率因数 $\cos\varphi_2$ 很小，所以尽管起动时转子电流 I_r' 很大，但其有功分量 $I_r'\cos\varphi_2$ 并不大，而且，由于起动电流很大，定子绕组的漏阻抗压降增大，使得感应电动势 E_s 和与之成正比的主磁通 Φ_m 减小，因此起动转矩 T_{st} 并不大。一般笼型转子异步电动机的起动电流倍数 $K_I \approx 4 \sim 7$，起动转矩倍数 $K_T \approx 0.9 \sim 1.3$。

例如，对于例 9-2 的三相异步电动机，采用 9.4 节介绍的基于 T 形等效电路的 MATLAB 程序，可以计算并绘制出该异步电动机额定电压时的起动特性曲线，如图 11-5 所示，其中虚线表示设定的负载转矩特性曲线。由图可知，此时的起动电流倍数 $K_I = I_{st}/I_N = 55/11.42 \approx 4.8$，起动转矩倍数 $K_T = T_{st}/T_N = 57.5/65.77 \approx 0.87$。对于设定的负载转矩，该异步电动机可以正常起动，并稳定运行。

对于容量不大，并在空载情况下起动的异步电动机，如一般机床上用的电动机、风机等，虽然起动电流较大，但起动电流的冲击持续时间很短，只要不是多台设备同时起动，对供电网络不会有太大的影响。对于起动转矩，即使它比电机额定转矩还小，由于是空载起动，也是够用的，起动后，仍能承担额定负载转矩。

然而，对于经常满载起动的电动机，如电梯、起重机、带式运输机等，当起动转矩小于负载转矩时，根本就转不起来，当然就无法工作了。

几百千瓦以上的中、大容量电动机，额定电流就有好几百安培，起动电流要数千安培，这么大的电流冲击，对供电网络的影响较大。若电网容量有限，较大的电动机起动电流流过具有一定内阻抗的发电机、变压器和供电线路，会造成较大电压降落。供电电压的瞬时降落，不仅会使要起动的电动机本身转不起来（因为起动转矩与电压二次方成正比），而且在

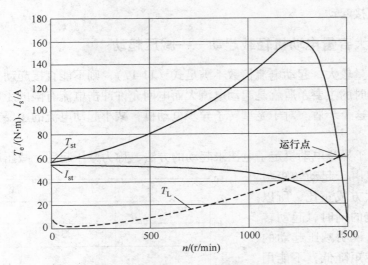

图 11-5　异步电动机额定电压时的起动特性

同一供电母线上的其他设备也会遭殃，数控设备失常、带着重载的电动机甚至会停下来。严重时，配电房、变电所的欠电压保护会跳闸，造成停电事故。

总之，异步电动机在直接起动时存在以下两种矛盾：

1）起动电流大，而电网承受冲击电流的能力有限。

2）起动转矩小，而负载又要求有足够的转矩才能起动。

在不同的情况下，哪一种矛盾是主要的，解决的方法也就不一样。下面分别讨论不同情况下异步电动机的常用起动方法，最后介绍新型的采用电力电子装置的软起动方法。

11. 2. 2　小容量电动机的轻载起动——直接起动

直接起动就是利用开关或接触器将电动机的定子绕组直接接到具有额定电压的电网上，也称为全压起动。这种起动方法的优点是操作简便、起动设备简单；缺点是起动电流大，会引起电网电压波动。现代设计的笼型转子异步电动机，本身都允许直接起动。因此对于笼型转子异步电动机而言，直接起动方法的应用主要受电网容量的限制。

在一般情况下，小容量电动机轻载时可以允许直接起动，问题是怎样才算"小容量"，这不仅取决于电动机本身功率的大小，而且还与供电电网容量和供电线路长短有关。一般，只要直接起动时的起动电流在电网中引起的电压降不超过 10% ~ 15%（对经常起动的电动机取 10%，对不经常起动的电动机取 15%），就允许直接起动。因为按国家标准 GB 755—2008 规定，三相异步电动机的最大转矩应不低于 1. 6 倍额定转矩，当电网电压降到额定电压的 85% 时，最大转矩至少仍然有额定转矩的 1. 156 倍（$1.6 \times 0.85^2 T_N$），因此接在同一电网上的其他异步电动机不至于因为电压下降太多而停转。这里，如果异步电动机满足如下要求，就可以允许直接起动。

$$K_I = \frac{I_{1st}}{I_{1N}} \leqslant \frac{1}{4} \left[3 + \frac{电源总容量(kV \cdot A)}{起动电动机容量(kV \cdot A)} \right] \tag{11-17}$$

如果不能满足上述要求，则必须采取适当措施，限制起动电流。一般 7.5kW 以下的异步电动机允许直接起动。

11.2.3 中、大容量电动机轻载起动——减压起动

若电动机容量较大，起动电流倍数不满足式（11-17），则不能直接起动。此时，若仍是轻载起动，起动时的主要矛盾就是起动电流大而电网允许冲击电流有限的矛盾。只有减小起动电流才能解决这个矛盾。对于笼型转子异步电动机，减小起动电流的主要方法是降低定子电压。

降低笼型转子异步电动机定子电压来起动的方法，称为减压起动。减压起动的目的是减小起动电流，但由于起动转矩与定子电压的二次方成正比，所以在减小起动电流的同时，起动转矩也减小了。这说明减压起动的方法将使起动转矩降低，不能用于满负载起动，只适用于空载或轻载起动的场合。如驱动容量很大的离心泵、通风机等的电动机的起动，往往采用减压起动。

仍然考虑例 9-2 的三相异步电动机，将定子电压降为 70% U_N，计算并绘制出相应的起动特性曲线，如图 11-6 所示。可见，

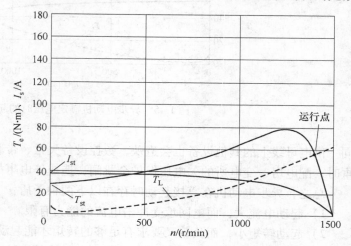

图 11-6 异步电动机减压起动特性

此时的起动电流与起动转矩都有所减小，若负载转矩保持不变，则该异步电动机仍可以正常起动，并稳定运行，只是起动时间将有所延长。

常用的减压起动方法有星形-三角形（ Y-△ ）换接起动、自耦减压起动、串电阻（抗）起动、延边三角形起动等。

1. 星形-三角形（ Y-△ ）换接起动

Y-△换接起动方法只适用于正常运行时定子绕组接成三角形的电动机。其每相绕组均引出两个出线端，三相共引出六个出线端。在起动时将定子绕组接成星形，起动完毕后再换接成三角形。这样，在起动时就把定子每相绕组上的电压降到正常工作电压的 $1/\sqrt{3}$。

Y-△换接起动可采用Y-△起动器来实现，手动Y-△起动器的结构形式很多，还有自动控制电路可供选用，它们的减压起动原理是相同的。图 11-7 为Y-△换接起动接线原理图，定子绕组的六个引出线分别接到换接开关 Q2 上，起动时，定子绕组接成星形，使各相电压降为额定相电压的 $1/\sqrt{3}$，待转速上升到额定转速的 85% ~ 95% 时，再将定子绕组接成三角形，使各相绕组以额定电压运行。

设起动时接成星形的定子绕组的线电压为 U_s，该电压也就是电网电压，则相电压为 $U_s/\sqrt{3}$；这时线电流与相电流相等，则星形起动时线电流为

$$I_{stY} = \frac{U_s}{\sqrt{3}Z_s}$$

三角形联结时每相绕组的相电压与线电压相等为 U_s，线电流是相电流的 $\sqrt{3}$ 倍，即三角形起动时线电流为

$$I_{\mathrm{st}\triangle} = \frac{\sqrt{3}\,U_s}{Z_s}$$

比较两式，即有

$$\frac{I_{\mathrm{st}\curlyvee}}{I_{\mathrm{st}\triangle}} = \frac{1}{3} \tag{11-18}$$

可见，星形联结时的线电流只有三角形联结直接起动时线电流的 1/3。$\curlyvee$-$\triangle$ 换接起动的优点是起动设备体积小、成本低、寿命长、检修方便、动作可靠。其缺点是起动电压只能降到全电压的 $1/\sqrt{3}$，不能按不同的负载选择不同的起动电压。特别是由于起动转矩与电源电压的二次方成正比，这种起动方法的起动转矩只有直接起动时起动转矩的 1/3。因此，$\curlyvee$-$\triangle$ 换接起动方法只适用于空载或轻载起动。

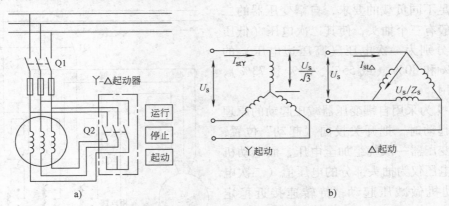

图 11-7　$\curlyvee$-$\triangle$ 换接起动接线原理图

a) 接线图　b) 原理图

2. 自耦减压起动

自耦减压起动方法就是利用三相自耦变压器降低加到电动机定子绕组的电压，以减小起动电流的起动方法。采用自耦变压器减压起动时，自耦变压器的一次侧（高压边）接电网，二次侧（低压边）接到电动机的定子绕组上，待其转速基本稳定时，再把电动机直接接到电网上，同时将自耦变压器从电网上切除。

图 11-8 为自耦变压器的减压原理图，图中只画出了一相，U_1 及 I_1 分别表示自耦变压器一次侧（高压边）的电压和电流，也就是电网电压和电流；U_2 及 I_2 分别表示自耦变压器的二次侧（低压边）的电压电流，也即电动机定子电压 U_s 和电流 I_s；N_1 及 N_2 分别表示自耦变压器的一次绕组和二次绕组的匝数。根据变压器原理，可知

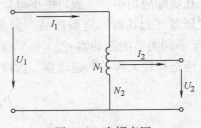

图 11-8　自耦变压器的减压原理图

$$\frac{U_2}{U_1} = \frac{I_1}{I_2} = \frac{N_2}{N_1}$$

设 I_2 为定子绕组电压为 U_2 时的起动电流，I_{st} 为全电压 U_1 时的起动电流，则

$$\frac{I_2}{I_{st}} = \frac{U_2}{U_1}$$

根据以上两式，可得

$$\frac{I_1}{I_{st}} = \left(\frac{N_2}{N_1}\right)^2 \qquad (11\text{-}19)$$

式（11-19）表明：利用自耦变压器后，电动机端电压 U_s 从 U_2 降到 $(N_2/N_1) U_1$，定子电流 I_s 从 I_2 也降到 $(N_2/N_1) I_{st}$，通过自耦变压器，又使从电网上吸取的电流 I_1 降低为全电压起动电流 I_{st} 的 $(N_2/N_1)^2$。此外，由于 $U_s = (N_2/N_1) U_1$，而异步电动机的电磁转矩 $T_e \propto U_s^2$，所以利用自耦变压器后，起动转矩也降到 $(N_2/N_1)^2 T_{st}$（T_{st} 为全电压 U_1 时的起动转矩）。即起动转矩与起动电流降低同样的倍数。

为满足不同负载的要求，自耦变压器的二次绕组一般有三个抽头，使其二次电压（低压边电压）分别为一次电压（高压边电压）的40%、60%和80%（或55%、64%和73%），供选择使用。

图11-9 为采用自耦变压器减压起动的原理接线图。起动时，把开关投向"起动"位置，这时自耦变压器一次绕组加全电压，而电动机定子绕组电压仅为抽头部分的电压值（二次电压），电动机做减压起动；待转速接近稳定（额定转速）时，把开关转换到"运行"位置，把自耦变压器切除，电动机做全电压运行，起动结束。

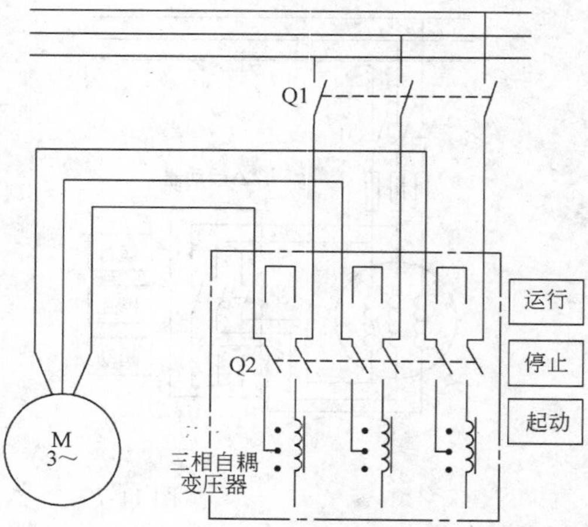

自耦减压起动适用于容量较大的低压电动

图11-9　异步电动机自耦
减压起动原理接线图

机或正常运行时为星形联结不能采用星形-三角形换接起动的电动机，其应用较广泛，有手动及自动多种控制电路。其优点是多个电压抽头可供不同负载下对起动转矩的不同要求而选择；缺点是起动设备体积大、质量大、价格高，并需要经常维护检修。

在实际应用中，一般可根据电动机的额定电压和功率，选择与电动机功率相等的自耦减压变压器（起动器）定型产品。但起动器规定有一次或多次连续起动的最大起动时间 t_{max}（对于不同类型的起动器 $t_{max} = 0.5 \sim 1\text{min}$，或 $t_{max} = 2\text{min}$），在电动机要求连续起动时间较长时，应选择较大容量的起动器。选择自耦变压器容量 P_{TA}（kV·A）的计算公式为

$$P_{TA} \geqslant \frac{P_d K_I (U_{TA}\%)^2 mt}{t_{max}} \qquad (11\text{-}20)$$

式中　P_d——电动机额定容量（kV·A）；

　　　K_I——电动机起动电流倍数（$K_I = I_{st}/I_N$）；

$U_{TA}\%$——自耦变压器的抽头电压，以额定电压的百分数表示；

　　m——起动次数；

　　t——起动一次的时间（min）。

3. 串电阻（抗）起动方法

所谓串电阻（抗）起动，即起动时，在电动机定子电路中串接电阻或电抗，待电动机转速基本稳定时再将其从定子电路中切除。由于起动时，在串接电阻或电抗上降掉了一部分电压，所以加在电动机定子绕组上的电压就降低了，相应地起动电流也减小了。

图 11-10 为异步电动机串电阻（抗）起动原理图。图中 Q1 为主开关，起隔离电源的作用，Q2 为换接开关。起动前，先将换接开关 Q2 投向"起动"位置，将起动电阻（抗）串接到定子绕组电路中，起动时，闭合主开关 Q1，电动机开始旋转，待转速接近稳定转速，再把换接开关 Q2 投向"运行"位置，电源电压直接加到定子绕组上，电动机做全电压运行，起动过程结束。

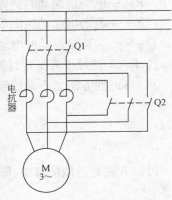

图 11-10　异步电动机串接电阻（抗）起动原理图

这种起动方法的起动电流与降低了的电动机端电压（定子绕组电压）成正比，起动转矩与端电压的二次方成正比。与自耦减压起动相比，在同一起动电流下，该起动方法的起动转矩降低得更多。但该方法是利用起动电流在串接电阻（抗）上产生电压降，待转速升高起动电流减小时，串接电阻（抗）上的电压降减小，电动机上的端电压升高，转矩也与电压的二次方成比例增大，因此适用于负载转矩与转速的二次方成比例变化的电力拖动系统。如泵、通风机等不需要大的起动转矩，而需要限制起动电流的场合。该起动方法的优点是起动电流冲击小，运行可靠，起动设备构造简单；缺点是起动时电能损耗较多。

笼型转子异步电动机定子串接电阻（抗）减压起动时，串接电阻的大小应根据电动机的参数及起动要求来选择计算，具体计算方法如下。

设电动机全电压直接起动时，电动机的起动电流为 $I_{st} = K_I I_N$（I_N 为正常运行时的额定电流），起动转矩为 $T_{st} = K_{st} T_{eN}$（K_{st} 为起动转矩倍数，T_{eN} 为正常运行时的额定转矩），现假定电动机定子串接电阻 R_{st} 起动，起动电流为 $I'_{st} = \alpha_I I_N$（α_I 为串接 R_{st} 后起动电流倍数），起动转矩为 $T'_{st} = \alpha_T T_{eN}$（$\alpha_T$ 为串接 R_{st} 后的起动转矩倍数）。两者相比较可得

$$\frac{I_{st}}{I'_{st}} = \frac{K_I}{\alpha_I} = a \tag{11-21}$$

$$\frac{T_{st}}{T'_{st}} = \frac{K_{st}}{\alpha_T} = b \tag{11-22}$$

由于起动时 $s = 1$，若忽略励磁电流 I_f，从异步电动机的等效电路可得 $I_{st} = I'_r$，由转矩与转子电流的二次方成正比的关系，可知在起动时，起动转矩与起动电流的二次方也成正比。这样，由式（11-21）和式（11-22）有 $a^2 = b$。现设定子电压为 U_s，根据等效电路和式（11-21）有

$$I_{st} = \frac{U_s}{\sqrt{(R_s + R'_r)^2 + (X_s + X'_{r0})^2}} = a I'_{st} = \frac{a U_s}{\sqrt{(R_s + R'_r + R_{st})^2 + (X_s + X'_{r0})^2}}$$

令 $R = R_s + R_r'$，$X = X_s + X_{r0}'$，由上式可得

$$(R + R_{st})^2 + X^2 = a^2 (R^2 + X^2)$$

由此，串接电阻 R_{st} 的大小为

$$R_{st} = \sqrt{(a^2 - 1)X^2 + a^2 R^2} - R \tag{11-23}$$

或按式（11-22）计算得

$$R_{st} = \sqrt{(b - 1)X^2 + bR^2} - R \tag{11-24}$$

式中　R——电动机起动时的等效电阻；

　　　　X——电动机起动时的等效电抗。

设 $\cos\varphi_{st}$ 为直接起动时电动机的功率因数，Z 为直接起动时电动机的等效阻抗，若已知 $\cos\varphi_{st}$、R、X 便可很容易地计算出起动电阻的大小。

求 $\cos\varphi_{st}$ 的方法之一是按经验数据估算，即认为

$$\cos\varphi_{st} = 0.25 \sim 0.4$$

所以　　　　　　　　$R \approx (0.25 \sim 0.4)Z$

$$X = \sqrt{Z^2 - R^2} \approx (0.91 \sim 0.97)Z$$

另一方法是近似估算法，即

$$\cos\varphi_{st} \approx \frac{2K_T}{K_I}\cos\varphi_N$$

式中　$\cos\varphi_N$——电动机额定功率因数。

电动机的等效阻抗 Z，根据定子绕组的不同接法可计算如下：

当定子绕组为星形联结时

$$Z = \frac{U_N}{\sqrt{3}I_{st}} = \frac{U_N}{\sqrt{3}K_I I_N} \tag{11-25}$$

当定子绕组为三角形联结时

$$Z = \frac{\sqrt{3}U_N}{I_{st}} = \frac{\sqrt{3}U_N}{K_I I_N} \tag{11-26}$$

系数 a、b 的数值由生产机械的要求决定，必须保证减压起动时电动机降低的起动转矩 T_{st}' 应大于负载转矩 T_L，使电动机能起动起来。

例 11-2　某笼型转子异步电动机，定子绕组为星形联结，$U_N = 380V$，$I_N = 136A$，$\cos\varphi_N = 0.92$，$K_I = 6.5$，$K_T = 1.1$。串电阻起动时，要求起动电流减小到直接起动时的一半。试计算起动电阻 R_{st} 的大小。

解： 定子绕组为星形联结时，有

$$Z = \frac{U_N}{\sqrt{3}I_{st}} = \frac{U_N}{\sqrt{3}K_I I_N} = \frac{380}{\sqrt{3} \times 6.5 \times 136}\Omega \approx 0.248\Omega$$

按近似算法，电动机起动时的功率因数为

$$\cos\varphi_{st} \approx \frac{2K_T}{K_I}\cos\varphi_N = \frac{2 \times 1.1}{6.5} \times 0.92 \approx 0.311$$

电动机起动时的等效电阻为

$$R = Z\cos\varphi_{st} \approx 0.248 \times 0.311\Omega \approx 0.077\Omega$$

电动机起动时的等效电抗为

$$X = Z\sqrt{1 - \cos^2\varphi_{st}} \approx 0.248 \times \sqrt{1 - 0.311^2}\Omega \approx 0.236\Omega$$

按要求 $a = \dfrac{I_{st}}{I'_{st}} = 2$，则起动电阻为

$$R_{st} = \sqrt{(a^2 - 1)\ X^2 + a^2 R^2} - R \approx \sqrt{(2^2 - 1)\ \times 0.236^2 + 2^2 \times 0.077^2}\Omega - 0.077\Omega \approx 0.36\Omega$$

4. 延边三角形起动方法

图 11-11a 为正常运行时三角形联结的电动机（380V/660V）的定子三相绕组，每相绕组的中间引出一个出线端，故定子三相绕组共有九个出线端。如起动时将绕组的 1、2、3 三个出线端接电源；4、5、6 三个出线端分别与三个中间出线端 8、9、7 相连，如图 11-11b 所示，即成了所谓的延边三角形联结法。

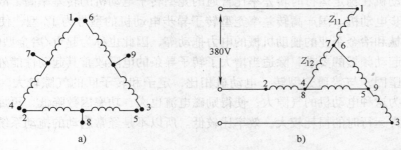

图 11-11　异步电动机定子绕组连接成延边三角形原理图

a）定子三相绕组　b）延边三角形接线图

如将延边三角形看成一部分是三角形联结（如图中绕组的 4-7、6-9、5-8 三部分），另一部分是星形联结（如图中的 1-7、2-8、3-9 三部分），那么连成星形部分的绕组的比例越大，起动时电动机的相电压降得也越多。根据实测，当抽头比例是 1:1（即 $Z_{11}:Z_{12} = 1:1$）时，电动机堵转状态下测得的相电压为 264V 左右；当抽头比例是 1:2（即 $Z_{11}:Z_{12} = 1:2$）时，相电压为 290V。

三相绕组为延边三角形联结时，绕组的相电压低于电源电压，且降低值与绕组的中间引出端的抽头比例有关。因此在起动过程中，将定子绕组接成延边三角形，可使定子绕组的电压降低，也能减小起动电流。

采用延边三角形起动方法，起动时将定子绕组接成延边三角形，起动结束后将定子绕组改接成三角形联结，即在图中将三个中间出线端 7、8、9 空出来；1、2、3 三个出线端分别与 6、4、5 三个出线端相连后接电源。延边三角形起动器可采用手动或自动控制电路进行绕组改接。

延边三角形起动具有体积小、重量轻、允许经常起动等优点，而且采用不同的抽头比例，可以得到延边三角形联结法的不同相电压，其值比丫-△换接起动时星形联结法的电压值高，因此其起动转矩比丫-△换接起动时大，它能用于重载起动。延边三角形起动法预期将获得进一步推广，并将逐步取代自耦减压起动方法。其缺点是电动机内部接线较为复杂。

229

11.2.4 小容量电动机重载起动——笼型转子电动机的特殊形式

小容量电动机重载起动时的主要矛盾是起动转矩不足。解决这一矛盾的方法有两个：一是按起动要求选择容量大一号或更大些的电动机；另一是选用起动转矩较高的特殊形式的笼型转子电动机。

通过改进其内部的结构，获得较好起动性能的特殊形式的笼型转子异步电动机，主要有高转差率笼型转子异步电动机、深槽式异步电动机、双笼型异步电动机等。这些特殊形式的笼型转子异步电动机的共同特点是起动转矩较大。

1. 高转差率笼型转子异步电动机

这种电动机的转子导条不是采用普通的铝条，而是采用电阻率较高的 ZL-14 铝合金，通过适当地加大转子导条的电阻来改善起动性能，这样既可限制起动电流，又可增大起动转矩。但这种电动机在稳定运行时转差率比普通的笼型转子电动机的转差率高，故称为高转差率笼型转子异步电动机。国产高转差率笼型转子异步电动机的型号为 JZ 型，使用场合主要是起重运输机械和冶金企业的辅助机械的电力拖动等，因此也称为起重/冶金型电动机。

为了适应起动频繁的要求，除适当增大了转子导条的电阻改善其起动性能外，该电动机的结构也比较坚固，与普通笼型转子电动机相比，定子和转子间的气隙较大，过载能力也高。但也正因为这种电动机的气隙大，使得励磁电流也大，功率因数降低，再加上转子电阻大而引起的正常运行时的损耗较大，效率比较低。所以不是经常起动的拖动系统一般不采用这种电动机。

2. 深槽式异步电动机

这种电动机是靠适当改变转子的槽形，充分利用电动机起动过程中转子导条内的"趋肤效应"，以达到既改善起动性能又不降低正常运行效率的目的。所谓趋肤效应即是转子槽漏磁通引起转子导条的电流集挤在导条表层的效应。

这种电动机的转子槽形窄而深，通常槽深 h 与槽宽之比 $h/b = 10 \sim 12$。当转子导条中流过电流时，槽漏磁通的分布如图 11-12a 所示，转子导条下部匝链的漏磁通比上部多，上部的漏电抗比下部的小。起动时，$s = 1$，转子电流的频率较高（$f_2 = sf_1 = f_1$），漏电抗成为漏阻抗的主要成分，按转子电流频率交变的漏磁通在转子导条截面

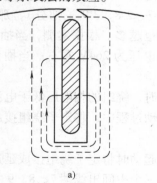 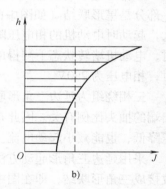

图 11-12 深槽转子导条中沿槽高方向电流的分布
a）槽漏磁通的分布 b）导条中的电流密度分布

上的不同部分感应出大小不同的电动势，转子导条中的电流密度 J 的分布将自上而下逐步减小，大部分电流都集挤在导条的上部，其电流密度的分布如图 11-12b 所示。电流集挤相当于转子导条的截面减小，使转子的有效电阻增大，好像是串入电阻一样，可以获得较大的起动转矩。

当电动机进入正常运行后，转子电流频率变得很低（$f_2 = 1 \sim 3$Hz），转子漏抗变小，导

条中阻抗主要成分为较小导条电阻，由于导条电阻上下均匀，于是导条中的电流密度的分布接近均匀，趋肤效应基本消失。到额定工作状态时，就和普通转子的电阻差不多了。

与普通笼型转子比较，深槽转子的槽很深，漏磁通增多，所以正常运行时转子漏抗也较大，使电动机的功率因数和过载能力降低。深槽式异步电动机起动性能的改善是靠牺牲一些工作性能指标取得的。

目前笼型异步电动机的转子槽一般较深，还采用瓶形槽等结构，以改善其起动性能。

3. 双笼型转子异步电动机

双笼型转子异步电动机也是利用转子电流的趋肤效应来改善起动性能，但它比深槽式电动机更进一步，这种异步电动机的转子上安装了两套笼，如图 11-13 所示。两个笼间由狭长的缝隙隔开，显然里面的笼相连的漏磁通比外面的笼的大得多。外面的笼的导条较细，采用电阻率较大的黄铜或铝青铜等材料制成，故电阻较大，称为起动笼；里面的笼截面较大，采用电阻率较小的纯铜等材料制成，故电阻较小，称为运行笼。

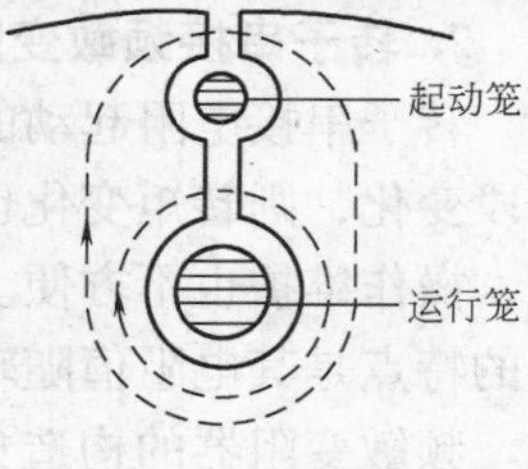

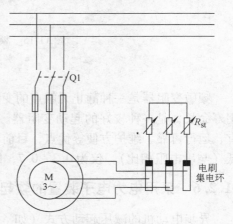

图 11-13　双笼导条的截面和漏磁通分布

起动时，由于转子电流频率较高，转子电路中漏抗起主要作用，运行笼由于趋肤效应电抗较大，故其电流很小，电流都集挤在起动笼上，而起动笼的电阻较大，因此可以改善起动性能。正常运行时，转子电流的频率很低，两个笼的漏抗与它们的电阻都很小，两笼间的电流分配基本上与它们的电阻成反比，因此，起动笼中的电流小，转子电流主要集中在运行笼中，产生电动机的工作转矩。

这种电动机一般用于要求起动转矩较高的拖动系统中，缺点是用铜量较多，制造工艺较复杂，价格较高。

11.2.5　中、大容量电动机重载起动——绕线转子异步电动机的起动

中、大容量电动机重载起动时，起动的两种矛盾同时起作用，问题最尖锐。如果上述特殊形式的笼型转子电动机还不能适应，则采用绕线转子异步电动机是解决问题的一种途径。绕线转子异步电动机转子串接电阻时，如果阻值选择合适，可以既增大起动转矩，又减小起动电流，两种矛盾都得到解决。三相绕线转子异步电动机的起动方法通常有转子串接电阻起动和转子串接频敏变阻器起动两种方法。

1. 转子串接电阻起动方法

绕线转子异步电动机的转子是三相绕组，它通过集电环与电刷可以串接附加电阻，因此可以实现一种几乎理想的起动方法，即在起动时，在转子绕组中串接适当的起动电阻，以减小起动电流，增加起动转矩，待转速基本稳定时，将起动电阻从转子电路中切除，进入正常运行。

该起动方法的接线图如图 11-14 所示。电动机的定子绕组接到三相电网上，转子绕组经集电环和电刷，接到起动变阻器上，起动变阻器接成星形。

图 11-14　绕线转子异步电动机转子串接电阻起动原理图

231

起动时，如电刷在举起位置，首先应先把电刷放下，变阻器应调在最大电阻位置，然后将定子接通电源，电动机开始转动。随着电动机转速的增加，均匀地减小变阻器电阻，直到将电阻完全切除。待转速稳定后，将集电环短接，同时举起电刷，这样可减少电刷磨损，又可减少摩擦损耗。电动机切断电源停转，应将电刷放下，并将集电环开路，变阻器再次调到最大电阻位置，为再次起动做好准备。

采用绕线转子异步电动机转子串电阻起动，既可限制起动时的转子及定子电流，还能增大起动转矩，缩短起动时间（其理由请自行分析）。因此绕线转子异步电动机比笼型转子电动机有较好的起动性能，适用于容量较大的重载起动。缺点是结构比较复杂、造价高。

2. 转子串接频敏变阻器起动方法

转子串接电阻起动的绕线转子异步电动机，当功率较大时，转子电流很大；若起动电阻逐段变化，则转矩变化也较大，对机械负载冲击较大；此外，大功率电动机的控制设备较庞大，操作维护也不方便。如果采用频敏变阻器代替起动电阻，则可克服上述缺点。频敏变阻器的特点是其电阻值随转速的上升而自动减小。

频敏变阻器的构造如图11-15a所示，其铁心由几片或十几片较厚的钢板或铁板制成，三个铁心柱上绕有三相线圈。当频敏变阻器的线圈中通过交流电时，铁心中便产生交变磁通，从而产生铁耗。图11-15b为频敏变阻器的等效电路，其中 R_w 为绕组线圈的电阻，X_m 为带铁心绕组的电抗，R_m 是反映铁耗的等效电阻。电动机刚起动时，转子频率较高（$f_2 = sf_1 = f_1$），此时，频敏变阻器内的与频率二次方成正比的涡流损耗较大，其等效电阻 R_m 也因之较大，可以限制电动机的起动电流，并增大起动转矩。随着转速的升高，转子频率逐渐下降，铁心中的涡流损耗和等效电阻也随之逐渐减小，使电动机平滑起动。

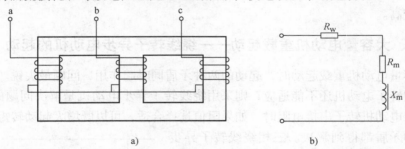

图11-15　频敏变阻器的构成与等效电路
a）频敏变阻器　b）等效电路

频敏变阻器是一种静止无触点的变阻器，结构简单，起动过程中电磁转矩变化平滑，使用寿命长，是一种较好的起动变阻器。转子串接频敏变阻器起动，具有结构简单、价格便宜、运行可靠、维护方便等优点，目前已获得大量推广应用。缺点是转子功率因数 $\cos\varphi_2$ 较低（与串电阻相比），仅为 $0.3 \sim 0.7$，因此使起动转矩的增加受到限制。

11.2.6　采用电力电子装置的软起动

异步电动机的减压起动方式（如Y-△起动，串电抗器减压起动，自耦变压器减压起动、延边三角形起动等），其共同的缺点是：起动转矩不可调，都有一个线圈电压切换过程，对电网产生二次冲击电流，对机械负载也有冲击转矩。为克服减压起动的缺点，人们研究和开发出了一种采用电力电子装置的软起动技术。

所谓软起动就是采用一定的方法，在起动时使加在电动机上的电源电压按一定规律从零平滑过渡到全电压，以控制起动电流和起动转矩，实现电动机平稳起动。

电动机软起动是新技术，还处在不断发展的阶段，随着电力电子器件和控制技术的不断进步，软起动技术有几个值得重视的分支，包括磁控软起动、电子式软起动、液阻软起动等；其中以电子式软起动应用最为广泛。

在此仅介绍电子式软起动器，也即采用电力电子装置的软起动器的工作原理及其特点。

1. 电子式软起动器工作原理

电子式软起动器（soft starter）主要由串接于电源与被控电机之间的调压电路及其检测与控制电路构成，如图 11-16 所示。调压电路一般由 6 只晶闸管两两反向并联组成，串接于电动机的三相供电线路上。检测与控制电路主要由电流检测、电压检测、中央控制器、驱动电路等组成。其中，电压检测主要用于保证控制电路输出的触发脉冲与电源频率同步，同时还用于电源断相保护；电流检测主要用于保证起动电流不大于设定的最大允许起动电流；中央控制器一般由中央处理器（CPU）及其 I/O 外围电路组成，通过编程，

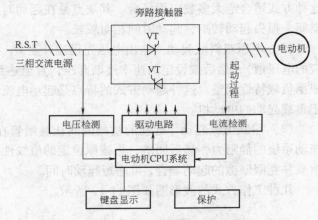

图 11-16　电子式软起动器的原理图

可运用不同的控制方法，控制三相反并联晶闸管的导通角 α，使被控电机的输入电压按不同的要求而变化，实现电动机的平稳起动。

大多数电子式软起动器在反向并联晶闸管两端设有旁路接触器，其作用如下：当起动过程完成后，闭合旁路接触器，短路掉所有的晶闸管，使电动机直接投入电网运行，避免不必要的电能损耗和谐波干扰；软起动的晶闸管仅在起动停车时工作，可以避免长期运行使晶闸管发热，延长了使用寿命；一旦软起动器发生故障，旁路接触器可作为应急备用，紧急情况下，直接闭合旁路接触器直接全电压起动电动机，提高了起动电路的可靠性。

2. 电子式软起动的特点

1）起动过程中引入电流负反馈，起动电流上升至设定值后，即维持恒定值，使电动机起动平稳，对电网无冲击。

2）不受电网电压波动的影响，由于软起动以电流为设定值，电网电压上下波动时，通过增减晶闸管的导通角，调节电动机的端电压，仍可维持起动电流恒值，保证电动机正常起动。

3）针对不同负载对电动机的要求，可以无级调整起动电流设定值，改变电动机起动时间，实现最佳起动时间控制。

4）可实现电动机的软停止。停机时，控制晶闸管导通角以一定的规律逐步减小，使电动机端电压逐渐下降至零，减缓了瞬间断电停机对机械负载的冲击。同样软停车的参数，也可根据具体情况进行设定。

5）可实现电动机的节能运行。若起动结束后，不闭合旁路接触器，被控电动机仍通过晶闸管供电，运行期间可以通过检测电动机的功率因数与负载的大小，控制晶闸管的导通角调节电动机的端电压，对电动机实施降压节能运行。但节能运行对电网有谐波污染。

3. 软起动的几种工作方式

软起动一般有以下几种工作方式：

（1）限流软起动　起动时电流以一定的斜率上升至某一设定值（$I_{\lim}$），其后维持恒定，直至起动结束。其输出电压从零开始迅速增长，直到其输出电流达到预先设定的电流限值 $I_{\lim}$，然后在保持输出电流的条件下再逐渐升高电压，直到额定电压，使电动机转速逐渐升高，直到额定转速。这种起动方式的优点是起动电流小，且可按需要调整，对电网影响小。这种方式适合绝大多数应用场合。其缺点是在起动时难以知道起动压降，不能充分利用压降空间，损失起动转矩，起动时间相对较长。

（2）电压双斜坡起动　输出电压先迅速升至 U_1（U_1 为电动机起动所需的最小转矩所对应的电压值），然后按设定的速率逐渐升压，直至达到额定电压。初始电压及电压上升率可根据负载特性调整。这种起动方式的特点是起动电流相对较大，但起动时间相对较短，适用于重载起动的电动机。

（3）阶跃恒流起动　起动的初始瞬间让晶闸管在极短的时间内大角度导通，用以克服拖动系统的静阻力，然后回落，再按原设定的值线性上升，进入恒流起动。这种方式适用于重载并克服摩擦的起动场合，可缩短起动时间。

几种工作方式的波形图如图 11-17 所示。

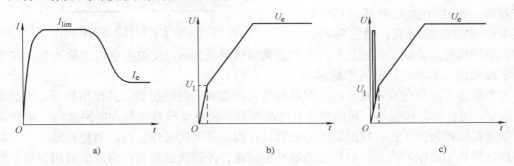

图 11-17　软起动工作方式

a）限流软起动　b）电压双斜坡软起动　c）阶跃恒流起动

电子式软起动器自20世纪80年代由国外进入国内后，随着该产品国产化率提高、产品质量稳定，现已逐步进入全面应用阶段。为便于控制，软起动器的电力电子器件和检测控制电路可以设计成一个完整的电动机控制中心，实现对电动机的综合控制及故障记录报警，可实现控制集成化；软起动器与可编程序控制器（PLC）组合后，使控制系统的设计更为方便灵活及可靠，可实现控制的数字化；与计算机网络技术相结合可实现控制的智能化和网络化。

软起动器和变频器是两种完全不同用途的产品。软起动器实际上是个自动调压器，在电动机起动时其输出只改变电压并不改变频率；而变频器具备所有软起动器的功能，用于需要调速的场合，其输出不但改变电压同时也改变频率，但它的价格比软起动器贵得多，结构也复杂得多。

11.3 异步电动机的调速

与直流拖动系统相似，在实际应用中往往也要求拖动生产机械的交流电动机的转速能够调节，但要实现交流调速要比直流调速复杂和困难得多。本节仅讨论异步电动机调速的基本原理和方法。

根据异步电动机的基本原理，从定子传入转子的电磁功率 P_{em} 可分成两部分：一部分 $P_2 = (1-s)P_{em}$ 为拖动负载的有效功率；另一部分是转差功率 $P_s = sP_m$，与转差率成正比。从能量转换的角度看，转差功率是否增大，是消耗掉还是回收，显然是评价调速系统效率的一个指标。据此，又可把异步电动机的调速方法分为三类：

（1）转差功率消耗型 全部转差功率都转换成热能消耗掉。它是以增加转差功率的消耗来换取转速的降低（恒转矩负载时），越向下调效率越低。这类调速方法的效率最低。

（2）转差功率回馈型 转差功率的一部分消耗掉，大部分则通过变流装置回馈电网或转化成机械能予以利用，转速越低时回收的功率越多，其效率比前者高。

（3）转差功率不变型 这类调速方法无论转速高低，转差率保持不变，而且很小，所以转差功率的消耗也基本不变且很小，因此效率最高。

下面就以这种分类方法介绍几种异步电动机调速方法的工作原理及其特性。

11.3.1 转差功率消耗型异步电动机调速方法

这类方法的共同特点是在调速过程中均产生大量的转差功率，并消耗在转子电路中。转差功率消耗型调速方法主要有改变定子电压调速法、转子电路串接电阻调速法等。

1. 改变定子电压调速

异步电动机在同步转速 n_1 和临界转差率 s_m 保持不变的情况下，输出转矩与所加定子电压的二次方成正比，即 $T_e \propto U_s^2$。因此，改变定子电压就可以改变其机械特性的函数关系，从而改变电动机在一定输出转矩下的转速。

改变定子电压的调速方法是一种比较简单的调速方法。过去主要利用自耦变压器或饱和电抗器串接在定子电路中实现调速，由于其设备庞大笨重，已很少使用。目前主要采用电力电子器件构成的交流调压器。

图 11-18 为变压调速时异步电动机的人为机械特性。由图可见，对于恒转矩负载（如图中曲线 1），改变定子电压的调速范围较小；对于某些通风机特性的负载（如图中曲线 2），由于在 s 大于 s_m 时，电力拖动系统也能稳定运行，调速范围较大。因此，调压调速适用于风机、泵类负载的调速。

对于恒转矩调速，如能增加异步电动机的转子电阻（如绕线转子异步电动机或高转差率笼型异步电动机），则改变电动机定子电压可获得较大的调速范围，如图 11-19 所示。但此时电动机的机械特性太软，往往不能满足生产机械的要求，且低压时的过载能力较低，负载的波动稍大，电动机就有可能停转。对于恒转矩性质的负载，如果要求调速范围较大，往往采用带转速反馈控制的交流调压器，以改善低速时电动机的机械特性。采用具有转速负反馈的调压调速系统，能改善电动机在低速运行时的机械特性的原理将在"电力拖动自动控

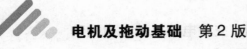
制系统"课程中介绍,这里不再涉及。

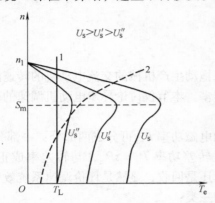

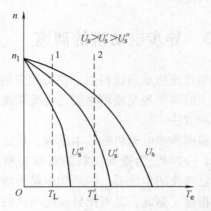

图 11-18 改变定子电压调速的机械特性　　图 11-19 高转差率电动机变压调速的机械特性

改变定子电压的调速方法其主要缺点是,调速时的效率较低,低速时消耗在转子电路上的功率很大,电动机发热严重。

2. 转子电路串接电阻调速

这种方法仅适用于绕线转子异步电动机。如图 11-20 所示,当转子电路中串接附加电阻 R_n 后的人为机械特性曲线变软,其同步转速 n_1 不变,最大电磁转矩 T_{em} 也基本不变,但临界转差率 s_m 却随着附加电阻 R_n 的增大而增大,所以机械特性曲线随着附加电阻的增大越来越倾斜。这样,在一定的负载转矩 T_L 下,随着附加电阻 R_n 的增大,工作点将向下移动,即转差率增大,电动机的转速下降,从而达到调速的目的。调速的控制过程与转子串电阻起动过程正好相反,是通过逐级增加电阻以降低转速。该方法属于恒转矩调速。

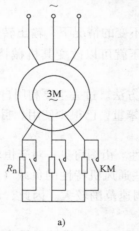

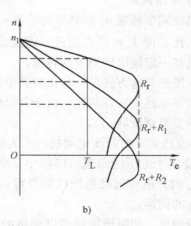

图 11-20 转子电路串接电阻调速

a) 原理图　b) 特性曲线

这种调速方法的缺点是,附加电阻中要消耗相当大的能量,效率很低。另一方面,转速只能往下调,且下调时机械特性变软,负载波动引起的转速波动较大,且在轻载时,转速调节范围也很小。

11.3.2　转差功率回馈型异步电动机调速方法——串级调速

　　针对上述串电阻调速存在的低效问题，设想如果在绕线转子异步电动机转子电路中串入附加电动势 E_{add} 来取代电阻，通过电动势这样一种电源装置吸收转子上的转差功率，并回馈给电网，以实现高效平滑调速——这就是串级调速的思想。

　　根据电机的可逆性原理，异步电机既可以从定子输入或输出功率，也可以从转子输入或输出转差功率，如果同时从定子和转子向电机馈送功率也能达到调速的目的。串级调速法又称为双馈调速方法。

　　1. 串级调速的基本原理

　　串级调速的原理图如图 11-21 所示，在绕线转子异步电动机的三相转子电路中串入一个电压和频率可控的交流附加电动势 E_{add}，通过控制使 E_{add} 与转子电动势 E_r 具有相同的频率，其相位与 E_r 相同或相反。

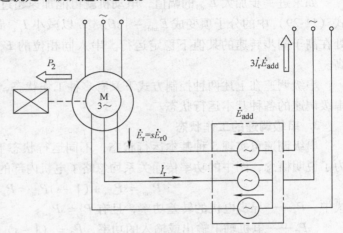

图 11-21　转子串附加电动势的串级调速原理图

　　当电动机转子没有串接的附加电动势，即 $E_{add} = 0$ 时，异步电动机处在固有机械特性上运行。当电动机转子串接附加电动势后，即 $E_{add} \neq 0$，由式（11-2），转子电流 I_r 变为

$$I_r = \frac{sE_{r0} \pm E_{add}}{\sqrt{R_r^2 + (sX_{r0})^2}} \tag{11-27}$$

　　由此可见，可以通过调节 E_{add} 的大小来改变转子电流 I_r 的数值，而电动机产生的电磁转矩 T_e 也将随着 I_r 的变化而变化，使电力拖动系统原有的稳定运行条件 $T_e = T_L$ 被破坏，迫使电动机变速。这就是绕线转子异步电动机串级调速的基本原理。

　　在串级调速过程中，电动机转子上的转差功率 $P_s = sP_{em}$，只有一小部分消耗在转子绕组电阻上，而大部分被 E_{add} 吸收，再设法通过电力电子装置回馈给电网。因此，串级调速与串电阻调速相比，具有较高的效率。

　　2. 串级调速的控制方式

　　串级调速可分为次同步调速和超同步调速两种控制方式：

　　（1）次同步调速方式　使 E_{add} 的相位与 E_r 相差 180°，这时转子电流的表达式为

$$I_r = \frac{sE_{r0} - E_{add}}{\sqrt{R_r^2 + (sX_{r0})^2}} \tag{11-28}$$

　　由式（11-28）可知，增加附加电动势 E_{add} 的幅值，将减少转子电流 I_r，也就是减少转矩 T_e，从而降低电动机的转速 n。在这种控制方式中，转速是由同步转速向下调节的，始终有 $n < n_0$。

（2）超同步调速方式 如果使串入的附加电动势 E_{add} 与 E_r 同相，则转子电流 I_r 变为

$$I_r = \frac{sE_{r0} + E_{add}}{\sqrt{R_r^2 + (sX_{r0})^2}} \tag{11-29}$$

这时，随着 E_{add} 的增加，转子电流 I_r 增大，电动机输出转矩 T_e 也增大，使电动机加速。与此同时，转差率 s 将减小，而且随着 s 的减小，I_r 也减小，最终达到转矩平衡 $T_e = T_L$。

如果进一步加大 E_{add} 的幅值，电动机就可能加速超过同步转速，这时 $s<0$，E_r 反相，使式（11-29）中的分子项变成 $E_{add} - |sE_{r0}|$，以减小 I_r，最终达到转矩平衡 $T_e = T_L$，电动机处在高于同步转速的某值下稳定运行。串入同相位的 E_{add} 幅值越大，电动机稳定转速就越高。

串级调速在上述两种控制方式下又有多种工作状态，下面从能量传递关系的角度来分析串级调速的各种基本运行状态。

3. 串级调速的工作状态

串级调速可实现 5 种基本运行状态，不同运行状态下的功率传递关系如图 11-22 所示。为了说明概念，图中的功率传递关系均忽略了电机内部的各种损耗，并认为功率关系为

$$P_{em} = sP_{em} + (1-s)P_{em} = P_s + P_2 \tag{11-30}$$

式中 P_s——异步电机的转差功率，且有 $P_s = sP_{em}$；

P_2——电机轴上输出或输入的功率，$P_2 = (1-s)P_{em}$。

1）次同步转速电动状态，如图 11-22a 所示。此时，转子电流 I_r 与转子绕组感应电动势 E_r 相位相同，而与串入的附加电动势 E_{add} 相位相反，因此 E_r 输出转差功率 P_s 被 E_{add} 吸收，并由 E_{add} 装置将吸收的转差功率回馈入电网。

2）超同步转速电动状态，如图 11-22b 所示。转子中串入的 E_{add} 与 E_r 的初始相位和转子电流 I_r 相位相同，但当电机转速超过同步转速运行时，由于 $s<0$，使 E_r 相位变反，而 I_r 仍与 E_{add} 相位一致。此时电网通过 E_{add} 向电动机转子绕组输入转差功率 P_s，即电网向电机定子和转子绕组同时输入功率。所以从功率传递角度来看，超同步串级调速就是一种向异步电机定子和转子同时馈电的双馈调速系统。

3）超同步转速发电状态，如图 11-22c 所示。这时，电机转子中输入外部机械功率 P_2，然后由 E_{add} 吸收转差功率 P_s 并回馈入电网，同时通过定子向电网回馈电磁功率 P_{em}。异步电机在超同步转速下处于回馈制动状态，工作于第二象限。

4）次同步转速发电状态，如图 11-22d 所示。一方面由电网通过 E_{add} 装置向电机转子绕组供给转差功率 P_s，另一方面由电机轴输入机械功率 P_2，共同产生电磁功率由定子传送给电网。此时电机在低于同步转速下处于回馈制动状态，工作于第二象限。

5）倒拉反接制动状态，如图 11-22e 所示。电机在位能性负载拖动下反转，$s>1$，电机处于第四象限工作。此时转子中的转差功率传递方向与第1）种和第3）种的运行状态相同，即由 E_{add} 吸收转差功率并回馈入电网。

4. 串级调速的机械特性

求取串级调速机械特性的基本思路是：考虑转子回路串入附加电动势 E_{add}，并将转子电路按等效原理折算，求得转子电流 I_r'，由异步电动机的转矩公式 $T_e = C_T \Phi_m I_r' \cos\varphi_2$ 得到异步电动机产生的电磁转矩。再根据异步电动机机械特性的实用表达式可推导出串级调速的机械

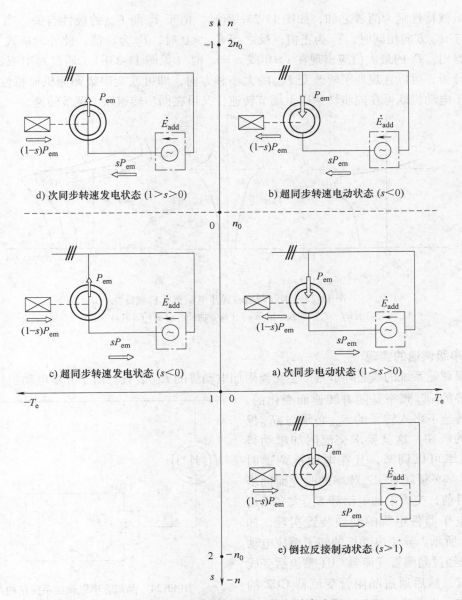

图 11-22　串级调速的运行状态与功率流程

特性。由于公式推导过程较为复杂，这里仅给出结论，省略了繁琐的公式推演，有兴趣的读者可参阅有关文献 [7]。按上述思路推导出的异步电动机串级调速的机械特性为

$$T_{ed} = \frac{2T_{em}}{s/s_m + s_m/s} + \frac{2T_{em}}{s/s_m + s_m/s} \frac{E_{add}}{sE_{r0}} = T_1 + T_2 \tag{11-31}$$

式 (11-31) 表明：串级调速时异步电动机的转矩由两部分组成，其中 $T_1 = T_e$ 是未串接 E_{add} 时异步电动机的固有转矩；T_2 为串接 E_{add} 时所引起的转子电流分量与旋转磁场相互作用产生的转矩分量。

图 11-23a、b 分别表示串级调速时的两个转矩分量 T_1 和 T_2 与转速 n 的关系曲线，串级

调速的机械特性则为两者之和，如图 11-23c 所示。由于 T_2 与 E_{add} 的极性有关，当 $E_{add} > 0$，即 E_{add} 与 sE_{r0} 方向相同时，T_2 为正值；反之当 $E_{add} < 0$ 时，T_2 为负值。此外，从式（11-31）还可以看出，T_2 的最大值应出现在 $s = 0$ 或 $n = n_1$ 时（见图 11-23b）。通过对串级调速机械特性的分析，可以直观地了解改变 E_{add} 的大小和方向，即可改变串级调速机械特性的位置，使得异步电动机既可在同步转速以上调节转速，又可在同步转速以下调节转速。

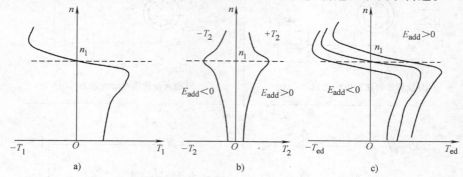

图 11-23　串级调速时异步电动机的机械特性

a）$n = f(T_1)$ 曲线　b）$n = f(T_2)$ 曲线　c）$n = f(T_{ed})$ 曲线

5. 串级调速的实现

串级调速系统的核心环节是产生交流附加电动势的 E_{add} 装置。由于异步电动机转子中感应电动势的 sE_{r0} 频率是随着转速而变化的，在任何转速下串入转子的 E_{add} 必须与 sE_{r0} 保持相同的频率，这就要求交流附加电动势 E_{add} 的频率可以调节，且在电动机调速时 E_{add} 的频率必须随着 sE_{r0} 频率的改变而同步变化。目前，交流附加电动势 E_{add} 大多采用由电力电子器件组成的变频装置实现，如图 11-24 所示。异步电动机的转子感应电动势 sE_{r0} 先经过晶闸管变流器 CU1 整流后变成直流电压，然后通过晶闸管变流器 CU2 的

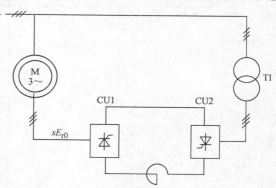

图 11-24　晶闸管串级调速系统结构

有源逆变，将直流电压再变成与电网同频率的交流电。最后由逆变变压器 TI 反馈给电网，实现了转差功率的回馈过程。反之，也可以通过 CU2 整流和 CU1 逆变，由电网向电动机转子提供转差功率，从而实现双馈调速。关于串级调速系统的具体电路及其控制方式可参阅有关专著和文献[6-7]，在此不再进一步介绍。

11.3.3　转差功率不变型异步电动机调速方法

这类调速系统中，转差功率只有转子铜损，而且无论转速高低，转差功率基本不变。这类调速方法主要有变极调速和变频调速两种。

1. 变极调速——多速异步电动机

由于一般异步电动机正常运行时的转差率很小，电动机的转速 $n = n_1(1 - s)$ 主要取决

于同步转速 n_1。从 $n_1 = 60f_1/n_p$ 可知，在电源频率 f_1 保持不变的情况下，改变定子绕组的极对数 n_p，即可改变电动机的同步转速 n_1，从而使电动机的转速也随之改变，这就是变极调速的基本原理。

改变定子绕组的极对数，通常用改变定子绕组的连接方式来实现。变极可以采用多种方法，下面仅以"倍极比反向变极法"为例说明其原理。设定子每相有两个极相组（三相绕组的连接方法是相同的，为简单起见，图中只画出 A 相的两个极相组），每个极相组用一个线圈来代表。如果把定子绕组的两个线圈串联，电流从首端 A 进入，从尾端 X 流出，如图 11-25a 所示，则气隙中将形成 4 极磁场，即 $n_p = 4$；若改变两个线圈 a_1x_1 和 a_2x_2 的连接方式，使极相组 a_2x_2 中的电流改变方向，即从尾端（x_2）进，从首端（a_2）出，即成为如图 11-25b 所示的反向串联或反向并联，则此时气隙中将形成 2 极磁场（即 $n_p = 2$），极对数减少了一半。

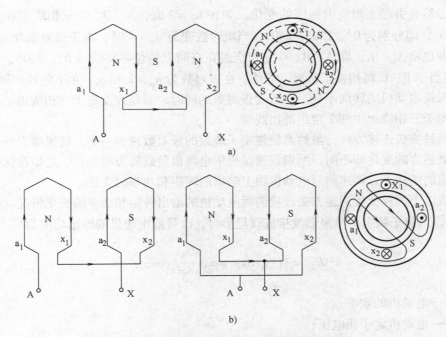

图 11-25　对一相绕组改变定子绕组极对数的改接方法
a) 4 极磁场　b) 2 极磁场

由此可知，若要使定子绕组的极对数改变一倍，只要改变定子绕组的连接方式，即将每相绕组分成两个"半相绕组"，通过改变其引出端的连接方式，使其中任一"半相绕组"中的电流反向，即可使定子绕组的极对数增大一倍（或减少或二分之一）。

常用的改变定子绕组极对数的连接方法有两种。一种是定子绕组从单星形改接成双星形（即所谓丫/丫丫改接法），低速时为单星形（丫），高速时为双星形（丫丫），如图 11-26a 所示。另一种是从三角形改接成双星形（即所谓△/丫丫改接法），低速时为三角形（△），高速时为双星形（丫丫），如图 11-26b 所示。

必须注意，由于在定子圆周上，电角度是机械角度的 n_p 倍，即 $\omega_e = n_p\omega$，故在改变极

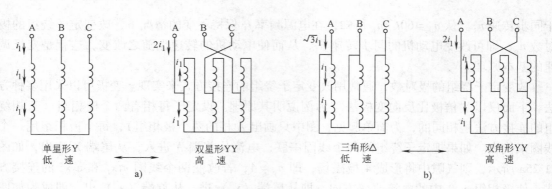

图 11-26　单绕组双速电动机定子三相绕组改变连接的方法

a）Y/YY 改接法　b）△/YY 改接法

对数时，必然会引起三相绕组相序的变化。如在 $n_p = 2$ 时，A、B、C 三相绕组在空间上依次位移 $120°$，即分别为 $0°$、$120°$、$240°$；当极对数变为 $n_p = 4$ 时，由于极对数增加了一倍，空间电角度也增大一倍，即 A、B、C 三相绕组在空间上的位移将变成 $0°$、$240°$、$480°$（即 $120°$），相当于 B、C 两相换了位置，显然，在极对数为 $n_p = 2$ 和 $n_p = 4$ 下的相序刚好相反。因此，为保持电动机的转向不变，在改变极对数的同时，必须改变定子三相绕组的相序，即任意互换定子三相绕组中两个绕组的出线端。

上述两种变极连接方法，虽然都能使定子绕组的极对数减少一半，转速增大一倍，但电动机的负载能力的变化却不同。所谓调速过程中电动机负载能力的变化，是指在保持定子电流为额定值的条件下，调速前后电动机轴上输出的转矩和功率的变化。

现分析以上两种变极调速方法改接前后电动机的输出转矩和功率的变化情况。设电源线电压为 U_N，当定子绕组由单星形改接成双星形时，改接前电动机的输出功率为

$$P_{2Y} = 3U_s I_s \cos\varphi_1 \eta = 3\frac{U_N}{\sqrt{3}} I_s \cos\varphi_1 \eta \tag{11-32a}$$

式中　η——电动机的效率；

　　U_s——电动机定子相电压；

　　I_s——电动机定子相电流；

　$\cos\varphi_1$——定子功率因数。

改接成双星形后，如保持定子绕组相电流 I_s 不变，并假设在改接后，η 和 $\cos\varphi_1$ 均保持不变，则电动机的输出功率为

$$P_{2YY} = 3U_s 2I_s \cos\varphi_1 \eta = 3\frac{U_N}{\sqrt{3}} 2I_s \cos\varphi_1 \eta \tag{11-32b}$$

比较两式可知：改接前后电动机的输出功率之比 $P_{2YY}/P_{2Y} = 2$，即改接后电动机的输出功率增加了一倍。

根据异步电动机的输出转矩与输出功率之间的关系 $T_e = 9.55P_2/n$，由于改接后输出功率增加一倍，转速也增加一倍，因此，改接前后电动机输出的转矩之比为

$$\frac{T_{e\curlyY}}{T_{e\curlyY\curlyY}} = \frac{9.55 P_{2\curlyY}}{9.55 P_{2\curlyY\curlyY}} \frac{2n}{n} = 1 \tag{11-33}$$

式（11-33）说明：$\curlyY / \curlyY\curlyY$ 变极调速属于恒转矩性质，其机械特性如图 11-27 所示。这种变极调速方法适用于恒转矩负载的拖动系统中，如起重机、传输带等机械。

当定子绕组由三角形改接成双星形时，改接前电动机的输出功率为

$$P_{2\triangle} = 3 U_s I_s \cos\varphi_1 \eta = 3 U_N \frac{I_N}{\sqrt{3}} \cos\varphi_1 \eta$$

改接成双星形后，如保持定子绕组相电流 I_s 不变，并假设在改接后，η 和 $\cos\varphi_1$ 均保持不变，则电动机的输出功率为

$$P_{2\curlyY\curlyY} = 3 U_s 2 I_s \cos\varphi_1 \eta = 3 \frac{U_N}{\sqrt{3}} 2 I_s \cos\varphi_1 \eta$$

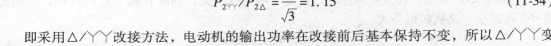

图 11-27 $\curlyY / \curlyY\curlyY$ 变极时
恒转矩调速的机械特性

比较两式可得改接前后电动机的输出功率之比为

$$P_{2\curlyY\curlyY} / P_{2\triangle} = \frac{2}{\sqrt{3}} = 1.15 \tag{11-34}$$

即采用 $\triangle / \curlyY\curlyY$ 改接方法，电动机的输出功率在改接前后基本保持不变，所以 $\triangle / \curlyY\curlyY$ 变极调速属于恒功率性质。根据转矩关系式，可知，采用 $\triangle / \curlyY\curlyY$ 改接方法，当转速增加一倍时，转矩则减小一半，其机械特性如图 11-28 所示。

上述双速电动机有一套可变极的定子绕组，被称为单绕组双速异步电动机。如定子上另安装一套绕组，则可制成三速或四速异步电动机。因此，变极调速的电动机又称为多速异步电动机。变极调速方法适用于笼型转子异步电动机，因为笼型转子的极对数能自动地随着定子极对数的改变而改变，使定、转子的极对数总是相等而产生均匀电磁转矩。而对于绕线转子，当定子绕组改变极对数时，则必须人为地改变转子绕组的极对数，这很不方便。因此，变极调速主要应用于笼型转子异步电动机。

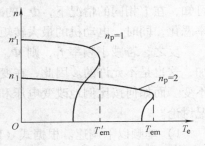

图 11-28 $\triangle / \curlyY\curlyY$ 变极时恒功
率调速的机械特性

从以上分析可以看出，异步电动机的变极调速简单可靠、成本低、效率高、机械特性硬，且既可适用于恒转矩调速也可适用于恒功率调速，属于转差功率不变型调速方法。但变极调速是有级调速，不能实现均匀平滑的无级调速，且能实现的速度档也不可能太多。此外，多速电动机的尺寸一般比同容量的普通电动机稍大，运行性能也稍差一些，且接线头较多，并需要专门的换接开关，但总体上，变极调速还是一种比较经济的调速方法。

2. 变频调速

从异步电动机的转速公式可知，若改变电源频率 f_1，则可平滑地改变异步电动机的同步转速 $n_1 = 60 f_1 / n_p$，异步电动机的转速 n 也随之改变，所以改变电源频率可以调节异步电动机的转速。变频调速属于转差功率不变型调速类型，具有调速范围大、平滑性好等特点，是异步电动机调速最有发展前途的一种方法。而且随着电力电子技术的发展，许多简单可靠、

性能优异、价格便宜的变频调速装置已得到广泛应用。在此仅介绍变频调速的原理、性能及特性，而不具体研究各种变频调速系统的控制电路。

(1) 变频调速的基本原理 根据 $n_1 = 60f_1/n_p$，通过改变电源频率 f_1，就可以改变异步电动机的同步转速 n_1，从而使电动机的转速也能随之改变。这就是变频调速的基本原理。

(2) 变频调速的基本方式 在异步电动机调速时，总希望保持主磁通 Φ_m 保持为额定值，这是因为磁通太弱，电动机的铁心得不到充分利用，是一种浪费；而磁通太大，又会使铁心饱和，导致过大的励磁电流，严重时甚至会因绕组过热而损坏电动机。对于直流电动机，其励磁系统是独立的，只要对电枢反应的补偿合适，容易保持 Φ_m 不变，而在异步电动机中，磁通是定子和转子磁动势共同作用的结果，所以保持 Φ_m 不变的方法与直流电动机的情况不同。

根据异步电动机定子每相电动势有效值的公式

$$E_s = 4.44 f_1 N_1 k_{w1} \Phi_m$$

如果略去定子阻抗压降，则定子端电压 $U_s \approx E_s$，即有

$$U_s \approx E_s = 4.44 f_1 N_1 k_{w1} \Phi_m \tag{11-35}$$

式 (11-35) 表明，在变频调速时，若定子端电压不变，则随着频率 f_1 的升高，气隙磁通 Φ_m 将减小。又从转矩公式

$$T_e = C_T \Phi_m I_r' \cos\varphi_2$$

可知，在 I_r' 相同的情况下，Φ_m 的减小势必导致电动机输出转矩的下降，使得电动机的利用率恶化，同时，电动机的最大转矩也将减小，严重时会使电动机堵转。

反之，若减小频率 f_1，则 Φ_m 将增加，使磁路饱和，励磁电流上升，导致铁损急剧增加，这也是不允许的。因此，在变频调速过程中应同时改变定子电压和频率，以保持主磁通不变。而如何按比例地改变电压和频率，这要分基频（额定频率）以下和基频以上两种情况讨论。

1) 基频以下调速。根据式 (11-35)，要保持 Φ_m 不变，应使定子端电压 U_s 与频率 f_1 成比例地变化，即

$$\frac{U_s}{f_1} \approx \frac{E_s}{f_1} = 常数 \tag{11-36}$$

由最大转矩公式

$$T_{em} = \frac{3n_p}{2\pi f_1} \frac{U_s^2}{2\left(\sqrt{R_s^2 + (X_s + X_{r0}')^2} + R_s\right)}$$

式中，$X_s + X_{r0}' = 2\pi f_1 (L_s + L_r')$，当 f_1 相对较高时，因 $(X_s + X_{r0}') >> R_s$，可忽略定子电阻 R_s，这样，上式可简化为

$$T_{em} \approx \frac{3n_p U_s^2}{8\pi f_1^2 (L_s + L_r')} = C\frac{U_s^2}{f_1^2} \tag{11-37}$$

式中，$C = \dfrac{3n_p}{8\pi (L_s + L_r')}$ 为常数。

由于 $T_m = K_T T_N$，因此为了保证变频调速时电动机过载能力不变，就要求变频前后的定子端电压、频率及转矩满足

$$\frac{U_s^2}{f_s^2 T_N} = \frac{U'^2_s}{f'^2_s T'_N}$$

即

$$\frac{U_1}{f_1} = \frac{U'_1}{f'_1}\sqrt{\frac{T_N}{T'_N}} \tag{11-38}$$

式（11-38）表示在变频调速时，为了使异步电动机的过载能力保持不变定子端电压的变化规律。

对于恒转矩调速，因为 $T_N = T'_N$，由式（11-38）可得 $U_1/f_1 = U'_1/f'_1 =$ 常数。即对于恒转矩负载，采用恒压频比控制方式，既保证了电动机的过载能力不变，同时又满足了主磁通 $\varPhi_m$ 保持不变的要求，说明变频调速适用于恒转矩负载。

下面分析恒压频比控制变频调速时，异步电动机的人为机械特性。因为 $U_1/f_1 =$ 常数，故磁通 $\varPhi_m$ 基本保持不变也近似为常数，此时异步电动机的电磁转矩可表示为

$$T_e = \frac{3n_p}{2\pi}\left(\frac{U_s}{f_1}\right)^2 \frac{sf_1 R'_r}{(sR_s + R'_r)^2 + s^2 (X_s + X'_{r0})^2} \tag{11-39}$$

由于 $U_1/f_1 =$ 常数，且当 f_1 相对较高时，从式（11-37）可看出，不同频率时的最大转矩 T_m 保持不变，所对应的最大转差率为

$$s_m = \frac{R'_r}{\sqrt{R_s^2 + (X_s + X'_{r0})^2}} \approx \frac{R'_r}{X_s + X'_{r0}} \propto \frac{1}{f_1} \tag{11-40}$$

不同频率时最大转矩所对应的转速降落为

$$\Delta n_m = s_m n_1 = \frac{R'_r}{\sqrt{R_s^2 + (X_s + X'_{r0})^2}} \frac{60 f_1}{n_p} \approx \frac{60 R'_r}{2\pi n_p (L_s + L'_r)} \tag{11-41}$$

因此，恒压频比控制变频调速时，由于最大转矩和最大转矩对应的转速降落均为常数，故此时异步电动机的机械特性是一组相互平行、硬度相同的曲线，如图 11-29 所示。

但在 f_1 变到很低时，$(X_s + X'_{r0})$ 也很小，R_s 不能被忽略，且由于 U_s 和 E_s 都较小，定子阻抗压降所占的份额比较大。此时，最大转矩和最大转矩对应的转速降落不再是常数，而是变小了。为保持低频时电动机有足够大的转矩，可以人为地使定子电压 U_s 抬高一些，近似补偿定子压降。

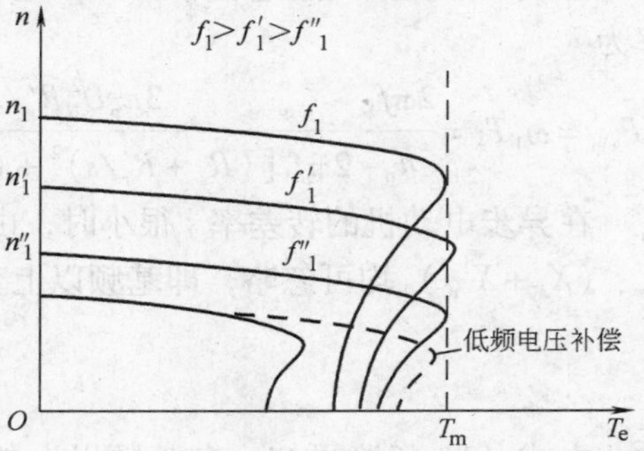

对于恒功率调速，由于 $P_{em} = \dfrac{2\pi f_1}{n_p} T_N = \dfrac{2\pi f'_1}{n_p} T'_N$

图 11-29　恒压频比控制变频调速的机械特性

保持恒定，则 $f_1 T_N = f'_1 T'_N$，即 $T_N / T'_N = f'_1 / f_1$，代入式（11-38）可得

$$\frac{U_s}{\sqrt{f_1}} = \frac{U'_s}{\sqrt{f'_1}} \tag{11-42}$$

或

$$\frac{U_s}{U'_s} = \sqrt{\frac{f_1}{f'_1}} \tag{11-43}$$

245

由此可见，在恒功率调速时，如按 $U_s/\sqrt{f_1}=$ 定值，控制定子电压的变化，能使电动机的过载能力保持不变，但磁通将发生变化；若按 $U_s/f_1=$ 定值，控制定子电压的变化，则磁通 $\varPhi_m$ 将基本保持不变，但电动机的过载能力保持将在调速过程中发生变化。

2）基频以上调速。频率 f_1 从额定频率 f_{1N} 往上增加，即当 $f_1 > f_{1N}$ 时，若仍保持 $U_s/f_1=$ 常数，势必使定子电压 U_s 超过额定电压 U_N，这是不允许的。这样，基频以上调速应采取保持定子电压不变的控制策略，通过增加频率 f_1，使磁通 $\varPhi_m$ 与 f_1 成反比地降低，这是一种类似于直流电动机弱磁升速的调速方法。

设保持定子电压 $U_s = U_N$，改变频率时异步电动机的电磁转矩为

$$T_e = \frac{3n_p U_N^2 R_r'/s}{2\pi f_1 \left[(R_s + R_r'/s)^2 + (X_s + X_{r0}')^2 \right]}$$

由于 f_1 较高，可忽略定子电阻 R_s，故最大转矩为

$$T_{em} = \frac{1}{2} \frac{3n_p U_N^2}{2\pi f_1 (R_s + \sqrt{R_s^2 + (X_s + X_{r0}')^2})} \approx \frac{3n_p U_N^2}{4\pi f_1 (X_s + X_{r0}')} = C\frac{1}{f_1^2} \tag{11-44}$$

式中，$C = \dfrac{3n_P U_N^2}{8\pi^2 (L_s + L_r')}$ 为常数。

其对应的最大转差与转速降落同式（11-40）和式（11-41），为常数。由此可见，保持定子电压 U_s 不变，升高频率调速时，最大转矩 T_{em} 随频率 f_1 的升高而减小，最大转矩对应的转速降落是常数，因此对应这一段不同频率的机械特性是平行的，硬度是相同的，频率 f_1 越高，最大转矩 T_{em} 越小，如图 11-30 所示。

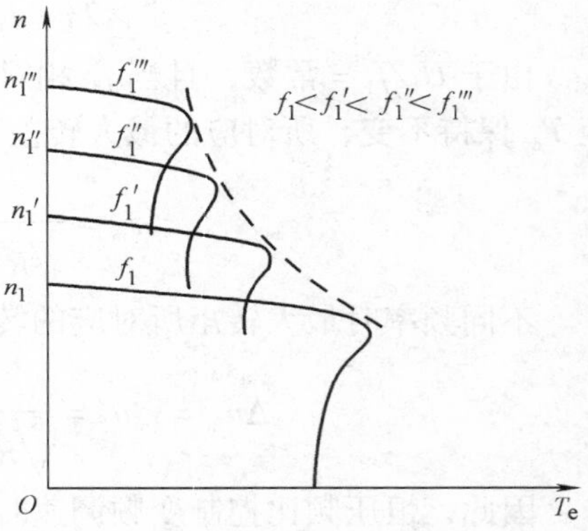

图 11-30　由基频向上变频调速的机械特性

基频以上变频调速过程中，异步电动机的电磁功率为

$$P_{em} = \omega_1 T_e = \frac{2\pi f_1}{n_p} \frac{3n_p U_N^2 R_r'/s}{2\pi f_1 [(R_s + R_r'/s)^2 + (X_s + X_{r0}')^2]}$$

在异步电动机的转差率 s 很小时，由于 $R_r'/s >> R_s$、$R_r'/s >>(X_s + X_{r0}')$，因此上式中的 R_s、$(X_s + X_{r0}')$ 均可忽略，即基频以上变频调速时，异步电动机的电磁功率可近似为

$$P_{em} = \frac{3U_N^2 s}{R_r'} \tag{11-45}$$

由式（11-45）可知，在基频以上的调速过程中，若保持 U_s 不变，转差率 s 变化也很小，故可近似认为调速过程中 P_{em} 不变，即在基频以上的变频调速，可近似为恒功率调速。

把基频以下和基频以上两种情况综合起来，可得到异步电动机变频调速控制特性，如图 11-31 所示。

（3）变频调速的实现　实现变频调速必须要有专用的变频电源，随着新型电力电子器件、半导体变流技术和自动控制技术等的不断发展，变频电源目前都是应用电力电子器件构成的。图 11-32 所示为采用电力电子变频器供电的异步电动机变频调速系统的原理框图。

246

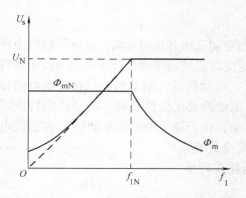

图 11-31　异步电动机变频调速的控制特性

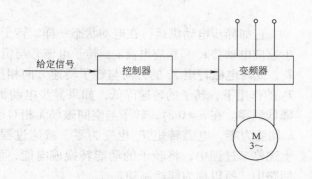

图 11-32　异步电动机变频调速系统

综上所述，三相异步电动机变频调速具有优异的性能，调速范围大，调速的平滑性好，可实现无级调速；调速时异步电动机的机械特性硬度不变，稳定性好；变频时 U_s 按不同规律变化可实现恒转矩或恒功率调速，以适应不同负载的要求，是异步电动机调速最有发展前途的一种方法。但是，要实现变频调速必须有专用的变频电源。随着新型电力电子器件和半导体变流技术、自动控制技术等的不断发展，变频电源目前都是应用电力电子器件构成的变频装置。关于变频电源及其变频调速系统的具体控制电路将在本专业后续课程中介绍，有兴趣的读者也可参考相关的专著或文献。

11.4　异步电动机的制动

与直流电动机一样，三相异步电动机也可以工作在制动运转状态。制动状态时，电动机的电磁转矩方向与转子转动方向相反，起着制止转子转动的作用，电动机由轴上吸收机械能，并转换成电能。电动机制动有制动停车、加快减速过程和变加速运动为等速运动等作用，制动的方法主要有能耗制动、反接制动和回馈制动三种。

11.4.1　异步电动机的能耗制动

1. 能耗制动的原理

图 11-33 是异步电动机能耗制动电路原理图。设原来电动机接在电网上运行在正向电动状态，其转速为 n。能耗制动时，将 KM1 断开而将 KM2 闭合，即断开异步电动机的三相交流电源，同时将直流电流通入定子绕组，这样直流电流流过定子绕组将在电动机气隙中形成一个恒定的、不旋转的空间磁场。在电源切换后的瞬间，电动机转子因惯性作用转速不能发生突变，所以相对于转子来说，由直流电流产生的恒定空间磁场是一个旋转的磁场。如果转子以转速 n 逆时针旋转，站在转子上看，恒定的空间磁场则为顺时针方向旋转，转速大小也为

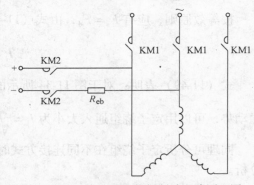

图 11-33　异步电动机能耗制动电路原理图

n。

正如异步电动机运行在电动状态一样，转子与空间磁场有相对运动，在转子绕组中将产生感应电动势 e_r 和感应电流 i_r。转子电流 i_r 与恒定空间磁场相作用而产生电磁力及电磁转矩 T_e，此时电磁转矩 T_e 的方向与转子转速方向相反，电动机进入制动状态。在反向电磁转矩 T_e 的作用下，转子的转速降低，如果异步电动机拖动的是反抗性负载，电动机的转速很快降低到零。在 $n = 0$ 时，转子与空间磁场无相对运动，转子绕组中感应电动势 e_r 和感应电流 i_r 均变为零，电磁转矩 T_e 也变为零，减速过程完全终止。上述停车过程中，将转子的动能转换成电能，消耗在转子回路中，所以称为能耗制动。

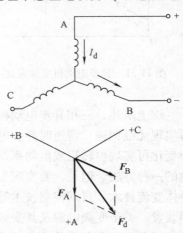

图 11-34　直流电所产生的磁场

2. 等效交流电流与直流励磁电流的关系

为了分析异步电动机能耗制动的特性，可将直流电流产生的不对称励磁系统用磁动势幅值与它等效的对称三相交流电流系统来代替。图 11-34 为定子绕组为星形联结时，在定子绕组中通入直流电流 I_d 所产生的磁动势为 F_d，此磁动势相当于 C 相电流为零的瞬间，三相电流通入定子绕组所产生的磁动势。所不同的是通入直流电所产生的磁场在空间是静止的，而通入三相交流电所产生的磁场在空间是旋转的。但在切换电源的瞬间，站在转子上看定子磁动势，它们相对于转子，都是旋转的，只要它们幅值相等，相对于转子的转速相同，是可以等效的。设定子绕组为星形联结时，通入定子电流为 I_d，在 A 相和 B 相绕组产生的磁动势分别 F_A 和 F_B，其合成磁动势为 F_d，则它们的大小可分别表示为

$$F_A = F_B = \frac{4}{\pi} \frac{N_1 k_{w1}}{2n_p} I_d \tag{11-46}$$

$$F_d = \sqrt{3} \frac{4}{\pi} \frac{N_1 k_{w1}}{2n_p} I_d \tag{11-47}$$

假如通入三相交流电时，每相交流电流的有效值为 I_s，所产生的定子磁动势 F_s 大小为

$$F_s = \frac{6}{\pi} \frac{\sqrt{2} N_1 k_{w1}}{2n_p} I_s \tag{11-48}$$

按等效原则，应有 $F_s = F_d$，由式（11-47）和式（11-48）可得

$$I_s = \sqrt{\frac{2}{3}} I_d \tag{11-49}$$

式（11-49）表明：对于图 11-34 所示的定子绕组为星形联结时通入直流电 I_d 所产生的磁动势，可以用定子绕组通入大小为 $I_s = \sqrt{\dfrac{2}{3}} I_d$ 的三相交流电产生的磁动势等效。

同理可分析定子绕组在不同连接方式时所产生的磁场情况，这里不再赘述，请读者自行分析。

3. 转差率和等效电路

能耗制动时，由直流电流产生的磁动势 F_d 相对于定子是静止的，而相对于转子是反方向旋转，转速为 $-n$。因此，能耗制动时等效异步电动机的转差率 s_d 为

$$s_d = -\frac{n}{n_1} \tag{11-50}$$

式中 n_1——异步电动机的同步转速，$n_1 = \dfrac{60f_1}{n_p}$。

经过以上等效后，分析能耗制动特性就可以应用分析异步电动机的方法来进行。对应于转速 n，转子绕组的感应电动势、转子频率和转子电抗分别为

$$E_r = s_d E_{r0} \tag{11-51}$$
$$f_2 = s_d f_1 \tag{11-52}$$
$$X_r = s_d X_{r0} \tag{11-53}$$

再把转子绕组折算到定子侧，则可得到三相异步电动机能耗制动等效电路。如图 11-35a 所示，在等效电路中定子输入等效交流电流 I_s，产生磁动势 $F_s = F_d$，其作用的结果与电动状态时的等效电路中各变量的数值是不同的。图 11-35b 是异步电动机能耗制动时电流的相量图。

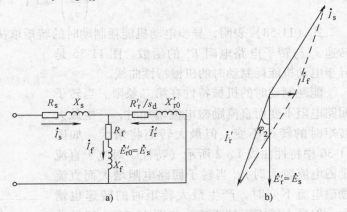

图 11-35 异步电动机能耗制动等效电路与相量图
a) 等效电路 b) 相量图

4. 能耗制动的机械特性

根据等效电路，能耗制动时异步电动机的磁动势关系可表示为

$$\dot{F}_f = \dot{F}_s + \dot{F}_r$$

若用电流表示，则为

$$\dot{I}_f = \dot{I}_s + \dot{I}_r'$$

其中，$\dot{I}_f$ 为励磁电流，它产生合成磁动势 $\dot{F}_f$；$\dot{I}_s$ 为定子绕组中流过的等效交流电流，它产生定子磁动势（$\dot{F}_s$ 与实际的直流励磁电流产生的定子磁动势完全相等）；$\dot{I}_r'$ 是转子回路中折算到定子侧的电流，它产生转子磁动势 $\dot{F}_r$。根据相量图，各电流大小关系为

$$I_s^2 = I_r'^2 + I_f^2 + 2I_r' I_f \sin\varphi_2 \tag{11-54}$$

若忽略铁耗，则有

$$I_f = \frac{E_s}{X_f} = \frac{E_r'}{X_f} = \frac{I_r' Z_r'}{X_f} = \frac{I_r'}{X_f}\sqrt{\left(\frac{R_r'}{s_d}\right)^2 + X_{r0}'^2} \tag{11-55}$$

式中 X_f——励磁电抗；

Z_r'——转子阻抗的折算值。

这样

$$\sin\varphi_2 = \frac{X'_{r0}}{\sqrt{\left(\dfrac{R'_r}{s_d}\right)^2 + X'^2_{r0}}} \tag{11-56}$$

将式（11-55）、式（11-56）代入式（11-54）并整理后可得

$$I'_r = \frac{I_s^2 X_f^2}{\left(\dfrac{R'_r}{s_d}\right)^2 + (X_f + X'_{r0})^2} \tag{11-57}$$

根据电磁转矩与电磁功率的关系可得

$$T_e = \frac{P_{em}}{\omega_1} = \frac{1}{\omega_1} \frac{3 I_s^2 X_f^2 \dfrac{R'_r}{s_d}}{\left(\dfrac{R'_r}{s_d}\right)^2 + (X_f + X'_{r0})^2} \tag{11-58}$$

式（11-58）表明，异步电动机能耗制动时的转矩取决于等效电流 I_s，并且是转子相对转速 s_d 与转子电路电阻 R'_r 的函数。图 11-36 是异步电动机能耗制动时的机械特性曲线。

能耗制动时的机械特性在第二象限。当转子回路电阻不变而直流励磁电流增加时，产生最大转矩时的转速不变，但最大转矩将增大，如图 11-36 中特性曲线 1、2 所示（特性 2 对应于直流励磁电流较大时）；当转子回路电阻增大而直流励磁电流不变时，产生最大转矩时的转速也增大，但最大转矩保持不变，如图 11-36 中特性曲线 1 与 3 所示（特性 3 对应于转子回路电阻较大时）。因此，在能耗制动时，改变转子串联电阻或定子直流励磁电流的大小，均可调节制动转矩的数值。

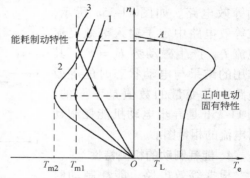

图 11-36 异步电动机能耗
制动时的机械特性

能耗制动结束时，$n = 0$，$T_e = 0$，$s_d = 0$，这与电动机运行在电动状态时机械特性不同。这表明：采用能耗制动使电动机转速下降为零时，其制动转矩也降为零，因此能耗制动可用于反抗性负载准确停机，也可使位能负载匀速下放。

必须指出，以上分析是在假设电动机磁路不饱和情况下给出的，实际上，不同的直流励磁电流以及能耗制动过程中的不同转速时，电动机磁路的饱和程度是不同的，即 X_f 并非常数。

11.4.2 异步电动机的反接制动

实现异步电动机的反接制动有转速反向与定子两相对调两种方法。

1. 转速反向的反接制动

这种反接制动相当于直流电动机的电动势反向反接制动，适用于位能性负载的低速下放。

设原来电动机以转速 n_A 提升重物，位能性负载转矩为 T_L，稳定运行在图 11-37 所示的

固有特性上的 A 点，处于正向电动状态。如果在转子回路中串入足够大的电阻 R_b 时，根据最大转差率 s_m 与转子电阻的关系，当 s_m 大于 1 时，其人为机械特性曲线如图 11-37 中曲线 2 所示。在转子接入电阻的瞬间，转子因惯性的作用转速不能突变，但机械特性曲线从曲线 1 变到曲线 2，电动机的工作点从 A 点过渡到 B 点，电动机的转子电流和电磁转矩大为减小，此时电动机的电磁转矩 $T_e < T_L$，电动机减速，当转速降至零时，电动机的电磁转矩如仍小于负载转矩，则在负载转矩的作用下，电动机将被倒拉反转，直至电动机的电磁转矩重新等于负载转矩，电动机将稳定运行于 C 点（第四象限内）。此时电动机的电磁转矩 T_e 的方向不变，而转子的转向却相反了，电磁转矩起制动作用。这种制动方法也称为倒拉反接制动，属于一种稳定的制动状态。

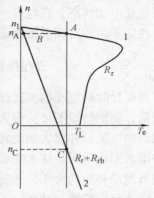

图 11-37　异步电动机转速反向
的反接制动时的机械特性

2. 定子两相对调反接制动

异步电动机定子两相反接制动也称为电压反接制动，其接线原理图如图 11-38a 所示，反接制动前接触器 KMF 闭合，KMR 断开，电动机工作在电动状态，稳定运行在固有特性 1 的 A 点上。反接制动时，将接触器 KMF 断开，KMR 闭合，由于定子绕组两相反接，电源相序改变，旋转磁场的转向也随之改变，所以此时电动机的机械特性曲线应绕坐标原点转 180°，如图 11-38b 中曲线 2 所示。但在电源反接的瞬间，由于惯性的作用，转子的转速将保持不变，因此运行点将由固有机械特性 1 的 A 点过渡到特性曲线 2 的 B 点，此时转子切割磁场的方向与电动状态时相反，转子感应电动势 E_r、转子电流 I_r 和电磁转矩 T_e 的方向也随之改变，电动机进入反接制动状态（在第二象限）。在负的电磁转矩和负载转矩的共同作用下，转速很快下降，达到 C 点时，$n = 0$，制动过程结束。

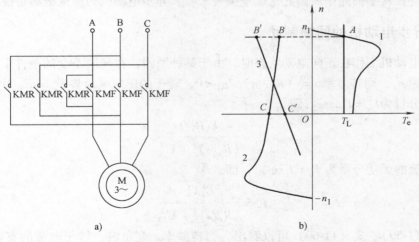

图 11-38　异步电动机定子两相对调的反接制动
a）接线原理图　b）机械特性

此时，如要停车应立即切断电源，否则电动机可能反向起动。因为 C 点的电磁转矩就是电动机的反向起动转矩，如果负载是位能性负载，则电动机的起动转矩与负载转矩共同作用，电动机将反向起动；如果负载是反抗性负载，且负载转矩小于电动机起动转矩，电动机也会出现反向起动，只有负载转矩大于电动机起动转矩，电动机才会停止在 C 点上。第三象限也是电动状态，它与第一象限的电动状态的区别仅在于定子磁场的旋转方向不同。

在定子两相对调反接制动过程中（如图 11-38b 中的 BC 段），异步电动机的转差率 $s = \dfrac{-n_1 - n}{-n_1} = \dfrac{n_1 + n}{n_1} > 1$，而在反接开始时（图中 B 点），$n \approx n_1$，$s \approx 2$，如果转子回路不串接电阻，则反接时的制动电流比起动电流还要大，但因此时转子电流频率和漏电抗较大，功率因数极低，制动转矩不可能很大，比起动转矩还要小，从图中可以看出 $T_{eB} < T_{eC}$。为了限制过大的制动电流，并增大制动转矩提高制动效果，对于线绕转子异步电动机，一般可在转子回路中串入制动电阻。接入制动电阻 R_{rb} 的人为机械特性如图中曲线 3 所示。改变 R_{rb} 的数值可以调节制动转矩的大小，选择适当的 R_{rb} 可以获得开始制动时的转矩为最大转矩。

转速反向反接制动和定子两相对调反接制动，它们虽然实现制动的方法不同，但从能量传递关系上，是相同的。这两种反接制动，电动机的转差率都大于 1，其机械功率和电磁功率分别为

$$P_2 = 3I_r'^2 \frac{1-s}{s} R_r' < 0$$

$$P_{em} = 3I_r'^2 \frac{R_r'}{s} > 0$$

这表明：与电动机电动状态相比，反接制动时机械功率的传递方向相反，此时电动机实际上是输入机械功率，所以异步电动机反接制动时，一方面从电网吸收电能，另一方面从旋转系统获得动能（定子两相对调反接制动）或势能（转速反向反接制动）转化为电能，这些能量都消耗在转子回路中。因此从能量损失来看，异步电动机的反接制动是很不经济的。

11.4.3　异步电动机的回馈制动

若异步电动机工作在正向电动状态时，由于某种原因，在转向不变的条件下，使转速 n 大于同步转速 n_1，则转差率 $s = (n_1 - n)/n_1 < 0$，转子的感应电动势 $E_r' = sE_{r0}'$ 为负值，转子电流的有功分量为 $I_{ra}' = I_r' \cos\varphi_2$，即

$$I_{ra}' = \frac{E_r' R_r'/s}{(R_r'/s)^2 + X_{r0}'^2} \tag{11-59}$$

转子电流的无功分量为 $I_{rr}' = I_r' \sin\varphi_2$，即

$$I_{rr}' = \frac{E_r' X_{r0}'}{(R_r'/s)^2 + X_{r0}'^2} \tag{11-60}$$

由式（11-59）、式（11-60）可以看出，当转差率 s 变负时，转子电流的有功分量改变了方向，为负值，而无功分量的方向不变。这样可绘出异步电动机在回馈制动状态下的相量图，如图 11-39b 所示。

从相量图上可以看出，在 U_s 和 I_s 之间的相位角 $\varphi_1 > 90°$。此时定子功率 $P_1 = 3U_s I_s \cos\varphi_1$ 为负，即定子功率将电能回馈电网。另外，由于转子电流的有功分量为 $I_r' \cos\varphi_2$ 为负，则电磁转矩 T_e 也变为负，T_e 的方向与转子转向相反，起制动作用。这时异步电动机既向电网回

馈电能，又产生制动转矩，故将这种制动方法称为回馈制动。

　　一般在变频或变极调速的减速过程中出现回馈制动，特性曲线如图 11-39a 中曲线 1、2 所示，是一个暂态过程，在第二象限无稳定运行点。如在转子回路中串联电阻，其人为机械特性曲线如图 11-39a 中曲线 3 所示。串联不同的电阻，可得到不同的转速，串联的电阻值越大，转速也越高。一般在回馈制动时转子回路中不串接电阻，以免转速过高。

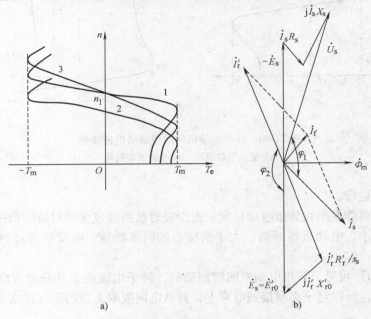

a)　　　　　　　　　　　b)

图 11-39　异步电动机的正向回馈制动

a) 机械特性　b) 相量图

　　与直流电动机相似，异步电动机的回馈制动还可用于正向回馈制动运行（如电车下坡）或反向回馈制动运行（如位能性负载）的拖动系统中，以获得稳定的下放速度，这时负载的势能转化为回馈给电网的电能。

　　（1）正向回馈制动运行　当电车下坡时，如图 11-40a 所示，如果电动机的转速大于其同步转速，则电磁转矩 T_e 反向变为制动转矩，当其与负载转矩 T_L 相平衡时（$T_e = T_L$），电动机将稳定运行，回馈制动特性曲线在第二象限（图中 A 点）。

　　（2）反向回馈制动运行　图 11-40b 为反接制动下放重物的电动机运行在反向回馈制动时的机械特性。提升重物时，电动机运行于正向电动状态的 A 点，然后将电源反接，由反接制动可知，其特性曲线将绕原点旋转 180°。由于惯性的作用，电动机转子的转速不能发生突变，因此电动机将由 A 点过渡到 B 点而进入电压反接制动状态，转速下降到零（C 点）。在 C 点如不断开电源，电动机将反向起动并加速。当到达 D 点时，转速 $n = -n_1$，电动机不能稳定，此时虽然作用在电动机上的电磁转矩 T_e 为零，但在负载转矩的作用下，电动机将继续加速，因此时 $|n| > |-n_1|$，转差率 s 为负，转子电流反向，电磁转矩也反向并与转速方向相反起制动作用。当到达 E 点时，电磁转矩 $T_e = T_L$，电动机稳定运行，以转速 n_E 匀速下放重物，把系统的势能转换成电能而回馈到电网。在 E 点电动机是稳定的，故

253

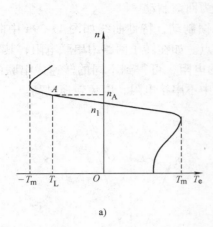
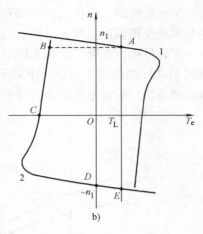

图 11-40 异步电动机的回馈制动机械特性
a) 正向回馈制动 b) 反向回馈制动

也称为回馈制动运行。

回馈制动还可能发生在异步电动机定子由少极对数换接成多极对数的调速过程中,因换接前定子极对数小,电动机转速高,大于换接后的同步转速,电动机将过渡到回馈制动状态。

由式(11-60)可见,异步电动机回馈制动时,转子电流的无功分量方向不变,与电动状态时方向相同,所以定子必须接到电网上,并从电网吸取无功功率以建立气隙磁场。

11.4.4 异步电动机运行状态小结

综上所述,异步电动机可以工作在电动运行状态,也可以工作在制动状态。这些运转状态处于机械特性的不同象限内。如图 11-41 所示,当电动机正转时,固有特性曲线 1 与人为特性曲线 1′在第一象限为正向电动运行特性,第二象限为回馈制动特性,第四象限为反接制动特性;当电动机反转时,固有特性曲线 2 与人为特性曲线 2′在第三象限为反向电动运行特性,第二象限为反接制动特性,而在第四象限为回馈制动特性。当电动机能耗制动时,其机械特性用固有特性曲线 3 与人为特性曲线 3′表示,在第二象限对应于电动机从正转开始能耗制动,第四象限则对应于电动机从反转开始能耗制动。

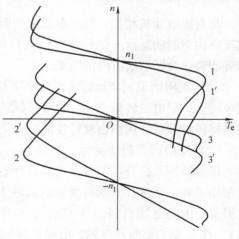

图 11-41 异步电动机各种
运转状态的四象限特性

例 11-3 一台绕线转子异步电动机拖动起重系统,电动机的额定参数为 $P_N = 40kW$,$K_T = 1$,$\lambda = 2.2$,$n_N = 1464r/min$,$R_r = 0.06\Omega$。电动机的负载转矩为:提升重物时 $T_{L1} = 261N \cdot m$,下放重物时 $T_{L2} = 208N \cdot m$。试求:

(1)提升重物时要求有高速、低速两档,高速的 n_A 在固有特性上,低速的 $n_B =$

$0.25n_A$，工作于转子串电阻的特性上。两档转速各为多少？低速时转子回路应串接多大的电阻？

（2）下放重物时要求也有高速、低速两档，高速的 n_C 在负序电源的固有特性上，低速的 $n_D = -n_B$，工作于转子串电阻的特性上。计算两档转速及转子回路应串的电阻值，并说明电动机的运行状态。

解：（1）根据题意画出电动机的各个运行特性，如图 11-42 所示。其中，A、B 为提升重物的两个工作点，C、D 为下放重物的两个工作点。

（2）计算固有特性参数

额定转差率

$$s_N = \frac{n_1 - n_N}{n_1} = \frac{1500 - 1464}{1500} = 0.024$$

临界转差率

$$s_m = s_N\left(\lambda + \sqrt{\lambda^2 - 1}\right) = 0.024 \times \left(2.2 + \sqrt{2.2^2 - 1}\right) \approx 0.1$$

额定转矩　$T_N = 9550 \dfrac{P_N}{n_N} = 9550 \times \dfrac{40}{1464} \text{N} \cdot \text{m} \approx 261 \text{N} \cdot \text{m}$

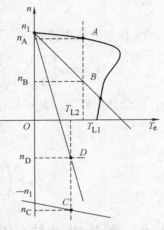

图 11-42　起重拖动系统特性

（3）提升重物时数据计算

高速档转速 n_A　由提升重物时负载转矩 $T_{L1} = 261 \text{N} \cdot \text{m} = T_N$，因此

$$n_A = n_N = 1464 \text{r/min}$$

低速档转速 n_B　$n_B = 0.25 n_A = 0.25 \times 1464 \text{r/min} = 366 \text{r/min}$

低速档所串电阻　由 B 点的转差率

$$s_B = \frac{n_1 - n_B}{n_1} = \frac{1500 - 366}{1500} = 0.756$$

以及 B 点机械特性的临界转差率

$$s_{mB} = s_B\left(\lambda + \sqrt{\lambda^2 - 1}\right) = 0.756 \times \left(2.2 + \sqrt{2.2^2 - 1}\right) \approx 3.145$$

设低速时转子每相串入电阻为 R_B，则有

$$\frac{s_m}{s_{mB}} = \frac{R_r}{R_r + R_B}$$

即　$R_B = \left(\dfrac{s_{mB}}{s_m} - 1\right)R_r \approx \left(\dfrac{3.145}{0.756} - 1\right) \times 0.06 \Omega \approx 1.827 \Omega$

（4）下放重物时数据计算

高速档转速 n_C：根据下放重物时负载转矩 $T_{L2} = 208 \text{N} \cdot \text{m} = 0.8 T_N$，计算此时在固有特性上 C 点的转差率。

由　$0.8 T_N = \dfrac{2\lambda T_N}{s/s_m + s_m/s}$，即　$0.8 = \dfrac{2 \times 2.2}{s/0.1 + 0.1/s}$

整理上式，得到方程　$0.8s^2 - 0.44s + 0.008 = 0$

求解该方程，可得　$s = 0.0188$（另一解不合题意，被舍去）

相应的转速降落为　$\triangle n = sn_1 = 0.0188 \times 1500 \text{r/min} \approx 28 \text{r/min}$

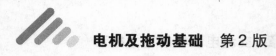

负序电源高速下放重物的特性在第四象限，电动机工作在反向回馈制动状态，其转速为

$$n_C = -n_1 - \triangle n \approx -1500\text{r/min} - 28\text{r/min} \approx -1528\text{r/min}$$

低速档转速 n_D $n_D = -n_B = -366\text{r/min}$

低速档所串电阻 D 点的转差率

$$s_D = \frac{n_1 - n_D}{n_1} = \frac{1500 - (-366)}{1500} = 1.244$$

由 D 点的临界转差率

$$s_{mD} = s_D \left[\frac{\lambda T_N}{T_{L2}} + \sqrt{\left(\frac{\lambda T_N}{T_{L2}}\right)^2 - 1} \right] = 1.244 \times \left[\frac{2.2}{0.8} + \sqrt{\left(\frac{2.2}{0.8}\right)^2 - 1} \right] \approx 6.608$$

设低速时转子每相串接电阻为 R_D，则有

$$\frac{s_m}{s_{mD}} = \frac{R_r}{R_r + R_D}$$

即

$$R_D = \left(\frac{s_{mD}}{s_m} - 1\right) R_r \approx \left(\frac{6.608}{0.756} - 1\right) \times 0.06\Omega \approx 3.905\Omega$$

11.5 同步电动机的电力拖动 *

由于同步电动机在稳定运行时，其转速等于同步转速，因此同步电动机的机械特性是一条 $n = n_1$ 的直线。虽然同步电动机的机械特性较为简单，但由于同步电动机仅在同步转速下才能产生恒定的同步电磁转矩，不能采取直接起动的方法，而必须采取专门的方法来起动。因此，同步电动机的起动具有与异步电动机不同的特点，需要单独讨论。本节主要讨论同步电动机的起动和调速问题。

11.5.1 同步电动机的起动

同步电动机在正常运行时，转子恒以同步转速旋转，使旋转的转子磁场与定子因电磁作用而产生的旋转磁场保持相对静止，使得同步电动机产生稳定的电磁转矩，故同步电动机能够带动负载稳定地并恒以同步速度运行。但是要利用这两个定、转子磁场之间的作用使电动机在 50Hz 的交流电源下从静止状态起动起来却是非常困难的。

如果三相定子绕组接入三相对称电源时，所建立的定子磁场 N 极正好擦过已励磁的转子磁极的 S 极面，由于异性磁极的吸引作用，定子磁场力图将静止的转子吸着与它一同旋转，如图 11-43a 所示。但由于转子有着相当大的机械惯性，当转子尚未来得及向前转动时，定子磁场的 N 极已转到了转子 S 极的后面，如图 11-43b 所示。它又力图将转子

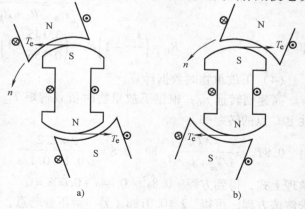

图 11-43 同步电动机的起动

拉向倒退。在转子仍未反应过来时，定子磁场的 N 极又转到了转子 S 极的前方，再度要将转子向前拉……如此反复，致使转子只能在原处摆动而旋转不起来。因此不能在额定电源下直接起动是同步电动机的主要缺点之一。为了使同步电动机得以起动，目前可采用的方法主要有三种。

1. 辅助电动机起动

选用一台和同步电动机极数相同的异步电动机（其容量约为主机的 5%～15%）作为辅助电动机来牵引同步电动机。起动时在同步电动机转子尚未加入励磁的情况下，先用辅助电动机将转子牵引到接近同步转速，然后采用自整步法，在同步电动机转子励磁绕组中通入直流励磁电流，再利用整步转矩将同步电动机接入电网，这时在定、转子磁场的共同作用下；将转子拉入同步运行。此时辅助电动机已失去作用，为减小不必要的损耗，可切断辅助电动机电源使它与主机脱离并停止运行。该方法只适用于空载起动或同步调相机的起动，其所需设备多、操作复杂。

2. 异步起动

现代大多数同步电动机，在其转子上都装有类似异步电动机的笼型绕组（称为起动绕组或阻尼绕组）。在定子接通电源后，起动绕组中便能产生异步电磁转矩起动电动机，等转速接近同步转速时，再通入励磁电流，利用同步电磁转矩将电动机牵入同步转速。这种起动方法是目前同步电动机最常用的起动方法。

同步电动机异步起动的原理如图 11-44 所示。起动时，先把开关 Q1 置于"起动"位置，此时相当于将励磁绕组串入附加电阻 R_{st} 后短接，然后把定子绕组直接或经自耦变压器投入电网（即 Q2 闭合），这时电动机如同异步电动机依靠异步电磁转矩起动。等转速上升到接近同步转速时，再将开关 Q1 置于"运行"位置，接通励磁电流，依靠定、转子磁场相互作用产生的同步电磁转矩以及凸极效应引起的磁阻转矩，将转子牵入同步。因此整个起动过程包括"异步起动"和"牵入同步"两个过程。

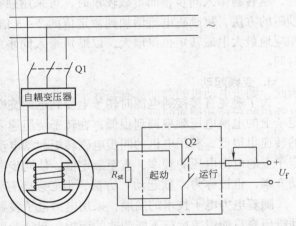

图 11-44 同步电动机异步起动原理图

异步起动时，励磁绕组不能开路，否则由于励磁绕组匝数很多，定子旋转磁场将在励磁绕组内感应很高的电压，可能会击穿励磁绕组的匝间绝缘，甚至造成人身事故。异步起动时，励磁绕组也不能直接短路。如果直接短路，励磁绕组（相当于一个单相绕组）中将感应一个很大的单相电流，此单相电流与旋转气隙磁场相互作用，将产生一个较大的附加转矩（单轴转矩）。因为异步起动时实际的起动转矩是起动绕组产生的异步转矩和单轴转矩之和（两者合成），而单轴转矩在 $n = n_1/2$ 附近对起动有明显抑制作用，使电动机合成转矩在 $n_1/2$ 附近引起明显的凹陷，这可能使电动机在异步起动过程中，只能在 $n_1/2$ 附近运转，而不能加速到接近同步转速，使异步起动失败。因此，通常选用一个阻值为励磁绕组本身阻值 10 倍左右的起动电阻 R_{st} 与转子励磁绕组串接，以减小励磁绕组中的感应电流，削弱单轴转矩对起动的影响。

在异步起动阶段，要求起动转矩 T_{st} 和名义牵入转矩 T_{pi} 都要大。名义牵入转矩是指当 $n = 0.95n_1$ 时电动机的异步转矩，T_{pi} 越大，电动机越容易牵入同步转速。显然 T_{st} 和 T_{pi} 与起动绕组的电阻有关，电阻越大，起动转矩 T_{st} 越大，名义牵入转矩 T_{pi} 却越小。因此，起动绕组阻值的选择，可根据电动机所拖动的负载对起动的不同要求而统筹考虑。

当电动机的转速在异步转矩的驱动下达到 $0.95n_1$ 左右时，转差率很小，磁阻转矩已起作用，此时转子虽然尚未励磁，但转子磁极由定子磁场所极化。磁阻磁场是交变的，使转子转速发生周期性振荡，振荡周期相当于定、转子相对移动一极所需的时间。当电动机拖动较重负载时，只靠磁阻转矩难以将电动机牵入同步转速。若此时转子中通入励磁电流，转子磁极将呈现固定的磁极，产生交变的基本同步电磁转矩，其周期比磁阻转矩大一倍。由于基本同步电磁转矩要比磁阻转矩大很多，所以电动机转速发生幅值较大的振荡，其瞬时值可超过同步转速，如图 11-45 所示。当电动机转速回到同步转速时，由于整步转矩的作用，使振荡逐渐衰减，最后经过若干周期后将转子牵入同步。一般地，电动机的负载越轻，越容易牵入同步，而负载较重时，可采用强行励磁的方法，将励磁电流增加到额定值的 $2 \sim 3$ 倍，相应地最大电磁转矩也将增大，以缩短牵入同步的时间。

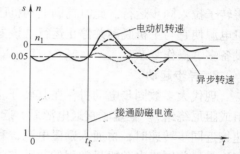

图 11-45　由同步转矩所引起的
转速振荡及牵入同步过程

3. 变频起动

为了避免直接接通电源时转子上受到迅速交变的脉振转矩的作用，在起动时可先把加在定子上的电源电压频率调到很低，在转子绕组通入励磁电流的情况下，使三相合成旋转磁场的转速也很低，利用电机的同步电磁转矩起动电动机，随着转子转速的上升，逐步升高加在定子上的电源电压的频率，直至额定值，使同步电动机被牵入同步转速。这是一个很好的起动方案，也被称为"软起动"方法，但必须要有频率可调的专用变频电源。

随着电力电子技术的发展，采用电力电子装置实现电压—频率协调控制，改变了同步电动机历来只能恒速运行不能调速的面貌。起动费事、重载时振荡或失步等问题也已不再是同步电动机广泛应用的障碍。有关由电力电子器件组成的静止变频器供电的同步电动机拖动系统的内容将在同步电机调速中一并介绍，这里不做讨论。

11.5.2　同步电动机的变频调速

同步电动机是以其转速 n 与供电电源频率 f_1 之间保持严格同步关系而命名的，即只要电源频率保持不变，同步电动机的转速就恒定不变而与负载大小无关。因此要改变同步电动机的转速，只有通过改变其供电电源的频率来达到，即采用变频调速的方法。

正常运行时，同步电动机的转子旋转速度就是与旋转磁场同步的转速，转差率 s 恒等于 0，没有转差功率，其变频调速属于转差功率不变型。就频率控制的方法而言，同步电动机变频调速系统可以分为他控式变频调速和自控式变频调速两大类。他控式同步电动机变频调速系统所用的变频装置是独立的，变频装置的输出频率是由转速给定信号决定的，这种调速系统一般为开环控制系统。自控式同步电动机变频调速系统所用的变频装置是非独立的，变频装置的输出频率是由电动机本身轴上所带转子位置检测器或电动机反电动势波形提供的转子位置信号来控制的，这种调速系统均为转速闭环控制系统。

1. 他控式同步电动机变频调速系统

图 11-46 所示是一种最简单的他控式同步电动机变频调速系统，由电力电子变频器提供频率和电压可调的交流电源，给定频率通过控制器使变频器输出的电压和频率按比例变化，以调节同步电动机的转速。

他控式同步电动机变频调速系统中的变频装置可以采用交-直-交变频器，也可采用交-交变频器。该系统结构简单，控制方便，只需一台变频器供电，成本低廉。可作为变频起动装置，实现同步电动机的软起动；也可用于多台同步电动机的群调速系统。但由于没有转速反馈，他控式变频调速方法虽然可以实现同步电动机的转速调节，但就像同步电动机接在工频电网上一样，存在转子振荡和失步的隐患，这是他控式同步电动机变频调速的主要缺点。

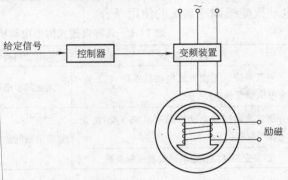

图 11-46 他控式同步电动机变频调速系统

2. 自控式同步电动机变频调速系统

与他控式同步电动机变频调速相比，自控式同步电动机变频调速的最大特点就是从根本上消除了同步电动机转子振荡和失步的隐患。因为自控式同步电动机变频调速系统在电动机轴端装有一台转子位置检测器（PS），由它发出的信号控制给定子供电的变频装置电力电子器件的导通顺序和频率，使定子旋转磁场的转速和转子旋转的转速相等，始终保持同步，因此不会因负载冲击等造成失步现象。这种调速方式适用于快速可逆运行和负载变化剧烈的场合。

图 11-47 为自控式同步电动机变频调速系统原理图，主要由同步电动机、转子位置检测器、控制器和变频器等组成。其控制器的作用主要是把来自转子位置检测器的信号进行分析，判明转子的真实位置和转速后，按一定的控制策略产生控制信号，控制变频器输出三相电压（电流）的频率、幅值和相位大小，达到同步转速跟踪转子转速的目的。

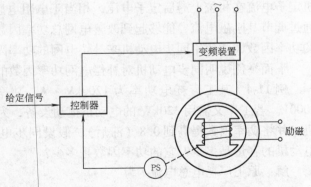

图 11-47 自控式同步电动机变频调速系统

自控式同步电动机变频调速系统中的变频装置，可采用交-直-交型，也可采用交-交型。自控式同步电动机变频调速系统中的同步电动机，从电动机结构上看，它是交流的，但从其工作原理上看（即把同步电动机和变频装置中的逆变器、转子位置检测器（PS）合起来看成一个整体），就像是一台直流电动机。它采用电力电子逆变器和转子位置检测器，代替了容易产生火花的旋转接触式换向器，即用电子换向取代机械换向。因此自控式同步电动机变频调速系统又称为无换向器电动机的调速系统。自控式变频同步电动机也称为无换向器电动机。根据调速系统所采用的变频装置不同，无换向器电动机可分为交流和直流两类。采用交-直-交变频装置时，其逆变器由直流电源供电，故称为直流无换向器电动机（或直流无刷电动机）；采用交-交变频装置时，其逆变器由交流电源供电，故称为交流无换向器电动机。表11-1列出了常见的几种自控式同步电动机变频调速系统的使用场合。

表11-1 几种自控式同步电动机变频调速系统的使用场合

调速系统	电动机类型	使用场合
伺服系统、无刷直流电动机系统（交-直-交电压型变频器）	永磁同步电动机	机床、机器人、柔性制造系统。转速可达3000r/min
负载换向同步电动机调速系统（交-直-交电流型变频器）	直流励磁同步电动机	精轧机（高速850～1800r/min）风机、泵类及大型同步电动机的软起动
交-交变频器同步电动机矢量控制系统		初轧机、连轧机、提升机（低速600r/min）

11.5.3 同步电动机的功率因数补偿应用

随着电力系统日益扩大，运行在系统上的主要负载是异步电动机与变压器。因此，电网就要担负很大一部分电感性的无功功率，导致整个电网的功率因数降低，使得线路损耗和压降增大，输电质量变坏，电力系统运行也很不经济。为此，就提出了提高电网功率因数的要求。而同步电动机在额定电压和额定频率下，在输出功率不变的条件下（即负载转矩不变），改变励磁电流的大小，就可以改变流入同步电动机定子电流的性质。即正常励磁时，同步电动机的定子电流与定子电压同相位，功率因数 $\cos\varphi_1 = 1$，相当于纯电阻性负载；当励磁电流比正常励磁电流大时（处于过励状态），同步电动机定子电流在相位上超前定子电压，相当于电阻电容性负载；当励磁电流小于正常励磁电流时（处于欠励状态），同步电动机定子电流在相位上滞后定子电压，相当于电阻电感性负载。因此，同步电动机接入电网，通过调节其励磁电流，能够起到改善电网总功率因数的作用。一些大生产企业为了提高电网的功率因数，常使用同步电动机来补偿电网的功率因数。

下面举例说明同步电动机对补偿电网功率因数的作用。

例11-4 某工厂耗电功率为 1200kV·A、功率因数 $\cos\varphi_1 = 0.65$（滞后），线电压为6000V。若工厂又需用320kW的电动机拖动设备，为改善该厂的功率因数，想采用同步电动机，并将功率因数提高到0.8（滞后），假设同步电动机的效率为100%，试求：这台同步电动机的容量是多少？它的功率因数是多少？

解：原工厂耗电总电流 I 为

$$I = \frac{1200 \times 10^3}{\sqrt{3} \times 6000 \times 0.65}A \approx 177.65A$$

因为 $\cos\varphi_1 = 0.65$，所以 $\varphi_1 \approx 49.46°$，$\sin\varphi_1 \approx 0.76$。

总的无功电流 I_Q 为

$$I_Q = I\sin\varphi_1 \approx 177.65 \times 0.76A \approx 135.01A$$

加入同步电动机后工厂总耗电功率为

$$P' = 1200kV \cdot A + 320kV \cdot A = 1520kV \cdot A$$

因要将功率因数提高到 0.8（滞后），即 $\cos\varphi' = 0.8$，$\varphi' \approx 36.7°$，$\sin\varphi' \approx 0.6$。

故其总电流 I' 为

$$I' = \frac{1520 \times 10^3}{\sqrt{3} \times 6000 \times 0.8}A \approx 182.83A$$

其无功电流 I'_Q 为

$$I'_Q = I'\sin\varphi' \approx 182.83 \times 0.6A \approx 109.7A$$

同步电动机所负担的无功功率 I_C 为

$$I_C = I_Q - I'_Q \approx 135.01A - 109.7A = 25.31A$$

同步电动机的容量

有功功率 $$P = 320kW$$

无功功率 $$Q \approx \sqrt{3} \times 6000 \times 25.31 \times 10^{-3}kvar \approx 263.03kVar$$

则同步电动机的容量 S 为

$$S = \sqrt{P^2 + Q^2} \approx \sqrt{320^2 + 263.03^2}kV \cdot A \approx 414.23kV \cdot A$$

同步电动机的功率因数为

$$\cos\varphi = \frac{P}{S} = \frac{320}{414.23} = 0.773（超前）$$

　　理论上，同步电动机无论是空载运行或带负载运行，在过励状态运行时，都具有改善电网功率因数的作用。但对于用电量较大的工厂，为了有效地改善电网的功率因数，一般在厂变电所并联一台或多台同步电动机，并运行在空载状态，即使用专门的同步调相机来改善电网的功率因数。

　　所谓同步调相机，就是不带机械负载的同步电动机，也称为同步补偿机。当电网担负电感性负载时，同步调相机采用过励运行，此时它相当于一台电容器，其相量图如图 11-48a 所示。当电网担负电容性负载时，同步调相机采用欠励运行，此时它相当于一台电抗器，其相量图如图 11-48b 所示。因此，在电网受电端并联同步调相机，可使其功率因

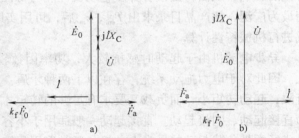

图 11-48　同步电动机过励状态和欠励状态相量图
a）过励状态　b）欠励状态

数接近于 1。同步调相机的励磁电流的调节一般由专门的控制电路进行自动调节，也可由值班人员手动调节。

　　同步调相机的用途一般有两种：一是在受电端作为功率因数补偿，即把同步调相机接在送电线路的受电端——一次变电所的二次侧。当改善感性负载的功率因数时，采用过励运行，也称为进相运行；如在送电线路无负载的充电状态，为防止电网电压上升，调相机应吸收落后电流，采取欠励运行。二是作为输电中间功率因数补偿。在长距离的输电线路中，常在输电线路的中间加接同步调相机，如图 11-49 所示。在此，同步调相机的主要作用是提供足够的无功功率，一方面可以提高输电网的功率因数，另一方面可以减小输电线路电流，降

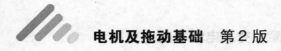

低线路损耗。

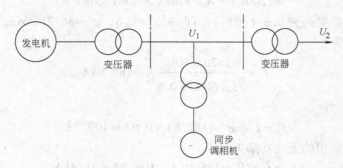

图 11-49 同步调相机作中间补偿原理图

由于同步调相机不拖带负载，它的转轴轴径可以设计得细些，只要有一定的刚度并能支持转子本身自重即可。此外，根据调相机的运行特点，可以把过载能力设计得小一些，相应地可以减小气隙，减小励磁绕组的用铜量，缩小体积。

小　结

异步电动机的机械特性有三种表达式，物理表达式用以分析异步电动机在各种运转方式下的物理过程比较方便，与左手定则配合，可以分析 T_e 与磁通 Φ_m 及转子电流的有功分量 $I_r'\cos\varphi_2$ 之间的方向和数量关系。参数表达式直接反映异步电动机的电磁转矩与参数的关系，配合参数表达式推导出的 T_{em}、s_m、T_e 等表达式，可以分析参数的改变对异步电动机性能与特性的影响，从而得出改善异步电动机性能与特性的途径。实用表达式在电力拖动系统中应用最为广泛，按产品目录求出 T_{em}、s_m 后，可用实用表达式绘制异步电动机的机械特性曲线或进行机械特性计算。

异步电动机由于起动时感抗较大，功率因数较低，起动电流虽然很大，起动转矩却不大。因此对于电力拖动系统，存在以下两种矛盾：起动电流大，而电网承受冲击电流的能力有限；起动转矩小，而负载又要求有足够的转矩才能起动。一般异步电动机的起动大致可分为直接起动、间接起动。直接起动一般适用于小容量、空载或轻载起动的场合；而大、中容量或经常带负载起动的异步电动机，通常采用间接起动。间接起动方法又可分为传统的减压起动和软起动。软起动比较平稳，对电网影响小，是异步电动机起动最有发展前途的方法。

异步电动机的调速是当前电机发展的重要内容，调速性能可从调速范围、平滑性、调速功能以及调速设备的成本和可靠性来衡量。

调节定子供电电压调速属于转差功率消耗型调速方法，其调速性能较差。调节转子回路电阻和串级调速两种方法仅适用于绕线转子异步电动机，转子电路串接电阻调速属于有级调速，其方法简单，调速电阻可以与起动电阻合二为一，可适用于恒转矩调速，属于转差消耗型的调速方法；串级调速可以实现平滑无级调速，机械特性较硬，效率高，是转差功率回馈型的调速方法。变极调速和变频调速实际上是通过改变异步电动机的同步转速（定子旋转磁场）n_1 而实现调速的，属于转差功率不变型调速方法，既可适用于恒转矩调速也适用于恒功率调速。变极调速简单可靠、成本低、机械特性硬，但不能实现均匀平滑的无级调速；

变频调速具有调速范围大，平滑性好，既可实现基频向下调速，也可实现基频向上调速，是异步电动机调速最有发展前途的一种方法。

异步电动机的制动方法主要有能耗制动、反接制动和回馈制动三种，可实现四个象限的运行。

同步电动机自身没有起动转矩，只有达到同步转速时才有同步转矩，因此需要采用一定的起动措施，基本方法主要有辅助电动机起动、异步起动、变频起动三种。同步电动机的交流调速系统根据对频率的控制方式的不同，可分为自控式和他控式两大类。他控式调速系统完全保持同步电动机的运行性能，当电动机的极对数固定时，其转速只与频率有关，但调速过程中会产生失步或振荡现象；自控式调速系统则是同步电动机的扩展使用，它是基于同步电动机的结构，而运行于直流电动机的原理，故又称为无换向器直流电动机调速系统，它又可分为直流和交流两种类型。在负载恒定条件下，改变同步电动机的励磁电流，即可改变其功率因数，因此，同步电动机也常被用来补偿电网的功率因数。

思考题与习题

11-1 异步电动机的最大电磁转矩 T_{em} 的大小与转子电阻 R_r 有无关系？

11-2 已知异步电动机电磁转矩 T_e 与转子电流 I_r 成正比，为什么异步电动机在额定电压下起动时，起动电流倍数很大而起动转矩倍数并不大？

11-3 异步电动机电磁转矩与电源电压大小有什么关系？如果电源电压比额定电压下降30%，电动机的最大转矩 T_{em} 和起动转矩 T_{st} 将变为多大？若电动机拖动额定负载转矩不变，则电压下降后电动机的转速 n、定子电流 I_s、转子电流 I_r 和主磁通 Φ_m 将有什么变化？

11-4 笼型转子异步电动机在什么条件下可以直接起动？不能直接起动时，为什么可以采用减压起动？减压起动对起动转矩有什么影响？

11-5 采用自耦变压器减压起动时，起动电流与起动转矩降低的数值与自耦变压器一、二次侧匝数比有什么关系？

11-6 当电源线电压为380V时，若要采用丫-△换接起动，只有定子绕组额定电压为660V/380V的三相异步电动机才能使用，为什么？

11-7 深槽式异步电动机和双笼型转子异步电动机的起动转矩较大，其原因是什么？

11-8 为什么绕线转子异步电动机转子串入起动电阻后，起动电流减小而起动转矩反而能够增大？是否串入的电阻越大越好？频敏变阻器是电感线圈，为何转子电路串接频敏变阻器能降低起动电流和增大起动转矩？

11-9 异步电动机软起动的基本原理是什么？软起动与传统减压起动相比，具有哪些优点？

11-10 大多数软起动器都设有旁通接触器，设置旁通接触器有何作用？

11-11 异步电动机有哪几种调速方法？各有什么特点？

11-12 异步电动机变极调速时，若电源相序不变，电动机的转子转向将怎样？

11-13 变极调速由高速换到低速时，电动机必须经过什么运转状态？

11-14 带恒转矩负载时，异步电动机仅用降低电源电压的方法来降速，有什么问题？

11-15 异步电动机在带恒转矩负载时，若保持电源电压不变，要将频率升高到额定频率的1.5倍来实现高速运行（若机械强度允许），可行吗？为什么？若带恒功率负载，采用同样方法调速可行吗？

11-16 异步电动机串级调速时，引入转子电路内的电动势，其频率有什么特点？若负载转矩不变，欲使转速升高，对附加电动势的相位有什么要求？

11-17 异步电动机运行于回馈制动状态时，是否可以把电动机的定子出线端从接在电源上改接到负载上?

11-18 同步电动机异步起动时,为什么励磁绕组既不能开路,又不能直接短路?

11-19 同步电动机和异步电动机的转速各有什么特点?

11-20 同步电动机调速系统有哪些类型?各有什么特点?

11-21 一台三相8极异步电动机的额定值为:$P_N = 260kW$,$U_N = 380V$,$f_N = 50Hz$,$n_N = 722r/min$,过载能力 $\lambda = 2.13$。求:(1)额定转差率;(2)额定转矩;(3)最大转矩;(4)最大转矩对应的转差率;(5)$s = 0.02$ 时的电磁转矩。

11-22 一台三相8极异步电动机的额定值为:$P_N = 50kW$,$U_N = 380V$,$f_N = 50Hz$,额定负载时的转差率 $s = 0.025$,过载能力 $\lambda = 2$。(1)用转矩的实用公式求最大转矩对应的转差率;(2)求转子的转速。

11-23 某笼型转子异步电动机的额定参数为:$P_N = 40kW$,$U_N = 380V$,$n_N = 2930r/min$,$\eta_N = 90\%$,$\cos\varphi_N = 0.91$,$\cos\varphi_{st} = 0.3$,$K_I = 5.5$,定子为星形联结。用定子串电阻起动,要求使起动电流减到直接起动电流的四分之一,求所需串接电阻的阻值(计算时可忽略励磁电流)。

11-24 一台三相笼型转子异步电动机的额定参数为380V、50Hz、1455r/min,定子星形联结,每相参数:$R_s = R_r' = 0.072\Omega$,$X_s = X_{r0}' = 0.2\Omega$,$R_f = 0.7\Omega$,$X_f = 5\Omega$,试求:

(1)在额定电压下直接起动时的起动电流倍数、起动转矩倍数和功率因数。

(2)应用 Y-△ 换接起动时的起动电流倍数、起动转矩倍数和功率因数。

11-25 有一台三相绕线转子异步电动机,额定参数为50Hz、6极、980r/min,每相转子电阻 $R_r = 0.073\Omega$,负载转矩保持额定值不变,如转子中所串的调速电阻为 0.73Ω 和 1.7Ω 时,电动机的转速各为多少?

第4篇　电动机的选择与特种电动机

　　本篇主要论述电动机的选择、校验和设计等应用技术，正确地选择拖动电动机对于电力拖动系统的设计和运行至关重要。然后介绍一些特殊类型的电机，一方面为读者选择和使用电机提供参考；另一方面也让读者了解电机技术的新进展和未来发展趋势。

第 12 章

电力拖动系统电动机的选择、校验和设计

电力拖动系统能否经济可靠地运行，正确选择拖动电动机至关重要。本章首先阐述电动机的分类及额定参数、绝缘等级和工作制；然后结合分析电动机的发热和冷却、工作制、过载能力等进行电动机容量的选择和校验，以及型号命名方式、结构及安装方式、冷却方式、防护等级、额定电压、转速等参数的选择。

12.1 电动机的分类及额定参数

电动机种类繁多，通常按照使用场所的电源种类、结构和用途进行分类，大类分为交流和直流电动机；交流电动机又有同步和异步之分。

12.1.1 直流电动机的额定参数

1. 直流电动机的型号

国产直流电动机的种类很多，根据不同用途可分成如下系列：

（1）ZT 系列　用于恒功率且调速范围广的拖动系统中的直流电动机。

（2）ZZJ 系列　起重冶金用直流电动机。

（3）ZQ 系列　电力机车的直流牵引电动机。

（4）ZA 系列　用于矿井和有易爆气体场合的防爆安全性直流电动机。

（5）ZKJ 系列　矿井卷扬机用的直流电动机。

（6）Z_2 系列　一般用途的中小型直流电动机。

直流电动机产品的型号含义如下：

$$
\begin{array}{c}
\text{一般用途的防护式}\\
\text{中小型直流电动机} \underset{\text{第二次设计}}{\overset{}{\longmapsto}}\underset{\text{}}{\overset{\text{机座号}}{\text{Z}_2\text{-31}}}\overset{}{\text{铁心长度顺序号}}
\end{array}
$$

2. 直流电动机的额定值

直流电动机的额定值有：额定功率 P_N（kW），额定电压 U_N（V），额定电流 I_N（A），额定转速 n_N（r/min），额定励磁电压 U_{fN}（V），额定励磁电流 I_{fN}（A）和励磁方式等，其中直流电动机的额定功率是指轴上输出的机械功率，即

$$P_N = U_N I_N \eta_N = P_1 \eta_N \qquad (12\text{-}1)$$

式中　η_N——电动机的额定效率。

直流电动机轴上输出的额定转矩 T_N，其大小为电动机输出的机械功率除以转子角速度的额定值，即

$$T_N = \frac{P_N}{\omega_N} = \frac{P_N}{2\pi n_N/60} = 9550\frac{P_N}{n_N} \qquad (12\text{-}2)$$

例 12-1　已知直流电动机的额定功率 $P_N = 10\text{kW}$，额定电压 $U_N = 220\text{V}$，额定效率 $\eta_N = 85\%$，额定转速 $n_N = 1500\text{r/min}$，求电动机的输入功率、额定电流和额定输出转矩。

解：输入功率 $P_1 = \dfrac{P_N}{\eta_N} = \dfrac{10}{0.85}\text{kW} \approx 11.76\text{kW}$

额定电流 $I_N = \dfrac{P_1}{U_N} \approx \dfrac{11.76\times10^3}{220}\text{A} \approx 53.45\text{A}$

额定输出转矩 $T_N = 9550\dfrac{P_N}{n_N} = 9550\times\dfrac{10}{1500}\text{N}\cdot\text{m} \approx 63.67\text{N}\cdot\text{m}$

12.1.2　异步电动机的额定参数

1. 异步电动机的型号

异步电动机产品的型号含义如下：

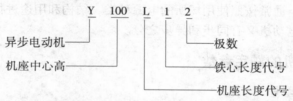

我国生产的异步电动机种类很多，下面列出常见的产品系列：

Y 系列为小型笼型转子自冷式三相异步电动机。它用于金属切削机床、通用机械、矿山机械、农业机械等；也可用于拖动静止负载或惯性较大的机械，如压缩机、传送带、磨床、锤击机、粉碎机、小型起重机、运输机械等。

YQ2 和 YQO2 系列是高起动转矩异步电动机，用在起动静止负载或惯性较大的机械上。YQ2 是防护式，YQO2 是封闭式。

YS 系列是分马力三相笼型转子异步电动机。

YR 系列是防护式三相绕线转子异步电动机。用在电源容量较小、不能用同容量笼型转子异步电动机起动的生产机械上。

YLB 系列是深井水泵用的三相异步电动机。

YZ2 和 YZR2 系列是起重和冶金用的三相异步电动机，YZ2 是笼型，YZR2 是绕线型。

YEZS 系列起重用双速锥形转子制动三相异步电动机。

YDT 系列是变极多速异步电动机。

YB 系列是防爆型笼型转子异步电动机。

YEP（IP44）系列是旁磁式制动异步电动机。

YZZ 系列是升降机用电磁制动异步电动机。

YCTD 系列是电磁调速异步电动机。

YCJ 系列是齿轮减速三相异步电动机。

YEJ 系列是电磁制动三相异步电动机。

2. 异步电动机的额定值

异步电动机的额定值包含下列内容：

（1）额定功率 P_N　指电动机在额定运行时轴上输出的机械功率，单位是 kW。

（2）额定电压 U_N　指额定运行状态下加在定子绕组上的线电压，单位为 V。

（3）额定电流 I_N　指电动机在定子绕组上额定电压、轴上输出的额定功率时，定子绕组中的线电流，单位为 A。

（4）额定频率 f_1　我国规定工业用电的频率是 50Hz。异步电动机定子边的量加下标 1 表示，转子边的量加下标 2 表示。

（5）额定转速 n_N　指电动机定子加额定频率的额定电压，且轴端输出额定功率时电动机的转速，单位为 r/min。

（6）额定功率因数 $\cos\varphi_N$　指电动机在额定负载时，定子边的功率因数。

（7）绝缘等级与温升　各种绝缘材料耐温的能力不一样，按照不同的耐热能力，绝缘材料可分为一定的等级。温升是指电动机运行时高出周围环境的温度值。我国规定了环境最高温度为 40℃。

此外铭牌上还标明了工作方式、连接方法等。对绕线转子异步电动机还要标明转子绕组的接法、转子绕组额定电动势 E_{2N}（指定子绕组加额定电压、转子绕组开路时集电环之间的电动势）和转子的额定电流 I_{2N}。

下面说明如何根据电动机的铭牌进行定子的接线。如果电动机定子绕组有六根引出线，并已知其首、末端，分两种情况讨论：

1）当电动机铭牌上标明"电压 380V/220V，接法 Y/△"时，这种情况下，究竟是接成 Y 还是 △，要看电源电压的大小。如果电源电压为 380V，则接成 Y 联结；电源电压为 220V，则接成 △ 联结。

2）当电动机铭牌上标明"电压 380V，接法 △"时，则只有一种 △ 联结。但是在电动机起动过程中，可以接成 Y 联结，接在 380V 电源上，起动完毕，恢复 △ 联结。对有些高压电动机，往往定子绕组有三根引出线，只要电源电压符合电动机铭牌电压，便可使用。

例 12-2　已知一台三相异步电动机的额定功率 $P_N = 4kW$，额定电压 $U_N = 380V$，额定功率因数 $\cos\varphi_N = 0.77$，额定效率 $\eta_N = 84\%$，额定转速 $n_N = 960r/min$，求额定电流 I_N 为多少？

解：额定电流为 $I_N = \dfrac{P_N}{\sqrt{3} U_N \cos\varphi_N \eta_N} = \dfrac{4 \times 10^3}{\sqrt{3} \times 380 \times 0.77 \times 0.84} A \approx 9.4A$

12.1.3　同步电动机的额定参数

1. 同步电动机的型号

同步电动机品种不多，主要有 T 系列三相同步电动机。

TL 系列是立式三相同步电动机。

TYZ 系列是爪极式永磁同步电动机。

TZJ 系列是轧机用三相同步电动机。

TT 系列是同步补偿机。

2. 同步电动机的额定值

同步电动机铭牌上的额定值主要包括：

（1）额定功率 P_N　指电动机轴上输出的额定机械功率，其单位为 W 或 kW。

（2）额定电压 U_N　指同步电动机在额定运行时，三相电枢绕组接线端的额定线电压，其单位为 V 或 kV。

（3）额定电流 I_N　指同步电动机在额定运行时，三相电枢绕组接线端输出或输入的额定线电流，其单位为 A。

（4）额定功率因数 $\cos\varphi_N$　指同步电动机在额定状态下运行时的功率因数。

（5）额定效率 η_N　同步电动机带额定负载运行时，其输出的功率与输入的功率之比值。

此外在铭牌上还标有额定频率 f_N、额定转速 n_N、额定励磁电流 I_{fN} 和额定励磁电压 U_{fN} 等。

上述各量之间存在一定的关系，对于额定功率有

$$P_N = \sqrt{3}U_N I_N \cos\varphi_N \eta_N \tag{12-3}$$

对于频率与转速则有

$$n_N = \frac{60f_N}{n_p} \tag{12-4}$$

12.2　电动机的绝缘等级与工作制分类

12.2.1　电动机的绝缘等级

电动机在运行中，由于损耗产生热量，使电动机的温度升高，电动机所能容许达到的最高温度取决于电动机所用绝缘材料的耐热程度，称为绝缘等级。不同的绝缘材料，其最高容许温度是不同的。电机中常用的绝缘材料，按其耐热能力分为 E、B、F 和 H 四级。它们的最高容许工作温度见表 12-1。

表 12-1　电机绝缘材料的最高容许工作温度

绝缘等级	E	B	F	H
最高容许温度/℃	120	130	155	180
最高容许温升/K	75	80	105	125

如果电机的绝缘材料一直处于最高容许工作温度以下，则一般情况下可以保证绝缘材料有 20 年的使用寿命。若电机的温度超过绝缘材料的最高容许工作温度，则绝缘材料的使用寿命将减少。绝缘材料的最高容许工作温度就是电机的最高容许工作温度；绝缘材料的使用寿命，一般来讲，也就是电机的使用寿命。

电机工作时，一方面因损耗而产生热量，使电机温度升高；另一方面，当电机温度高于环境温度时，还要通过冷却介质向周围环境散热。因此，电机的温度不仅与损耗有关，也与环境温度有关。电机某部分的温度与冷却介质的温度之差称为该部件的温升，当电机的绝缘材料确定后，部件的最高容许工作温度就确定了，此时的温升限度就取决于冷却介质的温

度。冷却介质的温度越高，容许的温升就越低。

电机的环境温度是随季节和使用地点而变化的，为了统一，国家标准 GB 755—2008 规定，电机运行地点的环境温度不应超过 40℃，海拔不超过 1000m，海拔越高，允许环境温度越低。因此，电机的最高容许温升应等于绝缘材料的最高容许工作温度与 40℃ 的差值。但在确定电机温升的限值时，还需考虑电机的冷却方式和冷却介质、温度测定的方法（电阻法、温度计法、埋置检温计法等）、电机功率的大小以及工作制类型等因素。根据 GB 755—2008 的规定，对用空气间接冷却的电机，在采用电阻法测定温度时各种绝缘等级绕组的温升限制见表 12-1。最新 IEC60034-1：2004 标准未将 E 级列入电机绝缘等级，我国国家标准 GB 755—2008 将会等同采用 IEC60034-1 标准要求，因此不再规定低于 E 级的温升限值。

12.2.2　电动机的工作制分类

电动机工作时，持续带负载时间的长短对电机的发热情况影响较大，对正确选择电动机的功率也有影响。电动机的工作制就是对电动机承受负载情况的说明，包括起动、电制动、空载、断能停转以及这些阶段的持续时间和先后顺序。GB 755—2008 把电动机的工作制分为 $S_1 \sim S_{10}$ 十类。其中 S_1 为连续工作制；S_2 为短时工作制；$S_3 \sim S_8$ 为各类周期工作制；S_9 为非周期变化工作制；S_{10} 为离散恒定负载工作制。

1. 连续工作制（S_1）

连续工作制是指电动机在恒定负载下持续运行，其工作时间足以使电动机的温升达到稳定温升 τ。油泵、输送机、通风机、纺织机、造纸机等很多连续工作的生产机械都选用连续工作制电动机。其典型负载图和温升曲线如图 12-1 所示。

对于连续工作制的电动机，取使其稳定温升 τ 恰好等于容许最高温升 τ_{max} 时的输出功率作为额定功率。

2. 短时工作制（S_2）

短时工作制是指电动机拖动恒定负载在给定的时间内运行。该运行时间不足以使电动机达到稳定温升，随之即断电停转足够时间，使电动机冷却到与冷却介质的温差在 5K 以内。其典型的负载图及温升曲线如图 12-2 所示。短时工作制标准时限为 10min、30min、60min、90min。

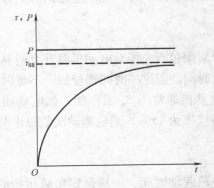

图 12-1　连续工作制电动机的负载及温升曲线

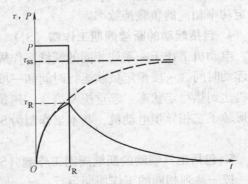

图 12-2　短时工作制电动机的负载及温升曲线

271

目前，我国用于短时工作制的三相异步电动机有 YZ、YZR 系列冶金及起重用三相异步电动机；YDF 系列电动阀门用三相异步电动机。

为了充分利用电动机，用于短时工作制的电动机在规定的运行时间内应达到容许温升，并按照这个原则规定电动机的额定功率，即按照电动机拖动恒定负载运行，取在规定的运行时间内实际达到的最高温升恰好等于容许最高温升 τ_{max} 时的输出功率，作为电动机的额定功率。因此，规定为短时工作制的电动机，其额定功率和工作时限必须同时标明在铭牌上，如：S_2 30min。

3. 断续周期工作制（S_3）

电动机按一系列相同的工作周期运行，周期时间为 10min，每一周期包括一段恒定负载运行时间 t_R，一段断电停机时间 t_S，但 t_R 及 t_S 都较短，在 t_R 时间内电动机不能达到稳定温升，而在 t_S 时间内温升也未下降到零，下一工作周期即已开始。这样，每经过一个周期 t_R + t_S，温升便有所上升，经过若干周期后，电动机的温升即在一个稳定的小范围内波动。其典型负载图和温升曲线如图 12-3 所示。起重机、电梯、轧钢机辅助机械等使用的电动机均属这种工作制。

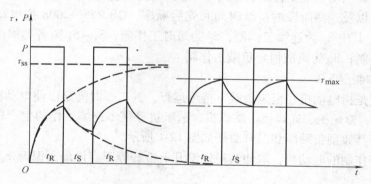

图 12-3　断续周期工作制电动机的负载图及温升

在断续周期工作制中，负载运行时间 t_R 与工作周期时间 t_R + t_S 之比称为负载持续率 FC，标准的负载持续率有 15%、25%、40% 和 60% 四种。

对于指定用于 S_3 工作制的电动机，是把在规定的负载持续率下运行的实际最高温升 τ 恰好等于容许最高温升 τ_{max} 时的输出功率定为电动机的额定功率的，所以应在铭牌上标出与额定功率相应的负载持续率。

4. 包括起动的断续周期工作制（S_4）

电动机工作于一系列相同的断续工作周期，每个周期包括一段对电动机温升有明显影响的起动时间，一段恒定负载运行时间和一段停止运行时间。但这些时间都较短，不足以使电动机达到热稳定状态。起重机及冶金、建筑机械用电动机通常为 S_4 工作制，如电动葫芦用锥形转子三相异步电动机，基本工作制为 S_4，负载持续率为 25%，通电起动次数每小时 120 次。

5. 包括电气制动的断续周期工作制（S_5）

按一系列相同的工作周期运行，每一周期包括一段起动时间、一段恒定负载运行时间、一段电气制动时间和一段停止运行时间。但时间都较短，不足以使电动机达到热稳定状态。

6. 连续周期工作制（S₆）

按一系列相同的工作周期运行，每一周期包括一段恒定负载运行时间和一段空载运行时间。但时间都较短，不足以使电动机达到热稳定状态。

7. 包括电气制动的连续周期工作制（S₇）

按一系列相同的工作周期运行，每一周期包括一段起动时间、一段恒定负载运行时间和一段电气制动时间。但时间都较短，不足以使电动机达到热稳定状态。

8. 包括负载和转速相应变化的连续周期工作制（S₈）

按一系列相同的工作周期运行，每一周期包括一段加速时间、一段按预定转速运行的恒定负载工作时间、以及可以按周期改变设定转速和负载变化的运行时间。但时间都较短，不足以使电动机达到热稳定状态。

9. 负载和转速做非周期变化的工作制（S₉）

负载和转速在允许范围内做非周期变化的工作制，包括经常性过载，其值可远远超过基准负载。

10. 离散恒定负载工作制（S₁₀）

包括不多于四种离散负载值（或等效负载）的工作制，每一种负载的运行时间应足以使电动机达到热稳定。在一个工作周期中的最小负载值可为零，如空载、停机或断电。

电动机在上述十类工作制中运行还应符合下列规定：

1）对于 S₁ 工作制，可以按照电动机铭牌给出的连续定额做长期运行。

2）对于 S₂ 工作制，电动机应在实际冷状态下起动，并在规定的时限内运行。

3）对于 S₃、S₄、S₅、S₆ 和 S₈ 这五种工作制，标准的负载持续率为 15%、25%、40% 和 60%。

4）对于 S₄、S₅、S₇ 和 S₈ 这四种工作制，每小时的等效起动次数一般分为 150、300 或 600 次，并应给出电动机的转动惯量和折算到电动机轴上的全部外加转动惯量之值。

12. 2. 3　生产机械的工作制

根据系统设备的运行状态，生产机械的工作制可以分为以下三种。

1. 长期工作制

生产机械长期恒速（或变化不大）运行。根据负载施加方式的不同，又可以分为三类：

（1）平稳负载　工作中负载转矩长时间保持恒定或变化不大，如风机、泵、压缩机等，这类机械对电气传动装置的要求简单，只要有足够的功率和起动转矩即可。但近年来，随着节能的要求，也需要能够调速。

（2）波动或重复短时负载　工作中负载长期施加，但大小波动或呈周期性变化，例如：某些恒速轧钢机，这类机械除了要求电气传动装置有足够的功率和起动转矩外，还要求有足够的过载能力。

（3）短时负载　工作中负载施加时间很短，在负载周期内所占比例较小。这类负载通常有较大的飞轮力矩，因此要求电力传动装置有足够的起动转矩和过载能力。由于施加负载时，随转速降低，飞轮可以释放能量做功，又可以作为储能装置。

2. 短期工作制

生产机械经过较长时间间隔才起停或加减速一次，完成一个工作循环。例如：起停式剪

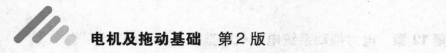

切机等，这类机械要求电力传动装置要求有足够的加减速动态转矩。

3. 重复短期工作制

生产机械周期性的起停或加减速运行，且时间间隔较短。例如：可逆轧机、提升机械等，这类机械除了要求电力传动装置有足够的起制动转矩和过载能力外，还要进行发热校验。

12.3 不同工作制下电动机的功率选择

正确地选择电动机的额定功率十分重要。如果额定功率选小了，电动机经常在过载状态下运行，会使它因过热而过早地损坏；还有可能承受不了冲击负载或造成起动困难。额定功率选得过大也不合理，此时不仅增加了设备投资，而且由于电动机经常在欠载下运行，其效率及功率因数等性能指标变差，既浪费了电能，又增加了供电设备的容量，使综合经济效益下降。

12.3.1 电动机的发热与冷却

电动机容量的选择，实际上就是校验电动机运行时温度（或温升）是否超过绝缘材料允许值，如果小于国家标准规定的限值，则说明选择的容量是合理的。电动机的热过程动态方程式（12-5）描述了电动机的发热和冷却过程。

$$\tau = \tau_{ss} + (\tau_{is} - \tau_{ss})e^{-\frac{t}{T_Q}} \tag{12-5}$$

式中 T_Q——电动机发热时间常数，与电动机散热面积 A 成反比；

τ_{ss}——电动机稳定温升；

τ_{is}——起始温升。

若从冷态开始计算，$\tau_{is} = 0$，则式（12-5）可写成

$$\tau = \tau_{ss}(1 - e^{-\frac{t}{T_Q}}) \tag{12-6}$$

根据上面对电动机发热过程的分析，得出如下结论：

1）电动机发热过程，温升随时间按指数规律变化。

2）当电动机结构确定后，其最后稳定温升取决于损耗的大小，即取决于负载的大小。

3）发热时间常数 T_Q 反映了热惯性对温度变化的影响，从方程式（12-6）可以看出，当 $t = T_Q$ 时，$\tau = 0.632\tau_{ss}$，从理论上说电动机温度达到稳定的时间应为无限大，而实际上当 $t = (3 \sim 4) T_Q$ 时即可认为电动机已经达到稳定。

4）增大散热面积 A，可降低温升，所以很多电动机采用风扇冷却，机壳带散热筋的结构型式。

电动机冷却过程也是以时间的指数规律变化，其冷却时间与电动机的结构、容量和额定转速有关，下文将对电动机的冷却方式做进一步的描述。

12.3.2 电动机短时过载能力的校验

由于电动机负载大多数是变化的，有时是冲击负载，所以发热校验后应校验电动机的短时过载能力。短时过载能力主要考虑电动机的最大转矩倍数，即最大转矩 T_{max} 和额定转矩

T_N 的比值，有

$$\lambda_m = \frac{T_{max}}{T_N} \tag{12-7}$$

考虑电网电压波动影响，短时过载转矩 T_{Lmax} 应为

$$T_{Lmax} \leq 0.9 K_v^2 \lambda_m T_N \quad (K_v^2 = 0.85 \sim 0.90)$$

对一般的异步电动机，λ_m 为 $1.6 \sim 2.2$；起重及冶金用的三相异步电动机的 λ_m 为 $2.2 \sim 2.8$ 以上，小容量电动机取小值，大容量电动机取大值。

对直流电动机，短时过载能力主要受换向所允许的最大电流值 I_{max} 所限制，其电流过载倍数 $K_I = I_{max}/I_N = 1.5 \sim 2.0$，起重及冶金用直流电动机的电流过载倍数在 2.7 以上。串励最大，其次为复励，他励最小。

对同步电动机，短时过载倍数 λ_m 一般为 $2.0 \sim 3.0$。

对于笼型转子异步电动机还受起动转矩 T_{st} 的限制，起动转矩倍数 $K_{st} = T_{st}/T_N$ 一般为 $1.0 \sim 2.0$，起重冶金用的异步机 K_{st} 为 $2.2 \sim 2.8$ 以上，小容量电动机取小值，大容量电动机取大值。对于直流电动机与绕线转子异步电动机，起动转矩可调，不必校验起动能力。

12.3.3　连续工作制电动机额定功率的选择

确定电动机额定功率的最基本的方法是依据机械负载变化的规律，绘制电动机的负载图，然后根据电动机的负载图计算电动机的发热和温升曲线，从而确定电动机的额定功率。所谓负载图，是指功率或转矩与时间的关系图。

1. 恒定负载连续工作制电动机额定功率的选择

在选择连续恒定负载的电动机时，只要计算出负载所需功率 P_L，选择一台额定功率 P_N 略大于 P_L 的连续工作制电动机即可，不必进行发热校核。

例 12-3　一台与电动机直接连接的离心式水泵，流量 $Q = 0.025\text{m}^3/\text{s}$，水密 $\gamma = 9810$ N/m^3，扬程 $H_1 = 15\text{m}$，吸程 $H_2 = 3\text{m}$，转速 $n = 1340\text{r/min}$，泵的效率 $\eta_p = 0.48$，现有一台电动机，功率 $P_N = 7.5\text{kW}$，$U_N = 380\text{V}$，转速 $n_N = 1340\text{r/min}$，问能否适用？

解： 泵类机械在电动机轴上负载功率的计算公式为

$$P_L = \frac{Q\gamma H}{\eta_p \eta_c}$$

直接连接时 $\eta_c = 0.95 \sim 1.0$，带轮传动时 $\eta_c = 0.90$。

$$P_L = \frac{0.025 \times 9810 \times (15 + 3)}{0.48 \times 0.95} \times 10^{-3}\text{kW} = 9.68\text{kW}$$

因为 $P_L > P_N$，所以不能适用。

对起动比较困难（静阻转矩大或带有较大的飞轮力矩）而采用笼型转子异步电动机或同步电动机的场合，应校验其起动能力。如果环境温差很大，则需要修正负载功率 P_L。

在实际工程实践中，非标准工作环境下功率修正可按表 12-2 进行。

表 12-2　负载功率修正表

环境温度/℃	30	35	40	45	50	55
P_L 增减比例	+8%	+5%	0	−5%	−12.5%	−25%

2. 周期性变化负载连续工作制电动机额定功率的选择

当电动机拖动周期性变化负载时，其温升也必然做周期性的波动。图 12-4 为一个周期的周期性变化负载下连续工作制电动机的负载图及温升曲线。在变动负载下，可以根据负载预选一台电动机，然后给出电动机拖动该负载运行时的发热曲线，并校验温升最大值是否超过电动机温升允许值，这种方法为直接法。

1）做负载图，用 $P = f(t)$ 表示，求取平均等效功率 P_{eq}。

$$P_{eq} = \frac{P_1 t_1 + P_2 t_2 + \cdots + P_n t_n}{t_1 + t_2 + \cdots + t_n} \tag{12-8}$$

式中 P_1，P_2，$\cdots$，P_n——每个工作段的负载功率。

2）预选一台电动机，根据上述负载图，按经验公式选择：

$$P_N = (1.1 \sim 1.6) P_{eq} \tag{12-9}$$

当负载变化剧烈时，系数取大些，因为电动机可变损耗与电流的二次方成正比，在过渡过程中，电动机损耗较大，发热较严重。而过渡过程在整个工作过程中占较大比重，则取偏大值。

而在工程实践中，通常用间接法，常用的间接法有平均损耗法和等效法。

（1）平均损耗法 如图 12-4 所示，各工作段的负载大小不等，其损耗分别是 ΔP_1，ΔP_2，$\cdots$，ΔP_n，再求取平均损耗 ΔP_{eq}。

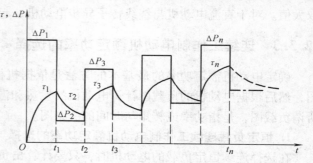

图 12-4 周期性变化负载下连续工作制电动机的负载图及温升曲线

$$\Delta P_{eq} = \frac{\sum_{i=1}^{n} \Delta P_i t_i}{\sum_{i=1}^{n} \Delta t_i} \tag{12-10}$$

额定损耗为

$$\Delta P_N = \frac{P_N}{\eta_N} - P_N \tag{12-11}$$

若电动机 $\Delta P_{eq} \leqslant \Delta P_N$，则校验合格。

（2）等效电流法 其基本原理是用一个不变的等效电流 I_{eq} 来代替实际变动的负载电流 I_L，在同一周期内等效电流 I_{eq} 与负载电流 I_L 产生的热量相等。假定电动机的铁耗和电阻不变，则损耗只和电流的二次方成正比，由此可得

$$I_{eq} = \sqrt{\frac{I_1^2 t_1 + I_2^2 t_2 + \cdots + I_n^2 t_n}{t_1 + t_2 + \cdots + t_n}} \tag{12-12}$$

式中 t_n——对应负载电流为 I_n 的工作时间。

求出等效电流后，则所选电动机的额定电流应不小于等效电流。

（3）等效转矩法　如果电动机的转矩与电流成正比，可将式（12-12）变为等效转矩的形式

$$T_{eq} = \sqrt{\frac{T_1^2 t_1 + T_2^2 t_2 + \cdots + T_n^2 t_n}{t_1 + t_2 + \cdots + t_n}} \tag{12-13}$$

求出等效转矩后，则所选的电动机，其额定转矩电流应不小于等效转矩。

（4）等效功率法　如果拖动系统的转速不变，可将等效转矩的公式变成等效功率的公式，即

$$P_{eq} = \sqrt{\frac{P_1^2 t_1 + P_2^2 t_2 + \cdots + P_n^2 t_n}{t_1 + t_2 + \cdots + t_n}} \tag{12-14}$$

选择的电动机的额定功率不小于等效功率。注意，用等效法选择电动机功率时，必须校验过载能力。变动负载中最大转矩若小于预选电动机的最大转矩，则所选电动机的过载能力合格。

12.3.4　短时工作制电动机额定功率的选择

短时工作制的负载，应选用专用的短时工作制电动机。在没有专用电动机的情况下，也可以选用连续工作制电动机或断续周期工作制电动机。

1. 选用短时工作制电动机

短时工作制电动机的额定功率是与铭牌上给出的标准工作时间（10min、30min、60min、90min）相应的，如果短时工作制的负载功率恒定，并且工作时间与标准工作时间一致，这时只需选择具有相同标准工作时间的短时工作制电动机，并使电动机的额定功率稍大于负载功率即可。对于变化的负载，可用等效法算出工作时间内的等效功率来选择电动机，同时还应进行过载能力与起动能力的校验。如果在一个周期内，负载的变化包括起动、运行、制动和停歇等过程，如图 12-5 所示，其实际温升还要高一些，因此一般应把平均损耗、等效电流或功率等参数选得大一些。为此，可在式（12-12）、式（12-13）和式（12-13）分母中对应起动和制动的时间值上乘以一个因数 α，在对应停歇的时间值上乘以一个因数 β。对于直流电动机 $\alpha = 0.75$，$\beta = 0.15$；对于交流电动机 $\alpha = 0.5$，$\beta = 0.25$。例如，对应图 12-5 的电动机工作过程，其等效电流可做如下修正，即

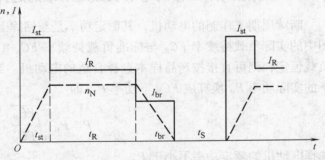

图 12-5　有起制动和停歇时间的负载的变化过程

$$I_{eq} = \sqrt{\frac{I_{st}^2 t_{st} + I_R^2 t_R + I_{br}^2 t_{br}}{\alpha t_{st} + t_R + \alpha t_{br} + \beta t_S}} \tag{12-15}$$

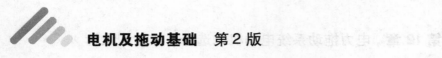

式中　I_{st}、I_R、I_{br}——起动、运行和制动电流；

　　　　t_{st}、t_R、t_{br}、t_S——起动、运行、制动及停转时间。

用等效法选择电动机时，必须校验过载能力。

2. 选用连续工作制电动机

短时工作的生产机械，也可选用连续工作制的电动机。这时，从发热的观点上看，电动机的输出功率可以提高。为了充分利用电动机，选择电动机额定功率的原则应是在短时工作时间 t_{run} 内达到的温升 τ_{run} 恰好等于电动机连续运行并输出额定功率时的稳定温升，即电动机绝缘材料允许的最高温升。由此可得

$$P_N = P_L \sqrt{\frac{1 - e^{-\frac{t_{run}}{T_c}}}{1 + ae^{-\frac{t_{run}}{T_c}}}} \tag{12-16}$$

式中，对于直流电动机 $a = 1.0 \sim 1.5$，对于异步电动机 $a = 0.5 \sim 0.7$。在一个工作周期 T_c 内，当工作时间 $t_{run} < (0.3 \sim 0.4) T_c$ 时，可取

$$P_N \geqslant \frac{P_L}{\lambda_m} \tag{12-17}$$

式中　λ_m——过载能力。

最后，还应校验电动机的起动能力。

3. 选用断续周期工作制电动机

在没有合适的短时工作制电动机时，可选用断续周期工作制电动机。负载持续率 FC 与短时负载的工作时间 Δt_{run} 之间的对应关系为：$S_2 \Delta t_{run} = 30\text{min}$，相当于 $S_3 FC = 15\%$；$S_2 \Delta t_{run} = 60\text{min}$，相当于 $S_3 FC = 25\%$；$S_2 \Delta t_{run} = 90\text{min}$，相当于 $S_3 FC = 40\%$。

12.3.5　断续周期工作制电动机额定功率的选择

断续周期工作制的电动机，其额定功率是与铭牌上标出的负载持续率相应的。如果负载图中的实际负载持续率 FC_R 与标准负载持续率 FC_N（15%、25%、40%、60%）相同，且负载恒定，则可直接按产品样本选择合适的电动机。当 FC_R 与 FC_N 不同时，就需要把 FC_R 下的实际功率 P_R 换算成 FC_N 下功率 P，即

$$P = P_R \sqrt{\frac{FC_R}{FC_N}} \tag{12-18}$$

选择电动机的额定功率不小于 P。

若 $FC < 10\%$，选短时工作制电动机；$FC > 70\%$ 时，选连续工作制电动机。

12.4　电动机额定数据的选择

电动机的选择，除确定电动机的额定功率外，还需根据生产机械的技术要求、技术经济指标和工作环境等条件，合理地选择电动机的类型、结构及安装型式、冷却方式、防护分级、额定电压和额定转速。

第12章 电力拖动系统电动机的选择、校验和设计

1. 电动机的结构、安装型式及代号

电动机最常用的安装型式是带底脚机座、卧式安装，有一端轴伸或两端轴伸。但为了合理布置结构，配合设备整体要求，有时也采用其他类型的结构及安装方式。

按照 GB/T 997—2008《旋转电机结构型式、安装型式及接线盒位置的分类（IM 代码）》（等同采用 IEC 60034-7：1992）标准规定，IM（International Mounting）代号有两种：

（1）代号 1 字母数字代号适用于具有端盖式轴承和一个轴伸的电动机，如卧式安装电动机代号由字母 IM，空一格，随后为字母 B 和 1 位或 2 位数字组成。

例如，IM B3 表示卧式安装，端盖式轴承数 2，底脚安装，底脚在下；立式安装由字母 IM，空一格，随后为字母 V 和 1 位或 2 位数字组成。

例如，IM V1 表示立式安装，端盖式轴承数 2，端盖上带凸缘，凸缘有通孔，凸缘在 D 端，借 D 端凸缘面安装，D 端向下。

（2）代号 2 全数字代号适用于更广的电机型式，包括代号 1 涉及的电机型式。电机代号由 IM，空一格，随后为 4 位数字组成。第 1、2、3 位数字表示结构的状况，第 4 位数字表示轴伸的型式。

例如，IM 1001 表示底脚安装，仅有端盖式轴承，卧式，底脚在下，一个圆柱形轴伸。

（3）代号 1 和代号 2 之间的对应关系 几个常用代号的对应关系见表 12-3，其中代号 1 等同代号 2。

表 12-3 常用代号的对应关系

代号 1	代号 2	代号 1	代号 2
IM B3	IM 1001	IM B35	IM 2001
IM B5	IM 3001	IM V1	IM 3011

2. 电动机冷却方法及其代码

根据不同的工作环境，电动机采用不同的冷却方法（IC 代码）。GB/T 1993—1993《旋转电机冷却方法》规定了旋转电机冷却方法的表示方法，代号最多由六部分组成，如下所示。

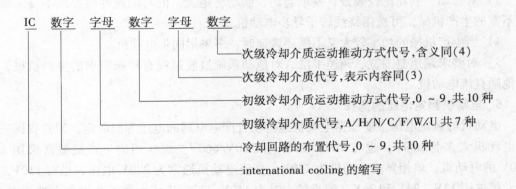

若冷却介质为空气（用 A 表示），其介质代号（A）可省略，通常使用简化代号。

例如，Y 系列三相异步电动机冷却方法为 IC4A1A1，简化为 IC411，表示冷却介质为空气（A），并通过机壳表面散热冷却（布置代号 4），自循环，冷却介质运动与电动机转子自

己的转速相关（介质推动代号 1）。

3. 电动机防护分级（IP 代码）

选择电动机同样需要考虑使用环境对电动机的影响，电动机也需要一定的外壳防护方式来保护内部带电部件和旋转部件。按照 GB/T 4942.1—2006《旋转电机整体结构的防护等级（IP 代码）—分级》（等同采用 IEC 60034-5：2000）规定：电动机防护等级代号如下

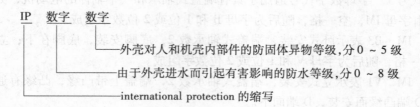

例如，Y 系列三相异步电动机有两种外壳防护等级的产品，一种 IP44（机座号 80-315），第一个表征数字 4 表示：可防止直径或厚度大于 1mm 的导线或片条触及或接近壳内带电或转动部件，能防止直径大于 1mm 的固体异物进入壳内；第二个表征数字 4 表示：电动机承受任何方向的溅水应无有害影响。另一种 IP23（机座号 160-280），第一个表征数字 2 表示：能防止手指或长度不超过 80mm 的类似物体触及或接近壳内带电或转动部件，能防止直径大于 12mm 的固体异物进入壳内；第二个表征数字 3 表示：电动机承受与垂直线成 60°角范围内的淋水应无有害影响。

4. 电动机类型的选择

选择电动机类型的原则是在满足生产机械对过载能力、起动能力、调速性能指标及运行状态等各方面要求的前提下，优先选用结构简单、运行可靠、维护方便、价格便宜的电动机。

1）对起动、制动及调速无特殊要求的一般生产机械，如机床、水泵、风机等，应选用笼型转子异步电动机。

2）对需要分级调速的生产机械，如某些机床、电梯等，可选用多速异步电动机。

3）对起动、制动比较频繁，要求起动、制动转矩大，但对调速性能要求不高，调速范围不宽的生产机械，可选用绕线转子异步电动机。

4）当生产机械的功率较大又不需要调速时，多采用同步电动机。

5）对要求调速范围宽、调速平滑、对拖动系统过渡过程有特殊要求的生产机械，可选用他励直流电动机。

5. 电动机额定电压的选择

电动机的额定电压主要根据电动机运行场合配电电网的电压等级而定。通常我国三相异步电动机大多为 380V，也有 220V/380V 和 380V/660V。煤矿用的生产机械常采用 380V/660V 的电动机。单相异步电动机为 220V。直流电动机通常为 220V 电压，也有 110*V*，车用电动机选用 12V、24V 和 36V，容量较大时为 440V。起重机或大型工业设备大功率电动机，额定功率大于 100kW 的电动机，可采用高压电动机，电压为 3000V 和 6000V 电动机。

6. 电动机额定转速的选择

电动机转速的选择，应根据机械设备负载大小和运行速度来确定。额定功率相同的电动

机，额定转速高时，其体积小，价格低，由于生产机械的转速有一定的要求，电动机转速越高，传动机构的传动比就越大，导致传动机构复杂，增加了设备成本和维修费用。同样功率的电动机，转速较高者重量较轻，对凸缘安装无底脚的电动机，适当选择转速较高而重量较轻的电动机为宜。但是高速电动机的起动损耗较大。所以，当要求电动机起动频率较频繁时，转速不宜选得太高。因此，应综合考虑电动机和生产机械两方面的各种因素后再确定较为合理的电动机额定转速。

对连续运转的生产机械，可从设备初投资、占地面积和运行维护费用等方面考虑，确定几个不同的额定转速，进行比较，最后选定合适的传动比和电动机的额定转速。

经常起动、制动和反转，但过渡过程时间对生产率影响不大的生产机械，主要根据过渡过程能量最小的条件来选择电动机的额定转速。

电动机经常起动、制动和反转，且过渡过程持续时间对生产率影响较大，则主要根据过渡过程时间最短的条件来选择电动机的额定转速。

12.5　电机的设计

1. 电机设计的基本任务

电机设计的基本任务就是设计人员根据用户提出的产品规格（如功率、电压、转速等）和技术指标（如效率、功率因数、温升等），结合国家的经济政策和生产工艺的实际情况，运用有关的理论和方法，或者参照同类型电机的数据，根据设计经验，预先确定电机的主要尺寸和参数（如冲片尺寸、铁心长度和绕组匝数、线规等）；经过校核计算，使电机的各项性能指标满足国家标准或用户的特殊要求；并经过生产制造和试验，使电机产品的实际性能与设计值基本吻合。

电机设计是个复杂的过程，需要考虑的因素和确定的数据很多，难免会遇到错综复杂的矛盾。因此，设计人员必须全面综合地看待问题，并能针对具体问题采取不同的解决方法。例如，电机的各项性能指标之间以及技术指标和经济指标之间，往往存在矛盾。当采取措施改善某个性能时，常会使其他一些性能变差，因此必须统筹兼顾。又如在设计电机时，不能片面追求体积小和材料省，因为这样容易导致电机性能降低，特别是效率降低，使运行成本上升而造成能量浪费。

2. 电机设计的主要技术指标

电机设计时通常应给定如下数据：

1）额定功率：发电机为电枢线端输出的电功率，电动机为轴上输出的机械功率。

2）额定电压：对交流电机指线电压，对直流电机指电枢端电压。

3）相数及相间连接方式。

4）额定频率。

5）额定转速或同步转速。

6）额定功率因数。

通常，对直流电机给定1)、2)、5)，对异步电机给定1)　~5)，对同步电机给定1)~6)。

3. 电机设计的过程和内容

（1）准备阶段　首先是熟悉国家标准，收集相近电机的产品样本和技术资料（包括试验数据），并听取用户的意见与要求；然后在国家标准有关规定及现有资料的基础上，编制技术任务书或技术建议书。

如果没有适当的国家标准，就需要编制所设计产品的技术条件。技术条件在一定程度上可以看作是制造厂与用户间的一种技术协议，它是指导全部设计工作和产品验收时的技术依据。技术条件可以按照单个产品制订，也可以根据整个系列或某种型式的电机来制订。

（2）电磁设计　根据技术条件或技术任务书（技术建议书）的规定，参照生产实践经验，通过计算和方案比较，确定与所设计电机电磁性能有关的尺寸和数据，选定有关材料，并核算其电磁性能。

本阶段的首要任务是确定电机的主要尺寸，包括电枢铁心的直径和长度。对于直流电机，电枢直径是指转子外径；对于交流异步电机和同步电机，则是指定子内径。在确定主要尺寸时要考虑电机的运行经济性、安全可靠性和机械强度等，即主要尺寸影响着电机的运行性能、材料消耗、制造工艺和成本等。电机的主要尺寸选择得合理，电机设计工作就有了一个好的基础，电机就可能有一个比较好的技术经济指标。

以交流电机为例，常规电机的主要尺寸应满足[16]

$$D_{\mathrm{i1}}^2 L_{\mathrm{ef}} = \frac{P'}{n} \times \frac{6.1}{K_{\mathrm{Nm}} K_{\mathrm{dq}} \alpha_{\mathrm{p}}'} \times \frac{1}{AB_{\delta}} \tag{12-19}$$

式中　D_{i1}——电枢内径；

$\quad\quad L_{\mathrm{ef}}$——电枢铁心有效长度。

计算功率 P' 和转速 n 由技术要求给定，而计算极弧系数 α_{p}'、气隙磁场波形系数 K_{Nm}、定子基波绕组系数 K_{dq} 变化范围较小，因此对于功率和转速一定的电机，其主要尺寸 D_{i1}、L_{ef} 基本将由线负荷 A 和气隙磁通密度 B_{δ} 值的大小来确定。对于中小型电机，可取 $A \approx 200\mathrm{A/cm}$，$B_{\delta} \approx 0.7\mathrm{T}$。

（3）结构设计　结构设计的任务就是确定电机的机械结构、零部件尺寸、加工要求与材料的规格及性能要求，包括必要的机械计算、通风与温升计算。首先根据技术条件或技术任务书（技术建议书）中规定的防护型式、安装方式与冷却方式，再考虑电磁计算中所选热负荷（线负荷与电枢电流密度的乘积）的高低，来选取合适的通风冷却系统；然后安排产品的总体结构，绘制总装配草图；最后分别绘制部件的分装配图和零件图，并对总装配草图进行必要的修改。

结构设计通常在电磁设计后进行，但有时也和电磁设计平行交叉地进行，以便相互调整。

4. 电机设计的新技术

传统的电机设计方法主要是基于电机的等效电路模型和等效磁路模型，精度有限，特别是在电磁设计的校核计算阶段，有许多因数需要预取值，如电机磁路的饱和因数和气隙磁场的波形因数等，通过多次的迭代计算才能最终确定这些因数的数值，非常费时费力。

电机设计有近百年的历史，在电机性能和指标不断提高的同时，电机设计的手段也有了较大幅度的改进，这主要归功于计算机及其应用技术的快速发展。现代电机设计理论、计算机技术、数据库技术、图形技术及其他相关技术用于电机设计，就产生了电机 CAD（Computer Aided Design）技术。实际上，任何应用于电机产品周期中，可缩减电机产品开发时间和降低产品成本，并且提高电机产品质量的软件，都可以归类为电机 CAD 软件。电机 CAD 技术使设计人员避免了耗费大量时间的复杂重复的手工演算；避免了使用经验或半经验公式，而是在更加完善的理论基础上，通过优化设计方法，设计出性能最佳的电机；还能使设计人员在设计阶段就能预测电机的运行特性和电磁参数，缩短产品的试制周期，减少制造成本。

电机 CAD 技术包括电磁 CAD、温升 CAD、机械 CAD、振动 CAD 和噪声 CAD 等内容。电机 CAD 最早是从电磁 CAD 开始的，电磁 CAD 是指利用计算机进行电机的电磁设计，以及电机的电磁场有限元分析。电机的电磁设计可以利用计算机程序设计的高级语言来编程完成，而电机的电磁场分析则有一些大型的专用软件如 Ansoft、MagNet 等可以选用。

Ansoft 是目前最为流行的电磁场分析软件，除可以运用 Maxwell-2D/3D 模块对二维和三维电磁场进行仿真外，还嵌入了 RMxprt 电机设计模块，该模块基于等效磁路模型，计算方法简单快捷，并能保证一定的精度，非常适合电机电磁设计初始方案的确定[20]。下面给出一个基于 Ansoft 的低速永磁同步电机的电磁设计与磁场分析的算例，其主要技术指标如下：

1）额定功率 P_N：207W。

2）相数 m：3。

3）额定电压 U_N：36.8V（相电压，丫联结）。

4）额定电流 I_N：2.1A（相电流）。

5）额定转速 n_N：200r/min。

6）额定频率 f_N：26.67Hz。

7）额定功率因数 $\cos\varphi_N$：0.90。

8）额定效率 η_N：90%。

由式（12-19）和预估的电机尺寸比 λ（$\lambda = L_{ef}/\tau$，τ 为电机极距），可以大致确定电机的主要尺寸 D_{il}、L_{ef}；根据低速电机的特点以及额定转速和额定频率，可以确定转子永磁体的极对数为 8；设气隙磁通密度初值约为 0.7T，选择钕铁硼永磁材料，根据等效磁路模型可以算出永磁体的基本尺寸，并取定、转子间的最短气隙长为 1mm；设每极每相槽数为 3，可得定子槽数应为 144；根据定子齿部一般为平行齿和槽满率低于 80% 的设计原则，可确定定子槽形尺寸，以及定子绕组的匝数及线径。

在 Ansoft/RMxprt 中创建的永磁同步电机的样机模型如图 12-6 所示，通过 RMxprt 的计算，可以得到电机的电磁设计结果，其主要性能均达到上述技术指标的要求。

使用 Ansoft/Maxwell 2D 可以对永磁同步电机内部的电磁场进行较为精确的仿真分析，并计算出电机的相关电磁参数，其步骤如图 12-7 所示。

在对永磁同步电机进行磁场分析和数值计算时，需要建立仿真模型。仿真模型可以在 Maxwell 2D 仿真模块下独立进行，也可以将图 12-6 所示的 RMxprt 模块中的电机模型导入二维瞬态场中，软件会自动加载几何模型并定义材料属性，同时给出边界条件、激励源和网格剖分等。本算例分析的永磁同步电机是多极低速的，结构尺寸复杂，但沿轴向是对称的，为了缩短仿真时间，可在一个极距范围内建立仿真模型，如图 12-8 所示，相应的有限元网格剖分如图 12-9 所示。

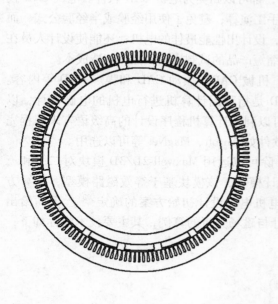

图 12-6 Ansoft／RMxprt 中的电机模型

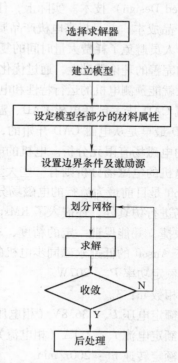

图 12-7 Ansoft／Maxwell 2D 磁场仿真流程图

选择求解器

建立模型

设定模型各部分的材料属性

设置边界条件及激励源

划分网格

求解

收敛

后处理

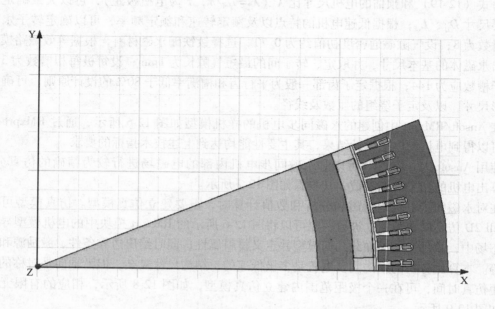

图 12-8 永磁同步电机的有限元仿真模型

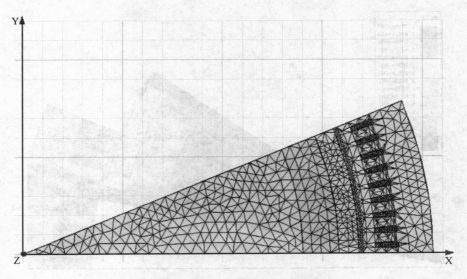

图 12-9　永磁同步电机的有限元网格剖分

通过仿真软件的后处理功能可以清晰地看到电机内部的磁场分布和磁通密度大小，再利用 Maxwell 2D 仿真模块的后处理功能，对定子电压、电流进行谐波分析，以及效率、功率因数和齿槽转矩等的分析，以验证电磁设计方案是否合理。图 12-10 和图 12-11 分别给出了额定转速时的空载磁力线分布和磁通密度分布。图 12-12 为额定转速时的空载气隙磁通密度分布曲线，这里考虑了电机齿槽效应的影响，因而磁通密度曲线存在若干毛刺。

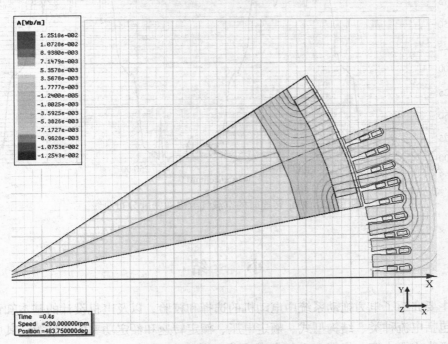

图 12-10　额定转速时的空载磁力线分布

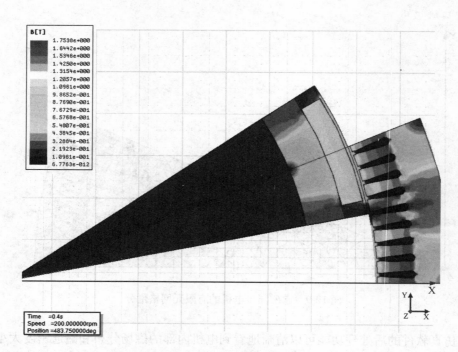

图 12-11 额定转速时的空载磁通密度分布

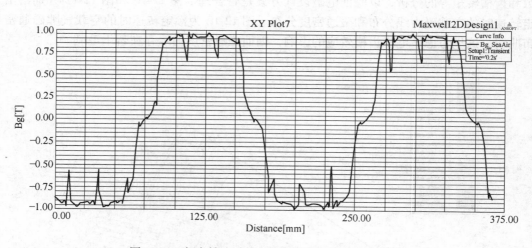

图 12-12 额定转速时的空载气隙磁通密度分布曲线

小　结

本章主要介绍了电力拖动系统中电动机的选择和校验，以及电机设计的基本知识。电动机的选择包括电流种类、结构型式、额定电压、额定转速和额定功率的选择等，其中以额定功率的选择为主要内容。根据电动机负载和发热情况的不同，电动机的工作方式（即工作制）分为连续工作方式、短时工作方式、周期工作方式、非周期变化工作方式和离散恒定负载工作方式。电动机铭牌上标明的工作方式应和电动机实际运行的工作方式相一致。但有时也可不同,根据电动机的不同工作方式,按不同生产机械的负载图,预选电机功率,在绘制电机负载图的基础上进行发热、过载能力及起动能力(笼型转子异步电动机)的校验。发热校验的方法有多种,但计算公式都是根据变化负载下电动机达到发热稳定循环时的平均温升等于或接近但小于绝缘材料所允许最高温升为条件推导出来的(设周围介质温度为标准值40℃)。

(1)平均损耗法 按负载图求取平均损耗和额定损耗比较后校验的方法。

(2)等效电流法 按不变损耗及电动机电阻保持恒定的假定,由平均损耗法推导出来的。在三种等效法中应用范围最广,可按电流负载图 $I = f(t)$ 求出等效电流,当等效电流不大于额定电流时,则发热校验通过。

(3)等效转矩法 按转矩与电流成正比为假定条件,由等效电流法推导出来的。按转矩负载图求出等效转矩,当等效转矩不大于额定转矩时,则发热校验通过。

(4)等效功率法 假定电机转速保持恒定,由等效转矩法推导出来的。按功率负载图求出等效功率,当等效功率不大于额定功率时,则发热校验通过。

电机设计主要包括电磁设计和结构设计,其中电磁设计阶段主要尺寸的确定是关键一环。利用电机 CAD 技术可以大大提高电机设计的精度和进度,提高所设计电机的性能,并节约设计与试制成本。

思考题与习题

12-1 电力拖动系统中电动机的选择主要包括哪些内容?

12-2 电动机运行时允许温升的高低取决于什么?影响绝缘材料寿命的是温升还是温度?

12-3 电动机的十种工作制是如何划分的?电动机实际运行的工作制和铭牌上标明的工作制可能有哪些区别?

12-4 选择电动机额定功率时,一般应校验哪三个方面?

12-5 电动机的额定功率是如何确定的?环境温度长期偏离标准环境温度40℃时,应如何修正?

12-6 试比较 $FC = 25\%$、$P_N = 30kW$ 的电动机与 $FC = 40\%$、$P_N = 20kW$ 的电动机,哪一台的实际容量大?

12-7 电机设计主要分为哪几个阶段?各阶段的主要任务是什么?

12-8 目前可用于电机电磁场与温度场分析的软件主要有哪些?各有什么特色?

第 13 章

特种电动机 *

前面介绍的直流电机、异步电机和同步电机统称为普通电机。在日常生活和生产实际中还广泛使用着各种特殊结构和特殊用途的电机，特别是随着新技术的不断发展和新材料的不断涌现，新型特种电机的研究和应用还处在持续发展之中。由于特种电机大都用于控制系统，且功率较小，所以又称为控制电机或微特电机。从本质上讲，特种电机的基本理论和分析方法与普通电机是一致的，但又有其特殊性。本章主要介绍目前基本理论业已成熟，同时又应用比较广泛的特种电动机。

13.1　伺服电动机

伺服电动机的作用是把输入的电压控制信号转换成输出的角位移或角速度。在运动控制系统中，伺服电动机是以执行机构的身份出现的，所以又称为执行电动机。对伺服电动机的基本要求是：①可控性好，即无电压控制信号时转子不自转，控制信号一旦出现，电动机马上转动，而控制信号一旦消失，电动机立刻停转；②运行稳定，即电动机具有线性的机械特性和调节特性。

伺服电动机可分为直流伺服电动机和交流伺服电动机，下面分别加以介绍。

13.1.1　直流伺服电动机

直流伺服电动机有两种：一种是电励磁式直流伺服电动机，另一种是永磁式直流伺服电动机，其基本结构和工作原理与普通直流电动机相同。

直流伺服电动机主要有两种控制方式：一种是电枢控制，即通过改变电枢电压来实现对转子转速的控制；另一种是磁场控制，即通过改变励磁电压来实现对转子转速的控制（对电磁式直流伺服电动机而言）。电枢控制的优点是电动机机械特性和调节特性的线性度好，调速范围广，系统响应迅速，所以下面以电枢控制电磁式直流伺服电动机为例，介绍相应的机械特性和调节特性。

1. 机械特性

同他励直流电动机一样，直流伺服电动机的机械特性是指在一定控制电压 U_c 下，转子转速 n 与电磁转矩 T_e 之间的关系曲线，即 $n = f(T_e)$。

如果忽略电枢反应的影响，主磁通 Φ 保持不变，直流伺服电动机的机械特性为

$$n = \frac{U_c}{C_e \Phi} - \frac{R_a}{C_e C_T \Phi^2} T_e = \alpha U_c - \beta T_e \qquad (13\text{-}1)$$

相应的特性曲线如图 13-1 所示。可见，直流伺服电动机的机械特性为一直线，随着控制电压 U_c 的增加，机械特性向上平移，而直线斜率 β 保持不变。

2. 调节特性

直流伺服电动机的调节特性是指在一定负载转矩 T_L 下，转子转速 n 与控制电压 U_c 之间的关系曲线，即 $n = f(U_c)$。

根据式（13-1），并利用 $T_e = T_L$ 的关系，可以绘出直流伺服电动机的调节特性曲线，如图 13-2 所示。可见，直流伺服电动机的调节特性也为一直线，随着负载转矩 T_L 的增加，机械特性向右平移，而直线斜率 α 保持不变。

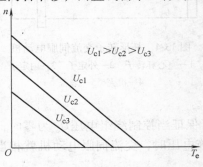

图 13-1　直流伺服电动机的机械特性

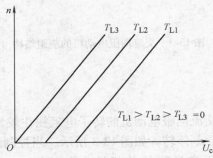

图 13-2　直流伺服电动机的调节特性

从上面的分析可以知道，电枢控制时直流伺服电动机的两个主要运行特性——机械特性和调节特性都是线性的，这是一个很可贵的优点。

13.1.2　交流伺服电动机

交流伺服电动机的基本结构与交流测速发电机相类似，其定子上嵌有两相绕组，一相是励磁绕组 N_f，另一相是控制绕组 N_c，它们在空间互差 90°电角度，如图 13-3 所示。其转子有两种结构：一种是笼型转子，它与普通的异步电动机笼型转子相比较，主要是转子导条采用了高电阻率的材料，目的是消除自转现象；另一种是杯形转子，图 13-4 是相应的电机结构图，它的定子有内外之分，可以分别放置励磁绕组和控制绕组，目的是为了嵌线方便和减小转子的惯量力矩。杯形转子是靠空心杯中所感应的涡流与主磁场相互作用而产生电磁转矩，优点是转动惯量小，但由于气隙较大，需要提供的励磁电流较大，体积也较大。

1. 工作原理与自转问题

交流伺服电动机实际上是两相电机的不对称运行，励磁绕组和控制绕组分别在气隙中产生单相脉振磁场，两者合成的结果一般是一个椭圆形的旋转磁场，该椭圆形旋转磁场又可以分解为正、反向的圆形旋转磁场。一般情况下励磁绕组电压 $\dot{U}_f$ 保持不变，通过改变控制绕组电压 $\dot{U}_c$ 的幅值或相位，就可以改变正向旋转磁场与反向旋转磁场之间的大小关系，以及正向电磁转矩和反向电磁转矩之间的比值，从而达到改变合成电磁转矩及转速的目的。

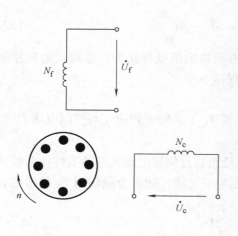

图 13-3　交流伺服电动机的绕组结构

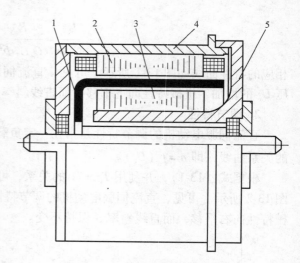

图 13-4　杯形转子交流伺服电动机
1—空心杯转子　2—外定子　3—内定子
4—机壳　5—端盖

交流伺服电动机的转子电阻往往较大，这是为了保证当控制绕组电压 $\dot{U}_c$ 为零时，电动机能立刻停转。如图 13-3 所示，当控制绕组没有外施电压时，交流伺服电动机就相当于一台已正常运行的单相异步电动机，这时只有励磁绕组在起作用，相应的机械特性如图 13-5 所示，其中 T_{e+} 表示正向旋转磁场所产生的电磁转矩，T_{e-} 表示反向旋转磁场所产生的电磁转矩，T_e 是两者合成的结果。图 13-5a 是普通单相异步电动机的机械特性，正向旋转时，电磁转矩 T_e 是正值；反向旋转时，电磁转矩 T_e 是负值，可见 T_e 总是拖动性质的，电动机在两个方向都可以旋转。这种情况对于伺服电动机而言是不利

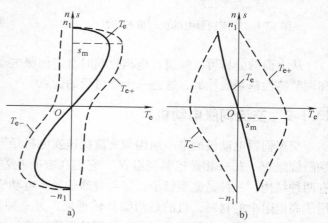

图 13-5　交流伺服电动机的自转现象及消除

的，相当于控制信号消失而仍有角速度或角位移输出，称为"自转现象"。如果增大转子电阻，使正向电磁转矩 T_{e+} 和反向电磁转矩 T_{e-} 的临界转差率 $s_m > 1$，将得到图 13-5b 所示的机械特性，可见正向旋转时，电磁转矩 T_e 是负值；反向旋转时，电磁转矩 T_e 是正值，即 T_e 总是制动性质的。这样电动机两个方向都不可能自转。

2. 控制方式与运行特性

根据工作原理，交流伺服电动机可以有三种具体的控制方式：①幅值控制，即仅改变控制电压 $\dot{U}_c$ 的幅值；②相位控制，即仅改变控制电压 $\dot{U}_c$ 的相位；③幅-相控制，同时改变控制电压 $\dot{U}_c$ 的幅值和相位。下面以幅值控制的交流伺服电动机为例，简要介绍相应的机械特性和调节特性。

采用幅值控制时，控制绕组电压 $\dot{U}_c$ 在时间上滞后励磁绕组电压 $\dot{U}_f$ 90°，且保持不变，仅其幅值可以调节。$\dot{U}_c$ 的幅值可以表示为 $U_c = \alpha U_{cN}$，其中 U_{cN} 是控制绕组的额定电压，α 称为有效信号因数（$0 \leqslant \alpha \leqslant 1$）。

当 $\alpha = 0$ 时，控制绕组没有外施电压，仅励磁绕组一相供电，产生单相脉振磁动势。如果转子电阻足够大，转子将静止不动（见图 13-5b）。

当 $0 < \alpha < 1$ 时，励磁绕组和控制绕组的磁动势幅值不等，相应的气隙合成磁场为椭圆形旋转磁场。根据分解的正、反向旋转磁场及相应的正、反向电磁转矩 T_{e+}、T_{e-}，可以获得不同 α 值时的机械特性，如图 13-6 所示。

当 $\alpha = 1$，即当励磁绕组与控制绕组的外施电压均为各自的额定值时，它们的磁动势幅值应相等，相应的气隙合成磁场为圆形旋转磁场，这时仅存在正向旋转磁场及正向电磁转矩 T_{e+}，将产生最大的电磁转矩。

根据图 13-6 所示的机械特性，可以获得相应的调节特性，如图 13-7 所示。

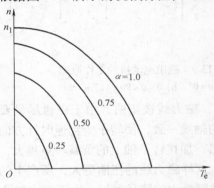

图 13-6 交流伺服电动机的机械特性

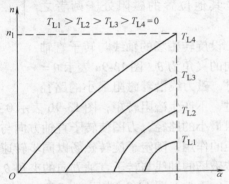

图 13-7 交流伺服电动机的调节特性

13.2 磁阻电动机

磁阻电动机又称为反应式电动机，这种电动机的转子本身没有磁性，只是利用磁场中可移动部件试图使磁路磁阻最小的原理，依靠转子两个正交方向磁阻的不同而产生电磁转矩，这种转矩称为磁阻转矩或反应转矩。磁阻电动机由于结构简单，成本低廉，获得了较为广泛的应用，目前国内外磁阻电动机有单相和三相的，功率从几瓦到几百瓦。

13.2.1 基本结构

磁阻电动机属于交流同步电动机，其定子与一般交流电动机相同，而转子结构型式却是多种多样的，只要转子直轴方向与交轴方向的磁阻不相等，根据磁阻最小原理即可产生磁阻转矩。图 13-8 所示是最常用的两种结构，这种转子与一般异步电动机笼型转

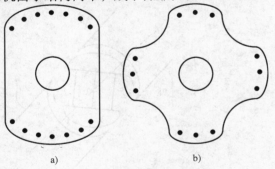

图 13-8 磁阻电动机转子结构
a) 2 极转子 b) 4 极转子

子的差别仅在于具有与定子极数相等的凸极（图 13-8a 为 2 极，图 13-8b 为 4 极），属于单边凸极的结构。

13.2.2 工作原理与起动问题

磁阻电动机的工作原理可以用图 13-9 来说明。图中外边的磁极表示定子绕组所产生的旋转磁场，中间是一个凸极式的转子，顺着凸极的方向称为直轴方向，与凸极轴线正交的方向称为交轴方向。显然，当旋转磁场轴线与转子直轴方向一致时，磁通所通过的路径磁阻最小；与转子交轴方向一致时，磁通所通过的路径磁阻最大；其他位置的磁阻处于两者之间。

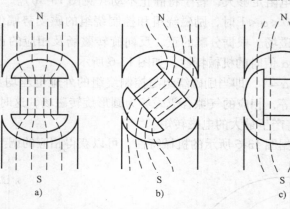

图 13-9　磁阻电动机的工作原理

a) $\theta = 0°$　b) $0 < \theta < 90°$　c) $\theta = 90°$

设旋转磁场的轴线与转子直轴方向的夹角为 θ，图 13-9a 表示 $\theta = 0°$ 时，磁力线沿着磁阻最小的路径通过，不产生磁阻转矩；图 13-9b 表示 $0 < \theta < 90°$ 时，磁力线被扭曲，由于磁通尽量要经过磁阻最小的路径，力图使转子直轴方向与定子磁极的轴线一致，使转子受到逆时针方向磁阻转矩的作用，随定子旋转磁场以同步转速转动。显然，加在转子轴上的负载转矩越大，定子旋转磁场的轴线与转子直轴方向的夹角 θ 也就越大，这样磁力线的扭曲更大，所产生的磁阻转矩也更大。图 13-9c 表示 $\theta = 90°$ 时，磁力线沿着磁阻最大的路径通过，由于磁力线未被扭曲，所以也不产生转矩。

与永磁同步电动机一样，磁阻同步电动机的起动也比较困难。由于转子具有惯性，起动开始时刻转子受到作用力矩还来不及转动，而定子旋转磁场就已转过 90°，如图 13-10 所示。显然，这两个位置磁阻转矩的方向是相反的，所以磁阻电动机往往不能自行起动，也需要在转子上另外装设笼型起动绕组。笼型绕组可以产生异步起动转矩，使磁阻电动机异步起动，待转子转速上升到接近同步转速时，依靠磁阻转矩的作用将转子牵入同步运行。

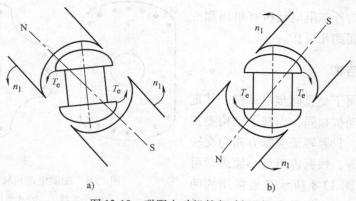

图 13-10　磁阻电动机的起动问题

13.3 磁滞电动机

磁滞电动机的转子是用硬磁材料做成的，这种硬磁材料具有比较宽的磁滞回环，其剩磁密度 B_r 和矫顽力 H_c 要比软磁材料大，如图 13-11 所示。磁滞电动机的主要优点是结构简单，运转可靠，起动转矩大，不需要装任何起动装置就能平稳地牵入同步。目前，磁滞电动机主要应用于无线电通信、自动记录、传真及遥控装置等，其中 50W 以下小功率的应用最为广泛。

13.3.1 基本结构

磁滞电动机也属于交流同步电动机，其定子与一般交流电动机相同，而转子也没有励磁源，其结构如图 13-12 所示。其中外圈为有效层，由整块硬磁材料制成，或由硬磁材料冲片叠压而成，称为磁滞环；内圈为套筒，由磁性或非磁性材料制成。由硬磁材料冲片叠压而成的转子，其涡流转矩小，电动机起动及运行主要依靠磁滞转矩；由整块硬磁材料做成的转子，除了磁滞转矩外，还有涡流转矩，可以增大起动转矩。

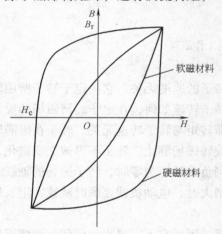

图 13-11 铁磁材料的磁滞回环

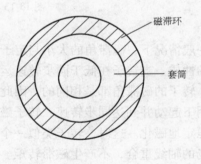

图 13-12 磁滞电动机的转子结构

13.3.2 工作原理

磁滞电动机的工作原理可以用图 13-13 来说明。图中转子表示成圆柱形，定子旋转磁场用一对 N-S 磁极来表示。当定子旋转磁场以同步转速相对于转子旋转时，转子的每一部分都要被交变地磁化，转子中所有磁分子将跟着旋转磁场的方向进行排列。如果在开始瞬间，转子磁分子排列的方向与旋转磁场轴线的方向一致，如图 13-13a 所示（为了清楚起见，图中只画出两个磁分子），此时定子磁场与转子磁场之间只有径向力 F，不会产生转矩。当旋转磁场相对转子转动以后，转子磁分子也要跟随旋转磁场转动。如果转子是由软磁材料制成的，已被磁化的转子磁场将随定子磁场的转动而转动，它们之间的作用力还是径向的，也不会产生转矩，如图 13-13b 所示。如果转子是由硬磁材料制成的，转子磁分子之间具有很大的摩擦力，磁分子不能立即随着旋转磁场转过同样的角度，而要滞后一个角度。这样，转子磁场就要落后定子旋转磁场一个角度，如图 13-13c 所示。根据磁场异性相吸的原理，转子要受到一个力 F 的作用，这个力可以分解为一个径向力 F_n 和一个切向力 F_t，其中切向力 F_t 产生磁滞转矩，在它的作用下转子就跟随着定子旋转磁场转动起来。由此可见，转子磁分子轴线落后于定子旋转磁场轴线一个角度是产生磁滞转矩的根本原因，这个角度通常称为磁滞角。

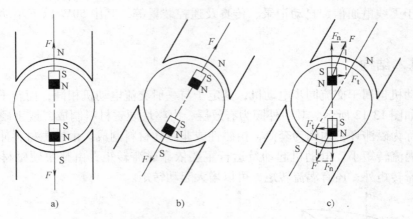

图 13-13　磁滞电动机的工作原理

一般情况下，磁滞角的大小与定子磁场相对于转子的速度无关，它决定于转子所用硬磁材料的性质。当转子在低于同步转速运行时，不管转子转速如何，在定子旋转磁场的反复磁化下，转子的磁滞角都是相同的，因此所产生的磁滞转矩与转子转速无关。转子在磁滞转矩的作用下起动并到达同步转速，转子磁场相对定子旋转磁场静止，转子不再被交变磁化，而是被恒定地磁化。这时，转子类似一个永磁转子。当负载转矩为零时，转子磁场的轴线与定子磁场的轴线重合，不产生磁滞转矩。当负载转矩增大时，电动机就要瞬时减速，定、转子两个磁场间的夹角增大，产生的磁滞转矩也增大。

磁滞电动机最可贵的特点是具有很大的起动转矩，因而它不需要附设任何起动绕组就能很快自行起动，这是磁滞式同步电动机与其他类型同步电动机相比所具有的最大优点。

13.4　步进电动机

步进电动机是一种把电脉冲信号转换成机械角位移的控制电动机，常作为数字控制系统中的执行元件。由于其输入信号是脉冲电压，输出角位移是断续的，即每输入一个电脉冲信号，转子就前进一步，因此叫作步进电动机，也称为脉冲电动机。

步进电动机在近十几年中发展很快，这是由于电力电子技术的发展解决了步进电动机的电源问题，而步进电动机能将数字信号转换成角位移正好满足了许多自动化系统的要求。步进电动机的转速不受电压波动和负载变化的影响，只与脉冲频率同步，在许多需要精确控制的场合应用广泛，如打印机的进纸，计算机的软盘转动，卡片机的卡片移动，绘图仪的 X、Y 轴驱动等。

13.4.1　基本结构

步进电动机从结构上来说，主要包括反应式、永磁式和复合式三种。反应式步进电动机依靠变化的磁阻产生磁阻转矩，又称为磁阻式步进电动机，如图 13-14a 所示；永磁式步进电动机依靠永磁体和定子绕组之间所产生的电磁转矩工作，如图 13-14b 所示；复合式步进电动机则是反应式和永磁式的结合。目前应用最多的是反应式步进电动机。步进电动机驱动电路的构成如图 13-15 所示。

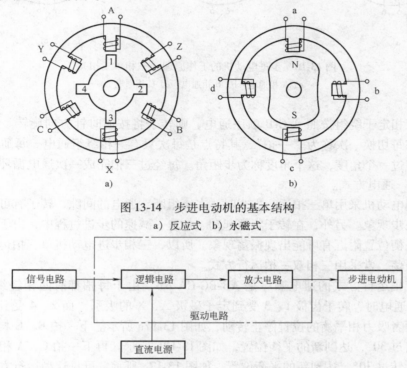

图 13-14　步进电动机的基本结构

a）反应式　b）永磁式

图 13-15　步进电动机驱动电路的构成

13.4.2　工作原理

以三相反应式步进电动机为例说明其工作原理。如图 13-16 所示，一般说来，若相数为 m，则定子极数为 $2m$，所以定子有六个齿极。定子相对的两个齿极组成一组，每个齿极上都装有集中控制绕组。同一相的控制绕组可以串联也可以并联，只要它们产生的磁场极性相反。反应式步进电动机的转子类似于凸极同步电动机，这里讨论有四个齿极的情况。

当 A 相绕组通入直流电流 i_A 时，由于磁力线力图通过磁阻最小的路径，转子将受到磁阻转矩的作用而转动。当转子转到其轴线与 A 相绕组轴线相重合的位置时，磁阻转矩为零，转子停留在该位置，如图 13-16a 所示。如果 A 相绕组不断电，转子将一直停留在这个平衡位置，称为"自锁"。要使转子继续转动，可以将 A 相绕组断电，而使 B 相绕组通电。这样转子就会顺时针旋转 30°，到其轴线与 B 相绕组轴线相重合的位置，如图 13-16b 所示。继续改变通电状态，使 B 相绕组断电，C 相绕组通电，转子将继续顺时针旋转 30°，如图 13-16c

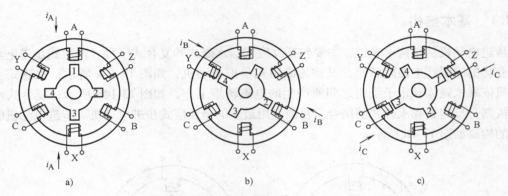

图 13-16　步进电动机的工作原理（三相单三拍）

a) A 相通电　b) B 相通电　c) C 相通电

所示。如果三相定子绕组按照 A-C-B 顺序通电，则转子将按逆时针方向旋转。上述定子绕组的通电状态每切换一次称为"一拍"，其特点是每次只有一相绕组通电。每通入一个脉冲信号，转子转过一个角度，这个角度称为步距角。每经过三拍完成一次通电循环，所以称为"三相单三拍"通电方式。

　　三相步进电动机采用单三拍运行方式时，在绕组断、通电的间隙，转子有可能失去自锁能力，出现失步现象。另外，在转子频繁起动、加速、减速的步进过程中，由于受惯性的影响，转子在平衡位置附近有可能出现振荡现象。所以，三相步进电动机单三拍运行方式容易出现失步和振荡，常采用三相双三拍运行方式。

　　三相双三拍运行方式的通电顺序是 AB-BC-CA-AB。由于每拍都有两相绕组同时通电，如 A、B 两相通电时，转子齿极 1、3 受到定子磁极 A、X 的吸引，而 2、4 受到 B、Y 的吸引，转子在两者吸力相平衡的位置停止转动，如图 13-17a 所示。下一拍 B、C 相通电时，转子将顺时针转过 30°，达到新的平衡位置，如图 13-17b 所示。再下一拍 C、A 相通电时，转子将再顺时针转过 30°，达到新的平衡位置，如图 13-17c 所示。可见这种运行方式的步距角也是 30°。采用三相双三拍通电方式时，在切换过程中总有一相绕组处于通电状态，转子齿极受到定子磁场控制，不易失步和振荡。

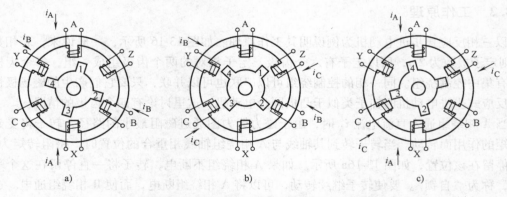

图 13-17　步进电动机的工作原理（三相双三拍）

a) A、B 相通电　b) B、C 相通电　c) C、A 相通电

对于图 13-16 和图 13-17 所示的步进电动机，其步距角都太大，不能满足控制精度的要求。为了减小步距角，可以将定、转子加工成多齿结构，如图 13-18 所示。设脉冲电源的频率为 f，转子齿数为 Z_r，转子转过一个齿距需要的脉冲数为 N，则每次转过的步距角为

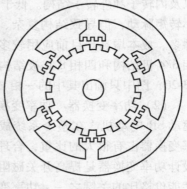

$$\alpha_b = \frac{360°}{Z_r N} \qquad (13\text{-}2)$$

因为步进电动机转子旋转一周所需的脉冲数为 $Z_r N$，所以步进电动机每分钟的转速为

$$n = \frac{60f}{Z_r N} \qquad (13\text{-}3)$$

图 13-18　步进电动机的多齿结构

显然步进电动机的转速正比于脉冲电源的频率。

13.5　开关磁阻电动机

步进电动机与前面介绍的磁阻电动机均属于变磁阻电动机（Variable Reluctance Motor，VRM），都是利用磁路磁阻最小原理来产生电磁转矩，所不同的是前者采用转子单边凸极结构，而步进电动机采用的是定、转子双边凸极的结构。事实上，还有一种变磁阻电动机——开关磁阻电动机（Switched Reluctance Motor，SRM）在电力拖动系统中得到了重要的应用，它与步进电动机的主要区别在于增加了对转子位置信号的检测，并根据转子位置决定定子各相励磁绕组的通电时刻，因而属于自控式同步电动机，可以实现较大功率的驱动。

13.5.1　基本组成与结构

开关磁阻电动机驱动（Switched Reluctance Drive，SRD）系统主要由 SR 电动机、功率变换器、控制器和位置检测器四部分组成，如图 13-19 所示。

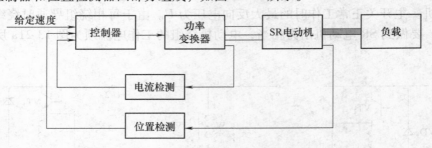

图 13-19　开关磁阻电动机驱动系统的基本组成

（1）SR 电动机　SR 电动机是 SRD 系统的核心部件，它的结构和工作原理与普通的交直流电动机有很大的不同，图 13-20 为 SR 电动机的典型结构，其转子既无绕组也无永磁体，定子各齿极上绕有集中绕组，径向相对的齿极绕组串联，构成一相。SR 电动机是一种可变磁阻电动机或双磁阻电动机，具有双凸极性，其定子和转子均为凸极结构。

SR 电动机的结构多种多样，可以设计成单相、两相、三相、四相及多相等不同相数的

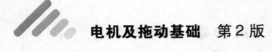

结构，且有每极单齿结构和每极多齿结构，轴向气隙、径向气隙和轴向-径向混合气隙结构，以及内转子和外转子结构。低于三相的 SR 电动机一般没有自起动能力。相数多，有利于减小转矩脉动，但导致结构复杂、开关器件多、成本增高。目前应用较多的是三相 6/4 极结构和四相 8/6 极结构（见图 13-20，图中只画出其中的一相）。

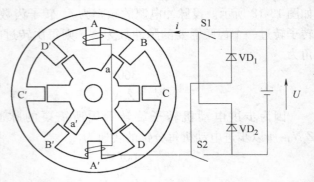

图 13-20　四相 8/6 极 SR 电动机的典型结构

（2）功率变换器　功率变换器用于驱动 SR 电动机，在整个系统成本中功率变换器占有很大的比重，合理选择和设计功率变换器是提高开关磁阻电动机性能价格比的关键之一。功率变换器主电路形式的选取对 SR 电动机的设计也直接产生影响，应根据具体性能、使用场所等方面综合考虑，找出最佳组合方案。目前，开关磁阻电动机常用的三种功率变换主电路如图 13-21 所示。

图 13-21a 所示的主电路为单电源供电方式，每相有两个主开关，工作原理简单。斩波时可以同时关断两个主开关，也可只关断一个。这种主电路中主开关承受的额定电压为 U。它可用于任何相数、任何功率等级的情况，在高电压、大功率场合下有明显的优势。

图 13-21b 所示的主电路特点是有一个一次绕组 W_1 与一个二次绕组 W_2 完全耦合。工作时，电源通过开关管 VT 向绕组 W_1 供电；开关管 VT 关断后，磁场储能由 W_2 通过续流二极管 VD 向电源回馈。开关管 VT 承受的最大工作电压为 $2U$，考虑到过电压因素的影响，开关管 VT 的反向阻断电压定额通常取 $4U$。可以看出，这种主电路每相只有一个主开关，所用开关器件数少。其缺点是 SR 电动机与功率变换器的连线较多，电动机绕组的利用率较低。

图 13-21c 所示的主电路为裂相式电路，以对称电源供电。每相只有一个主开关，上桥臂从上电源吸收电能，并将剩余的电能回馈到下电源，或从下电源吸取电能，将剩余的电能回馈到上电源。因此，为保证上、下桥臂电压的平衡，这种主电路只能使用于偶数相电动机。主开关正常工作时的最大反向电压为 U。由于每相绕组导通时绕组两端电压仅为 $U/2$，要做到 SR 电动机出力相当，电动机绕组的工作电流须为图 13-21a 所示主电路的两倍。

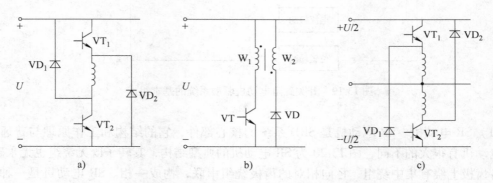

图 13-21　开关磁阻电动机的功率变换主电路
a）不对称半桥电路　b）双绕组电路　c）裂相式电路

（3）控制器和位置检测器　控制器综合处理位置检测器、电流检测器提供的电动机转子位置、速度和电流等反馈信息以及外部输入的指令，实现对 SR 电动机运行状态的控制，是驱动系统的指挥中枢。控制器一般由 DSP 及外围接口电路等组成。

位置传感器向控制器提供转子位置及速度等信号，使控制器能正确地决定绕组的导通和关断时刻，其作用与无刷直流电动机的位置传感器是一样的，通常采用光敏器件、霍尔元件或电磁线圈进行位置检测。采用无位置传感器的位置检测方法是开关磁阻电动机的发展方向，对降低系统成本、提高系统可靠性具有重要意义。

13.5.2　工作原理

开关磁阻电动机的工作原理与普通的磁阻电动机是基本相同的，这类电动机的转子本身没有磁性，只是利用磁场中可移动部件企图使磁路磁阻最小的原理，依靠转子若干不同方向磁阻的不同而产生转矩，这种转矩就称为磁阻转矩或反应转矩。磁阻最小原理的实质就是，磁通总是要沿着磁阻最小的路径闭合，磁场磁力线因扭曲而产生切向磁拉力。

具体到 SR 电动机，如图 13-20 所示，当 A 相绕组电流控制开关 S1、S2 闭合时，A 相励磁，所产生的磁场力图使转子旋转到转子齿极轴线 aa' 与定子齿极轴线 AA' 重合的位置，从而产生磁阻性质的电磁转矩。依次给 A—B—C—D 相绕组通电（B、C、D 各相绕组在图中未画出），则转子便按逆时针方向连续旋转起来；反之，依次给 D—C—B—A 相绕组通电，则转子会沿顺时针方向旋转。在多相电机实际运行中，也常出现两相或两相以上绕组同时通电的情况，这是因为采用单相通电方式时，在绕组断、通电的间隙，转子有可能失去自锁能力，出现失步现象。另外，在转子频繁起动、加速、减速的工作过程中，由于受惯性的影响，转子在平衡位置附近有可能出现振荡现象。

显然当某相绕组轮流通电一次时，转子就转过一个转子齿距。设每相绕组开关频率为 f，转子极数为 N_r，则 SR 电动机的同步转速（r/min）可表示为

$$n = \frac{60f}{N_r} \tag{13-4}$$

由于是磁阻性质的电磁转矩，SR 电动机的转向与相绕组的电流方向无关，仅取决于相绕组的通电顺序，这使得功率变换电路得以简化。当主开关 S1、S2 接通时，A 相绕组从直流电源 U 吸收电能，而当 S1、S2 断开时，绕组电流通过续流二极管 VD_1、VD_2，将剩余电能回馈给直流电源 U。因此，SR 电动机具有能量回馈的特点，系统效率高。

磁路饱和效应是 SR 电动机的一个重要特征，其电磁转矩必须根据磁场储能来计算。根据机电能量转换的基本原理，在任何电磁装置中，电磁转矩 T_e 应等于电流保持不变而只有机械位移变化时磁场储能 W_m 对机械角位移的偏导数，即

$$T_e(\theta_m, i) = \frac{\partial W_m(\theta_m, i)}{\partial \theta_m} \bigg|_{i=\text{const}} \tag{13-5}$$

式中　W_m——磁场储能，$W_m(\theta_m, i) = \frac{1}{2} i^2 L(\theta_m, i)$；

　　　θ_m——转子位移角；

　　　i——相绕组电流；

　　　L——相绕组电感。

可见，磁共能 $W_m(\theta_m, i)$ 的大小取决于转子位移角 θ_m 和绕组电流 i 的瞬时值。由于磁路非线性的存在，式（13-5）的求解是比较困难的，难以求得其解析解。在对 SR 电动机性能做定性分析时，若忽略磁路的非线性，则式（13-5）可简化为

$$T_e(\theta_m, i) = \frac{1}{2}i^2\frac{\mathrm{d}L(\theta_m)}{\mathrm{d}\theta_m} \tag{13-6}$$

因此，通过控制相绕组导通的时刻、相电流脉冲的幅值和宽度，即可控制 SR 电动机电磁转矩的大小和方向，实现 SR 电动机的调速控制。

对开关磁阻电动机驱动系统的理论研究和实践证明，SR 电动机具有许多突出的特点：

1）结构简单，坚固耐用，制造工艺简单，成本低。定子线圈为集中绕组，嵌线容易，而转子无绕组，仅用硅钢片叠压而成。

2）效率较高，损耗主要产生在定子方，电动机易于冷却。转子无永磁体，可允许有较高的温升。

3）电磁转矩方向与绕组电流的方向无关，可减少功率变换器的开关器件数目，降低系统成本。

4）功率变换器不会出现直通故障，可靠性高。

5）起动转矩大，起动电流小，低速性能好，特别适合频繁起、制动和长时间低速重载运行的场合。

6）凸极转子转动惯量小，易于调速控制，且调速范围宽，可实现各种特殊要求的负载特性。

上述优点使开关磁阻电动机成为各类交、直流电动机的有力竞争者。由于 SR 电动机为双凸极结构，不可避免地存在转矩脉动，以及振动和噪声的问题。但是近年来的研究表明，采用合适的设计、制造和控制技术，SR 电动机的噪声完全可以达到工程技术允许的水平[17]。

13.6　直线电动机

直线电动机是一种做直线运动的特种电动机，早在 18 世纪就有人提出用直线电动机驱动织布机的梭子，也有人想用它作为列车的动力，但只是停留在试验论证阶段。直到 19 世纪 50 年代，随着新型控制器件的出现，直线电动机的研究和应用才得到逐步发展。特别是最近二十多年来，直线电动机广泛应用于工件传送、开关阀门、开闭窗帘及门、平面绘图仪、笔式记录仪、磁分离器、磁浮列车等方面。

与旋转电动机相比，直线电动机主要有以下优点：

1）由于不需要中间传动机构，整个系统得到简化，精度提高，振动和噪声减小。

2）由于不存在中间传动机构的惯量和阻力矩的影响，电动机加速和减速的时间短，可实现快速起动和正反向运行。

3）普通旋转电动机由于受到离心力的作用，其圆周速度有所限制，而直线电动机运行时，其部件不受离心力的影响，因而它的直线速度可以不受限制。

4）由于散热面积大，容易冷却，直线电动机可以承受较高的电磁负荷，容量定额较高。

5）由于直线电动机结构简单，且它的初级铁心在嵌线后可以用环氧树脂密封成一个整体，所以可以在一些特殊场合中应用，例如可在潮湿环境甚至水中使用。

直线电动机是由旋转电动机演化而来的，如图 13-22 所示。原则上各种型式的旋转电动机，如直流电动机、异步电动机、同步电动机等均可演化成直线电动机。这里主要以国内外应用较多的直线感应电动机为例介绍直线电动机的基本结构和工作原理。

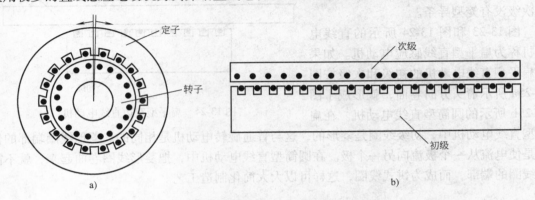

图 13-22 直线电动机的演化
a）旋转电动机 b）直线电动机

13.6.1 基本结构

如图 13-22a 所示，如果将笼型转子异步电动机沿径向剖开，并将电动机的圆周展成直线，就得到图 13-22b 所示的直线感应电动机，其中定子与初级对应，转子与次级对应。由图 13-22 演变而来的直线电动机，其初级和次级的长度是相等的。由于初级和次级之间要做相对运动，为保证初级与次级之间的耦合保持不变，实际应用中初级和次级的长度是不相等的。如图 13-23 所示，如果初级的长度较短，则称为短初级；反之，则称为短次级。由于短初级结构比较简单，成本较低，所以短初级使用较多，只有在特殊情况下才使用短次级。

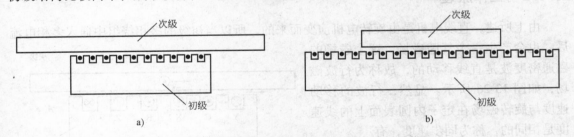

图 13-23 扁平型单边直线电动机
a）短初级 b）短次级

图 13-23 所示的直线电机仅在次级的对应一侧具有初级，这种结构称为单边型。单边型除了产生切向力外，还会在初、次级之间产生较大的法向力，这对电动机的运行是不利的。所以，为了充分利用次级和消除法向力，可以在次级的对应两侧都装上初级，这种结构称为双边型，如图 13-24 所示。我们知道还有一种实心转子感应电动机，它的定子和普通笼型转

子异步电动机是一样的，转子是实心钢块。实心转子既作为导磁体又作为导电体，气隙磁场也会在钢块中感应电流，产生电磁转矩，驱动转子旋转。图 13-23 和图 13-24 所示的直线电动机实际上是由实心转子感应电动机演变而来的，所以图中的次级没有笼型导条。

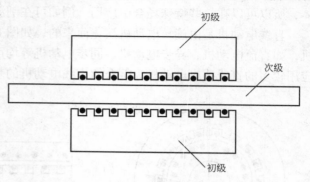

图 13-24　扁平型双边直线电动机

图 13-23 和图 13-24 所示的直线电动机称为扁平型直线感应电动机。如果把扁平型直线电动机的初级和次级按图 13-25a 所示箭头方向卷曲，就形成了图 13-25b 所示的圆筒型直线电动机。在扁平型直线电动机中，初级线圈是菱形的，这与普通旋转电动机是相同的。菱形线圈端部的作用是使电流从一个极流向另一个极。在圆筒型直线电动机中，把菱形线圈卷曲起来，就不需要线圈的端部，而成为饼式线圈，这样可以大大简化制造工艺。

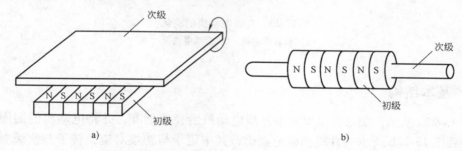

图 13-25　圆筒型直线电动机的演化
a）扁平型　b）圆筒型

13.6.2　工作原理

由上所述，直线电机是由旋转电机演变而来的，所以当初级的多相绕组中通入多相电流后，也会产生一个气隙磁场，这个磁场的磁通密度波是直线移动的，故称为行波磁场，如图 13-26 所示。显然，行波的移动速度与旋转磁场在定子内圆表面上的线速度是相同的，称为同步速度，有

$$v_s = 2f\tau \qquad (13\text{-}7)$$

式中　f——电源频率；

τ——极距。

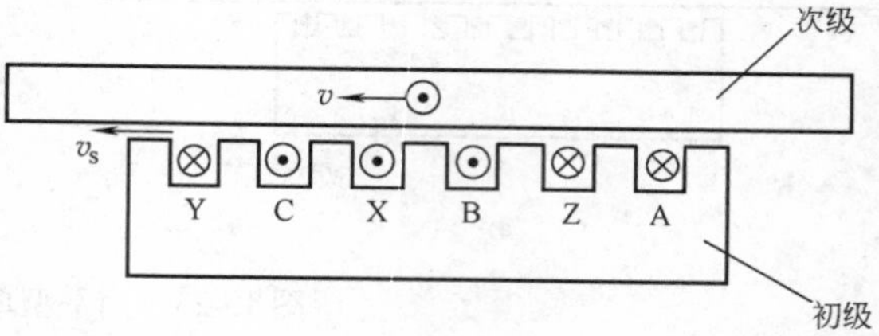

图 13-26　直线电动机的工作原理

在行波磁场切割下，次级中的导条将产生感应电动势和电流，所有导条的电流和气隙磁场相互作用，产生切向电磁力（图中只画出一根导条）。如果初级是固定不动的，那么次级就沿着行波磁场行进的方向做直线运动。若次级移动的速度用 v 表示，则转差率

$$s = \frac{v_\mathrm{s} - v}{v_\mathrm{s}} \tag{13-8}$$

次级移动速度

$$v = (1 - s)v_\mathrm{s} \tag{13-9}$$

式（13-9）表明直线感应电动机的速度与电源频率及电动机极距成正比，因此改变极距或电源频率都可改变电动机的速度。

与旋转电动机一样，改变直线电动机初级绕组的通电次序，可改变电动机运动的方向，因而可使直线电动机做往复直线运动。在实际应用中，也可将次级固定不动，而让初级运动。如果圆筒型直线电动机的初级绕组通以多相交流电，所产生的气隙磁场和扁平型直线电动机是一样的，也是行波磁场，次级也做直线运动。

13.7 超导电动机

超导电动机是指其定子或转子绕组由实用超导电线绕制而成的特种电动机。超导材料在临界温度 T、临界磁场强度 H 及临界电流密度 J 值以内时具有超导性，其电阻为零，这使得超导电动机绕组的电阻损耗为零，既解决了电枢绕组发热、温升等问题，又使电动机效率大为提高。更重要的是超导线的临界磁场强度 H 和临界电流密度 J 都很高，使超导电动机的气隙磁通密度和绕组的电流密度可比普通电动机提高数倍乃至数十倍，这就大大提高了电动机的功率密度，降低了电动机的重量、体积和材料消耗。

以往超导材料主要应用于超导发电机，如超导直流发电机、超导交流汽轮发电机等。自 1986 年发现高温超导材料（液态氮温度以上呈超导状态）以来，随着超导材料制造加工技术和制冷技术的不断进步，超导电动机得到迅速发展。一方面，高温超导材料的临界温度 T 相对较高，使得将绕组线圈保持在超导状态的低温冷却成本较低，开发实用化的大功率超导电动机成为可能；另一方面，高温超导电线相比同样规格铜线能传导 100 倍以上的电力，这种极高的能量密度可削减电动机制造成本的 25% ~ 40%。据报道，在美国大型电动机（功率在 1000 马力以上，1 马力≈735W）可消耗其发电量的 30%，而在这些电动机中，70% 适合采用高温超导技术。美国凭借高效率的超导电动机，每年节约 10 亿美元电能。

13.7.1 组成与结构

由于超导励磁能产生极强的气隙磁场，超导电动机的定、转子绕组磁路中不需要、也不能够设置铁磁性物质。图 13-27 是美国 1000 马力高温超导同步电动机的结构示意图，它具有一套闭环制冷系统、一套双流向输冷管接头、一套传导冷却方案和一套内复合力矩管结构。电动机为四极凸极式，由逆变器供电。超导线圈安置在转子上，由冷冻剂冷却。冷冻剂经由旋转输冷管接头输送给转子。转子低温容器的空间与外界真空绝热。力矩通过一端与低温区相连的力矩管传递到电动机转轴上。定子绕组是由非磁性、非导体的芯支撑的铜绕组，支撑芯外的框架和磁屏可用作高温超导体与电枢绕组产生磁场的磁路。该框架可由普通电动机用的磁钢叠片材料制成，而框架之内的所有材料都是非磁性的，其磁导率与空气相当，这样所产生的磁场就像分布在空气之中，所以这种电动机又被称为空气心同步电动机。

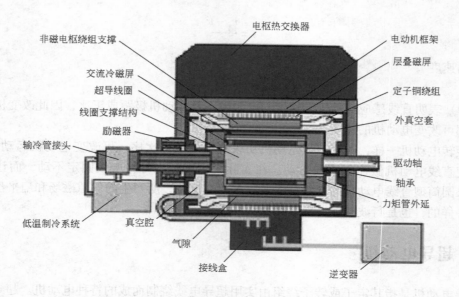

图 13-27 高温超导同步电动机的结构示意图

13.7.2 主要设计参数

表 13-1 是 1000 马力高温超导同步电动机的主要设计参数[19]，其中的效率已将制冷系统考虑进去。该电动机的外形尺寸是 1.17m×1.17m×1.45m，而同样功率的普通电动机外形尺寸为 1.50m×1.50m×1.50m，可见体积减小 40% 以上。

表 13-1 高温超导同步电动机的主要设计参数

额定功率/马力	1000	电枢长度/m	1.22
额定转速/（r/min）	1800	电枢外径/m	0.686
极数	4	转子外径/m	0.4
额定电压/V	4160	绕组运行温度/K	33
额定电流/A	106	励磁绕组电流/A	120
功率因数	1.0	绕组最大磁通密度/T	1.5
设计效率（%）	97.1		

13.8 超声波电动机

超声波电动机（Ultrasonic Motor，USM）是 20 世纪末发展起来的一种新的微型驱动电动机，它的基本结构及工作原理与传统电动机完全不同，没有绕组和磁路，不以电磁相互作用来传递能量，而是基于压电材料的逆压电效应，利用超声波振动来实现机电能量转换。超声波电动机结构简单、体积小、重量轻、力矩大、响应快、控制精度高，可以运用于照相机的自动调焦、门式窗帘的直接驱动、机器人的关节控制等场合。超声波电动机是典型的机电一体化产品，它涉及电机学、振动学、摩擦学、功能材料、电子技术、自动控制技术和检测技术等多学科，目前仍是国内外研究的重点。

超声波电动机的分类还没有统一的标准，按照驱动转子运动的机理可分为驻波型和行波型两种。驻波型是利用与压电材料相连的弹性体内激发的驻波来推动转子运动，属间断驱动方式；行波型则是在弹性体内产生单向的行波，利用行波表面质点的振动轨迹来传递能量，属连续驱动方式。下面主要以行波型为例，介绍超声波电动机的基本结构、工作原理和控制系统。

13.8.1　基本结构

超声波电动机的基本结构如图 13-28 所示，主要包括定子、转子、压力弹簧和转轴等部件。

超声波电动机的定子由环状的弹性体和压电陶瓷所构成，弹性体上刻有一圈梳状槽，压电陶瓷环通过粘结剂粘在其反面。压电陶瓷环是超声波电动机的核心元件，借助逆压电效应可以产生几十千赫的超声波振动，其性能优劣十分关键。弹性体及梳状槽的作用在于放大压电陶瓷环所产生的振动，同时还可以将摩擦所产生的粉末引入槽内，以保持接触面的清洁。弹性体可由不锈钢、硬铝、铜或磷铜等金属制成。由于定子在做高频振动，其粘结剂必须是高强度且有高的热耐久性，多采用高温固化的环氧树脂胶。

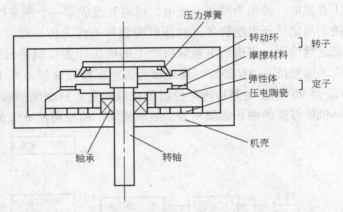

图 13-28　超声波电动机的基本结构

超声波电动机的转子由转动环和摩擦材料所构成，转动环可由不锈钢、硬铝或塑料制成。为增加摩擦力，在转动环与定子弹性体的接触面上粘结一层摩擦材料，该摩擦材料一般为高聚物，如环氧树脂与芳香族聚酰胺纤维胶合制成的片状塑料板。

定子和转子通过环状的压力弹簧轴向地压在一起，以保持定子和转子良好的接触状态，并可以随时调整预压力的大小。

13.8.2　工作原理

超声波电动机定子上的压电陶瓷环是机电能量转换的媒介，它的电极配置如图 13-29 所示，其中"＋""－"表示极化方向。压电陶瓷片按照一定规则分割极化后分为 A、B 两相区，两相空间排列相差 $\pi/2$（1/4 波长），并且分别施加在时间上也相差 $\pi/2$ 的高频交流电（E_1 和 E_2）。A、B 两相分别在弹性体上激起驻波。根据波动原理，两路幅值相等、

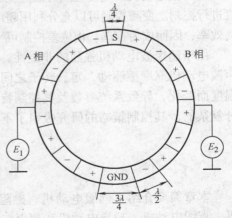

图 13-29　压电陶瓷环的电极配置

频率相同、时间和空间均相差 $\pi/2$ 的两相驻波叠加后，将形成一个沿定子圆周方向的合成行波，推动转子旋转，而旋转方向与行波的传播方向相反。如果改变激励电源的电压极性，便可以改变转子的旋转方向。激励电源一般为正弦波或方波。

压电陶瓷片的厚度决定了在一定电压下是否能够起振，如果压电陶瓷片太厚（大于 1.5mm），在通常情况下不易起振；如果压电陶瓷片太薄（小于 0.3mm），则在高频谐振条件下，由于形变过大而容易发生断裂，并且加工难度也会增大。另外，压电陶瓷片的厚度对压电振子的固有谐振频率影响较大，通常取其厚度为 0.5～0.8mm。

13.8.3　控制系统

行波型超声波电动机的控制系统如图 13-30 所示，其中逆变与升压电路的外部输入为低压直流电，输出为两相交流电，可将其看成是一个逆变器。为了提高电动机的稳定性，可直接利用定子压电陶瓷环上的压电陶瓷片 S 作为传感器（见图 13-29），对定子的机械谐振状态进行检测，将由压电效应所产生的电压作为反馈信号 U_n，与给定信号 U_n^* 进行比较，相应的偏差信号 ΔU 经控制器处理后送至压控振荡器，产生所需要的频率信号 U_f^*。频率信号 U_f^* 经 90°移相电路和转向控制器获得逆变器的驱动信号，最后通过逆变与升压电路获得电动机所需要的两相幅值相等、频率相同、相位相差 $\pi/2$ 的正弦、余弦交流电。

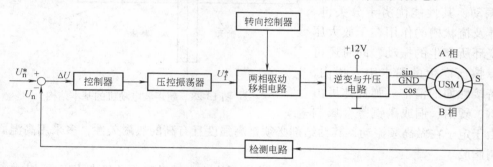

图 13-30　超声波电动机控制系统

超声波电动机的速度控制可通过变压、变频来实现，另外，改变定子两相相位差也可对速度进行控制。变频控制可以充分利用超声波电动机的低速大转矩、动态响应快等优点，且有较高效率，因而成为首选。相位差控制可平滑调速和改变转向，适用于需要柔顺驱动的系统。

由于超声波电动机强烈的非线性，其控制不同于常规的电磁式电动机，这主要是因为超声波电动机靠摩擦驱动，定、转子之间的滑动率不能完全确定，并且谐振频率本身又会随着温度而变化，导致系统参数及其控制特性都会改变。因此，实际上超声波电动机的控制是十分复杂的，其控制策略的研究吸引了不少学者，目前仍处于探索与发展之中。

小　结

本章简要介绍了伺服电动机、磁阻电动机、磁滞电动机、步进电动机、开关磁阻电动机、直线电动机、超导电动机和超声波电动机八种特种电动机的基本结构和工作原理，关于这些电动机的深入分析可以参阅相关资料。

参 考 文 献

[1] Theodore Wildi. 电机、拖动及电力系统［M］. 北京：科学出版社，2002.

[2] 汤蕴璆，史乃. 电机学［M］. 北京：机械工业出版社，2001.

[3] A E Fitzgerald, Charles Kingsley Jr , Stephen D Umans. Electric Machinery［M］. 6th ed. Newyork：The McGraw-Hill Companies, Inc. 2003.

[4] Paul C Krause, Oleg Wasynczuk , Scott D Sudhoff. Analysis of Electric Machinery and Drive Systems［M］. 2nd ed. NewYork：IEEE Press Power Engineering Series, A John Wiley & Sons, Inc. , 2005.

[5] B Adkins, R G Harley. 交流电机统一理论［M］. 唐任远，朱维衡，译. 北京：机械工业出版社，1980.

[6] 李发海，王岩. 电机与拖动基础［M］. 2 版. 北京：清华大学出版社，1994.

[7] 顾绳谷. 电机及拖动基础［M］. 4 版. 北京：机械工业出版社，2010.

[8] 汤天浩. 电机与拖动基础［M］. 2 版. 北京：机械工业出版社，2011.

[9] 陈伯时. 电力拖动自动控制系统［M］. 3 版，北京：机械工业出版社，2003.

[10] 陈伯时，李发海，王岩. 电机与拖动［M］. 北京：中央广播电视大学出版社，1983.

[11] 汪国梁. 电机学［M］. 北京：机械工业出版社，2001.

[12] 陈隆昌，闫治安，刘新正. 控制电机［M］. 4 版. 西安：西安电子科技大学出版社，2013.

[13] 叶云岳. 直线电机原理与应用［M］. 北京：机械工业出版社，2000.

[14] 张琛. 直流无刷电动机原理及应用［M］. 北京：机械工业出版社，1996.

[15] Jimmie J Cathey. 电机原理与设计的 MATLAB 分析［M］. 戴文进，译. 北京：电子工业出版社，2006.

[16] 陈世坤. 电机设计［M］. 2 版. 北京：机械工业出版社，1990.

[17] 吴建华. 开关磁阻电机设计与应用［M］. 北京：机械工业出版社，2000.

[18] 汤天浩，韩朝珍. 船舶电力推进系统［M］. 北京：机械工业出版社，2015.

[19] A Rezzoug, M El-Hadi Zaïm. 特种电机［M］. 谢卫，汤天浩，译. 北京：机械工业出版社，2015.

[20] 刘慧娟，上官明珠，张颖超，等. Ansoft Maxwell 13 电机电磁场实例分析［M］. 北京：国防工业出版社，2014.